MaRu-WaKaRi サイエンティフィックシリーズ──II

相対性理論

ディビッド・マクマーホン【著】
David McMahon

富岡 竜太【訳】
Tomioka Ryuta

プレアデス出版

MaRu-WaKaRi サイエンティフィックシリーズ —— II
相対性理論

Relativity Demystified
by David McMahon
Copyright © 2006 by The McGraw-Hill Companies, Inc.
All rights reserved.
Japanese translation rights arranged with
McGraw-Hill Global Education Holdings, LLC.
through Japan UNI Agency, Inc., Tokyo

著者について

ディビッド・マクマーホン (David McMahon) は原子力エネルギーに関する国立研究所の研究員として働いている．彼は物理学と応用数学に関する学位を持ち，マグロウヒル (McGraw-Hill) 社からいくつかの本を書いている．

概略目次

著者について		i
まえがき		xi
第 1 章	特殊相対論のおさらい	1
第 2 章	ベクトル，1 形式および計量	27
第 3 章	テンソルについてより詳しく学ぶ	55
第 4 章	テンソル解析	71
第 5 章	カルタン構造方程式	109
第 6 章	アインシュタイン方程式	141
第 7 章	エネルギー運動量テンソル	177
第 8 章	キリングベクトル	191
第 9 章	ヌルテトラッドとペトロフ分類	205
第 10 章	シュワルツシルト解	231
第 11 章	ブラックホール	265
第 12 章	宇宙論	293
第 13 章	重力波	319

巻末問題	371
章末問題と巻末問題の解答	377
参考文献	379
訳者あとがき	383
索引	385

目次

著者について　　　　　　　　　　　　　　　　　　　　　　　i
まえがき　　　　　　　　　　　　　　　　　　　　　　　　xi

第1章　特殊相対論のおさらい　　　　　　　　　　　　　1
　基準系 5
　時計の同期 6
　慣性系 7
　ガリレイ変換 7
　事象 8
　世界間隔 9
　特殊相対論の仮定 10
　3つの基礎的な物理的現象とその性質 15
　光円錐と時空図 19
　4元ベクトル 22
　相対論的質量とエネルギー 24
　章末問題 24

第2章　ベクトル，1形式および計量　　　　　　　　　27
　新しい表記法 30
　4元ベクトル 31
　アインシュタインの和の規約 33
　接ベクトル，1形式，座標基底 34
　座標変換 36
　計量 38

計量符号	42
平坦な空間の計量	43
テンソルとしての計量	43
添字の上げ下げ	44
添字体操	48
ドット積	49
計量に引数を受け渡す	50
ヌルベクトル	52
計量行列式	52
章末問題	53
第3章　テンソルについてより詳しく学ぶ	**55**
多様体	55
パラメータ化された曲線	57
接ベクトルおよび1形式を再検討する	59
関数としてのテンソル	63
テンソル演算	64
レビ-チビタテンソル	68
章末問題	69
第4章　テンソル解析	**71**
テンソルであるかどうかの確認法	71
テンソル方程式の重要性	72
共変微分	73
ねじれテンソル	84
計量とクリストッフェル記号	84
外微分	92
リー微分	94
リーマンテンソル	100

リッチテンソルとリッチスカラー	103
章末問題	106

第5章　カルタン構造方程式　　109

ホロノミック (座標) 基底	109
非ホロノミック基底	111
交換係数	113
交換係数と基底1形式	114
基底間の変換	117
表記法上の注意	120
カルタン第1構造方程式とリッチ回転係数	120
章末問題	137

第6章　アインシュタイン方程式　　141

ニュートン理論における質量の等価性	142
試験質点	145
アインシュタインのリフト実験	146
弱い等価原理	149
強い等価原理	150
一般共変性原理	150
測地線偏差	150
アインシュタイン方程式	157
宇宙定数のあるアインシュタイン方程式	159
2＋1次元のアインシュタイン方程式を解く例	160
エネルギー条件	174
章末問題	174

第7章　エネルギー運動量テンソル　　177

エネルギー密度	178
運動量密度とエネルギー流束	178

ストレス (応力または圧力)	179
保存方程式	180
ダスト流体	181
完全流体	183
数密度上の相対論的効果	186
より複雑な流体	188
章末問題	189

第8章　キリングベクトル　191

導入	191
キリングベクトルの微分	202
キリングベクトルによって保存カレントを構成する	203
章末問題	203

第9章　ヌルテトラッドとペトロフ分類　205

ヌルベクトル	208
ヌルテトラッド	210
技法を拡張する	217
物理的解釈とペトロフ分類	220
章末問題	229

第10章　シュワルツシルト解　231

真空中のアインシュタイン方程式	232
静的球対称時空	232
曲率1形式	235
曲率テンソルについて解く	238
真空中のアインシュタイン方程式	240
積分定数の意味	243
シュワルツシルト計量	244
時間座標	244

シュワルツシルト半径	245
シュワルツシルト時空の測地線	246
シュワルツシルト時空での質点の軌道	248
光線の湾曲	255
時間の遅れ	260
章末問題	262

第 11 章　ブラックホール　265

重力赤方偏移	266
座標特異面	267
放射ヌル測地線	269
動径方向内向きに落下する質点の経路	271
エディントン-フィンケルシュタイン座標	273
クルスカル座標	276
カーブラックホール	278
慣性系の引きずり効果	285
特異領域	287
カー計量に対する軌道方程式のまとめ	288
さらに学びたい人へ	289
章末問題	290

第 12 章　宇宙論　293

宇宙原理	294
空間の一様性と等方性を持つ計量	294
曲率が正・負・0 の空間	299
便利な定義	302
ロバートソン-ウォーカー計量とフリードマン方程式	306
異なる宇宙モデル	311
章末問題	317

第13章　重力波　319

- 線形化された計量 ... 320
- 進行波解 ... 324
- 標準形と平面波 ... 328
- 重力波が通過する際の質点の挙動 ... 332
- ワイルスカラー ... 336
- ペトロフ型と光スカラーの検討 ... 337
- pp 重力波 ... 340
- 平面重力波 ... 345
- アイヒェルブルク-ゼクスル解 ... 347
- 衝突する重力波 ... 347
- 衝突の効果 ... 355
- より一般的な衝突 ... 357
- 0 でない宇宙定数 ... 363
- さらに学びたい人へ ... 367
- 章末問題 ... 368

巻末問題　371

章末問題と巻末問題の解答　377

参考文献　379

- 書籍 ... 379
- 論文とウェブサイト ... 381

訳者あとがき　383

索引　385

まえがき

　相対性理論は科学におけるもっとも偉大な成果の1つとして知られている．重力を含まない"特殊相対論"はアインシュタインによって電磁気学の研究で持ち上がった多くの悩ましい事実を説明するために1905年に提唱された．特に彼の，すべての観測者に対して真空中の光の速さは等しいという仮説は，科学者たちに時間の経過の絶対性などのような暗黙の了解とされていた常識を放棄させることを強制した．要するに相対性理論は何が現実であるかという我々の概念に挑戦を挑むものであり，これがこの理論がとても興味深いものとなる1つの理由である．

　アインシュタインは重力に関する理論である"一般"相対性理論をその10年後発表した．この理論は数学的にはるかに高度で，そして恐らくそれが，アインシュタインがこの理論を発表するのにそれだけの時間が必要だった理由であろう．この理論は特殊相対性理論より本質的である．それは空間と時間それ自体の理論であり，単に記述するだけでなく，それは**重力**を説明する．重力は物質とエネルギーの存在に由来する時空構造のゆがみであると同時に，時空内の物質やエネルギーの存在する経路は時空構造に支配される（太陽付近を通過する光線の湾曲を考えよ）．この大きなフィードバックのループ(無限の循環)はアインシュタイン方程式によって記述される．

　本書は一般相対論の本であるが，一般相対論が数学的に高度であるという事実をうまく逃れる方法はない．したがって，数学を理解することなしにこの理論を学ぶということは望めない．本書の目的はその数学的側面を"解き明かし"その結果，相対論がより易しく学べ，以前にもまして幅広い層により理解しやすくなることを望むものである．本書では相対論が要求するいかなる数学も飛ばさなかった．そのかわりに，我々は望まれている明確な様式を用意し，明示的に解かれた例とともにどのようにそれを使うかを説明した．本書の目的はすべての人々に相対論がより理解しやすくなるようにす

ることである．したがって，我々は大学レベルの基本的な数学を修めた技術者，化学者，数学者などのすべての人々にとって本書が役立つことを望んでいる．そしてもちろん，本書はこの理論を学びたい物理学者と天文学者のためにも書かれている．

　実のところ，相対論は実際以上に難解に見える．そこには多くの学ぶべきことがある．しかし，一度新しい数学と新しい記号法に慣れてしまえば，読者は過去に学んだ多くの技術的領域よりはやや易しいということが分かるだろう．

　本書は独習用あるいは補助的教材として書かれており，本格的な教科書ではない．その結果，すべての領域に渡って記述することも，長い導出過程を記述すること，あるいは詳細に渡る物理的説明も提供できなかった．それらは，世間に出回っている多くのすばらしい教科書で見つけることができる．本書で焦点を当てたのは相対論の数学的枠組みを"解き明かす"ことでもあり，したがって物理的議論を長々と記述はしなかった．本書の巻末に本書の発展的議論で必要となる参考文献リストを用意した．このリストの本を参照することにより，本書で扱えなかった詳細を見つけることができるだろう．資料の多くにおいて，我々はこの本の中で定理と結果を記述する手法をとり，そして定理を，問題を解くために適用した．章末問題における類似の問題は読者自身で問題を解く為の助けとなるだろう．

　したがって，もし読者が相対論の課程を受けているなら，本書を読者の主要な教科書のより良い理解を得るために利用することもできるし，特定の話題についてどのようにそれが成し遂げられるのかの理解の助けにすることもできる．もし，読者が独学で学ぼうとしているなら，本書は読者がこの分野の修得を始めることを手助けし，読者がより進んだ本を読むことを易しくするだろう．本書がこの分野のほかの教科書よりやや軽めの記述を採用していることにより，高度な数学を使うことを避けることができなかった．つまり，本書を読むにはある程度の数学的知識が必要となるということである．微積分は必須である．また，微分方程式，ベクトル解析，および線形代数の学習は理解の助けとなるだろう．

相対論は座標系を基本とするアプローチと微分形式とカルタン方程式を基本とするアプローチの 2 つの異なる手法で行うことができる．本書では後者をより良いと考え広く採用した．それは沢山のギリシャ文字と装飾的な記号が現れるうえに全く新しい手法であるため最初は難解に感じることだろう．計算を行うときそれは詳細を得るために少々注意が必要である．しかし，少々の訓練ののちに，読者はこれがさほど難しくないことが分かるであろう．読者が物理の問題を解くためのこの素晴らしい数学的手法を習得するのに必要な努力に投資することを望む．

Chapter 1
特殊相対論のおさらい

　宇宙がどのようにして成り立っているのかについての我々の常識的な直観は本質的に時空についての概念と結びついている．1905 年，アインシュタインは世界がどのようにして成り立っているのかということについてのこれらの密接に関わる常識的仮定の多くに疑問を呈する空間と時間の理論である特殊相対性理論によって物理学界に衝撃を与えた．その結果，真空中の光の速さがすべての観測者にとって彼らの運動状態によらず同じ定数値であることを受け入れることによって，時間の流れと剛体の長さについての基本的な考えを捨てることを余儀なくされた．

　この本はアインシュタインの重力の理論である一般相対性理論についての本である．したがって，特殊相対論についての議論は一般相対論を理解するのに必要な概念の概要のみ述べる．特殊相対論についての詳細は巻末の参考文献リストを見てほしい．

　特殊相対性理論は 19 世紀に電磁気現象の研究によって発見されたいくつかのパラドックスをその起源に持つ．1865 年，物理学者ジェームス・クラーク・マクスウェルは，今日**マクスウェル方程式**と呼ばれている彼の著名な方程式群を発表した．理論的研究のみに従事していたにもかかわらず，マクスウェルは電磁波の存在と，それらがある速さ—光速 c で伝わることを発見した．この考えがどのようにして得られるのか，簡単に眺めてみよう．ここで

はSI単位系で考える．

19世紀前半の入念な実験的研究により，アンペールは定常電流 $\vec{J}$ と磁場 $\vec{B}$ は次の関係式を満たすことを導いた．

$$\nabla \times \vec{B} = \mu_0 \vec{J} \tag{1.1}$$

しかし，この法則は単純な数学的議論のみによってでは，厳密に正しいというわけではないことが次のようにして分かる．任意の回転の発散が消えるというのは，ベクトル解析の重要な結果である．すなわち，

$$\nabla \cdot \left(\nabla \times \vec{A} \right) = 0 \tag{1.2}$$

が任意のベクトル $\vec{A}$ に対して成り立つ．したがって

$$\nabla \cdot \left(\nabla \times \vec{B} \right) = 0 \tag{1.3}$$

が成り立たねばならない．しかし，ここで右辺に発散演算子を作用させると，問題が発生する．問題となるのは電荷の保存を数学的に記述した連続の式

$$\frac{\partial \rho}{\partial t} + \nabla \cdot \vec{J} = 0 \tag{1.4}$$

である．ここで ρ は電荷密度である．したがって，式 (1.1) の右辺に発散演算子を作用させると，

$$\nabla \cdot \left(\mu_0 \vec{J} \right) = \mu_0 \nabla \cdot \vec{J} = -\mu_0 \frac{\partial \rho}{\partial t} \tag{1.5}$$

を得る．この過程はさらに続けることができる．ガウスの法則は電荷密度が電場とどのように関係するのかを教えてくれる．SI単位系ではこの法則は

$$\nabla \cdot \vec{E} = \frac{1}{\varepsilon_0} \rho \tag{1.6}$$

と書かれる．これは，(1.5) を次のように書き換える．

$$-\mu_0 \frac{\partial \rho}{\partial t} = -\mu_0 \frac{\partial}{\partial t} \left(\varepsilon_0 \nabla \cdot \vec{E} \right) = -\nabla \cdot \left(\mu_0 \varepsilon_0 \frac{\partial \vec{E}}{\partial t} \right) \tag{1.7}$$

これらの結果を一緒にすると，

$$\nabla \cdot \left(\nabla \times \vec{B}\right) = -\nabla \cdot \left(\mu_0 \varepsilon_0 \frac{\partial \vec{E}}{\partial t}\right) \tag{1.8}$$

が得られるが，これは実際は 0 でなければならない．このような考察がマクスウェルにアンペールの法則を"修正させる"ことを思いつかせた．現代的な形で書けば，

$$\nabla \times \vec{B} = \mu_0 \vec{J} + \mu_0 \varepsilon_0 \frac{\partial \vec{E}}{\partial t} \tag{1.9}$$

と書かれる．付加項 $\mu_0 \varepsilon_0 \frac{\partial \vec{E}}{\partial t}$ は変位電流と呼ばれ，この存在はマクスウェルの最も劇的な発見の 1 つを導くことになった．単純にベクトル解析を使うことにより，電場と磁場が次の波動方程式を満たすことを示すことができる：

$$\nabla^2 \vec{E} = \mu_0 \varepsilon_0 \frac{\partial^2 \vec{E}}{\partial t^2} \quad \text{および} \quad \nabla^2 \vec{B} = \mu_0 \varepsilon_0 \frac{\partial^2 \vec{B}}{\partial t^2}$$

さて，波動方程式は

$$\nabla^2 f = \frac{1}{v^2} \frac{\partial^2 f}{\partial t^2}$$

である．ここで v はこの波動の速度である．これらの式との比較により，真空中の電磁波は

$$v = \frac{1}{\sqrt{\mu_0 \varepsilon_0}} = 3 \times 10^8 \text{m/s} = c$$

の速さで伝わることが分かる．ここで c は光の速さ以外の何物でもない．

この導出から得られるカギとなる洞察は，電磁波（光）は真空中を常に全く同一の速さで伝わるということである．観測者が誰であろうと，どんな運動状態にあろうとも，これが観測者が観測する速さになる．この洞察に実感が湧くようになるには長い年月を要した．そして，この結果を単に額面通りに受け止めることができたのがアインシュタインであった．

ここでは，何故この結果が相対性の"パラドックス"を導くのかという簡単な発見的洞察を与えよう．まず，速さとは何であろうか？（ここでの議

論は定性的なものなので，ここではややいい加減に論じる）　それは，単位時間に覆われた距離である：
$$v = \frac{\Delta x}{\Delta t}$$

相対論以前のニュートン物理学によって数学的に形式化される常識的な見方をすれば，距離と時間は固定されている．すなわち，『どのようにしたらすべての観測者に対して同じ一定の速度を持つことが可能だろうか？』　は全く意味をなさない．それにもかかわらず，真空中の光の速さがすべての観測者に対して同じであるという理論的結果は，幾度となく確かめられた実験的事実である．もし，v がすべての観測者から観測される彼らの運動状態によらない光の一定速度
$$c = \frac{\Delta x}{\Delta t}$$
とすると，距離と時間の間隔は異なる観測者で異なるはずである．以下では，このことを詳しく調べてみよう．

特殊相対論の多くの文献ではマイケルソン-モーリーの実験の詳しい議論が扱われている．極めて簡潔にいえば，波動はそれを伝える媒質が必要であり，そのためその時代の物理学者たちは**発光性エーテル (luminiferous ether)** と呼ばれる媒質が空間全体に満ちているという完全に合理的な仮説を立てていた．媒質となるエーテルが電磁波の伝播に不可欠であると考えられていた．マイケルソン-モーリーの実験はエーテルに対する地球の運動を検出するように設計されていた．しかし，それは何も検出しなかった．これは，実験物理学の歴史におけるもっとも有名な"否定的な結果"（null results）のうちの1つである．

この実験は物理学の歴史において決定的な結果である．しかし，記録によればアインシュタインはマクスウェル方程式への全面的信頼を彼の導出の基礎にしたし，マイケルソン-モーリーの実験については実際以上に伝えられている（事実，アインシュタインは彼の導出のときにはこの実験についてはよく知らなかったと考えられる）．そこで，この実験は興味深く，大変重要ではあるが，ここではこの実験については触れず，特殊相対論の理論的枠組

1.0 基準系

みに移ろう．

興味深いことに，他の研究者，ローレンツ，フィッツジェラルドおよびポアンカレは，マイケルソン-モーリーの実験の否定的な結果を説明するためにそれぞれ独立にローレンツ変換を導いている．この方程式の要点をまとめると，時計はゆっくり進み，剛体の長さは縮み，エーテルに対するどんな種類の運動を検出する実験装置を作ることもできないということである．

ここで述べた議論に付け加えて，アインシュタインは相対的な運動に関する考えを思いつくために，ファラデーの法則および電磁誘導の研究から得られる結果を使った．ここでは，これらについては議論しない．しかし，興味のある読者は詳細について参考文献を調べてみることをお勧めする．

特殊相対性理論の発見の歴史はそれが理論と実験の間の決定的な相互作用を実演するために科学がどのようにして働くかの教訓になる．その時代の限られた技術の枠内での慎重な実験はアンペールの法則とファラデーの法則を導いた．のちに純粋に数学的議論と理論的な考察がアンペールの法則が近似的にしか正しくなく，電磁波が光の速さで伝わることを示すのに使われた．より理論的な考察がこれらの波がどのように空間を伝わるのかを説明するために提唱され，そしてマイケルソン-モーリーの実験による劇的な実験結果がこれらの見解を棄却させた．そののち，アインシュタインが現れ，再びもっとも理論的な議論を使って特殊相対論を導いた．肝心な点は次の点である：物理は2本の足—理論と実験—を土台とする科学であり，それはどちらか片方のみでは成り立たないということである．

これから特殊相対論の基礎を俯瞰し，いくつかの定義をしよう．

基準系

基準系は別の言い方をすれば，**座標系**とも呼ばれる．しかし，思考実験において我々は数学的観点以上のことを行い，基準系が実際に構築できた方法を想像することにする．これは物差しと時計によって座標系を物理的に構築することによって行われる．時計は座標系のすべての場所に置かれ，その点

で発生した事象の時刻を読みとるために使うことができる．読者は 1m の物差しを格子状に接続し，その各接続点に時計が置かれていると想像してみることができる．

時計の同期

そのような構築において起こる 1 つの問題が，物理的に空間内で離れている時計を同期させる必要があるということである．時計の同期には光線を使うことができる．このことを空間を水平な軸とし時間を垂直な軸とする単純な時空図（これらは下で詳しく説明する）を使って視覚的に描画することができる．これは時空内の物体の運動を描画することを可能とする（もちろんここでは 1 次元運動のみを考える）．原点に置かれた時計 1 と x_p とラベルされたある位置に置かれた時計 2 を想像しよう（図 1.1）．

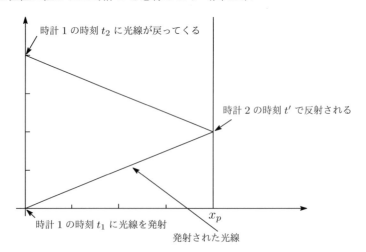

図 1.1 時計の同期．時刻 t_1 に原点の時計 1 から光線が発射される．時刻 t' にこの光線が時計 2 に到達し，反射される．時刻 t_2 に再び時計 1 に戻ってくる．t' が t_1 と t_2 の中間の値ならこの 2 つの時計は同期している．

1.0 慣性系

これらの時計が同期しているかどうか見るために，時刻 t_1 に光線を時計 1 から時計 2 に発射する．光線は時刻 t' に時計 2 で反射され[*1]時刻 t_2 に時計 1 に戻ってくる．もし，時計 2 の時刻で，

$$t' = \frac{1}{2}(t_1 + t_2)$$

のときに光を反射するなら，時計 1 と時計 2 は同期している．この過程は図 1.1 に描いた．のちに見るように，光線は時空図で直線 $x = \pm ct$ 上を伝わる．

慣性系

慣性系とは一定速度で運動する基準系である．慣性系では，ニュートンの第 1 法則が成り立つ．読者が忘れた場合に備えるなら，ニュートンの第 1 法則は静止または一様運動をしている物体は，力による作用を受けない限り，静止または一様運動をし続けると主張している．慣性系に対して一様に運動（一定速度の運動）をする任意の系も慣性系である．

ガリレイ変換

相対論の研究は様々な物理現象がどのように異なる観測者に対して見えるかについての研究を含む．相対論以前の物理学では，この種の解析は**ガリレイ変換**を使って成し遂げられた．これはある慣性系から別の慣性系への変換を提供する単純な数学的手法である．相対運動をしている観測者達にどのように物理法則が見えるかを調べるために，ここでは F と F' で表す 2 つの慣性系を想像しよう．ここでは，彼らが**標準設定**下にいるものと仮定する．この標準設定という言葉によって，系 F' は系 F に対して x 方向に一定速度 v で運動していることを意味するものとする．y 座標と z 座標は両方の観測者

[*1] 訳注：あらかじめ時計 2 のところに鏡を設置しておくものとする．

に対して等しい（図 1.2 参照）．付け加えるなら，相対論以前の物理学においては，宇宙全体に渡って，すべての位置のすべての観測者に対して統一的な時間の流れが存在する．そのため，両方の系の観測者に対して同じ時間座標を使うことができる．

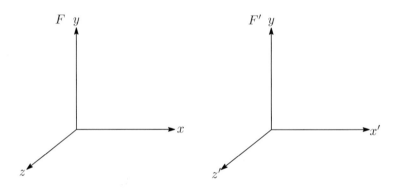

図 1.2　標準設定下の 2 つの系．F' は F に対して x 軸に沿って速度 v で運動する．相対論以前の物理学では，時間はすべての観測者に対して同じ割合で流れる．

ガリレイ変換は両方の系の位置と時間の測定値がどのようにして関係しあっているかを教えてくれるとても単純な代数的公式である．それらは，

$$t = t' \qquad x = x' + vt \qquad y = y' \qquad z = z' \tag{1.10}$$

によって与えられる．

事象

事象とは時空内で起こる様々な"事件"である．それは 2 つの粒子の衝突，瞬間的な閃光の放出，粒子がただ通り過ぎてゆくなど，想像することのできる何であってもよい．各事象はその空間的位置とそれが起きた時間によって特徴づけることができる．理想的には，事象は単一の数学的点において起こ

る．すなわち，各事象 E には 4 つの座標成分からなる組 (ct, x, y, z) が割り当てられる[*2]．

世界間隔

　世界間隔は空間と時間のなかの 2 つの事象の間の距離を与える．それは，ピタゴラスの定理（三平方の定理）の一般化である．読者はデカルト座標内の 2 つの点の間の距離が

$$\mathrm{d} = \sqrt{(x_2-x_1)^2+(y_2-y_1)^2+(z_2-z_1)^2} = \sqrt{(\Delta x)^2+(\Delta y)^2+(\Delta z)^2}$$

であることを思い出すかもしれない．特殊相対論の舞台にこの概念を一般化した間隔は時間の距離を空間の距離と一緒にしなければならない．最初の事象が $E_1 = (ct_1, x_1, y_1, z_1)$ で起き，第 2 の事象が $E_2 = (ct_2, x_2, y_2, z_2)$ で起きたと考えよう．$(\Delta s)^2$ で表される**世界間隔**は，

$$(\Delta s)^2 = c^2(t_2-t_1)^2 - (x_2-x_1)^2 - (y_2-y_1)^2 - (z_2-z_1)^2$$

または，より簡潔に

$$(\Delta s)^2 = c^2(\Delta t)^2 - (\Delta x)^2 - (\Delta y)^2 - (\Delta z)^2 \tag{1.11}$$

によって与えられる．世界間隔は $(\Delta s)^2 > 0$ のとき**時間的 (time-like)**，$(\Delta s)^2 < 0$ のとき**空間的 (space-like)**，$(\Delta s)^2 = 0$ のとき**ヌル (null)** と呼ばれる[*3]．もし，2 つの事象の間の距離が無限小なら，すなわち，$x_1 = x, x_2 = x + \mathrm{d}x \Rightarrow \Delta x = x + \mathrm{d}x - x$ 等とするなら，世界間隔は

$$\mathrm{d}s^2 = c^2\mathrm{d}t^2 - \mathrm{d}x^2 - \mathrm{d}y^2 - \mathrm{d}z^2 \tag{1.12}$$

によって与えられる．観測者自身の時計で測られる時刻である**固有時**は

$$c^2\mathrm{d}\tau^2 = \mathrm{d}s^2 = c^2\mathrm{d}t^2 - \mathrm{d}x^2 - \mathrm{d}y^2 - \mathrm{d}z^2 \tag{1.13}$$

[*2] 訳注：すべての座標成分が距離の単位を持つようにするために，時間成分にはあらかじめ光速 c を掛けておく．

[*3] 訳注：光線の軌跡は必ずヌルなのでヌルのことを光的 (light-like) とも言ったりする．

によって定義される．これは十分混乱するが，異なる物理学者が異なる符号規約を使うから事態はより悪くなる．あるものは $ds^2 = -c^2 dt^2 + dx^2 + dy^2 + dz^2$ と書き，この場合，時間的と空間的の符号は反転する．一度，このことがさほど重要な問題でないことが分かってしまえば，特定の問題を解くために著者が使っている方を念頭に入れて読み進めればよい．

世界間隔と固有時は**不変量**であるから重要である．この意味は次のようなものである．お互いに運動している観測者たちが（無限小離れた 2 つの事象に対して）異なる時間間隔や空間間隔を観測しても，彼らは世界間隔と固有時については同じ値を得るのだ．

特殊相対論の仮定

簡単に言うと，特殊相対論は 3 つの単純な仮定を基礎としている．

仮定 1： 相対性原理
   すべての慣性系で物理法則は等しい．
仮定 2： 光の速さは不変である．
   すべての慣性系にいる観測者は同じ光の速さを測定する．
仮定 3： 一様運動は不変である．
   ある慣性系で静止または一定速度で運動する質点はすべての慣性系で静止または一定速度で運動する．

これらの仮定を使って，光の速さが不変であることに注意しながら，ガリレイ変換に代わる慣性座標変換を探そう．もう一度言うと，我々は 2 つの系 F および F' を標準設定下にあるものと考える（図 1.2）．最初の手順は仮定 3 を考慮することである．一様運動は直線で表され，この仮定が教えてくれるのはある系での直線はその系に対して一様に運動する系でも直線に写像されるということである．これは座標変換が線形であることの別の表現であ

1.0 特殊相対論の仮定

る．線形変換は行列を使って表すことができる．系 F の座標を縦ベクトル

$$\begin{pmatrix} ct \\ x \\ y \\ z \end{pmatrix}$$

で表すとすると，F' の座標は F と，ある 4×4 行列 L を使って

$$\begin{pmatrix} ct' \\ x' \\ y' \\ z' \end{pmatrix} = L \begin{pmatrix} ct \\ x \\ y \\ z \end{pmatrix} \tag{1.14}$$

の形の関係式によって表すことができる．与えられた 2 つの系が標準設定下にあるから，y 軸および z 軸は一致する．この意味は，

$$y' = y \text{ および } z' = z$$

ということである．変換の形を得るために，仮説 2 で述べられた光の速さの不変性に頼る．時刻 $t = 0$ に光の閃光が原点から発射されたものと想像しよう．光は原点から球面波として外側に広がっていく．この球面波の表面の座標の満たす式は，

$$c^2 t^2 = x^2 + y^2 + z^2 \tag{1.15}$$

である．両辺から空間成分を引くと，この式は

$$c^2 t^2 - x^2 - y^2 - z^2 = 0$$

になる．

　光の速さの不変性は F 系に対して速度 v で運動する F' 系の観測者に対しても，光の閃光が

$$c^2 t'^2 - x'^2 - y'^2 - z'^2 = 0$$

を満たすことを意味する．これらは等しいので，

$$c^2 t^2 - x^2 - y^2 - z^2 = c^2 t'^2 - x'^2 - y'^2 - z'^2$$

が成り立つ．ここで，$y' = y$ かつ $x' = x$ より，

$$c^2 t^2 - x^2 = c^2 t'^2 - x'^2 \tag{1.16}$$

と書くことができる．さて，ここで変換が線形であるという事実を使う．y と z は変わらないから，この変換の線形性は，式の形が

$$\begin{aligned} x' &= Ax + Bct \\ ct' &= Cx + Dct \end{aligned} \tag{1.17}$$

でなければならないことを意味する．これは，次の行列によって表される[(1.14) 参照]：

$$L = \begin{pmatrix} D & C & 0 & 0 \\ B & A & 0 & 0 \\ 0 & 0 & 1 & 0 \\ 0 & 0 & 0 & 1 \end{pmatrix}$$

式 (1.17) を使うと，式 (1.16) の右辺を次のように書き換えることができる．

$$\begin{aligned} x'^2 =& (Ax + Bct)^2 = A^2 x^2 + 2ABctx + B^2 c^2 t^2 \\ c^2 t'^2 =& (Cx + Dct)^2 = C^2 x^2 + 2CDctx + D^2 c^2 t^2 \\ \Rightarrow c^2 t'^2 - x'^2 =& C^2 x^2 + 2CDctx + D^2 c^2 t^2 - A^2 x^2 - 2ABctx - B^2 c^2 t^2 \\ =& c^2(D^2 - B^2)t^2 - (A^2 - C^2)x^2 + 2(CD - AB)ctx \end{aligned}$$

これは，式 (1.16) の左辺と一致しなければならない．比較をしてみると，次の結果が得られる．

$$\begin{aligned} CD - AB &= 0 \\ \Rightarrow CD &= AB \end{aligned}$$

$$\begin{aligned} D^2 - B^2 &= 1 \\ A^2 - C^2 &= 1 \end{aligned}$$

解を得るために，$\cosh^2 \phi - \sinh^2 \phi = 1$ を思いだそう．これを使うと，

$$A = D = \cosh \phi \tag{1.18}$$

1.0 特殊相対論の仮定

という置き換えができる*4. 実はある意味この変換は回転のように見なせる. 回転を導く変換は

$$x' = x\cos\phi + y\sin\phi$$
$$y' = -x\sin\phi + y\cos\phi$$

である*5. 式 (1.17) は似たような形になり,

$$B = C = -\sinh\phi \tag{1.19}$$

と置けば, $D^2 - B^2 = A^2 - C^2 = \cosh^2\phi - \sinh^2\phi = 1$ を満たす*6. A, B, C, D が決まったことにより, 変換行列は

$$L = \begin{pmatrix} \cosh\phi & -\sinh\phi & 0 & 0 \\ -\sinh\phi & \cosh\phi & 0 & 0 \\ 0 & 0 & 1 & 0 \\ 0 & 0 & 0 & 1 \end{pmatrix} \tag{1.20}$$

となる. さて, ここでパラメータ ϕ について解く必要がある. これは**速度パラメータ (rapidity)** と呼ばれる. 解を求めるために, x' 系の原点, すなわち $x' = 0$ は, $t = 0$ のとき $x = 0$ にあり, 速度 v で運動するから, x 系から見て $x = vt$ の位置にあることを使う. この条件を式 (1.17), (1.18), (1.19)

---

*4 訳注: $A = D > 0$ の証明. まず, 今考えている変換が実変換だから, A, B, C, D のすべてが実数であることに注意しよう. また, x' 軸の向きと x 軸の向き, および ct' 軸の向きと ct 軸の向きが等しいことより, $A > 0$ かつ $D > 0$ であることにも注意しよう. すると $A \neq 0$ かつ $CD = AB$ より, $B = \dfrac{CD}{A}$ である. すると $A^2 - C^2 = 1$ と $D^2 - B^2 = 1$ より, $A^2 - D^2 = C^2 - B^2 = C^2 - \left(\dfrac{CD}{B}\right)^2 = \dfrac{C^2}{A^2}(A^2 - D^2)$ が得られるので, $(A^2 - D^2)\left(\dfrac{A^2 - C^2}{A^2}\right) = 0$ であるが, $A^2 - C^2 = 1$ より, $A^2 - D^2 = 0$, つまり $A^2 = D^2$ である. いま, $A > 0$ かつ $D > 0$ だから, 結局 $A = D > 0$ となる.

*5 訳注: 質点の位置を物理的に回転させた場合と, その質点を観測する座標を回転させたのでは, 当然 ϕ の符号が逆になる. ここで考えるのは当然後者である.

*6 訳注: 負号をつける必要がないのではないかと思われる方もいるだろうが, こうとる方が自然なことが続きの計算をすれば分かる.

と一緒に使うと，

$$x' = 0 = x\cosh\phi - ct\sinh\phi = vt\cosh\phi - ct\sinh\phi$$
$$= t(v\cosh\phi - c\sinh\phi)$$

が得られるので，$v\cosh\phi - c\sinh\phi = 0$ である．これは，

$$v\cosh\phi = c\sinh\phi$$
$$\Rightarrow \frac{\sinh\phi}{\cosh\phi} = \tanh\phi = \frac{v}{c} \quad (1.21)$$

を意味する[*7]．この結果はローレンツ変換を初等的な教科書で表されている形に置き換えるのに使うことができる．まず，

$$x' = \cosh\phi x - \sinh\phi ct$$
$$ct' = -\sinh\phi x + \cosh\phi ct$$

より，t' に関する変換公式は，

$$ct' = -\sinh\phi x + \cosh\phi ct = \cosh\phi\left(-\frac{\sinh\phi}{\cosh\phi}x + ct\right)$$
$$= \cosh\phi(-\tanh\phi x + ct)$$
$$= \cosh\phi\left(ct - \frac{v}{c}x\right)$$
$$= c\cosh\phi\left(t - \frac{v}{c^2}x\right)$$

$$\Rightarrow t' = \cosh\phi\left(t - \frac{v}{c^2}x\right)$$

となる．また，

$$x' = \cosh\phi x - \sinh\phi ct$$
$$= \cosh\phi(x - \tanh\phi ct)$$
$$= \cosh\phi(x - vt)$$

[*7] 訳注：式 (1.19) で負号をつけたから $v > 0$ に $\phi > 0$ が対応するようになったのである．

1.0 3つの基礎的な物理的現象とその性質　　　　　　　　　　　　**15**

も得られる．さてここで，双曲線余弦関数 $\cosh\phi$ のちょっとしたトリックを行おう．

$$\begin{aligned}
\cosh\phi &= \frac{\cosh\phi}{1} = \frac{\cosh\phi}{\sqrt{1}} = \frac{\cosh\phi}{\sqrt{\cosh^2\phi - \sinh^2\phi}} \\
&= \frac{1}{(1/\cosh\phi)}\frac{1}{\sqrt{\cosh^2\phi - \sinh^2\phi}} \\
&= \frac{1}{\sqrt{(1/\cosh^2\phi)(\cosh^2\phi - \sinh^2\phi)}} \\
&= \frac{1}{\sqrt{1 - \tanh^2\phi}} = \frac{1}{\sqrt{1 - v^2/c^2}}
\end{aligned}$$

これは初等的な教科書で γ の定義に使われているものに他ならない．

$$\gamma = \frac{1}{\sqrt{1 - v^2/c^2}} = \cosh\phi \tag{1.22}$$

したがって，ローレンツ変換は次のような有名な形で書くことができる．

$$t' = \gamma(t - vx/c^2), \quad x' = \gamma(x - vt), \quad y' = y, \quad z' = z \tag{1.23}$$

$\beta = v/c$ という記法も一般によく使われるので覚えておこう．

3つの基礎的な物理的現象とその性質

ローレンツ変換から直ちに出てくる3つの物理的結果が存在する．これらは，時間の遅れ，長さの短縮，および "新しい" 速度の合成則である．

時間の遅れ

2つの系が標準設定下にあり，したがって系 F' は系 F に対して一様速度 v で運動するものと想像しよう．F' 系の観測者が測定する時間間隔 $\Delta t'$ は F から見ると，

$$\Delta t = \frac{1}{\sqrt{1 - \beta^2}}\Delta t' = \gamma\Delta t'$$

となる[*8]. すなわち，F' 系の観測者の時計は，F 系の観測者の時計に対して因子 $\sqrt{1-\beta^2}$ の割合でゆっくりと進む．

長さの短縮

再び 2 つの系が標準設定下にあるものとする．ある定まった時刻 t に運動方向に沿った長さを測ると，

$$\Delta x' = \frac{1}{\sqrt{1-\beta^2}} \Delta x$$

となる．すなわち，運動方向に沿った F' の距離は運動方向に沿って因子 $\sqrt{1-\beta^2}$ の割合で短くなる．

速度の合成

いま，3 つの基準系が標準設定下にあるものとしよう．系 F' は系 F に対して速度 v_1 で運動し，系 F'' は系 F' に対して速度 v_2 で運動するものとする．ニュートン物理学は系 F'' が速度 $v_3 = v_1 + v_2$ で系 F に対して運動すると教えてくれる．単純な速度の加法則である．しかし，これらの速度が光の速さに著しく近い場合，この関係は成り立たない．正しい関係式を導くためには単純に 2 つのローレンツ変換を合成すればよい．

例 1.1

相対論的速度の合成則を導け．

解答 1.1

$\beta = v/c$ を使うと，F と F' の間のローレンツ変換の行列は

$$L_1 = \begin{pmatrix} \frac{1}{\sqrt{1-\beta_1^2}} & \frac{-\beta_1}{\sqrt{1-\beta_1^2}} & 0 & 0 \\ \frac{-\beta_1}{\sqrt{1-\beta_1^2}} & \frac{1}{\sqrt{1-\beta_1^2}} & 0 & 0 \\ 0 & 0 & 1 & 0 \\ 0 & 0 & 0 & 1 \end{pmatrix} \tag{1.24}$$

[*8] 訳注：今考えているのは F' 系に静止した時計だから，$x' = 0$ などとして計算するか，逆変換を考えて $x' = 0$ を代入するのが簡単であろう．

と書ける．F' と F'' の間のローレンツ変換は

$$L_2 = \begin{pmatrix} \frac{1}{\sqrt{1-\beta_2^2}} & \frac{-\beta_2}{\sqrt{1-\beta_2^2}} & 0 & 0 \\ \frac{-\beta_2}{\sqrt{1-\beta_2^2}} & \frac{1}{\sqrt{1-\beta_2^2}} & 0 & 0 \\ 0 & 0 & 1 & 0 \\ 0 & 0 & 0 & 1 \end{pmatrix} \tag{1.25}$$

である．F と F'' の間のローレンツ変換は (1.24) と (1.25) を使って $L_2 L_1$ を計算することによって得られる．

$$\begin{pmatrix} \frac{1}{\sqrt{1-\beta_2^2}} & \frac{-\beta_2}{\sqrt{1-\beta_2^2}} & 0 & 0 \\ \frac{-\beta_2}{\sqrt{1-\beta_2^2}} & \frac{1}{\sqrt{1-\beta_2^2}} & 0 & 0 \\ 0 & 0 & 1 & 0 \\ 0 & 0 & 0 & 1 \end{pmatrix} \begin{pmatrix} \frac{1}{\sqrt{1-\beta_1^2}} & \frac{-\beta_1}{\sqrt{1-\beta_1^2}} & 0 & 0 \\ \frac{-\beta_1}{\sqrt{1-\beta_1^2}} & \frac{1}{\sqrt{1-\beta_1^2}} & 0 & 0 \\ 0 & 0 & 1 & 0 \\ 0 & 0 & 0 & 1 \end{pmatrix}$$

$$= \begin{pmatrix} \frac{1+\beta_1\beta_2}{\sqrt{(1-\beta_1^2)(1-\beta_2^2)}} & \frac{-(\beta_1+\beta_2)}{\sqrt{(1-\beta_1^2)(1-\beta_2^2)}} & 0 & 0 \\ \frac{-(\beta_1+\beta_2)}{\sqrt{(1-\beta_1^2)(1-\beta_2^2)}} & \frac{1+\beta_1\beta_2}{\sqrt{(1-\beta_1^2)(1-\beta_2^2)}} & 0 & 0 \\ 0 & 0 & 1 & 0 \\ 0 & 0 & 0 & 1 \end{pmatrix}$$

この行列はそれ自体がローレンツ変換のはずだから，この行列の形は

$$L_3 = \begin{pmatrix} \frac{1}{\sqrt{1-\beta_3^2}} & \frac{-\beta_3}{\sqrt{1-\beta_3^2}} & 0 & 0 \\ \frac{-\beta_3}{\sqrt{1-\beta_3^2}} & \frac{1}{\sqrt{1-\beta_3^2}} & 0 & 0 \\ 0 & 0 & 1 & 0 \\ 0 & 0 & 0 & 1 \end{pmatrix}$$

となってなければならない．β_3 はそれぞれの対応する項を等号で結ぶことによって求めることができる．これにはただ 1 つの項を考えるだけで良い．そこで，それぞれの行列の左上角の項をとり出し比較する．

$$\frac{1+\beta_1\beta_2}{\sqrt{(1-\beta_1^2)(1-\beta_2^2)}} = \frac{1}{\sqrt{1-\beta_3^2}}$$

この両辺の平方をとろう．

$$\frac{(1+\beta_1\beta_2)^2}{(1-\beta_1^2)(1-\beta_2^2)} = \frac{1}{1-\beta_3^2}$$

これの逆数をとると，

$$\frac{(1-\beta_1^2)(1-\beta_2^2)}{(1+\beta_1\beta_2)^2} = 1 - \beta_3^2$$

を得る．さて，ここで期待する項 β_3 を得るため，項を分離しよう．

$$\beta_3^2 = 1 - \frac{(1-\beta_1^2)(1-\beta_2^2)}{(1+\beta_1\beta_2)^2}$$

この右辺において，$1 = \frac{(1+\beta_1\beta_2)^2}{(1+\beta_1\beta_2)^2}$ と置いて，表式を次のように書き換える．

$$\begin{aligned}\beta_3^2 &= \frac{(1+\beta_1\beta_2)^2}{(1+\beta_1\beta_2)^2} - \frac{(1-\beta_1^2)(1-\beta_2^2)}{(1+\beta_1\beta_2)^2} \\ &= \frac{(1+\beta_1\beta_2)^2 - (1-\beta_1^2)(1-\beta_2^2)}{(1+\beta_1\beta_2)^2}\end{aligned}$$

さて，この右辺を展開すると

$$\begin{aligned}\beta_3^2 &= \frac{(1+\beta_1\beta_2)^2 - (1-\beta_1^2)(1-\beta_2^2)}{(1+\beta_1\beta_2)^2} \\ &= \frac{1 + 2\beta_1\beta_2 + \beta_1^2\beta_2^2 - (1 - \beta_1^2 - \beta_2^2 + \beta_1^2\beta_2^2)}{(1+\beta_1\beta_2)^2}\end{aligned}$$

が得られる．これは次のように単純化される．

$$\beta_3^2 = \frac{2\beta_1\beta_2 + \beta_1^2 + \beta_2^2}{(1+\beta_1\beta_2)^2} = \frac{(\beta_1+\beta_2)^2}{(1+\beta_1\beta_2)^2}$$

この両辺の平方根をとると

$$\beta_3 = \frac{\beta_1 + \beta_2}{1 + \beta_1\beta_2}$$

が得られる[*9]．ここで，$\beta = v/c$ だったから，v で書き直すと

$$\frac{v_3}{c} = \frac{v_1/c + v_2/c}{1 + v_1 v_2/c^2}$$

[*9] 訳注：平方根の正の方だけが解となるのは，$\beta_2 = 0$ のとき $\beta_3 = \beta_1$ を満たすという条件から得られる．

この両辺に c を掛けると速度の合成則を得る．

$$v_3 = \frac{v_1 + v_2}{1 + v_1 v_2/c^2} \tag{1.26}$$

光円錐と時空図

　原点から放出された光の閃光を考えることによって，時空を視覚化することは大変便利である．すでに議論したように，光の閃光は球面波の先端として表すことができる．しかし，我々の心は 4 次元を視覚化することはできず，紙に描くこともできない．そこで空間次元のうち 1 つか 2 つを制限するという次に良い方法をとることにしよう．まず，考えられるもっとも単純な場合である，2 つの空間次元を制限したものを考えよう．

　これを行うと単純な時空図を与える (基礎的な概念は図 1.3 参照)．時空図において，垂直方向の軸は時間を表し，水平方向の 1 つか 2 つの軸は空間軸を表す．時空図を考えるとき，$c = 1$ の単位系を採用するのが便利である．$t > 0$ である上半平面は原点の未来の事象を表す．また，過去の事象は $t < 0$ である下半平面にある．この図における光の運動は x 軸に対して 45° の角度の直線で表される．すなわち，

$$t^2 = x^2$$

を満たす直線である．第 1 象限においては光線の軌跡は直線 $t = x$ によって表される．

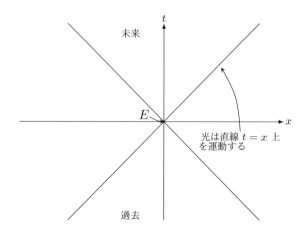

図 1.3 時空の未来領域と過去領域への分割．光線は直線 $t = x$ または $t = -x$ 上を運動する．これらの直線は原点が時空内のある事象 E であるとき光円錐を定義する．下半平面にある光円錐の内部は E の過去であり，過去のすべての事象が E に影響を与えることができる．E の未来は E によって影響を受けるすべての事象を含み，上半平面にある光円錐の内部にある．光円錐の外側の領域は，**空間的**と呼ばれる．

時空図に描かれた質点の時空内の運動は**世界線**と呼ばれる (図 1.4)．質点の運動のうち，もっとも単純なのが質点がどこかに静止している状態である．時空図において静止する質点の世界線を表すには，単に，その質点のいる空間的位置を表す x 軸上の点を通る垂直な直線を引けばよい．これは質点がある位置 x に居続け移動しないが，時間は進み続けるから正しく表されている．

特殊相対論は質点が光の速さより速くは運動できないことを教えてくれる．時空図において，これは質点の運動が光円錐の**内部**に制限されるという事実として表される．光円錐の内部の領域は**時間的**と呼ばれる．事象 E と因果関係を持たない光円錐の外側の領域を**空間的**と呼ぶ．

1.0 光円錐と時空図

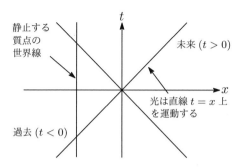

図 1.4　静止する質点の世界線は直線である．

2つの空間次元を表した時空図を描くことにより，より多くの直観が得られる．これは，図 1.5 に示す．

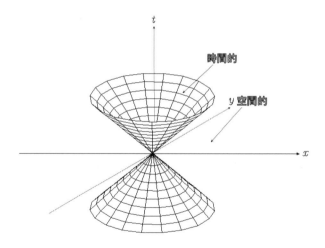

図 1.5　2つの空間次元を持つ光円錐

4元ベクトル

特殊相対論では空間を領域として表し，その背景で時間が流れるとする代わりに**時空**と呼ばれる統一的実体の下で考察を行う．その結果，ベクトルは普段使うような空間成分のみを持つものではなく，空間成分に加えて時間成分を持つものになる．これは **4元ベクトル**と呼ばれる．相対論で重要な4元ベクトルが，いくつかある．まず最初に，4元速度で，それは $\vec{u}$ で表される．その成分は

$$\vec{u} = \left(\frac{c\,dt}{d\tau}, \frac{dx}{d\tau}, \frac{dy}{d\tau}, \frac{dz}{d\tau}\right)$$

となる．この表式を固有時に関して再度微分することにより，4元加速度 $\vec{a}$ を得ることができる．$\vec{A}$ のノルムまたは大きさの2乗 $\vec{A}\cdot\vec{A}$ はそれが，時間的か，空間的か，光的かを教えてくれる．この定義は線素に対する符号規約によって変わる．$ds^2 = c^2 dt^2 - dx^2 - dy^2 - dz^2$ を採用した場合，$\vec{A}\cdot\vec{A} > 0$ のとき，$\vec{A}$ は時間的と呼ばれ，$\vec{A}\cdot\vec{A} < 0$ のとき，$\vec{A}$ は空間的と呼ばれ，$\vec{A}\cdot\vec{A} = 0$ のとき，$\vec{A}$ はヌルと呼ばれる．4元速度は常に時間的ベクトルである．この符号規約の下で，ドット積は

$$\vec{A}\cdot\vec{A} = (A_t)^2 - (A_x)^2 - (A_y)^2 - (A_z)^2$$

によって計算される．ドット積は不変量でありすべてのローレンツ系で等しい値をとる．ある系 F で質点が速度 $\vec{u}$ で運動しているとき，エネルギーを $E = \gamma m_0 c^2$ にとれば，エネルギーと運動量の保存則を得ることができることが分かる．そこで，4元運動量 $\vec{p}$ を

$$\vec{p} = m_0 \vec{u} \tag{1.27}$$

1.0 4元ベクトル

によって定義する．ここで，m_0 は粒子の静止質量であり，$\vec{u}$ は 4 元速度ベクトルである[*10]．より見慣れた形で書くなら，4 元運動量ベクトルは $\vec{p} = (E/c, p_x, p_y, p_z)$ と表すことができる[*11]．

標準設定下にある 2 つの系に対して，4 元運動量の成分は次のように変換する．

$$\begin{aligned} p'_x &= \gamma p_x - \beta \gamma E/c \\ p'_y &= p_y \\ p'_z &= p_z \\ E' &= \gamma E - \beta \gamma c p_x \end{aligned} \tag{1.28}$$

ドット積に対して我々の符号規約を使うと，

$$\vec{p} \cdot \vec{p} = E^2/c^2 - p_x^2 - p_y^2 - p_z^2 = E^2/c^2 - p^2$$

が得られる．ここでドット積がローレンツ不変であることを思いだそう．これより，どのような系を選んでその計算をしても値は一緒になる．質点の静止系では運動量はゼロ（したがって $p^2 = 0$）であり，このときエネルギーはアインシュタインの有名な公式 $E = m_o c^2$ によって与えられる．したがって，

$$\vec{p} \cdot \vec{p} = m_0^2 c^2$$

が成り立つ．これらの結果を一緒にすると，

$$E^2 - p^2 c^2 = m_0^2 c^4 \tag{1.29}$$

を得る．

[*10] 訳注：$c^2 d\tau^2 = c^2 dt^2 - dx^2 - dy^2 - dz^2$ の両辺を $c^2 dt^2$ で割ると，$\left(\dfrac{d\tau}{dt}\right)^2 = 1 - \left(\dfrac{v}{c}\right)^2$ が得られるので，$\dfrac{dt}{d\tau} = \dfrac{1}{\sqrt{1 - v^2/c^2}} = \gamma$ が成り立つ．したがって，$m_0 u^0 = m_0 \dfrac{cdt}{d\tau} = \gamma m_0 c = E/c$ が言える．

[*11] 訳注：ただし，p_x, p_y, p_z は $m_0 \dfrac{dx}{d\tau}$ のように，通常の時間ではなく，固有時による微分になっていることに注意．

相対論的質量とエネルギー

質点の静止質量とはその質点の瞬間的な静止系で測られた質量である．静止質量をここでは m_0 で表す．質点が観測者 O に対して速度 v で運動しているとき，観測者 O は質点の質量を

$$m = \frac{m_0}{\sqrt{1 - v^2/c^2}} = \gamma m_0 \tag{1.30}$$

として測定する．さて，$|x| < 1$ で有効な次の 2 項展開を考えよう．

$$(1 + x)^n \approx 1 + nx$$

これは $n = -1/2$ のとき，

$$(1 - x)^{-1/2} \approx 1 + \frac{1}{2}x$$

が言える．式 (1.30) において $x = v^2/c^2$ と置くと，

$$m = \frac{m_0}{\sqrt{1 - v^2/c^2}} \approx m_0 \left(1 + \frac{1}{2}\frac{v^2}{c^2}\right) = m_0 + \frac{1}{2}m_0\frac{v^2}{c^2}$$

を得る．この式の両辺に c^2 を掛けると質点の相対論的エネルギーが静止質量エネルギー + ニュートン的運動エネルギーに (v^2/c^2 の 1 次の近似で) 一致するという関係式を得る．

$$E = \gamma m_0 c^2 = mc^2 \approx m_0 c^2 + \frac{1}{2}m_0 v^2$$

章末問題

1. 慣性系は
    (a) 一定加速度で運動するものとして表される．

1.0 章末問題

  (b) 一定の力を仮定する系である．
  (c) 一定速度で運動する系である．
  (d) ガリレイ変換を仮定する系である．
2. 固有時 $d\tau^2$ は世界間隔と
   (a) $c^2 d\tau^2 = -ds^2$ の関係がある．
   (b) $c^2 d\tau^2 = ds^2$ の関係がある．
   (c) $d\tau^2 = -c^2 ds^2$ の関係がある．
   (d) $\frac{d\tau^2 = -ds^2}{c^2}$ の関係がある．
3. 相対性原理は
   (a) 『一定加速度によって異なっているすべての基準系で物理法則は一定の割合だけしか異ならない．』と述べることができる．
   (b) 『物理法則はある慣性系から別の慣性系へ移ると変わる．』と述べることができる．
   (c) 『物理法則はすべての慣性系で等しい．』と述べることができる．
4. 速度パラメータは次のうちどの関係式で定義されるか？
   (a) $\tanh\phi = \frac{v}{c}$．
   (b) $\tan\phi = \frac{v}{c}$．
   (c) $\tanh\phi = -\frac{v}{c}$．
   (d) $v\tanh\phi = c$．
5. 2つの系が標準設定下にあるものとしよう．長さの短縮現象は次のどの因子によって距離が短くなるということができるか？
   (a) $\sqrt{1+\beta^2}$．
   (b) $\sqrt{1-\beta^2}$．
   (c) $-\frac{\sqrt{1+\beta^2}}{c^2}$．

Chapter 2
ベクトル，1形式および計量

本章では相対論の学習で現れるいくつかの基本的な数学的対象について述べる．読者が間違いなくすでに基礎的な物理や数学でベクトルの学習をしているであろうが，ここではわずかに異なる輝きを持つものを扱う．ここではそれ自身でベクトル空間をなす **1形式**と呼ばれる不思議な対象にも遭遇する．最後に**計量 (metric)** によってどのようにして幾何学が記述されるのかを学ぶ．

ベクトル

ベクトルは向きと大きさを持つ量である．視覚的にはベクトルは矢印を頭に持った向きを持つ線分として描かれる．矢印の長さはその大きさの図形的表現である (図 2.1 参照).

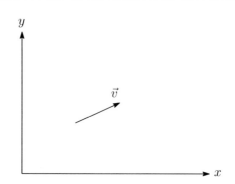

図 2.1　xy 平面内に向きを持つ線分として描かれたお馴染みの基礎的ベクトル．

　読者は間違いなくベクトルの和，スカラー積，およびベクトルの差の図形的方法について良く知っていることだろう．ここではベクトルをより抽象的に扱うためこれらの方法について復習しない．ここでの目的のために，ベクトルはその**成分**によって扱うのが便利である．平面内，または通常の 3 次元空間内では，ベクトルの各成分はそのベクトルの各座標軸への (正) 射影である．図 2.2 では，xy 平面内のベクトルとその x 軸および y 軸への正射影を示した．

　ベクトルの成分は数である．それらは配列として配置される．たとえば 3 次元空間ではベクトル A の成分は $A = (A_x, A_y, A_z)$ と書くことができる．しばしばベクトルは基底ベクトルによる展開として書かれる．基底ベクトルは単位長さを持ち，座標軸に沿った方向を示すものである．基礎的な物理学の教科書では一般的にデカルト座標の基底を $(\hat{i}, \hat{j}, \hat{k})$ で表し，そのため通常の 3 次元空間では，ベクトル A は

$$\vec{A} = A_x \hat{i} + A_y \hat{j} + A_z \hat{k}$$

と書かれる．より進んだ教科書では次のように異なる記号法が使われる：

$$\vec{A} = A_x \hat{x} + A_y \hat{y} + A_z \hat{z}$$

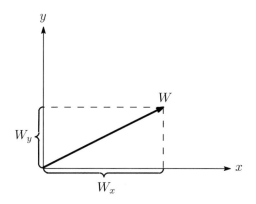

図 2.2 xy 平面内のベクトル W とその分解された成分 W_x および W_y. これらは W の x または y 軸への正射影である.

これは次のような利点がある表記法である．まず最初にこの表記法はどの基底ベクトルがどちらの方向を指し示しているかが明らかである（$(\hat{i},\hat{j},\hat{k})$を使うと一部の読者には不可解かもしれない）．さらに言えば，この表記法は異なる座標系を採用したときにベクトルを定義するための良い表記法を提供する．たとえば，この同じベクトルは球座標で

$$\vec{A} = A_r\hat{r} + A_\theta\hat{\theta} + A_\phi\hat{\phi}$$

と書くことができる．ここで注意すべき点が 2 つある．まず最初にベクトル A は座標系によらない幾何学的対象として存在するということである．その成分を得るためにはそのベクトルを表現するための座標系を選ぶ必要がある．次に与えられた座標系でそのベクトルを表す数，すなわちベクトルの成分は，一般にそのベクトルを表現するのに採用した座標系によって異なるということである．したがってこの例の場合，一般に $(A_x, A_y, A_z) \neq (A_r, A_\theta, A_\phi)$ である．

新しい表記法

これから計算においてより便利な異なる表記法を使うことにする．まず最初に，座標を座標にラベルされた添字の集まりと同一視する．文字 x はすべての座標を表すのに使われるが，上付き添字を付けてどの座標を指し示しているのかを表す．たとえば，y のことは x^2 と表す．ここで重要なのは，ここで使われる "2" はただのラベルであり，冪ではないということである．たとえば，

$$y^2 = (x^2)^2$$

などである．デカルト座標のすべての組は次のように表される：

$$(x, y, z) \to (x^1, x^2, x^3)$$

この同一視によって，x^1 は x を意味し x^2 は y を意味するなどのようになる．この同一視は完全に一般的で，これを使ってたとえば円柱座標のような別の座標系を表すことができる．何が何を表すかは文脈から明らかとなる．また，この表記法と読者が慣れ親しんだ表記法の間を行ったり来たりするのも便利である．

2つ以上の座標系を扱う場合またはより重要な座標系間の変換を考える場合には，2つの異なる座標の集まりに対してこの表記法を適用する必要がある．これを行う1つの方法が，添字の上にプライム『′』を付ける方法である．例としては，仮にデカルト座標と球座標を同じ問題において使っているものとしよう．もし，デカルト座標を $(x, y, z) \to (x^1, x^2, x^3)$ とラベルするなら，球座標にはプライムを付けて

$$(r, \theta, \phi) \to (x^{1'}, x^{2'}, x^{3'})$$

と書く．

ベクトルの成分についても同様に上付き添字を付ける．今の例ではデカル

ト座標におけるベクトル A の成分は

$$A = (A^1, A^2, A^3)$$

によって与えられる．ここでもちろんプライム付きの座標は同じベクトルの球座標における表現である．

$$A = (A^{1'}, A^{2'}, A^{3'})$$

また，別の便利な表記法の変更によって偏微分を上手い方法で書くことができる．この場合，

$$\frac{\partial f}{\partial x} = \partial_x f$$

と書くか，添字を使って，

$$\frac{\partial}{\partial x^a} \to \partial_a$$

と書き表す．

　この見た目上はっきりしない流儀で書くのは 2 つの理由がある．最初の理由は相対論を展開するときに書き方に大きな手間が必要となるという点である．そしてそれを減らすことができるどんなものも良いことである．しかし，のちに見るように (∂_a に示されるように) 添字の位置はより啓発的で便利であることが証明される．残念ながら，この時点ではまだ何故そうなのかを言う準備ができていない．したがって読者はこのことを文字通りに受け止め，この略記法がどういう意味であったか心に留めておこう．

4 元ベクトル

　多くの場合，ベクトルのような対象の特定の成分を扱うわけではなく，むしろ一般の成分を扱う．本書ではベクトルのようなものの成分を小文字のラテン文字で表す．たとえば，ベクトル A は

$$A^a$$

と表すことができる．

　我々が相対論を扱っていることより，ベクトルは時間と空間の成分を持つことになる (これは **4 元ベクトル**になる)．その場合，ベクトルの**時間成分**は添字 0 によってラベルされ，したがって 4 元ベクトルの成分は

$$V = (V^0, V^1, V^2, V^3)$$

によって与えられる．ベクトルの加法は次によって記述される：

$$\vec{A} + \vec{B} = (A^0 + B^0, A^1 + B^1, A^2 + B^2, A^3 + B^3)$$

一方スカラーとの積は

$$\alpha \vec{A} = (\alpha A^0, \alpha A^1, \alpha A^2, \alpha A^3)$$

と書くことができる．著者によっては 4 を時間成分として $(1,2,3,4)$ をそれらの添字に採用している場合があるので注意しよう．しかし，ここでは 0 を時間座標のラベルとして使用する．

　多くの著者が次のような添字の約束を使っている．表式においてすべての 4 成分 (時間と空間) が使われるなら，ギリシャ文字がその添字として使われる．したがってもし著者が

$$T^{\mu}{}_{\nu}{}^{\gamma}$$

と書くなら，添字 μ, ν, γ は $(0,1,2,3)$ の範囲をとれる．このとき，ラテン文字は空間成分のみのために確保されている．したがって表式

$$S^{i}{}_{j}$$

においては添字 i, j は $(1,2,3)$ の範囲をとる．沢山のギリシャ文字を入力するのは少々骨が折れるので本書ではすべての場合でラテン文字を使用する．可能な場合，ラテン小文字の最初の方 $(a, b, c, \ldots)$ ですべての可能な値 $(0,1,2,3)$ を範囲にとり，i や j などの中央のアルファベットは空間成分 $(1,2,3)$ のみを範囲とするように使う．

アインシュタインの和の規約

アインシュタインの和の規約は和を簡便に書く方法である．もし，ある表式において同じ添字が1つが上に，もう1つが下に現れるとき，それは和をとっているものとする．具体的な例としては，

$$\sum_{i=1}^{3} A_i B^i \to A_i B^i = A_1 B^1 + A_2 B^2 + A_3 B^3$$

とする．別の例としては，$S^a T_{ab}$ は

$$\sum_{a=0}^{3} S^a T_{ab}$$

の略記法となる．和をとっている添字は**ダミー添字**と呼ばれ，もし必要なら別のラベルに置き換えることができる．たとえば，

$$S^a T_{ab} = S^c T_{cb}$$

である．この例において b は和の演算に含めない．このような添字は**自由添字**として知られている．自由添字は一般に表式の両側に現れる．たとえば，次のような等式を考えよう：

$$A^{a'} = \Lambda^{a'}{}_b A^b$$

この表式において b は再びダミー添字である．ここでの暗黙の和は

$$A^{a'} = \Lambda^{a'}{}_b A^b = \Lambda^{a'}{}_0 A^0 + \Lambda^{a'}{}_1 A^1 + \Lambda^{a'}{}_2 A^2 + \Lambda^{a'}{}_3 A^3$$

を意味する．この表式に現れる別の添字 a' は自由添字であり，もし変更するならこの表式の両側を一緒に変更しなければならない．したがって，両側の文字を一緒に $a' \to b'$ のように変更するのは有効である．すなわち，

$$A^{b'} = \Lambda^{b'}{}_b A^b$$

である．

接ベクトル，1形式，座標基底

基底ベクトルはしばしば表記 e_a で表される．アインシュタインの和の規約より，ベクトル V はある基底で

$$V = V^a e_a$$

と表される．この場合，表記 e_a は和の規約を使っていることより意味を持つ (これは厄介な，たとえば $(\hat{i}, \hat{j}, \hat{k})$ では不可能である).

与えられた座標系において，基底ベクトル e_a は座標線に接する (図 2.3 および図 2.4 参照).これが特定の座標方向の偏微分として基底ベクトルを書くことができる理由である (たとえば，Carroll,2004).言い換えると我々は

$$e_a = \partial_a = \frac{\partial}{\partial x^a}$$

ととる．この種の基底は**座標基底**と呼ばれる．これよりベクトルは，関数をその導関数に関係する新しい関数に写像する演算子として考えることができる．特に，

$$Vf = (V^a e_a)f = V^a \partial_a f$$

である．ベクトル V は**共変成分** V_a で表すことができる．この種のベクトルは**1形式**と呼ばれる．基底1形式は上付き添字を持ち，しばしば ω^a で表される．したがって

$$\tilde{V} = V_a \omega^a$$

と書くことができる．チルダ『~』を使うことにより，これが1形式であって，通常のベクトルではないことを示すことができる (ただし，それは同じ数学的対象の別表現である).のちに我々は計量によって添字を上げ下げすることによって，どのように2つの表現を行き来するかを見るだろう．

2.0 接ベクトル，1形式，座標基底

図 2.3 曲線の接ベクトル．

基底 1 形式が基底ベクトルを数値であるクロネッカーのデルタに写像するという点で，1 形式はその右側とベクトル空間を構成し，このとき，基底 1 形式が普通のベクトルに対して双対ベクトル空間を構成する．すなわち，

$$\omega^a(e_b) = \delta^a_b \tag{2.1}$$

である．ここで，

$$\delta^a_b = \begin{cases} 1 & a = b \\ 0 & その他 \end{cases}$$

である．座標表現において，基底 1 形式は

$$\omega^a = \mathrm{d}x^a \tag{2.2}$$

によって与えられる．この表現によると，式 (2.1) が何故成り立つのかを示すのは簡単である．

任意の 1 形式 σ_a はベクトル V^a をスカラー積によってある数に写像する．

$$\sigma \cdot V = \sigma_a V^a$$

このことは次のようにして考えることができる：ベクトルはスカラー積を通して 1 形式を実数に変える写像として視覚化できる．より一般に，(p, q) テンソルは 1 形式 p 個とベクトル q 個を入力として実数に写像する関数として定義できる．一般のテンソルは次のようにして書くことができる：

$$\boldsymbol{T} = T_{abc\cdots}{}^{lmn\cdots} \omega^a \otimes \omega^b \otimes \omega^c \cdots e_l \otimes e_m \otimes e_n \cdots$$

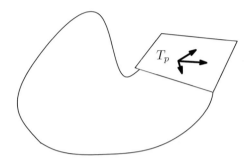

図 2.4 明らかに荒い表現．この塊は多様体 (基本的には点からなる空間) を表す．T_p は点 p の接空間である．接ベクトルはここに含まれる．

1形式，基底ベクトル，およびテンソルについてはのちにより深く学ぶ．

座標変換

相対論ではしばしばある座標系から別の座標系へ変更することが必要となる．この種の変換は $\Lambda^{a}{}_{b'}$ で表される変換行列によって行われる．添字の位置およびプライム記号を付ける位置は変換の種類に依存して決まる．座標変換において，$\Lambda^{a}{}_{b'}$ の成分は一方の座標の他方の座標に関する偏微分をとることによって構成される．より具体的に書くと，

$$\Lambda^{a}{}_{b'} = \frac{\partial x^a}{\partial x^{b'}} \tag{2.3}$$

である．これを適用する方法の扱い方を得る最も易しい方法は単に公式を書き下し，いくつかの場合についてそれらを適用することである．基底ベクトルは次のように変換する：

$$e_{a'} = \Lambda^{b}{}_{a'} e_b \tag{2.4}$$

このようにしてよい理由は，読者もご存知の通り，任意のベクトルは何らかの基底によって展開できるからである．この関係がもたらすものは基底ベ

2.0 座標変換

クトル $e_{a'}$ の古い基底 e_b による展開である．$e_{a'}$ の e_b 基底に関する成分は $\Lambda^a{}_{b'}$ によって与えられる．ここで我々は新しい座標をプライムで表し，古い座標をプライム無しの添字で表した．

例 2.1

平面極座標は次の関係式によってデカルト座標と関係している：

$$x = r\cos\theta \quad \text{および} \quad y = r\sin\theta$$

デカルト座標を極座標に写像する変換行列を書き，デカルト座標の基底ベクトルに関する極座標基底ベクトルを書け．

解答 2.1

$\Lambda^a{}_{b'} = \frac{\partial x^a}{\partial x^{b'}}$ を使うことにより，変換行列は

$$\Lambda^x{}_r = \frac{\partial x}{\partial r} = \cos\theta \qquad \text{および} \qquad \Lambda^y{}_r = \frac{\partial y}{\partial r} = \sin\theta$$

$$\Lambda^x{}_\theta = \frac{\partial x}{\partial \theta} = -r\sin\theta \qquad \text{および} \qquad \Lambda^y{}_\theta = \frac{\partial y}{\partial \theta} = r\cos\theta$$

となる．(2.4) を使うことにより，極座標での基底ベクトルを書き下すことができる．これは

$$e_r = \Lambda^x{}_r e_x + \Lambda^y{}_r e_y = \cos\theta e_x + \sin\theta e_y$$
$$e_\theta = \Lambda^x{}_\theta e_x + \Lambda^y{}_\theta e_y = -r\sin\theta e_x + r\cos\theta e_y$$

となる．ベクトルの成分は基底ベクトルと逆の変換をする (これが何故，通常のベクトルがしばしば**反変**と呼ばれるのかという理由である．それは基底ベクトルと反対の変換をする)．これは驚くことではないが添字の位置を与える．特に，

$$V^{a'} = \Lambda^{a'}{}_b V^b = \frac{\partial x^{a'}}{\partial x^b} V^b \tag{2.5}$$

が成り立つ．一方，1 形式の成分は次のように変換する：

$$\sigma_{a'} = \Lambda^b{}_{a'} \sigma_b \tag{2.6}$$

基底 1 形式は次のように変換する：

$$\omega^{a'} = \mathrm{d}x^{a'} = \Lambda^{a'}_{\ b}\mathrm{d}x^b \tag{2.7}$$

任意のテンソルの変換を求めるには，単に各添字についてベクトルと 1 形式の変換に関する基本的なルールを使えばよい (我々は添字を変換しているのではない．ただし，その添字は移り変わる)．基本的に各添字に対して適当な Λ を加える必要がある．たとえば，次節で学ぶ計量テンソルは次のように変換する：

$$g_{a'b'} = \Lambda^c_{\ a'}\Lambda^d_{\ b'}g_{cd}$$

計量

最も基本的なレベルにおいて，幾何学は 2 点間の距離を与えるピタゴラスの定理 (3 平方の定理) によって述べられるということができる (図 2.5 参照)．2 点を $P_1 = (x_1, y_1)$，および $P_2 = (x_2, y_2)$ とすると，距離 d は次によって与えられる：

$$\mathrm{d} = \sqrt{(x_1 - x_2)^2 + (y_1 - y_2)^2}$$

図形的にはもちろん，ピタゴラスの定理は図 2.5 のように，斜辺の長さを残りの 2 つの辺によって与える．

2.0 計量

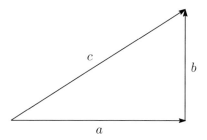

図 2.5　ピタゴラスの定理は a, b, c の長さが $c = \sqrt{a^2 + b^2}$ という関係にあることを教えてくれる．

すでに見てきた通り，この概念はすでに特殊相対論の平坦な時空に一般化できる．そこでは我々は時空の事象間の差を考えなければならない．2 つの事象を (t_1, x_1, y_1, z_1) および (t_2, x_2, y_2, z_2) によってラベルすると，この 2 つの事象の間の**世界間隔**は次のようになる：

$$(\Delta s)^2 = (t_1 - t_2)^2 - (x_1 - x_2)^2 - (y_1 - y_2)^2 - (z_1 - z_2)^2$$

さて，この 2 つの事象の距離が無限小であると想像しよう．すなわち，もし，最初の事象が単に座標 (t, x, y, z) で与えられるものとすると，2 つ目の事象は $(t + dt, x + dx, y + dy, z + dz)$ で与えられる．この場合，明らかにそれぞれの項の差は (dt, dx, dy, dz) によって与えられる．この無限小の間隔は次のように書かれる：

$$ds^2 = dt^2 - dx^2 - dy^2 - dz^2$$

のちに見るように，時空の幾何学を記述する世界間隔の形は重力場と密接な関係がある．そのため計量に慣れておくことは大変重要になる．要するに，間隔 ds^2 は，——それはしばしば計量と呼ばれるが——与えられた空間（あるいは時空）が平坦な空間 (あるいは時空) からどれだけずれているかという情報を含んでいる．もし読者が微積分を学んでいるなら読者はすでに幾らか計量の概念を知っていることになる．そのとき，量 ds^2 はしばしば**線素**と呼ばれる．ここでいくつかの良く知られている線素について復習しよう．最も

なじみ深いのは普通のデカルト座標のものである．それは次によって与えられる：
$$ds^2 = dx^2 + dy^2 + dz^2 \tag{2.8}$$
球座標においては
$$ds^2 = dr^2 + r^2 d\theta^2 + r^2 \sin^2\theta d\phi^2 \tag{2.9}$$
である．一方，円柱座標の線素は次のようになる：
$$ds^2 = dr^2 + r^2 d\phi^2 + dz^2 \tag{2.10}$$
これらやほかの線素は添字付きの座標とその和によって簡潔に表すことができる．一般に線素は次のように書くことができる：
$$ds^2 = g_{ab}(x) dx^a dx^b \tag{2.11}$$
ここで g_{ab} は計量と呼ばれる 2 階のテンソルの成分である（これらの成分は行列として書けることに注意しよう）．読者は計量の成分がその線素に現れる微分の係数関数であることを思い出すことによってこれが何であるかを思い出すことができる．通常の 3 次元空間を表す計量に対しては，これらの成分は次のように行列内に配置される：
$$g_{ij} = \begin{pmatrix} g_{11} & g_{12} & g_{13} \\ g_{21} & g_{22} & g_{23} \\ g_{31} & g_{32} & g_{33} \end{pmatrix}$$
たとえば，式 (2.8) を見ると，デカルト座標に対しては，
$$g_{ij} = \begin{pmatrix} 1 & 0 & 0 \\ 0 & 1 & 0 \\ 0 & 0 & 1 \end{pmatrix}$$
と書くことができる．時空を扱うときには，x^0 によって時間座標を表すのが慣わしであり，計量の行列表現は次の通りとなる：
$$g_{ab} = \begin{pmatrix} g_{00} & g_{01} & g_{02} & g_{03} \\ g_{10} & g_{11} & g_{12} & g_{13} \\ g_{20} & g_{21} & g_{22} & g_{23} \\ g_{30} & g_{31} & g_{32} & g_{33} \end{pmatrix}$$

2.0 計量

球座標に対しては，$(r,\theta,\phi) \to (x^1, x^2, x^3)$ という同一視をし，式 (2.9) を使うと，

$$g_{ij} = \begin{pmatrix} 1 & 0 & 0 \\ 0 & r^2 & 0 \\ 0 & 0 & r^2 \sin^2 \theta \end{pmatrix} \tag{2.12}$$

と書くことができる．円柱座標では，行列は次の形をとる：

$$g_{ij} = \begin{pmatrix} 1 & 0 & 0 \\ 0 & r^2 & 0 \\ 0 & 0 & 1 \end{pmatrix} \tag{2.13}$$

我々がこれまで考察したもののように，多くの場合において計量は対角成分しか持たない．しかし，これが常に成り立つわけではないことははっきり認識しておかねばならない．たとえば，重力放射の研究で現れる計量は非対角成分を持ち，それは**ボンディ計量 (Bondi metric)** と呼ばれる[*1]．使われている座標は (u,r,θ,ϕ) であり，線素は次のように書くことができる：

$$\begin{aligned} \mathrm{d}s^2 &= \left(\frac{f}{r}e^{2\beta} - g^2 r^2 e^{2\alpha}\right) \mathrm{d}u^2 + 2e^{2\beta}\mathrm{d}u\mathrm{d}r + 2gr^2 e^{2\alpha}\mathrm{d}u\mathrm{d}\theta \\ &\quad - r^2(e^{2\alpha}\mathrm{d}\theta^2 + e^{-2\alpha}\sin^2\theta\mathrm{d}\phi^2) \end{aligned} \tag{2.14}$$

ここで，f, g, α, β は座標 (u,r,θ,ϕ) の関数である．この座標でこの計量の行列表現は次のように書くことができる：

$$g_{ab} = \begin{pmatrix} g_{uu} & g_{ur} & g_{u\theta} & g_{u\phi} \\ g_{ru} & g_{rr} & g_{r\theta} & g_{r\phi} \\ g_{\theta u} & g_{\theta r} & g_{\theta\theta} & g_{\theta\phi} \\ g_{\phi u} & g_{\phi r} & g_{\phi\theta} & g_{\phi\phi} \end{pmatrix}$$

頭の片隅に入れておくべき良い情報は計量が対称であるということである．すなわち，$g_{ab} = g_{ba}$ である．この情報は線素の混合項に関する計量の

[*1] 訳注：円筒対称で遠方で漸近的に平坦となる計量の一般形．

成分を書き下すときに便利である．たとえば，この場合次が成り立つ：

$$2e^{2\beta}\mathrm{d}u\mathrm{d}r = e^{2\beta}\mathrm{d}u\mathrm{d}r + e^{2\beta}\mathrm{d}r\mathrm{d}u = g_{ur}\mathrm{d}u\mathrm{d}r + g_{ru}\mathrm{d}r\mathrm{d}u$$

$$2gr^2e^{2\alpha}\mathrm{d}u\mathrm{d}\theta = gr^2e^{2\alpha}\mathrm{d}u\mathrm{d}\theta + gr^2e^{2\alpha}\mathrm{d}\theta\mathrm{d}u = g_{u\theta}\mathrm{d}u\mathrm{d}\theta + g_{\theta u}\mathrm{d}\theta\mathrm{d}u$$

これを心に留めておくと，

$$g_{ab} = \begin{pmatrix} \frac{f}{r}e^{2\beta} - g^2r^2e^{2\alpha} & e^{2\beta} & gr^2e^{2\alpha} & 0 \\ e^{2\beta} & 0 & 0 & 0 \\ gr^2e^{2\alpha} & 0 & -r^2e^{2\alpha} & 0 \\ 0 & 0 & 0 & -r^2e^{-2\alpha}\sin^2\theta \end{pmatrix}$$

と書くことができる．計量はここまで議論してきた例からわかるように，座標に依存する関数である．なお，時間と空間に対して異なる符号規約が使われることがあることを思い出そう．例として，球座標で書かれた平坦なミンコフスキー時空を考えよう．それは全空間で次のように適切に書かれる：

$$\mathrm{d}s^2 = \mathrm{d}t^2 - \mathrm{d}r^2 - r^2\mathrm{d}\theta^2 - r^2\sin^2\theta\mathrm{d}\phi^2$$

そしてこれは同様に次のように適切に書くことができる：

$$\mathrm{d}s^2 = -\mathrm{d}t^2 + \mathrm{d}r^2 + r^2\mathrm{d}\theta^2 + r^2\sin^2\theta\mathrm{d}\phi^2$$

大切なことは，最初にどちらを採用するか決め，その問題を解いている間中ずっとそれを使用し続けることである．教科書や研究論文を読むときは，著者が使っている符号規約をはっきりと意識しなければならない．本書では場合場合に応じて両方の符号規約を採用し，それによって読者が両方の符号規約に慣れるようにする．

計量符号

計量の対角成分の和は**計量符号 (signature)** と呼ばれる．もし計量が

$$\mathrm{d}s^2 = -\mathrm{d}t^2 + \mathrm{d}x^2 + \mathrm{d}y^2 + \mathrm{d}z^2$$

であるとすると，

$$g_{ab} = \begin{pmatrix} -1 & 0 & 0 & 0 \\ 0 & 1 & 0 & 0 \\ 0 & 0 & 1 & 0 \\ 0 & 0 & 0 & 1 \end{pmatrix}$$

となるので，計量符号は

$$-1 + 1 + 1 + 1 = 2$$

と求まる．

平坦な空間の計量

ミンコフスキー時空の平坦な計量は η_{ab} で表す約束となっている．したがって，

$$\eta_{ab} = \begin{pmatrix} -1 & 0 & 0 & 0 \\ 0 & 1 & 0 & 0 \\ 0 & 0 & 1 & 0 \\ 0 & 0 & 0 & 1 \end{pmatrix}$$

は $\mathrm{d}s^2 = -\mathrm{d}t^2 + \mathrm{d}x^2 + \mathrm{d}y^2 + \mathrm{d}z^2$ を意味する．

テンソルとしての計量

これまで我々は計量を与えられた線素に現れる係数の集まりとしてとりあえず表してきた．しかし以前述べた通り，計量は 2 階の対称テンソルである．この点についてより注目してみよう．実際，計量——それはしばしばいい加減に線素と呼ばれるが——は次の基底 1 形式のテンソル積に渡る和として形式的に書かれる：

$$\boldsymbol{g} = g_{ab}\mathrm{d}x^a \otimes \mathrm{d}x^b$$

まず，計量は逆元を持つことに注意しよう．これは上付き添字を持つ．逆元は次の関係式を通して定義される：

$$g_{ab}g^{bc} = \delta_a^c \tag{2.15}$$

ここで，δ^c_a はおなじみ (であることが望ましい) のクロネッカーのデルタである．

計量が対角行列のとき，この関係式より逆元を求めるのは簡単である．たとえば，球座標 (2.12) の場合，$a \neq b$ のときすべての g_{ab} が 0 であることは明らかである．したがって式 (2.15) を使うことによって次に到達する：

$$g^{rr}g_{rr} = 1 \Rightarrow g^{rr} = 1$$
$$g^{\theta\theta}g_{\theta\theta} = g^{\theta\theta}r^2 = 1 \Rightarrow g^{\theta\theta} = \frac{1}{r^2}$$
$$g^{\phi\phi}g_{\phi\phi} = g^{\phi\phi}r^2\sin^2\theta = 1 \Rightarrow g^{\phi\phi} = \frac{1}{r^2\sin^2\theta}$$

これらの成分は次の行列表現の中に配置できる：

$$g^{ab} = \begin{pmatrix} 1 & 0 & 0 \\ 0 & \frac{1}{r^2} & 0 \\ 0 & 0 & \frac{1}{r^2\sin^2\theta} \end{pmatrix} \qquad (2.16)$$

添字の上げ下げ

相対論においては，添字の上げ下げによって表式の操作をするためには計量を使う必要がある．すなわち，表式の上付き添字を下げるために下付き添字の計量を使うか，または表式の下付き添字を上げるために上付き添字の計量を使うことができる．初めての読者は恐らく混乱することだろうから，例で示そう．まず最初に，あるベクトル V^a を考えよう．次のように書くことによって計量を使って共変成分を得ることができる：

$$V_a = g_{ab}V^b \qquad (2.17)$$

ここで，アインシュタインの和の規約が働いているために，この表式は次の略記であることに注意しよう：

$$V_a = g_{ab}V^b = g_{a0}V^0 + g_{a1}V^1 + g_{a2}V^2 + g_{a3}V^3$$

2.0 添字の上げ下げ

常にではないがしばしば計量は対角行列であり、そのためこの和の 1 つの項しか実際には使われない (残りは 0 である). 添字はこれと類似の流儀で上げることができる：

$$V^a = g^{ab} V_b \tag{2.18}$$

簡単な例を示そう.

例 2.2

球座標で考えるものとする. ある反変ベクトルを $X^a = (1, r, 0)$, 共変ベクトルを $Y_a = (0, -r^2, \cos^2 \theta)$ とするとき, X_a と Y^a を求めよ.

解答 2.2

以前、我々は $g_{rr} = g^{rr} = 1$, $g_{\theta\theta} = r^2$, $g^{\theta\theta} == \frac{1}{r^2}$, $g_{\phi\phi} = r^2 \sin^2 \theta$, $g^{\phi\phi} = \frac{1}{r^2 \sin^2 \theta}$, であることを示した. さて,

$$X_a = g_{ab} X^b$$

であるから,

$$X_r = g_{rr} X^r = (1)(1) = 1$$
$$X_\theta = g_{\theta\theta} X^\theta = (r^2)(r) = r^3$$
$$X_\phi = g_{\phi\phi} X^\phi = (r^2 \sin^2 \theta)(0) = 0$$

となる. したがって, $X_a = (1, r^3, 0)$ が得られる. 次の場合は添字を上げる必要がある. したがって,

$$Y^a = g^{ab} Y_b$$

と書く. これは,

$$Y^r = g^{rr} Y_r = (1)(0) = 0$$
$$Y^\theta = g^{\theta\theta} Y_\theta = \left(\frac{1}{r^2}\right)(-r^2) = -1$$
$$Y^\phi = g^{\phi\phi} Y_\phi = \left(\frac{1}{r^2 \sin^2 \theta}\right)(\cos^2 \theta) = \frac{\cos^2 \theta}{r^2 \sin^2 \theta} = \frac{\cot^2 \theta}{r^2}$$

を与える. これより, $Y^a = \left(0, -1, \frac{\cot^2 \theta}{r^2}\right)$ である.

例 2.3

この例では次の架空の 2 次元線素を考える：

$$ds^2 = x^2 dx^2 + 2dxdy - dy^2$$

g_{ab} と g^{ab} を書き下し，$V_a = (1, -1)$ および $W^a = (0, 1)$ の添字を上げ下げせよ．

解答 2.3

下付き添字の計量は行列形式で次のように書くことができる：

$$g_{ab} = \begin{pmatrix} g_{xx} & g_{xy} \\ g_{yx} & g_{yy} \end{pmatrix}$$

この線素の dx^2 と dy^2 の係数を見ることにより，直ちに次を得る：

$$g_{xx} = x^2 \quad \text{および} \quad g_{yy} = -1$$

混ざった添字を持つ項を得るためには計量の対称性 $g_{xy} = g_{yx}$ を使う．すると，

$$2dxdy = dxdy + dydx = g_{xy}dxdy + g_{yx}dydx$$

が得られるので，

$$g_{xy} = g_{yx} = 1$$

を得る．結局計量の行列表現は，

$$g_{ab} = \begin{pmatrix} x^2 & 1 \\ 1 & -1 \end{pmatrix}$$

となる．逆元を得るには，計量の逆元と計量を表す行列の積が単位行列となることを使う[*2]．言い換えれば，

$$\begin{pmatrix} g^{xx} & g^{xy} \\ g^{yx} & g^{yy} \end{pmatrix} \begin{pmatrix} x^2 & 1 \\ 1 & -1 \end{pmatrix} = \begin{pmatrix} 1 & 0 \\ 0 & 1 \end{pmatrix}$$

[*2] 訳注：2 次行列の逆行列の形を知っている人はそれをそのまま使えば良い．

2.0 添字の上げ下げ

である．上の表式に現れる通常の行列の積の計算を行うと 4 つの方程式を得ることができる．それらは，

$$g^{xx}x^2 + g^{xy} = 1$$
$$g^{xx} - g^{xy} = 0 \Rightarrow g^{xy} = g^{xx}$$
$$g^{yx}x^2 + g^{yy} = 0 \Rightarrow g^{yy} = -x^2 g^{yx}$$
$$g^{yx} - g^{yy} = 1$$

である．ついでに計量の対称性は $g^{xy} = g^{yx}$ と束縛する．2 番目の式に現れる $g^{xy} = g^{xx}$ を最初の式に適用すると，

$$g^{xx}x^2 + g^{xx} = g^{xx}(1+x^2) = 1$$
$$\Rightarrow g^{xx} = \frac{1}{1+x^2}$$

および，

$$g^{xy} = g^{xx} = \frac{1}{1+x^2} = g^{yx}$$

と求まる．最後の項は，

$$g^{yy} = -x^2 g^{yx} = \frac{-x^2}{1+x^2}$$

を得る．すると，この情報から我々は望んだとおりに添字を上げ下げできる．まず，次が求められる：

$$V^a = g^{ab}V_b$$
$$\Rightarrow V^x = g^{xb}V_b = g^{xx}V_x + g^{xy}V_y = \frac{1}{1+x^2}(1) + \frac{1}{1+x^2}(-1) = 0$$
$$V^y = g^{yb}V_b = g^{yx}V_x + g^{yy}V_y = \frac{1}{1+x^2}(1) - \frac{x^2}{1+x^2}(-1) = \frac{1+x^2}{1+x^2} = 1$$
$$\Rightarrow V^a = (0, 1)$$

もう1つは次のようになる：

$$W_a = g_{ab}W^b$$
$$\Rightarrow W_x = g_{xb}W^b = g_{xx}W^x + g_{xy}W^y = x^2(0) + (1)(1) = 1$$
$$W_y = g_{yb}W^b = g_{yx}W^x + g_{yy}W^y = (1)(0) + (-1)(1) = -1$$
$$\Rightarrow W_a = (1, -1)$$

添字体操

計量を使った添字の上げ下げはしばしばより抽象的な流儀で行われる．これを行う理由はいってみればある結果を得るためにより望ましい形の方程式を得るためである．これから読み進めるにしたがってこのことをより確かめることになるから，このことがより意味を持つことがわかるようになるだろう．しかし，今はこのことがどのようにして働くのかを示すいくつかの例を見るに留めよう．我々はこのことを次のように通常のベクトルですでに少し見てきた：

$$X^a = g^{ab}X_b$$

この手法はより複雑な次のような表式にも適用できる：

$$X^a Y^c = g^{ab} X_b Y^c$$

あるいは，これは高階テンソルに使うことができる．いくつかの例を示そう：

$$S^a{}_b = g^{ac} S_{cb}$$
$$T^{ab} = g^{ac} T_c{}^b = g^{ac} g^{bd} T_{cd}$$
$$R_{abcd} = g_{ae} R^e{}_{bcd}$$

平坦な時空では計量 η_{ab} が添字の上げ下げで使われる．この手法はテンソルを含む結果を証明するときに頻繁に使われる．

ドット積

以前，我々はスカラー積またはドット積について簡単に述べた．計量もまた与えられた幾何学においてどのようにスカラー積またはドット積を計算するのかを教えてくれる．ドット積は次のように書かれる：

$$\boldsymbol{V} \cdot \boldsymbol{W} = V_a W^a$$

さてここで，このスカラー積は添字の上げ下げをすることによって次のように異なる形で書くことができる：

$$\boldsymbol{V} \cdot \boldsymbol{W} = V_a W^a = g_{ab} V^b W^a = g^{ab} V_a W_b$$

例 2.4

次の成分によって与えられる平面極座標の計量を考えよ：

$$g_{ab} = \begin{pmatrix} 1 & 0 \\ 0 & r^2 \end{pmatrix} \quad \text{および} \quad g^{ab} = \begin{pmatrix} 1 & 0 \\ 0 & \frac{1}{r^2} \end{pmatrix}$$

$V^a = (1,1)$ および $W_a = (0,1)$ と置く．このとき，V_a，W^a および $\boldsymbol{V} \cdot \boldsymbol{W}$ を求めよ．

解答 2.4

通常の流れに従うと，次が求まる：

$$\begin{aligned} V_a &= g_{ab} V^b \\ &\Rightarrow V_r = g_{rr} V^r = (1)(1) = 1 \\ V_\theta &= g_{\theta\theta} V^\theta = (r^2)(1) = r^2 \\ &\Rightarrow V_a = (1, r^2) \end{aligned}$$

似たような流れで次を得る：

$$W^a = g^{ab}W_b$$
$$\Rightarrow W^r = g^{rr}W_r = (1)(0) = 0$$
$$W^\theta = g^{\theta\theta}W_\theta = \frac{1}{r^2}(1) = \frac{1}{r^2}$$
$$\Rightarrow W^a = \left(0, \frac{1}{r^2}\right)$$

ドット積に対しては次のように求まる：

$$\begin{aligned}\boldsymbol{V} \cdot \boldsymbol{W} &= g_{ab}V^aW^b = g_{rr}V^rW^r + g_{\theta\theta}V^\theta W^\theta \\ &= (1)(0) + (r^2)\frac{1}{r^2} = 0 + 1 = 1\end{aligned}$$

念のため同じものを別の計算で確認してみると，

$$\boldsymbol{V} \cdot \boldsymbol{W} = V^aW_a = V^rW_r + V^\theta W_\theta = (1)(0) + (1)(1) = 0 + 1 = 1$$

となり等しいことが分かる．

計量に引数を受け渡す

テンソルをベクトルと 1 形式から実数への写像として考えることにより，計量は異なる対象として考えることができる．具体的には，計量は 2 つのベクトルを引数とする 2 階のテンソルとして表現することができる．この出力は入力された 2 つのベクトル同士のドット積である実数である：

$$\boldsymbol{g}(\boldsymbol{V}, \boldsymbol{W}) = \boldsymbol{V} \cdot \boldsymbol{W}$$

計量テンソルをこのように考えることにより，計量テンソルの成分は基底ベクトルを引数として受け渡したものであることが分かる．すなわち，

$$\boldsymbol{g}(\boldsymbol{e}_a, \boldsymbol{e}_b) = \boldsymbol{e}_a \cdot \boldsymbol{e}_b = g_{ab} \tag{2.19}$$

である[*3]．平坦な空間では，$\boldsymbol{e}_a \cdot \boldsymbol{e}_b = \eta_{ab}$ である．

[*3] 訳注：より一般には，たとえば 3 階のテンソル $\boldsymbol{t}$ は $\boldsymbol{t}(\boldsymbol{a}, \boldsymbol{b}, \boldsymbol{c}) = t_{\alpha\beta\gamma}a^\alpha b^\beta c^\gamma = t^\alpha{}_{\beta\gamma}a_\alpha b^\beta c^\gamma$ などである．

例 2.5

デカルト座標の基底ベクトルを考える．この基底ベクトルは直交し，次のドット積は以外はすべて消える．すなわち，

$$\partial_x \cdot \partial_x = \partial_y \cdot \partial_y = \partial_z \cdot \partial_z = 1$$

のみが 0 でないドット積をあたえる．このとき，球座標での基底ベクトルのドット積がこの計量の成分を与えることを示せ．

解答 2.5

球座標での基底ベクトルは次の基底ベクトルの変換則をつかってデカルト座標での基底ベクトルで書ける：

$$e_{a'} = \Lambda^b{}_{a'} e_b$$

ここで変換行列の要素は次によって与えられる：

$$\Lambda^b{}_{a'} = \frac{\partial x^b}{\partial x^{a'}}$$

これらの座標は次の良く知られた関係で結ばれている：

$$x = r\sin\theta\cos\phi, \qquad y = r\sin\theta\sin\phi, \qquad z = r\cos\theta$$

ここで

$$\begin{aligned}\partial_r =& \frac{\partial x}{\partial r}\partial_x + \frac{\partial y}{\partial r}\partial_y + \frac{\partial z}{\partial r}\partial_z \\ =& \sin\theta\cos\phi\,\partial_x + \sin\theta\sin\phi\,\partial_y + \cos\theta\,\partial_z\end{aligned}$$

である．したがって，このドット積は次のようになる：

$$\begin{aligned}g_{rr} =& \partial_r \cdot \partial_r = \sin^2\theta\cos^2\phi + \sin^2\theta\sin^2\phi + \cos^2\theta \\ =& \sin^2\theta(\cos^2\phi + \sin^2\phi) + \cos^2\theta \\ =& \sin^2\theta + \cos^2\theta = 1\end{aligned}$$

基底ベクトル ∂_θ は次によって与えられる：

$$\partial_\theta = r\cos\theta\cos\phi\partial_x + r\cos\theta\sin\phi\partial_y - r\sin\theta\partial_z$$

したがって，このドット積は次のようになる：

$$\begin{aligned}g_{\theta\theta} =& \partial_\theta \cdot \partial_\theta \\ =& r^2\cos^2\theta\cos^2\phi + r^2\cos^2\theta\sin^2\phi + r^2\sin^2\theta \\ =& r^2\left[\cos^2\theta(\cos^2\phi + \sin^2\phi) + \sin^2\theta\right] = r^2\end{aligned}$$

最後の基底ベクトルは次のようになる：

$$\partial_\phi = -r\sin\theta\sin\phi\partial_x + r\sin\theta\cos\phi\partial_y$$

したがって，この計量の最後の成分は次のようになる：

$$\begin{aligned}g_{\phi\phi} =& \partial_\phi \cdot \partial_\phi = r^2\sin^2\theta\sin^2\phi + r^2\sin^2\theta\cos^2\phi \\ =& r^2\sin^2\theta(\sin^2\phi + \cos^2\phi) = r^2\sin^2\theta\end{aligned}$$

訓練のため，読者はこれ以外のドット積がすべて消えることを確認しよう．

ヌルベクトル

ヌルベクトル (Null Vector) V^a は次を満たすものである：

$$g_{ab}V^aV^b = 0$$

計量行列式

計量の行列式はしばしば使われる．これを次のように書く：

$$g = \det(g_{ab}) \tag{2.20}$$

章末問題

1. 次の表式のうちテンソルを含む表式として有効であるものはどれか？
   (a) $S^a T_{ab} = S^c T_{ab}$.
   (b) $S^a T_{ab} = S^a T_{ac}$.
   (c) $S^a T_{ab} = S^c T_{cb}$.

2. 円柱座標は $x = r\cos\phi, y = r\sin\phi, z = z$ を通して関係している．これは $\Lambda^z{}_z$ が次の値を持つことを意味する：
   (a) 1.
   (b) -1.
   (c) 0.

3. もし $\mathrm{d}s^2 = \mathrm{d}r^2 + r^2 \mathrm{d}\phi^2 + \mathrm{d}z^2$ ならば
   (a) $g_{rr} = \mathrm{d}r, g_{\phi\phi} = r\mathrm{d}\phi, g_{zz} = \mathrm{d}z$.
   (b) $g_{rr} = 1, g_{\phi\phi} = r^2, g_{zz} = 1$.
   (c) $g_{rr} = 1, g_{\phi\phi} = r, g_{zz} = 1$.
   (d) $g_{rr} = \mathrm{d}r^2, g_{\phi\phi} = r^2, g_{zz} = \mathrm{d}z^2$.

4.
$$g_{ab} = \begin{pmatrix} 1 & 0 & 0 & 0 \\ 0 & -1 & 0 & 0 \\ 0 & 0 & -1 & 0 \\ 0 & 0 & 0 & -1 \end{pmatrix}$$

   の計量符号は
   (a) -2.
   (b) 2.
   (c) 0.
   (d) 1.

5. 球座標ではベクトル X^a は次の成分を持つものとする：$X^a = \left(r, \frac{1}{r\sin\theta}, \frac{1}{\cos^2\theta}\right)$．このとき，成分 X_ϕ は次によって与えられる：
   (a) $1/\cos^2\theta$.

(b) $\cos^2\theta$.

(c) $r^2 \tan^2\theta$.

(d) $r^2/\cos^2\theta$.

Chapter 3

テンソルについてより詳しく学ぶ

　本章では相対論の数学的枠組みについて引き続き論ずる．まず，最初に多様体について議論する．ここでは相対論の文脈において多様体がどのような意味を持つのかについての一般的な考えを得るために多様体が何であるかを大雑把に定義する．次にベクトルおよび1形式についての知識を復習および追加し，いくつかの新しいテンソルの特性および演算について学ぶ．

多様体

　曲がった時空を数学的に記述するためには，**多様体**と呼ばれる数学的概念を使う．簡単に言えば，多様体は点からなる連続空間で大域的に曲がっていてもよい (かつほかの方法で複雑であってもよい) が，局所的には全くの昔ながらの平坦空間であるようなものに他ならない．したがって，十分小さい近傍ではユークリッド幾何学が適用される．球体の表面または地球の表面を例として考えよう．大域的にはもちろん，地球は曲がった表面を持つ．赤道から北極への辺を持つ3角形を描くことを想像しよう．そのような種類の三角形に対しては，ユークリッド幾何学の有名な公式は適用できない[*1]．しか

[*1] 訳注：たとえば，北極から赤道に向けて $90°$ に交わる子午線を引くとき，この2つの子午線が赤道と交わる2点と北極を結ぶ球面三角形の内角の和は明らかに $90°+90°+90°=$

し，局所的には平坦であり，性質の良い昔ながらのユークリッド幾何学が適用される．

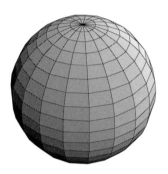

図 3.1 球の表面は多様体の例である．十分小さなパッチをとると，パッチの中の空間は (平坦な) ユークリッド空間である．

別の多様体の例はトーラス (図 3.2) や，デカルト座標における回転の組のようなさらにより抽象的な例も含む．

可微分多様体は連続で微分可能な空間である．時空が可微分多様体で記述されなければならないことは直感的に明らかである．何故なら，物理学を展開するためには微積分が使用できることが必要とされるからである．

図 3.2 トーラスは多様体の例である．

$270° > 180°$ である．

3.0　パラメータ化された曲線　　　　　　　　　　　　　　　　57

　一般的に言って，多様体は単一の座標系で完全に全体を覆うことはできない．しかし，多様体は**座標パッチ**と呼ばれる開集合 U_i の集まりにより覆うことができる．各座標パッチは平坦なユークリッド空間に写像することができる．

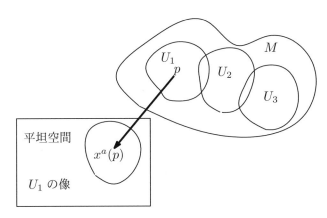

図 3.3　多様体の大雑把で抽象的な実例．この多様体は単一の座標系で覆うことはできない．しかし U_i で表される座標パッチの集まりで覆うことができる．これらのパッチはお互いに重なり合っていてもよい．各パッチの点は平坦なユークリッド空間に写像される．ここでは U_1 で示す座標パッチの写像を描いた．多様体 M に属する点 p(仮に U_1 に属するとすると) は $x^a(p)$ で示される座標に写像される．(Houghston and Todd, 1992)

パラメータ化された曲線

　ある関数の軌跡としての曲線の概念は良く知られている．相対論の文脈では，しかし，**パラメータ化された**ものを考えるのがより便利である．この表示では点の軌跡は曲線を描く．

　λ で表される曲線のパラメータは実数である．曲線は次の与えられた値 λ

に対する座標を与えるパラメトリック方程式の集まりによって記述される：

$$x^a = x^a(\lambda) \tag{3.1}$$

n 次元では n 個の座標 x^a が存在するので，上のような方程式は n 個ある．

例 3.1

平面内の単位円によって描かれる曲線を考えよ．この曲線のパラメトリック方程式を求めよ．

解答 3.1

まず，パラメータを θ と置こう．今考えているのが 2 次元であることより，与えられた値 θ に対して (x,y) を決定する 2 つの関数が必要である．円の方程式が $x^2 + y^2 = r^2$ で与えられることより，問題の曲線を記述する単位円の方程式は，

$$x^2 + y^2 = 1$$

となる．これは簡単にパラメータ化できる方程式である．$\cos^2\theta + \sin^2\theta = 1$ であることより，パラメータ表現は次のようになる：

$$x = \cos\theta \quad \text{および} \quad y = \sin\theta$$

例 3.2

曲線 $y = x^2$ の $x \geq 0$ におけるパラメータ化を求めよ．

解答 3.2

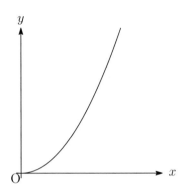

図 3.4　$x \geq 0$ における放物線.

この曲線は図 3.4 に示した．この曲線の $x \geq 0$ の範囲に制限したものをパラメータ化するためには，x をある非負実数 λ にとればよい．この数が非負であることを満たすようにするために，それの 2 乗をとろう．すなわち，

$$x = \lambda^2$$

とする．すると，$y = x^2$ より，y に関する満たすべきパラメトリック方程式は $y = \lambda^4$ となる．

接ベクトルおよび 1 形式を再検討する

曲がった空間または時空はある場所から別の場所に移るに従って変化するものである．そのような曲がった時空においては，ある点から別の点に伸びたベクトルについて考えることはできず，その代わりにすべてのベクトルや 1 形式などのような量は局所的に定義しなければならない．前章では我々は基本的に基底ベクトルはある座標方向にそった偏微分として定義されるという考えを提案した．そこでここではこの概念をより慎重に調べてみよう．こ

れはパラメータ化された曲線によって行うことができる．

$x^a(\lambda)$ をパラメータ化された曲線としよう．この曲線の接ベクトルの成分は次によって与えられる：

$$\frac{\mathrm{d}x^a}{\mathrm{d}\lambda} \tag{3.2}$$

例 3.3

例 3.1 および 3.2 の曲線の接ベクトルを記述せよ．

解答 3.3

例 3.1 では単位円で描かれる曲線を $(\cos\theta, \sin\theta)$ でパラメータ化した．式 (3.2) を使うと，単位円の接ベクトルの成分は $(-\sin\theta, \cos\theta)$ によって与えられる．接ベクトルを $\vec{\tau}$ で表し，デカルト座標での基底ベクトルを e_x および e_y で書くと次を得る：

$$\vec{\tau} = -\sin\theta e_x + \cos\theta e_y$$

次に例 3.2 を考える．この場合の与えられた曲線は $y = x^2$ である．この曲線は (λ^2, λ^4) によってパラメータ化することができる．式 (3.2) を使うと，接ベクトルとして $\vec{v} = (2\lambda, 4\lambda^3)$ が得られる．そこで，この曲線を記述するためにこの関係の逆をとろう．すると次が得られる：

$$\lambda = \sqrt{x}$$

これより，$\vec{v}$ は次のように書くことができる：

$$\vec{v} = 2\sqrt{x}e_x + 4x^{3/2}e_y$$

さて，我々はパラメータ化された曲線に接するベクトルを求める方法について知ったので，次のステップは基底を求めることである．そこでこの考えをある任意の連続で微分可能な関数 f を考えることによって拡張しよう．f のこの曲線方向の微分は $\frac{\mathrm{d}f}{\mathrm{d}\lambda}$ によって計算できる．したがって $\frac{\mathrm{d}}{\mathrm{d}\lambda}$ は f を $\frac{\mathrm{d}f}{\mathrm{d}\lambda}$ によって実数に写像するベクトルである．これは連鎖律を使って次のように

3.0 接ベクトルおよび1形式を再検討する

書くことができる：

$$\frac{df}{d\lambda} = \frac{dx^a}{d\lambda}\frac{\partial f}{\partial x^a}$$

関数 f は任意だから，結局次が成り立つ：

$$\frac{d}{d\lambda} = \frac{dx^a}{d\lambda}\frac{\partial}{\partial x^a}$$

言い換えれば，ベクトル $\frac{d}{d\lambda}$ を基底ベクトルの集まりで表したことになる．このベクトルの成分は $\frac{dx^a}{d\lambda}$ であり，基底ベクトルは $\frac{\partial}{\partial x^a}$ によって与えられる．これは基底ベクトル e_a がその座標方向にそった偏微分によって与えられるという主張の由来である．

例 3.4

基底ベクトルがその座標に関する偏微分で与えられるという事実より変換行列が

$$\Lambda^b{}_{a'} = \frac{\partial x^b}{\partial x^{a'}}$$

と書かれることを示せ．

解答 3.4

これは基底ベクトルに連鎖律を適用することによって行われる．プライム付き座標に関して次を得る：

$$e_{a'} = \frac{\partial}{\partial x^{a'}} = \frac{\partial x^b}{\partial x^{a'}}\frac{\partial}{\partial x^b} = \Lambda^b{}_{a'} e_b$$

同様にして，逆方向は次のようになる：

$$e_b = \frac{\partial}{\partial x^b} = \frac{\partial x^{a'}}{\partial x^b}\frac{\partial}{\partial x^{a'}} = \Lambda^{a'}{}_b e_{a'}$$

さて，ここで多くの本や文献でしばしば現れるいくつかの新しい記号法について探っていこう．ドット積はブラケット型記法 $\langle\ ,\ \rangle$ を使って書くこと

ができる．左側の場所には1形式が置かれ，右側にはベクトルが置かれる．したがってドット積 $\boldsymbol{p} \cdot \boldsymbol{v}$ は次のように書かれる：

$$\boldsymbol{p} \cdot \boldsymbol{v} = \langle \tilde{p}, \vec{v} \rangle = p_a v^a \tag{3.3}$$

ここで $\tilde{p}$ は1形式である．この記号法を使うと，基底1形式と基底ベクトルの間のドット積は次のように書くことができる：

$$\langle \omega^a, e_b \rangle = \delta^a_b$$

これは偏微分の形で基底たちを簡単に書くことができる：

$$\langle \omega^a, e_b \rangle = \left\langle \mathrm{d}x^a, \frac{\partial}{\partial x^b} \right\rangle = \frac{\partial x^a}{\partial x^b} = \delta^a_b$$

この種の記号法により，ベクトルおよび1形式の成分を簡単に求められるようになる．任意のベクトルと基底1形式のドット積を考える：

$$\langle \omega^a, \boldsymbol{V} \rangle = \langle \omega^a, V^b e_b \rangle = V^b \langle \omega^a, e_b \rangle = V^b \delta^a_b = V^a$$

ここで，ベクトルの成分はただの数だから，自由にブラケット $\langle , \rangle$ の外に出せることを使った．同様にして，1形式の成分も求めることができる：

$$\langle \boldsymbol{\sigma}, e_b \rangle = \langle \sigma_a \omega^a, e_b \rangle = \sigma_a \langle \omega^a, e_b \rangle = \sigma_a \delta^a_b = \sigma_b$$

これより，任意の1形式とベクトルのドット積を次のようにして導くことができる：

$$\langle \boldsymbol{\sigma}, \boldsymbol{V} \rangle = \langle \sigma_a \omega^a, V^b e_b \rangle = \sigma_a V^b \langle \omega^a, e_b \rangle = \sigma_a V^b \delta^a_b = \sigma_a V^a$$

これらの演算は線形であり，次が成り立つ：

$$\langle \boldsymbol{\sigma}, a\boldsymbol{V} + b\boldsymbol{W} \rangle = a\langle \boldsymbol{\sigma}, \boldsymbol{V} \rangle + b\langle \boldsymbol{\sigma}, \boldsymbol{W} \rangle$$
$$\langle a\boldsymbol{\sigma} + b\boldsymbol{\rho}, \boldsymbol{V} \rangle = a\langle \boldsymbol{\sigma}, \boldsymbol{V} \rangle + b\langle \boldsymbol{\rho}, \boldsymbol{V} \rangle$$

ここで，a, b はスカラー，$\boldsymbol{\sigma}, \boldsymbol{\rho}$ は1形式，$\boldsymbol{V}, \boldsymbol{W}$ はベクトルである．

関数としてのテンソル

テンソルはベクトルと 1 形式を実数に写像する関数である．テンソルの成分は引数に基底 1 形式と基底ベクトルを渡すことによって求めることができる．たとえば，2 階のテンソル T を考えよう．引数として 2 つの基底 1 形式を渡すと次を得る：
$$\boldsymbol{T}(\omega^a, \omega^b) = T^{ab}$$

上付き添字のテンソルは反変成分であり，よって基底ベクトルで展開できる．すなわち，
$$\boldsymbol{T} = T^{ab} e_a \otimes e_b$$

我々はすでに下付き添字のテンソルの例を知っているのであった．それは (座標基底で表した) 計量テンソルである：
$$g_{ab}\omega^a \otimes \omega^b = g_{ab}\mathrm{d}x^a \otimes \mathrm{d}x^b$$

テンソルは上付き添字か下付き添字に固定されているわけではない．前章では計量を使って添字の上げ下げができることを学んだ．また添字の上下が混ざったテンソルを考えることもできる．テンソルを (ベクトルを基底で展開して書く方法と同じ方法で) 展開式として書くとき，各上付き添字に対して基底ベクトルが必要であり，各下付き添字に対して基底 1 形式が必要である．たとえば，次のようにである：
$$\boldsymbol{S} = S^{ab}{}_c e_a \otimes e_b \otimes \omega^c$$

この成分は逆向きの方法で得ることができる．すなわち，上付き添字に対しては基底 1 形式を渡し，下付き添字に対しては基底ベクトルを渡す：
$$S^{ab}{}_c = \boldsymbol{S}(\omega^a, \omega^b, e_c)$$

任意のベクトルと 1 形式がテンソルに渡す引数として選べる．ベクトルと 1 形式の成分がただの数であったことを思いだそう．これより，次のように書

くことができる：

$$\boldsymbol{S}(\boldsymbol{\sigma},\boldsymbol{\rho},\boldsymbol{V}) = \boldsymbol{S}(\sigma_a\omega^a, \rho_b\omega^b, V^c e_c) = \sigma_a\rho_b V^c \boldsymbol{S}(\omega^a, \omega^b, e_c) = \sigma_a\rho_b V^c S^{ab}{}_c$$

量 $\sigma_a\rho_b V^c S^{ab}{}_c$ はただの数であり，これはテンソルがベクトルと1形式を数に写像するという概念と矛盾しない．ここでもちろん和の規約が使われていることに注意しよう．

テンソル演算

いまから，テンソルから新しいテンソルを生成することを可能とするいくつかの基本的代数演算をまとめてみよう．これらの演算は基本的にベクトルに対するそれとそっくり同じである．たとえば，同じ型の2つのテンソルを足し合わせて同じ型の新しいテンソルを作ることができる：

$$R^{ab}{}_c = S^{ab}{}_c + T^{ab}{}_c$$

同じ型の2つのテンソルの差をとって同じ型の新しいテンソルを作ることができる：

$$Q^a{}_b = S^a{}_b - T^a{}_b$$

テンソルにスカラー α を掛けて同じ型の新しいテンソルを作ることができる：

$$S_{ab} = \alpha T_{ab}$$

これらの例において，添字の位置と個数は完全に任意である．ここでは単純に特定の例を提供したが，必要とされる要求は，単にこれらの種の演算におけるテンソルがすべて同じ型であることだけである．

和，差，スカラー倍を使ってテンソルの対称および反対称部分を導くことができる．テンソルは $B_{ab} = B_{ba}$ であるときに対称であるといい，$T_{ab} = -T_{ba}$ であるとき反対称であるという．与えられたテンソルの対称部分は次によって与えられる：

$$T_{(ab)} = \frac{1}{2}(T_{ab} + T_{ba}) \tag{3.4}$$

3.0 テンソル演算

一方，与えられたテンソルの反対称部分は次によって与えられる：

$$T_{[ab]} = \frac{1}{2}(T_{ab} - T_{ba}) \tag{3.5}$$

これはより多くの添字に拡張できる．しかしここではしばらくの間そのことは気にしないことにしよう．しばしば，この記号法はテンソルの積を含んだ形に拡張される．たとえば次が成り立つ：

$$V_{(a}W_{b)} = \frac{1}{2}(V_aW_b + V_bW_a)$$

異なる型のテンソルは掛け合わせることができる．(m,n) 型テンソルと (p,q) 型テンソルを掛け合わせると $(m+p, n+q)$ 型テンソルになる．たとえば，次のようになる：

$$R^{ab}S^c{}_{de} = T^{abc}{}_{de}$$

縮約は (m,n) テンソルを $(m-1, n-1)$ テンソルに変えるために使われる．これは上付き添字の 1 つと下付き添字の 1 つを同じにすることによって行われる：

$$R_{ab} = R^c{}_{acb} \tag{3.6}$$

ここで繰り返される添字は和をとっていることを意味することに注意しよう．

クロネッカーのデルタはテンソルの表式を操作することに使うことができる．次の規則を使う：テンソルの上付き添字がクロネッカーのデルタの下付き添字と一致するとき，その上付き添字はクロネッカーのデルタの上付き添字に付け替える．これは言葉で説明すると混乱するので，例を実演しよう：

$$\delta^a_b T^{bc}{}_d = T^{ac}{}_d$$

次に逆を考えよう．テンソルの下付き添字がクロネッカーのデルタの上付き添字と一致するとき，その下付き添字はクロネッカーのデルタの下付き添字に付け替える：

$$\delta^c_d T^{ab}{}_c = T^{ab}{}_d$$

例 3.5

もしテンソルが対称ならそれは基底の選び方によらないことを示せ.

解答 3.5

これはテンソルの変換特性を使えば簡単に示せる. $B_{ab} = B_{ba}$ と仮定しよう. このとき左辺は次のようになる:

$$B_{ab} = \Lambda^{c'}{}_a \Lambda^{d'}{}_b B_{c'd'} = \frac{\partial x^{c'}}{\partial x^a} \frac{\partial x^{d'}}{\partial x^b} B_{c'd'}$$

一方, 右辺は偏微分の積が入れ替えられることより, 次のようになる:

$$B_{ba} = \Lambda^{d'}{}_b \Lambda^{c'}{}_a B_{d'c'} = \frac{\partial x^{d'}}{\partial x^b} \frac{\partial x^{c'}}{\partial x^a} B_{d'c'} = \frac{\partial x^{c'}}{\partial x^a} \frac{\partial x^{d'}}{\partial x^b} B_{d'c'}$$

両辺を等号で結ぶと直ちに, $B_{c'd'} = B_{d'c'}$ が得られる.

また, $B_{ab} = B_{ba}$ ならば $B^{cd} = B^{dc}$ も成り立つ. 実際試してみると次のようになる:

$$B^{cd} = g^{ca} B_a{}^d = g^{ca} g^{db} B_{ab} = g^{ca} g^{db} B_{ba} = g^{ca} B^d{}_a = B^{dc}$$

例 3.6

T^{ab} を反対称とするとき, 次を示せ:

$$S_{[a} T_{bc]} = \frac{1}{3}(S_a T_{bc} - S_b T_{ac} + S_c T_{ab})$$

解答 3.6

T^{ab} が反対称であることより, $T_{ab} = -T_{ba}$ である. ここで表式 $A_{[abc]}$ は

$$A_{[abc]} = \frac{1}{6}(A_{abc} + A_{bca} + A_{cab} - A_{bac} - A_{acb} - A_{cba})$$

と書ける[*2]. したがって, この公式に問題のテンソルを代入すると,

$$S_{[a} T_{bc]} = \frac{1}{6}(S_a T_{bc} + S_b T_{ca} + S_c T_{ab} - S_b T_{ac} - S_a T_{cb} - S_c T_{ba})$$

[*2] 訳注:ここで $A_{[abc]}$ は 3 変数の反対称テンソルで, 定義より, $A_{[abc]} = -A_{[bac]}$, $A_{[abc]} = -A_{[acb]}$, $A_{[abc]} = -A_{[cba]}$ を満たす.

3.0 テンソル演算

となる．さてここで，T の反対称性，$T_{ab} = -T_{ba}$ を使うと，

$$\begin{aligned}S_{[a}T_{bc]} &= \frac{1}{6}(S_a T_{bc} - S_b T_{ac} + S_c T_{ab} - S_b T_{ac} + S_a T_{bc} + S_c T_{ab}) \\ &= \frac{1}{6}(2S_a T_{bc} - 2S_b T_{ac} + 2S_c T_{ab}) \\ &= \frac{1}{3}(S_a T_{bc} - S_b T_{ac} + S_c T_{ab})\end{aligned}$$

が得られた．

例 3.7

$Q^{ab} = Q^{ba}$ を対称テンソル，$R^{ab} = -R^{ba}$ を反対称テンソルとするとき，

$$Q^{ab}R_{ab} = 0$$

を示せ．

解答 3.7

$R^{ab} = -R^{ba}$ であることより，

$$R_{ab} = \frac{1}{2}(R_{ab} + R_{ab}) = \frac{1}{2}(R_{ab} - R_{ba})$$

が成り立つ．したがって，

$$Q^{ab}R_{ab} = \frac{1}{2}Q^{ab}(R_{ab} - R_{ba}) = \frac{1}{2}(Q^{ab}R_{ab} - Q^{ab}R_{ba})$$

を得る．ここで添字 a,b はどちらの項でも繰り返されている．これはこれらの添字がダミー添字であることを意味するので自由に変えてよい．第 2 項において，$a \leftrightarrow b$ と添字を入れ替えると，

$$Q^{ab}R_{ab} = \frac{1}{2}(Q^{ab}R_{ab} - Q^{ab}R_{ba}) = \frac{1}{2}(Q^{ab}R_{ab} - Q^{ba}R_{ab})$$

が得られる．さてここで，Q^{ab} の対称性を使って第 2 項を書き換えると，望みの結果が得られる：

$$\frac{1}{2}(Q^{ab}R_{ab} - Q^{ba}R_{ab}) = \frac{1}{2}(Q^{ab}R_{ab} - Q^{ab}R_{ab}) = \frac{1}{2}Q^{ab}(R_{ab} - R_{ab}) = 0$$

例 3.8

$Q^{ab} = Q^{ba}$ が対称テンソルであり，T_{ab} が任意のテンソルであるとき，

$$T_{ab}Q^{ab} = \frac{1}{2}(T_{ab} + T_{ba})Q^{ab}$$

が成り立つことを示せ．

解答 3.8

まず，Q の対称性を使うと次が得られる：

$$T_{ab}Q^{ab} = T_{ab}\frac{1}{2}(Q^{ab} + Q^{ab}) = T_{ab}\frac{1}{2}(Q^{ab} + Q^{ba})$$

さて，ここで T を掛けると次が得られる：

$$T_{ab}\frac{1}{2}(Q^{ab} + Q^{ba}) = \frac{1}{2}(T_{ab}Q^{ab} + T_{ab}Q^{ba})$$

再び，添字 a, b は 2 つの表式でそれぞれ繰り返している．したがって，それらはダミー添字であり取り替えることができる．そこで 2 項で $a \leftrightarrow b$ を入れ替えると次の結果が得られる：

$$\frac{1}{2}(T_{ab}Q^{ab} + T_{ab}Q^{ba}) = \frac{1}{2}(T_{ab}Q^{ab} + T_{ba}Q^{ab}) = \frac{1}{2}(T_{ab} + T_{ba})Q^{ab}$$

これが求める結果である．

レビ-チビタテンソル

相対論関連の本でお馴染みのレビ-チビタテンソルは初めて見た人にとってはかなり難解に感じるかもしれない．レビ-チビタテンソルは，次のようなテンソルである：

$$\varepsilon_{abcd} = \begin{cases} +1 & 0123 \text{ の偶置換の場合} \\ -1 & 0123 \text{ の奇置換の場合} \\ 0 & \text{それ以外} \end{cases} \tag{3.7}$$

これについてはのちの章でより詳しく学ぶ．

章末問題

1. $T^{ab} = -T^{ba}$ のとき，
   (a) $Q^{ab}T_{ab} = \frac{1}{2}(Q^{ab} + Q^{ba})T_{ab}$ が成り立つ．
   (b) $Q^{ab}T_{ab} = \frac{1}{2}(Q^{ab} - Q^{ba})T_{ab}$ が成り立つ．
   (c) $Q^{ab}T_{ab} = \frac{1}{2}(Q_{ab} - Q^{ba})T_{ab}$ が成り立つ．
   (d) $Q^{ab}T_{ab} = \frac{1}{2}(Q_{ab} - Q_{ba})T_{ab}$ が成り立つ．

2. $x^a(\lambda)$ をパラメータ化された曲線としよう．この曲線の接ベクトルは次によって最も正確に記述される：
   (a) $d\lambda/dx$
   (b) $f = x(\lambda)$
   (c) $dx^a/d\lambda$
   (d) $x = f(\lambda)$

3. $T_a{}^b{}_c$ を成分に持つテンソルは基底ベクトルと基底 1 形式に関して次のように展開される：
   (a) $\boldsymbol{T} = T_a{}^b{}_c \omega^a \otimes \omega^b \otimes \omega^c$
   (b) $\boldsymbol{T} = T_a{}^b{}_c \omega^a \otimes e_b \otimes \omega^c$
   (c) $\boldsymbol{T} = T_a{}^b{}_c e_a \otimes \omega^b \otimes e_c$

4. $V_a W_b$ の対称部分は
   (a) $V_{(a}W_{b)} = \frac{1}{2}(V_a W_b - V_b W_a)$ である．
   (b) $V_{(a}W_{b)} = \frac{1}{2}(V^a W_b + V^b W_a)$ である．
   (c) $V_{(a}W_{b)} = \frac{1}{2}(V_a W_b + V_b W_a)$ である．

5. クロネッカーのデルタは次のように働く：
   (a) $\delta^a_b T^{bc}{}_d = -T^{ac}{}_d$
   (b) $\delta^a_b T^{bc}{}_d = T_{acd}$
   (c) $\delta^a_b T^{bc}{}_d = T_{ad}{}^c$
   (d) $\delta^a_b T^{bc}{}_d = T^{ac}{}_d$

Chapter 4
テンソル解析

　本章ではテンソルの微分を求める問題に目を向ける．これは，曲がった空間や時空では，やや厄介な問題である．のちに見るように，テンソルの微分を適切に求めるには，新しいテンソルを与えるべきであるが，そのためにはある数学的形式化を付け加える必要がある．ここではこれがどのように働くかを示し，そののち重力の研究で中心的な役割を果たす計量テンソルについて述べる．それに次いでアインシュタイン方程式において重要ないくつかの量を導入する．

テンソルであるかどうかの確認法

　下で見るように，与えられた対象がテンソルであるかどうかを決定することがしばしば必要となる．その対象が与えられた型のテンソルであるかどうかを決定するもっとも直接的な方法は，それがどのように変換するかを確認することである．ただし，与えられた量がテンソルであるかどうかを判定するのに役立ついくつかの便利な方法が存在する．

　最初の確認はドット積に関するものである．もしドット積

$$\sigma_a V^a = \phi$$

であり，すべてのベクトル V^a で ϕ がスカラーかつ不変なら，σ_a は1形式である．この手続きはさらに続けることができる．もし，1形式 U_b に対して

$$T_{ab}V^a = U_b$$

が成り立つなら，T_{ab} は $(0,2)$ テンソルである．あるいは，ベクトル V_a, W^b と不変なスカラー ϕ に対して

$$T_{ab}V^a W^b = \phi$$

であるなら，T_{ab} は $(0,2)$ テンソルである．

テンソル方程式の重要性

物理学で探求しているのは不変性である．つまり，我々が捜しているのはすべての観測者に対して不変形として成り立つように書かれた物理法則である．テンソルはこの目的に関してカギとなる因子である．何故なら，あるテンソル方程式がある1つの座標系で成り立つなら，それはすべての座標系で成り立つからである．これはしばしばその数学がより易しくなる座標系に座標変換することができるので解析を非常に単純化する．そこでは，必要とされる結果の形を求めることができ，もし必要なら別の座標系で表現することができる．

このことの単純な例は真空中のアインシュタイン方程式によって提供される．のちにみるように，これは次のような**リッチテンソル**と呼ばれる $(0,2)$ テンソルの形で表すことができる：

$$R_{ab} = 0$$

この方程式が任意の座標系で成り立つことはすぐに分かる．"ラムダ"行列を使って異なる座標系に変換しよう．すると，

$$R_{ab} = \Lambda^{c'}{}_a \Lambda^{d'}{}_b R_{c'd'} R_{c'd'} = \frac{\partial x^{c'}}{\partial x^a}\frac{\partial x^{d'}}{\partial x^b} R_{c'd'}$$

4.0 共変微分

が得られる．右辺については 0 の変換はもちろん 0 なので，

$$\frac{\partial x^{c'}}{\partial x^a}\frac{\partial x^{d'}}{\partial x^b}R_{c'd'} = 0$$

が得られる．ここで両辺を $\frac{\partial x^{c'}}{\partial x^a}\frac{\partial x^{d'}}{\partial x^b}$ で割ると

$$R_{c'd'} = 0$$

が得られる．これは明らかに元の式と全く同じ形式をしている．

共変微分

　ベクトルの微分をとる問題を考えよう．通常のデカルト座標では，基底ベクトルが一定だからこれは全く複雑な問題ではない．したがって，ベクトルの成分を微分することによってベクトルの微分を得ることができる．しかし，一般にはこのように上手くはいかない．曲がった空間では基底ベクトルはそれ自身点から点に移るにつれて変化する．これはベクトルの微分をとるときには基底ベクトルも微分しなければならないことを意味する．

　あるベクトル $\vec{A}$ を考える．この微分を考えるためにこのベクトルを基底で展開し，ライプニッツ則 $(fg)' = f'g + g'f$ を使うと次を得る：

$$\frac{\partial \vec{A}}{\partial x^a} = \frac{\partial}{\partial x^a}(A^b e_b) = \frac{\partial A^b}{\partial x^a}e_b + A^b\frac{\partial}{\partial x^a}(e_b)$$

デカルト座標では単純に第 2 項を切り捨てればよい．しかし，このことは一般には正しくない．これがどのように働くかを練習として見るために，ある例を見てみよう．

　ここではあるよく知られた例——球座標で始める．デカルト座標は次のようにして球座標と関係している：

$$\begin{aligned} x &= r\sin\theta\cos\phi \\ y &= r\sin\theta\sin\phi \\ z &= r\cos\theta \end{aligned} \tag{4.1}$$

この練習問題の最初の手順はデカルト座標基底に関する球座標の基底ベクトルを導くことである．これを行うために，我々は第 2 章で概観した手続きを使う．これは 2 つの座標系を行ったり来たりすることを許す変換行列が必要であることを意味する．再び，この変換行列を記号 $\Lambda^a{}_{b'}$ で表すことにする．ここでこの行列の成分は次によって与えられる：

$$\frac{\partial x^a}{\partial x^{b'}}$$

ここでプライムの付いていない座標を (x, y, z) と考え，プライム付きの座標を (r, θ, ϕ) と考える．その場合変換行列は次の形をしていると仮定される：

$$\Lambda^a{}_{b'} = \begin{pmatrix} \frac{\partial x}{\partial r} & \frac{\partial y}{\partial r} & \frac{\partial z}{\partial r} \\ \frac{\partial x}{\partial \theta} & \frac{\partial y}{\partial \theta} & \frac{\partial z}{\partial \theta} \\ \frac{\partial x}{\partial \phi} & \frac{\partial y}{\partial \phi} & \frac{\partial z}{\partial \phi} \end{pmatrix} \tag{4.2}$$

(4.1) によって記述される座標系間の関係式より，次を得る：

$$\Lambda^a{}_{b'} = \begin{pmatrix} \sin\theta\cos\phi & \sin\theta\sin\phi & \cos\theta \\ r\cos\theta\cos\phi & r\cos\theta\sin\phi & -r\sin\theta \\ -r\sin\theta\sin\phi & r\sin\theta\cos\phi & 0 \end{pmatrix} \tag{4.3}$$

さて，この基底ベクトルの形を求める道具を揃えたので今からそれを求める必要がある．基底ベクトルが $e_{b'} = \Lambda^a{}_{b'} e_a$ と変換することはすでに何度も見てきた．そこで式 (4.3) を使って球座標基底の基底ベクトルをデカルト座標基底に関する展開で書き下してみよう．すると，

$$\begin{aligned} e_r &= \Lambda^b{}_r e_b = \Lambda^x{}_r e_x + \Lambda^y{}_r e_y + \Lambda^z{}_r e_z \\ &= \sin\theta\cos\phi\, e_x + \sin\theta\sin\phi\, e_y + \cos\theta\, e_z \\ e_\theta &= \Lambda^b{}_\theta e_b = \Lambda^x{}_\theta e_x + \Lambda^y{}_\theta e_y + \Lambda^z{}_\theta e_z \\ &= r\cos\theta\cos\phi\, e_x + r\cos\theta\sin\phi\, e_y - r\sin\theta\, e_z \\ e_\phi &= \Lambda^b{}_\phi e_b = \Lambda^x{}_\phi e_x + \Lambda^y{}_\phi e_y + \Lambda^z{}_\phi e_z \\ &= -r\sin\theta\sin\phi\, e_x + r\sin\theta\cos\phi\, e_y \end{aligned} \tag{4.4}$$

4.0 共変微分

さてここで，これらの基底ベクトルを微分したときに何が起こるか見てみよう．例として各球座標に関する e_r の微分を計算してみよう．ここで，デカルト座標基底 $\{e_x, e_y, e_z\}$ が定数であり，したがって微分するときには気にしなくてよいことに注意しよう．計算をすると，まず r に関する微分は

$$\frac{\partial e_r}{\partial r} = \frac{\partial}{\partial r}(\sin\theta\cos\phi e_x + \sin\theta\sin\phi e_y + \cos\theta e_z) = 0$$

となり，最初の計算の試みは何もおかしな結果を与えないことが分かる．しかし，θ に関する微分を計算してみよう．これは次を与える：

$$\begin{aligned}\frac{\partial e_r}{\partial \theta} &= \frac{\partial}{\partial \theta}(\sin\theta\cos\phi e_x + \sin\theta\sin\phi e_y + \cos\theta e_z) \\ &= \cos\theta\cos\phi e_x + \cos\theta\sin\phi e_y - \sin\theta e_z \\ &= \frac{1}{r}e_\theta\end{aligned}$$

さていま，状況はやや興味深くなっていることがわかる．微分を計算して 0 を得る代わりに，$1/r$ 倍された別の基底が得られている．ϕ に関する微分を計算することによってさらに進めよう．この場合，次を得る：

$$\begin{aligned}\frac{\partial e_r}{\partial \phi} &= \frac{\partial}{\partial \phi}(\sin\theta\cos\phi e_x + \sin\theta\sin\phi e_y + \cos\theta e_z) \\ &= -\sin\theta\sin\phi e_x + \sin\theta\cos\phi e_y \\ &= \frac{1}{r}e_\phi\end{aligned}$$

再び，別の基底ベクトルに到達した．

基底ベクトルを微分するときには，基底ベクトルの微分を加重和として与える一般的な関係式が存在する．その和は単に $\Gamma^a{}_{bc}$ で表される加重係数を伴う基底ベクトルの展開である．

$$\frac{\partial e_a}{\partial x^b} = \Gamma^c{}_{ab} e_c \tag{4.5}$$

$\Gamma^a{}_{bc}$ はここでの例でこれまで計算してきたのを見たように座標の関数で

ある．上で得た結果を見ることで，この結果を次のように特定できる：

$$\frac{\partial e_r}{\partial \theta} = \frac{1}{r}e_\theta \Rightarrow \Gamma^\theta{}_{r\theta} = \frac{1}{r}$$
$$\frac{\partial e_r}{\partial \phi} = \frac{1}{r}e_\phi \Rightarrow \Gamma^\phi{}_{r\phi} = \frac{1}{r}$$

別の微分を考えてみよう．

$$\begin{aligned}
\frac{\partial e_\phi}{\partial \theta} &= \frac{\partial}{\partial \theta}(-r\sin\theta\sin\phi e_x + r\sin\theta\cos\phi e_y) \\
&= -r\cos\theta\sin\phi e_x + r\cos\theta\cos\phi e_y \\
&= \cos\theta(-r\sin\phi e_x + r\cos\phi e_y) \\
&= \frac{\cos\theta}{\sin\theta}(-r\sin\theta\sin\phi e_x + r\sin\theta\cos\phi e_y) \\
&= \cot\theta e_\phi
\end{aligned}$$

(4.5) と比較することにより次を得る：

$$\Gamma^\phi{}_{\phi\theta} = \cot\theta$$

ここで導いた係数関数は**クリストッフェル記号** または**アフィン接続**として知られている．

基本的にこれらの項は補正項を表している．微分演算子はテンソルを微分することが必要で，結果として別のテンソルを与える．特に $\binom{m}{n}$ 型のテンソル場の微分は $\binom{m}{n+1}$ 型のテンソル場を与えるべきである．何故補正項が必要なのかについてはすでに 1 つの理由を見てきた：通常のデカルト座標以外ではベクトルの微分は基底ベクトルの微分についても含める必要がある．クリストッフェル記号を含める別の理由はテンソルの偏微分が一般にはテンソルではないというものである．まず最初に，ベクトルの成分がどのように変換するのかを思いだそう：

$$X^{a'} = \frac{\partial x^{a'}}{\partial x^b} X^b$$

4.0 共変微分

これを覚えておくと

$$\partial_{c'} X^{a'} = \frac{\partial}{\partial x^{c'}} \left(\frac{\partial x^{a'}}{\partial x^b} X^b \right)$$

$$= \frac{\partial x^d}{\partial x^{c'}} \frac{\partial}{\partial x^d} \left(\frac{\partial x^{a'}}{\partial x^b} X^b \right)$$

$$= \frac{\partial x^d}{\partial x^{c'}} \frac{\partial^2 x^{a'}}{\partial x^d \partial x^b} X^b + \frac{\partial x^d}{\partial x^{c'}} \frac{\partial x^{a'}}{\partial x^b} \frac{\partial X^b}{\partial x^d}$$

が得られる．さて，(1,1) 型テンソルはどのように変換するか？ それは次のように変換するのだった：

$$T^{a'}{}_{b'} = \frac{\partial x^{a'}}{\partial x^c} \frac{\partial^d}{\partial x^{b'}} T^c{}_d$$

上の偏微分から得られる最後の行の 2 つの項はこのような変換の形である：

$$\partial_{c'} X^{a'} = \frac{\partial x^d}{\partial x^{c'}} \frac{\partial^2 x^{a'}}{\partial x^d \partial x^b} X^b + \frac{\partial x^d}{\partial x^{c'}} \frac{\partial x^{a'}}{\partial x^b} \frac{\partial X^b}{\partial x^d}$$

しかし，最初の項は別のテンソルを得ることが全くできない形として残る．したがって補正項が必要となる．そこで，ベクトル A の微分に対する我々の公式に戻って確認してみよう：

$$\frac{\partial A}{\partial x^a} = \frac{\partial A^b}{\partial x^a} e_b + A^b \frac{\partial}{\partial x^a}(e_b)$$

さて，(4.5) を使って第 2 項を書き換えてみよう．これは次を与える：

$$A^b \frac{\partial}{\partial x^a}(e_b) = A^b \Gamma^c{}_{ba} e_c$$

これをベクトルの微分を与える公式に代入すると，次を得る：

$$\frac{\partial A}{\partial x^a} = \frac{\partial A^b}{\partial x^a} e_b + A^b \Gamma^c{}_{ba} e_c$$

のちの便宜のために，第 2 項に現れる量の順序を再配置する．さて，表式の上下にともに繰り返して現れる添字はすべてダミー添字であり，したがって

文字を張り替えられることを思いだそう．第 2 項において，$b \leftrightarrow c$ の入れ替えをして $\Gamma^c{}_{ba} A^b e_c \to \Gamma^b{}_{ca} A^c e_b$ に変えると，このベクトルの微分は次のようになる：

$$\frac{\partial A}{\partial x^a} = \frac{\partial A^b}{\partial x^a} e_b + \Gamma^b{}_{ca} A^c e_b = \left(\frac{\partial A^b}{\partial x^a} + \Gamma^b{}_{ca} A^c \right) e_b$$

表式のカッコの中はベクトル A の共変微分である．共変微分は $\nabla_b A^a$ によって表される：

$$\nabla_a A^a = \frac{\partial A^a}{\partial x^b} + \Gamma^a{}_{bc} A^c \tag{4.6}$$

どのように変換するかを確かめることによって，この対象が $(1,1)$ テンソルであることを確認することができる．クリストッフェル記号がどのように変換するのかを見るために，(4.5) 式を見てみる．これをプライム付き座標で書くと次を得る：

$$\Gamma^{c'}{}_{a'b'} e_{c'} = \frac{\partial e_{a'}}{\partial x^{b'}} \tag{4.7}$$

さて，基底ベクトルは $e_{c'} = \Lambda^d{}_{c'} e_d = \frac{\partial x^d}{\partial x^{c'}} e_d$ に従って変換する．すると左辺は次のようになる：

$$\Gamma^{c'}{}_{a'b'} e_{c'} = \Gamma^{c'}{}_{a'b'} \Lambda^d{}_{c'} e_d = \Gamma^{c'}{}_{a'b'} \frac{\partial x^d}{\partial x^{c'}} e_d \tag{4.8}$$

次に (4.7) の右辺に取り組む．すると次が得られる：

$$\begin{aligned}
\frac{\partial e_{a'}}{\partial x^{b'}} &= \frac{\partial}{\partial x^{b'}} (\Lambda^m{}_{a'} e_m) = \frac{\partial}{\partial x^{b'}} \left(\frac{\partial x^m}{\partial x^{a'}} e_m \right) \\
&= \frac{\partial x^n}{\partial x^{b'}} \frac{\partial}{\partial x^n} \left(\frac{\partial x^m}{\partial x^{a'}} e_m \right) \\
&= \frac{\partial x^n}{\partial x^{b'}} \left(\frac{\partial^2 x^m}{\partial x^n \partial x^{a'}} e_m + \frac{\partial x^m}{\partial x^{a'}} \frac{\partial e_m}{\partial x^n} \right)
\end{aligned}$$

いま，$\frac{\partial e_m}{\partial x^n}$ は別のクリストッフェル記号を与えるので，これは次のように書くことができる：

$$\frac{\partial e_{a'}}{\partial x^{b'}} = \frac{\partial x^n}{\partial x^{b'}} \left(\frac{\partial^2 x^m}{\partial x^n \partial x^{a'}} e_m + \frac{\partial x^m}{\partial x^{a'}} \Gamma^l{}_{mn} e_l \right)$$

4.0 共変微分

カッコの中の最初の項でダミー添字を $m \to d$ に変えると次の表式が得られる：

$$\frac{\partial e_{a'}}{\partial x^{b'}} = \frac{\partial x^n}{\partial x^{b'}} \left(\frac{\partial^2 x^d}{\partial x^n \partial x^{a'}} e_d + \frac{\partial x^m}{\partial x^{a'}} \Gamma^l{}_{mn} e_l \right)$$

この第 2 項において，基底ベクトルに関するダミー添字は l である．基底ベクトルでまとめてしまいたいので $l \to d$ のように添字を変更する．これは次を与える：

$$\begin{aligned}
\frac{\partial e_{a'}}{\partial x^{b'}} &= \frac{\partial x^n}{\partial x^{b'}} \left(\frac{\partial^2 x^d}{\partial x^n \partial x^{a'}} e_d + \frac{\partial x^m}{\partial x^{a'}} \Gamma^d{}_{mn} e_d \right) \\
&= \frac{\partial x^n}{\partial x^{b'}} \left(\frac{\partial^2 x^d}{\partial x^n \partial x^{a'}} + \frac{\partial x^m}{\partial x^{a'}} \Gamma^d{}_{mn} \right) e_d \\
&= \left(\frac{\partial x^n}{\partial x^{b'}} \frac{\partial^2 x^d}{\partial x^n \partial x^{a'}} + \frac{\partial x^n}{\partial x^{b'}} \frac{\partial x^m}{\partial x^{a'}} \Gamma^d{}_{mn} \right) e_d
\end{aligned} \quad (4.9)$$

我々は式 (4.7) から始めた．(4.8) で与えられる (4.7) 式の左辺に関する結果を (4.9) で与えられる結果と等しいと置くことによって次が得られる：

$$\Gamma^{c'}{}_{a'b'} \frac{\partial x^d}{\partial x^{c'}} e_d = \left(\frac{\partial x^n}{\partial x^{b'}} \frac{\partial^2 x^d}{\partial x^n \partial x^{a'}} + \frac{\partial x^n}{\partial x^{b'}} \frac{\partial x^m}{\partial x^{a'}} \Gamma^d{}_{mn} \right) e_d$$

基底ベクトル e_d が両辺に現れたので，それらを切り捨てると次を得る：

$$\Gamma^{c'}{}_{a'b'} \frac{\partial x^d}{\partial x^{c'}} = \frac{\partial x^n}{\partial x^{b'}} \frac{\partial^2 x^d}{\partial x^n \partial x^{a'}} + \frac{\partial x^n}{\partial x^{b'}} \frac{\partial x^m}{\partial x^{a'}} \Gamma^d{}_{mn}$$

最終的に，この式の両辺を $\frac{\partial x^d}{\partial x^{c'}}$ で割ることによって，クリストッフェル記号の変換則を得る[*1]：

$$\Gamma^{c'}{}_{a'b'} = \frac{\partial x^{c'}}{\partial x^d} \frac{\partial x^n}{\partial x^{b'}} \frac{\partial^2 x^d}{\partial x^n \partial x^{a'}} + \frac{\partial x^{c'}}{\partial x^d} \frac{\partial x^n}{\partial x^{b'}} \frac{\partial x^m}{\partial x^{a'}} \Gamma^d{}_{mn} \quad (4.10)$$

[*1] 訳注：厳密にいえば，$A^\alpha \frac{\partial x^\alpha}{\partial x^{\alpha'}} = B^\alpha$ のとき，この両辺に $\frac{\partial x^{\beta'}}{\partial x^\alpha}$ を掛けてアインシュタインの規約を適用すると，左辺は $A^{\alpha'} \frac{\partial x^\alpha}{\partial x^{\alpha'}} \frac{\partial x^{\beta'}}{\partial x^\alpha} = A^{\alpha'} \frac{\partial x^{\beta'}}{\partial x^{\alpha'}} = A^{\alpha'} \delta^{\beta'}_{\alpha'} = A^{\beta'}$ となるので，両辺合わせて $A^{\beta'} = \frac{\partial x^{\beta'}}{\partial x^\alpha} B^\alpha$ となり，両辺の文字を $\beta' \to \alpha'$ とすると，結局，$A^{\alpha'} = \frac{\partial x^{\alpha'}}{\partial x^\alpha} B^\alpha$ が得られることを使っている．

いま，何故クリストッフェル記号が補正項として振る舞うかわかった．この式の右辺の最初の項がテンソルの偏微分による変換の余分な項を打ち消すことに使われる．そのようにして，共変微分は $(1,1)$ テンソルとして変換することが分かる．

もちろんベクトル以外の対象も微分することができる．1形式の共変微分は次によって与えられる[*2]：

$$\nabla_b \sigma_a = \partial_b \sigma_a - \Gamma^c{}_{ab} \sigma_c \tag{4.11}$$

これは任意のテンソルの共変微分のために使うことができる手続きを示唆する：まず，対象とするテンソルの偏微分をとる，次に各反変添字に対し $\Gamma^c{}_{ab}$ 項を掛けて足し，各共変添字に対し $\Gamma^c{}_{ab}$ 項を掛けて引く．たとえば，

$$\nabla_c T^a{}_b = \partial_c T^a{}_b + \Gamma^a{}_{dc} T^d{}_b - \Gamma^d{}_{bc} T^a{}_d$$
$$\nabla_c T_{ab} = \partial_c T_{ab} - \Gamma^d{}_{ac} T_{db} - \Gamma^d{}_{bc} T_{ad}$$
$$\nabla_c T^{ab} = \partial_c T^{ab} + \Gamma^a{}_{dc} T^{db} + \Gamma^b{}_{dc} T^{ad}$$

である[*3]．また，スカラー関数の共変微分はただの偏微分である：

$$\nabla_a \phi = \partial_a \phi \tag{4.12}$$

例 4.1

極座標を考えよ．$\vec{V} = r^2 \cos\theta e_r - \sin\theta e_\theta$ の共変微分 $\nabla_a V^a$ を求めよ．

[*2] 訳注：この式の導出は $\langle \omega^a, e_d \rangle = \delta^a_d$ の両辺を x_b で微分 (∂_b を作用) し，ライプニッツ則を適用すると，$\partial_b \omega^a = G^a{}_{bc} \omega^c$ などと置き，$\partial_b e_d = \Gamma^c{}_{db} e_c$ を使うと，$\partial_b \omega^a = -\Gamma^a{}_{cb} \omega^c$ となるので，これを使って，$\partial_b(\sigma_a \omega^a)$ を計算することによって得られる．

[*3] 訳注：たとえば $\nabla_c T^a{}_b$ を求めるには，$\partial_b e_a = \Gamma^c{}_{ab} e_c$, $\partial_b \omega^a = -\Gamma^a{}_{cb} \omega^c$ に注意して，$\partial_c(T^a{}_b e_a \otimes \omega^b)$ にライプニッツ則を適用して，各項に添字の入れ替えなどをすることによって基底 $e_a \otimes \omega^b$ についての成分を求めればよい．

解答 4.1

和の規約が働いていることに注意しよう．これを明示的に書くと次のようになる：

$$\nabla_a V^a = \nabla_r V^r + \nabla_\theta V^\theta$$

(4.6) を使うと，次を得る：

$$\nabla_r V^r = \frac{\partial V^r}{\partial r} + \Gamma^r{}_{cr} V^c = \frac{\partial V^r}{\partial r} + \Gamma^r{}_{rr} V^r + \Gamma^r{}_{\theta r} V^\theta$$

$$\nabla_\theta V^\theta = \frac{\partial V^\theta}{\partial \theta} + \Gamma^\theta{}_{c\theta} V^c = \frac{\partial V^\theta}{\partial \theta} + \Gamma^\theta{}_{r\theta} V^r + \Gamma^\theta{}_{\theta\theta} V^\theta$$

読者は極座標のクリストッフェル記号が

$$\Gamma^\theta{}_{r\theta} = \Gamma^\theta{}_{\theta r} = \frac{1}{r} \quad \text{かつ} \quad \Gamma^r{}_{\theta\theta} = -r$$

となり，その他の成分はすべて 0 となることを示すことができる (各自確かめよ)[*4]．したがって，

$$\nabla_r V^r = \frac{\partial V^r}{\partial r} + \Gamma^r{}_{rr} V^r + \Gamma^r{}_{\theta r} V^\theta = \frac{\partial V^r}{\partial r}$$

$$\nabla_\theta V^\theta = \frac{\partial V^\theta}{\partial \theta} + \Gamma^\theta{}_{r\theta} V^r + \Gamma^\theta{}_{\theta\theta} V^\theta = \frac{\partial V^\theta}{\partial \theta} + \frac{1}{r} V^r$$

が得られる．するとこの和は

$$\nabla_a V^a = \nabla_r V^r + \nabla_\theta V^\theta = \frac{\partial V^r}{\partial r} + \frac{1}{r} V^r + \frac{\partial V^\theta}{\partial \theta}$$

となる．ここで，$\vec{V} = r^2 \cos\theta\, e_r - \sin\theta\, e_\theta$ であったから，結局，

$$\nabla_a V^a = \frac{\partial V^r}{\partial r} + \frac{1}{r} V^r + \frac{\partial V^\theta}{\partial \theta} = 2r\cos\theta + r\cos\theta - \cos\theta$$
$$= 3r\cos\theta - \cos\theta = \cos\theta(3r - 1)$$

となる．

[*4] 訳注：極座標変換 $x = r\cos\theta, y = r\sin\theta$ の (r,θ) 系をプライム付き系として，基底の変換 $e_{a'} = \frac{\partial x^a}{\partial x^{a'}} e_a$ より，e_r, e_θ を求める．すると，$\frac{\partial e_{a'}}{\partial x^{b'}} = \Gamma^{c'}{}_{a'b'} e_{c'}$ なので，係数を取り出すと求める結果が得られる．

例 4.2

あるベクトル場 U^a を考えよ．このベクトル場が $U^a U_a$ が定数であり，$\nabla_a U_b - \nabla_b U_a = 0$ を満たすとき，$U^a \nabla_a U^b = 0$ を示せ．

解答 4.2

$U^a U_a$ が定数であることより，これの微分は消えなくてはならない．この積の共変微分は次のようになる：

$$\nabla_b(U^a U_a) = U^a \nabla_b U_a + U_a \nabla_b U^a$$

さて，ここで，$\nabla_a U_b - \nabla_b U_a = 0$ を使って右辺の最初の項を書き換え，計量を使った添字の上げ下げによって $U_b = g_{bc} U^c$ と書く．これは次を与える：

$$U^a \nabla_b U_a + U_a \nabla_b U^a = U^a \nabla_a U_b + U_a \nabla_b U^a$$
$$= U^a \nabla_a (g_{bc} U^c) + U_a \nabla_b U^a$$
$$= U^a U^c \nabla_a g_{bc} + g_{bc} U^a \nabla_a U^c + U_a \nabla_b U^a$$
$$= g_{bc} U^a \nabla_a U^c + U_a \nabla_b U^a$$

最後の行を得るために $\nabla_a g_{bc} = 0$ を使った[*5]．次に第 2 項に注目しよう．$\nabla_a U_b - \nabla_b U_a = 0$ を使って添字を入れ替えるために，まず最初に共変微分の中の U^a の添字を下げる必要がある．$\nabla_a g_{bc} = 0$ より，g_{ab} を自由に共変微分の外に出してよいことに注意しよう．

$$g_{bc} U^a \nabla_a U^c + U_a \nabla_b U^a = g_{bc} U^a \nabla_a U^c + U_a \nabla_b (g^{ac} U_c)$$
$$= g_{bc} U^a \nabla_a U^c + g^{ac} U_a \nabla_b U_c$$
$$= g_{bc} U^a \nabla_a U^c + g^{ac} U_a \nabla_c U_b$$

最初の項は，結果を証明するために必要な形にすでになっている．第 2 項をそのような形に持っていくために，U の添字を上げることにしよう．これを

[*5] 訳注：これを求めるには，$g_{bc} = e_b \cdot e_c$，$\partial_a e_b = \Gamma^c{}_{ba} e_c$，$\partial_a \omega^b = -\Gamma^b{}_{ca} \omega^c$ に注意して，$\partial_a(g_{bc} \omega^b \otimes \omega^c)$ を計算すればよい．

4.0 共変微分

行い，$g^{ab}g_{bc} = \delta^a_c$ に注意すると，次が得られる：

$$g_{bc}U^a\nabla_a U^c + g^{ac}U_a\nabla_c U_b = g_{bc}U^a\nabla_a U^c + g^{ac}g_{ae}U^e\nabla_c g_{bd}U^d$$
$$= g_{bc}U^a\nabla_a U^c + g^{ac}g_{ae}g_{bd}U^e\nabla_c U^d$$
$$= g_{bc}U^a\nabla_a U^c + \delta^c_e g_{bd}U^e\nabla_c U^d$$
$$= g_{bc}U^a\nabla_a U^c + g_{bd}U^c\nabla_c U^d$$

ただし，最後の行を得るためにクロネッカーのデルタを使って $e \to c$ の添字の置き換えを使った．さて，c はダミー添字であった．したがって，それを (初項のダミー添字である)a に変えることによって初項と一致するようにする：

$$g_{bc}U^a\nabla_a U^c + g_{bd}U^c\nabla_c U^d = g_{bc}U^a\nabla_a U^c + g_{bd}U^a\nabla_a U^d$$

次に，もう一方のダミ添字 d に着目する．これもまた自由に変えてよいのだから，c に置き換える．すると次が成り立つ：

$$g_{bc}U^a\nabla_a U^c + g_{bd}U^a\nabla_a U^d = g_{bc}U^a\nabla_a U^c + g_{bc}U^a\nabla_a U^c$$
$$= g_{bc}(U^a\nabla_a U^c + U^a\nabla_a U^c)$$
$$= 2g_{bc}U^a\nabla_a U^c$$

ここで，我々は定数の共変微分から始めたので，それは 0 である．つまり，$\nabla_b(U^aU_a) = 0$ である．したがって，この結果は消えなくてはならない．すると上の表式を 2 で割って次を得る：

$$g_{bc}U^a\nabla_a U^c = 0$$

この式の両辺に g^{db} を掛けて縮約をとると，

$$0 = g^{db} \times 0 = g^{db}g_{bc}U^a\nabla_a U^c = \delta^d_c U^a\nabla_a U^c = U^a\nabla_a U^d$$

より，

$$U^a\nabla_a U^d = 0$$

が得られた．

ねじれテンソル

ねじれテンソルは接続によって次のように定義される:

$$T^a_{bc} = \Gamma^a_{bc} - \Gamma^a_{cb} = 2\Gamma^a_{[bc]} \tag{4.13}$$

接続がテンソルでないにもかかわらず,その差がテンソルとして振る舞うことを示すのは簡単である.一般相対論では,ねじれテンソルは消えるようにとられるので,これは接続が対称であることを意味する[*6].すなわち,

$$\Gamma^a_{bc} = \Gamma^a_{cb} \tag{4.14}$$

である.いくつかの重力理論 (アインシュタイン-カルタン理論など) では,ねじれテンソルは消えないが,本書ではそのような場合については扱わない.

計量とクリストッフェル記号

n 次元空間では,**第 1 種クリストッフェル記号** Γ_{abc} と呼ばれる n^3 個の関数が存在する.座標基底においては (第 5 章参照),これらの関数は関係式

$$\Gamma_{abc} = \frac{1}{2}\left(\frac{\partial g_{ab}}{\partial x^c} + \frac{\partial g_{ca}}{\partial x^b} - \frac{\partial g_{bc}}{\partial x^a}\right) \tag{4.15}$$

を使って計量から導くことができる[*7].より一般には,次のように表される:

$$\Gamma_{abc} = \frac{1}{2}\left(\frac{\partial g_{ab}}{\partial x^c} + \frac{\partial g_{ca}}{\partial x^b} - \frac{\partial g_{bc}}{\partial x^a}\right) + C_{abc} + C_{acb} - C_{bca}$$

ここで,C_{abc} は**交換係数**と呼ばれる (第 5 章参照).

[*6] 訳注:これは時空の任意の点で局所的に平坦な座標である測地座標系 (Γ^c_{ab} が局所的にすべて 0) がとれることと同値である.

[*7] 訳注:この部分がやや天下りだが,きちんとやりたければ,$\partial_a g_{bc} = \partial_a(e_b \cdot e_c)$ にライプニッツ則を適用して $\partial_a g_{bc} = \Gamma_{cba} + \Gamma_{bca}$ を得,添字をサイクリックに置き換えた式から添字の対称性 $\Gamma_{abc} = \Gamma_{acb}$ を使って $\partial_c g_{ab} + \partial_b g_{ca} - \partial_a g_{bc} = 2\Gamma_{abc}$ を計算すればよい.

4.0 計量とクリストッフェル記号 85

例 4.3

次を示せ：
$$\frac{\partial g_{ab}}{\partial x^c} = \Gamma_{abc} + \Gamma_{bca}$$

解答 4.3

これは簡単に解くことができる問題である．まず，単純に (4.15) を使い，添字を入れ替える．これは

$$\Gamma_{abc} = \frac{1}{2}\left(\frac{\partial g_{ab}}{\partial x^c} + \frac{\partial g_{ca}}{\partial x^b} - \frac{\partial g_{bc}}{\partial x^a}\right)$$

$$\Gamma_{bca} = \frac{1}{2}\left(\frac{\partial g_{bc}}{\partial x^a} + \frac{\partial g_{ab}}{\partial x^c} - \frac{\partial g_{ca}}{\partial x^b}\right)$$

を与える．これらを足し合わせると，

$$\begin{aligned}\Gamma_{abc} + \Gamma_{bca} &= \frac{1}{2}\left(\frac{\partial g_{ab}}{\partial x^c} + \frac{\partial g_{ca}}{\partial x^b} - \frac{\partial g_{bc}}{\partial x^a}\right) + \frac{1}{2}\left(\frac{\partial g_{bc}}{\partial x^a} + \frac{\partial g_{ab}}{\partial x^c} - \frac{\partial g_{ca}}{\partial x^b}\right) \\ &= \frac{1}{2}\left(\frac{\partial g_{ab}}{\partial x^c} + \frac{\partial g_{ca}}{\partial x^b} - \frac{\partial g_{bc}}{\partial x^a} + \frac{\partial g_{bc}}{\partial x^a} + \frac{\partial g_{ab}}{\partial x^c} - \frac{\partial g_{ca}}{\partial x^b}\right) \\ &= \frac{1}{2}\left(2\frac{\partial g_{ab}}{\partial x^c}\right) = \frac{\partial g_{ab}}{\partial x^c}\end{aligned}$$

と求まる．

第 2 種クリストッフェル記号 (通常単にクリストッフェル記号と呼ばれる) は次のように計量によって添字を上げることで得られる：

$$\Gamma^a{}_{bc} = g^{ad}\Gamma_{dbc}$$

これを使うと (4.15) はより有名な形で書くことができる：

$$\Gamma^a{}_{bc} = \frac{1}{2}g^{ad}\left(\frac{\partial g_{db}}{\partial x^c} + \frac{\partial g_{cd}}{\partial x^b} - \frac{\partial g_{bc}}{\partial x^d}\right) \tag{4.16}$$

例 4.4

半径 R の 2 次元球面のクリストッフェル記号を求めよ：

$$ds^2 = R^2 d\theta^2 + R^2 \sin^2\theta d\phi^2$$

解答 4.4

計量は次によって与えられる：

$$g_{ab} = \begin{pmatrix} R^2 & 0 \\ 0 & R^2 \sin^2\theta \end{pmatrix}$$

したがってこれより，$g_{\theta\theta} = R^2$, $g_{\phi\phi} = R^2 \sin^2\theta$ である．また，逆計量は

$$g^{ab} = \begin{pmatrix} \frac{1}{R^2} & 0 \\ 0 & \frac{1}{R^2 \sin^2\theta} \end{pmatrix}$$

である．したがって，$g^{\theta\theta} = \frac{1}{R^2}$, $g^{\phi\phi} = \frac{1}{R^2 \sin^2\theta}$ である．すると，計量の微分で 0 でないものは次のものに限られる：

$$\frac{\partial g_{\phi\phi}}{\partial \theta} = \frac{\partial}{\partial \theta}(R^2 \sin^2\theta) = 2R^2 \sin\theta \cos\theta \tag{4.17}$$

クリストッフェル記号を求めるには (4.16) を使う．g^{ab} の最初の 0 でない項を考えると，式 (4.16) において $a = d = \theta$ と置くことになる[*8]．これより，

$$\Gamma^{\theta}_{bc} = \frac{1}{2} g^{\theta\theta} \left(\frac{\partial g_{b\theta}}{\partial x^c} + \frac{\partial g_{c\theta}}{\partial x^b} - \frac{\partial g_{bc}}{\partial \theta} \right) = -\frac{1}{2} g^{\theta\theta} \frac{\partial g_{bc}}{\partial \theta}$$

が得られる．ここで，$\frac{\partial g_{c\theta}}{\partial x^b} = \frac{\partial g_{\theta b}}{\partial x^c} = 0$ と置いたのは，$g_{\theta\phi} = g_{\phi\theta} = 0$ であり，$g_{\theta\theta} = a^2$ は定数だから，これらの項のすべての微分が消えるからである．したがってこのとき，0 にならない唯一の項は次のものである：

$$\Gamma^{\theta}_{\phi\phi} = -\frac{1}{2} g^{\theta\theta} \frac{\partial g_{\phi\phi}}{\partial \theta} = -\frac{1}{2} \left(\frac{1}{R^2} \right) (2R^2 \sin\theta \cos\theta) = -\sin\theta \cos\theta$$

[*8] 訳注：厳密にいえば $x^a = x^d = \theta$ とすべきであるが，意味は分かると思う．このような表記法は相対論ではよく使われる．

4.0 計量とクリストッフェル記号

この計量の別の 0 でない可能性のある項は $g^{\phi\phi}$ を含むものである．したがって，$a = d = \phi$ と置こう．これは次を与える：

$$\Gamma^{\phi}_{bc} = \frac{1}{2}g^{\phi\phi}\left(\frac{\partial g_{b\phi}}{\partial x^c} + \frac{\partial g_{c\phi}}{\partial x^b} - \frac{\partial g_{bc}}{\partial \phi}\right)$$

ここで θ に関する微分のみが 0 でない可能性がある項になる．したがって，最後の項を落として考える：

$$\Gamma^{\phi}_{bc} = \frac{1}{2}g^{\phi\phi}\left(\frac{\partial g_{b\phi}}{\partial x^c} + \frac{\partial g_{c\phi}}{\partial x^b}\right)$$

まず，$b = c = \theta$ と置くと，計算に現れる計量が非対角成分であることより，0 になる．次に，$b = \theta, c = \phi$ と置くと，

$$\begin{aligned}\Gamma^{\phi}_{\theta\phi} &= \frac{1}{2}g^{\phi\phi}\left(\frac{\partial g_{\theta\phi}}{\partial \phi} + \frac{\partial g_{\phi\phi}}{\partial \theta}\right) = \frac{1}{2}g^{\phi\phi}\frac{\partial g_{\phi\phi}}{\partial \theta} \\ &= \frac{1}{2}\left(\frac{1}{R^2\sin^2\theta}\right)\left(2R^2\sin\theta\cos\theta\right) = \frac{\cos\theta}{\sin\theta} = \cot\theta\end{aligned}$$

が得られる．同様の計算をすると，$b = \phi, c = \theta$ とすれば，$\Gamma^{\phi}_{\phi\theta} = \cot\theta = \Gamma^{\phi}_{\theta\phi}$ が得られるが，これはクリストッフェル記号の下付き添字に関する対称性を知っていれば明らかである．

例 4.5

重力波の衝突の研究で使われる計量が**カーン-ペンローズ 計量 (Kahn-Penrose metric)** である (図 4.1 参照)．使われている座標は (u, v, x, y) である．$u \geq 0$ かつ $v < 0$ の範囲でこの計量は次の形をしていると仮定できる：

$$\mathrm{d}s^2 = 2\mathrm{d}u\mathrm{d}v - (1-u)^2\mathrm{d}x^2 - (1+u)^2\mathrm{d}y^2$$

((4.15) を使って) この計量の第 1 種クリストッフェル記号を求めよ．

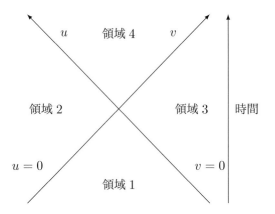

図 4.1 重力波の研究で使われるカーン-ペンローズ解の時空分割．ここでは領域 2 の計量を考えている．

解答 4.5

この問題では，簡略化された記号法 $\partial_a = \frac{\partial}{\partial x^a}$ を使おう．この表記法の下で (4.15) 式は次のように書かれる：

$$\Gamma_{abc} = \frac{1}{2}(\partial_c g_{ab} + \partial_b g_{ca} - \partial_a g_{bc})$$

計量の成分は $(x^0, x^1, x^2, x^3) \to (u, v, x, y)$ と定義することによって，次のように行列に配置することができる：

$$g_{ab} = \begin{pmatrix} 0 & 1 & 0 & 0 \\ 1 & 0 & 0 & 0 \\ 0 & 0 & -(1-u)^2 & 0 \\ 0 & 0 & 0 & -(1+u)^2 \end{pmatrix}$$

これより，

$$g_{uv} = g_{vu} = 1, \qquad g_{xx} = -(1-u)^2, \qquad g_{yy} = -(1+u)^2$$

が成り立つことが分かる．1 つの方法としては，単に (4.15) 式に現れる座標のすべての可能な組み合わせを書き下すことである．しかし，ここでは，計

4.0 計量とクリストッフェル記号

量の形を利用して 0 でない可能性のある項を素早く見極めることにする。まず最初に次に注意しよう：

$$\partial_a g_{uv} = \partial_a g_{vu} = 0$$

すると 0 でない微分は次のものしかない：

$$\partial_u g_{xx} = \partial_u[-(1-u)^2] = 2(1-u)$$
$$\partial_u g_{yy} = \partial_u[-(1+u)^2] = -2(1+u)$$

x を含む項をまず最初に考えよう。$\Gamma_{abc} = \frac{1}{2}(\partial_c g_{ab} + \partial_b g_{ca} - \partial_a g_{bc})$ を見てみると，$\partial_u g_{xx}$ を含む a, b, c の組み合わせは，

$$a = b = x, \quad c = u$$
$$a = u, \quad b = c = x$$
$$a = c = x, \quad b = u$$

しかない．これらのうちの最初の組み合わせをとると，次が得られる：

$$\Gamma_{xxu} = \frac{1}{2}(\partial_u g_{xx} + \partial_x g_{ux} - \partial_x g_{xu}) = \frac{1}{2}\partial_u g_{xx} = \frac{1}{2}[2(1-u)] = 1-u$$

3 つ目を書き下すと，それがこの結果と同じものを与えることが分かる．2 つ目の組み合わせの場合，次が得られる：

$$\Gamma_{uxx} = \frac{1}{2}(\partial_x g_{ux} + \partial_x g_{xu} - \partial_u g_{xx}) = -\frac{1}{2}\partial_u g_{xx} = -\frac{1}{2}[2(1-u)] = -1+u$$

次にやるべきことは $\partial_u g_{yy}$ を含む項を考えることである．上と同様の計算で，

$$\Gamma_{uyy} = 1+u$$
$$\Gamma_{yyu} = -1-u$$

を示すことができる．

　計量がすべて定数のとき，すべてのクリストッフェル記号が消えることを示すのは易しいことである．第 1 種クリストッフェル記号は後ろの 2 つの添字に関して対称であることに注意しよう：

$$\Gamma_{abc} = \Gamma_{acb}$$

例 4.6

計量が対角的 (diagonal) なとき次が成り立つことを示せ：

$$\Gamma^a{}_{ab} = \frac{\partial}{\partial x^b}\left(\frac{1}{2}\ln g_{aa}\right)$$

解答 4.6

計量が対角的なとき，計量の逆成分は $g^{aa} = \frac{1}{g_{aa}}$ であることが容易に分かる．すると，(4.15) を使うと

$$\Gamma^a{}_{ab} = g^{ac}\Gamma_{cab} = g^{aa}\Gamma_{aab} = \frac{1}{g_{aa}}\Gamma_{aab} = \frac{1}{g_{aa}}\left(\frac{1}{2}\frac{\partial g_{aa}}{\partial x^b}\right)$$
$$= \frac{\partial}{\partial x^b}\left(\frac{1}{2}\ln g_{aa}\right)$$

が得られる．計量の共変微分がすべて消えるとき，接続 $\Gamma^a{}_{bc}$ は**計量互換 (metric-compatible)** であるという：

$$\nabla_c g_{ab} = 0 \tag{4.18}$$

例 4.7

(4.16) を使って，$\nabla_c g_{ab} = 0$ を示せ．

解答 4.7

計量テンソルの共変微分は

$$\nabla_c g_{ab} = \partial_c g_{ab} - g_{db}\Gamma^d{}_{ac} - g_{ad}\Gamma^d{}_{bc}$$

である．ここで，式 (4.16) を適用してこの式に現れるクリストッフェル記号を計量を使って書きかえることにしよう．まず，

$$\Gamma^d{}_{ac} = \frac{1}{2}g^{de}(\partial_a g_{ec} + \partial_c g_{ea} - \partial_e g_{ac})$$
$$\Gamma^d{}_{bc} = \frac{1}{2}g^{de}(\partial_b g_{ec} + \partial_c g_{eb} - \partial_e g_{bc})$$

4.0 計量とクリストッフェル記号

である．いまから，これらの項を計量の共変微分に代入してみる：

$$\nabla_c g_{ab} = \partial_c g_{ab} - g_{db}\left[\frac{1}{2}g^{de}(\partial_a g_{ec} + \partial_c g_{ea} - \partial_e g_{ac})\right]$$

$$- g_{ad}\left[\frac{1}{2}g^{de}(\partial_b g_{ec} + \partial_c g_{eb} - \partial_e g_{bc})\right]$$

$$= \partial_c g_{ab} - \frac{1}{2}g_{db}g^{de}\partial_a g_{ec} - \frac{1}{2}g_{db}g^{de}\partial_c g_{ea} + \frac{1}{2}g_{db}g^{de}\partial_e g_{ac}$$

$$- \frac{1}{2}g_{ad}g^{de}\partial_b g_{ec} - \frac{1}{2}g_{ad}g^{de}\partial_c g_{eb} + \frac{1}{2}g_{ad}g^{de}\partial_e g_{bc}$$

さてここで，$g_{ab}g^{bc} = \delta_a^c$ という事実を使って次のような置き換えを行う：

$$g_{db}g^{de} = \delta_b^e \Rightarrow e \to b \text{ を } g_{db}g^{de} \text{が現れるところで行う}$$

$$g_{ad}g^{de} = \delta_a^e \Rightarrow e \to a \text{ を } g_{ad}g^{de} \text{が現れるところで行う}$$

すると，上の表式は次のように単純化される：

$$\nabla_c g_{ab} = \partial_c g_{ab} - \frac{1}{2}\delta_b^e\partial_a g_{ec} - \frac{1}{2}\delta_b^e\partial_c g_{ea} + \frac{1}{2}\delta_b^e\partial_e g_{ac}$$

$$- \frac{1}{2}\delta_a^e\partial_b g_{ec} - \frac{1}{2}\delta_a^e\partial_c g_{eb} + \frac{1}{2}\delta_a^e\partial_e g_{bc}$$

$$= \partial_c g_{ab} - \frac{1}{2}\partial_a g_{bc} - \frac{1}{2}\partial_c g_{ba} + \frac{1}{2}\partial_b g_{ac} - \frac{1}{2}\partial_b g_{ac} - \frac{1}{2}\partial_c g_{ab} + \frac{1}{2}\partial_a g_{bc}$$

$$= \partial_c g_{ab} + \frac{1}{2}[(\partial_a g_{bc} - \partial_a g_{bc}) + (\partial_b g_{ac} - \partial_b g_{ac})] - \frac{1}{2}\partial_c g_{ba} - \frac{1}{2}\partial_c g_{ab}$$

$$= \partial_c g_{ab} - \frac{1}{2}\partial_c g_{ba} - \frac{1}{2}\partial_c g_{ab}$$

ここで，計量の対称性を使って $g_{ab} = g_{ba}$ と書くと，次のように結果が消滅することが分かる：

$$\nabla_c g_{ab} = \partial_c g_{ab} - \frac{1}{2}\partial_c g_{ba} - \frac{1}{2}\partial_c g_{ab} = \partial_c g_{ab} - \frac{1}{2}\partial_c g_{ab} - \frac{1}{2}\partial_c g_{ab}$$

$$= \partial_c g_{ab} - \partial_c g_{ab} = 0$$

外微分

　これまで，1形式，すなわち (0,1) テンソルについて多少述べてきたが，p 形式，すなわち (0,p) テンソルを得ることも可能である．高階の形式を得るための 1 つの方法が，**ウェッジ積**を使うものである．2 つの 1 形式 α, β のウェッジ積は次によって表される 2 形式である[*9]：

$$\alpha \wedge \beta = \alpha \otimes \beta - \beta \otimes \alpha \tag{4.19}$$

この定義よりただちに

$$\alpha \wedge \beta = -\beta \wedge \alpha \tag{4.20}$$

が成り立つことが分かる．これは，

$$\alpha \wedge \alpha = 0 \tag{4.21}$$

を意味する．

　より多くのウェッジ積をとることにより，高階の形式を得ることもできる．たとえば，1 形式 α, β, γ を使って $\alpha \wedge \beta \wedge \gamma$ と書くことによって 3 形式を構成することができる．任意の p 形式は次のように基底 1 形式 ω^a のウェッジ積として書くことができる：

$$\alpha = \frac{1}{p!} \alpha_{a_1 a_2 \cdots a_p} \omega^{a_1} \wedge \omega^{a_2} \wedge \cdots \wedge \omega^{a_p} \tag{4.22}$$

ウェッジ積は線形かつ結合性を持つ．したがって，$(a\alpha + b\beta) \wedge \gamma = a\alpha \wedge \gamma + b\beta \wedge \gamma$ が成り立つ．

　ウェッジ積の 1 つの使用法が**外微分**の計算に現れる，次章で広範囲にわたって行われるものである．外微分は記号 d で表され，p 形式を $p+1$ 形式

[*9] 訳注：一般のウェッジ積は

$$\alpha_1 \wedge \alpha_2 \wedge \cdots \wedge \alpha_n = \sum_{\sigma \in S_n} \alpha_{\sigma(1)} \otimes \alpha_{\sigma(2)} \otimes \cdots \otimes \alpha_{\sigma(n)}$$

によって定義される．

4.0 外微分

へ写像するものである．その記号が示すように，それを計算する方法は単純に数学的対象の微分をとるものである．それが p 形式を $p+1$ 形式に写像することより，読者はその結果がウェッジ積を含むものと感づくかもしれない．

幸運なことに相対論では，p に従って上がる梯子をそれほど上る必要はない．そこで，ここではごくわずかな場合についてのみ考えることにする．まず最初は "0 形式" とみなす通常の関数の外微分である．

関数 f の外微分は次によって与えられる 1 形式である：

$$\mathrm{d}f = \frac{\partial f}{\partial x^a}\mathrm{d}x^a \tag{4.23}$$

ここで和の規約が働いていることに注意しよう．一般の形式に対して，α を p 形式，β を q 形式とすると

$$\mathrm{d}(\alpha \wedge \beta) = \mathrm{d}\alpha \wedge \beta + (-1)^p \alpha \wedge \mathrm{d}\beta \tag{4.24}$$

たとえば，両方が 1 形式の場合，$\mathrm{d}(\alpha \wedge \beta) = \mathrm{d}\alpha \wedge \beta - \alpha \wedge \mathrm{d}\beta$ となる．$\mathrm{d}^2 = 0$ という素晴らしい結果があるので，

$$\mathrm{d}(\mathrm{d}\alpha) = 0 \tag{4.25}$$

が成り立つ．頻繁に現れる 1 つの応用が次の微分によって掛け合わされる 1 形式の外微分である：

$$\mathrm{d}(f_a dx^a) = \mathrm{d}f_a \wedge \mathrm{d}x^a \tag{4.26}$$

閉形式 α は $\mathrm{d}\alpha = 0$ であるものであり，完全形式 α は $\alpha = \mathrm{d}\beta$ となるものである．ここで α は p 形式であり，β は $p-1$ 形式である．

例 4.8

次の 1 形式の外微分を求めよ．

$$\sigma = e^{f(r)}\mathrm{d}t \quad \text{と} \quad \rho = e^{g(r)}\cos\theta\sin\phi\mathrm{d}r$$

解答 4.8

最初の場合においては

$$d\sigma = d(e^{f(r)}dt) = d(e^{f(r)}) \wedge dt = \frac{\partial}{\partial r}(e^{f(r)})dr \wedge dt = f'(r)e^{f(r)}dr \wedge dt$$

を得る．次の 1 形式に対しては，

$$\begin{aligned}
d\rho =& d(e^{g(r)}\cos\theta\sin\phi dr) \\
=& d(e^{g(r)}\cos\theta\sin\phi) \wedge dr \\
=& \frac{\partial}{\partial r}(e^{g(r)}\cos\theta\sin\phi)dr \wedge dr + \frac{\partial}{\partial \theta}(e^{g(r)}\cos\theta\sin\phi)d\theta \wedge dr \\
& + \frac{\partial}{\partial \phi}(e^{g(r)}\cos\theta\sin\phi)d\phi \wedge dr \\
=& g'(r)e^{g(r)}\cos\theta\sin\phi dr \wedge dr - e^{g(r)}\sin\theta\sin\phi d\theta \wedge dr \\
& + e^{g(r)}\cos\theta\cos\phi d\phi \wedge dr \\
=& -e^{g(r)}\sin\theta\sin\phi d\theta \wedge dr + e^{g(r)}\cos\theta\cos\phi d\phi \wedge dr \\
=& e^{g(r)}\sin\theta\sin\phi dr \wedge d\theta + e^{g(r)}\cos\theta\cos\phi d\phi \wedge dr
\end{aligned}$$

を得る．なお，途中，$dr \wedge dr = 0$ を使い，また最後の行では (4.20) を使って負号を取り除いた．

リー微分

リー微分は次によって定義される：

$$L_V W^a = V^b \nabla_b W^a - W^b \nabla_b V^a \tag{4.27}$$

となる．(0,2) テンソルのリー微分は

$$L_V T_{ab} = V^c \nabla_c T_{ab} + T_{cb} \nabla_a V^c + T_{ac} \nabla_b V^c \tag{4.28}$$

4.0 リー微分

第 8 章ではキリングベクトル (**Killing vector**) を学ぶ[*10]．それは次を満たす：

$$L_K g_{ab} = 0 \tag{4.29}$$

絶対微分と測地線

λ でパラメータ化された曲線を考える．このときベクトル V の**絶対微分**は次によって与えられる[*11]：

$$\frac{\mathrm{D}V^a}{\mathrm{D}\lambda} = \frac{\mathrm{d}V^a}{\mathrm{d}\lambda} + \Gamma^a{}_{bc} V^b u^c \tag{4.30}$$

ここで，u はこの曲線の接ベクトルである．絶対微分は相対論で関心のある量である．何故ならこれにより**測地線**を求めることができるからである．のちに見るように，相対論は自由落下する質点 (つまり，重力場のみを受ける質点) の従う経路が測地線によって定義されることを教えてくれる．

測地線は大雑把にいえば "2 点間の最短距離" と考えられる．もし，その曲線が測地線なら，接ベクトル u は，

$$\frac{\mathrm{D}u^a}{\mathrm{D}\lambda} = \alpha u^a \tag{4.31}$$

[*10] 訳注：キリング (Killing) はドイツ人数学者ヴィルヘルム・キリング (Wilhelm Karl Joseph Killing,1847〜1923) に由来するものであり，殺害などを意味する英単語 (killing) とは何の関係もない．

[*11] 訳注：絶対微分とは曲がった空間上の曲線に沿ったベクトル場の微分である．したがってそれは，$\frac{\mathrm{d}}{\mathrm{d}\lambda}(V^a(x(\lambda))e_a)$(の成分) である．実際，

$$\begin{aligned}\frac{\mathrm{d}\boldsymbol{V}(x(\lambda))}{\mathrm{d}\lambda} &= \frac{\mathrm{d}}{\mathrm{d}\lambda}[V^a(x(\lambda))e_a(x(\lambda))] = \frac{\mathrm{d}V^a(x(\lambda))}{\mathrm{d}\lambda}e_a + V^a \frac{\mathrm{d}e_a(x(\lambda))}{\mathrm{d}\lambda} \\ &= \frac{\mathrm{d}V^a(x(\lambda))}{\mathrm{d}\lambda}e_a + V^a \frac{\mathrm{d}x^c(\lambda)}{\mathrm{d}\lambda}\frac{\partial e_a(x(\lambda))}{\partial x^c} = \frac{\mathrm{d}V^a}{\mathrm{d}\lambda}e_a + V^a \frac{\mathrm{d}x^c}{\mathrm{d}\lambda}\left(\Gamma^b{}_{ac}e_b\right) \\ &= \frac{\mathrm{d}V^a}{\mathrm{d}\lambda}e_a + V^b \frac{\mathrm{d}x^c}{\mathrm{d}\lambda}\Gamma^a{}_{bc}e_a = \left[\frac{\mathrm{d}V^a}{\mathrm{d}\lambda} + \Gamma^a{}_{bc}V^b\frac{\mathrm{d}x^c}{\mathrm{d}\lambda}\right]e_a\end{aligned}$$

より成分を取り出すと式 (4.30) が得られる．

を満たす．ここで，接ベクトルは $u^a = \frac{dx^a}{d\lambda}$ によって定義され，α は λ のスカラー関数である．$u^a = \frac{dx^a}{d\lambda}$ を (4.30) と一緒に使うと次を得る：

$$\frac{d^2 x^a}{d\lambda^2} + \Gamma^a{}_{bc} \frac{dx^b}{d\lambda} \frac{dx^c}{d\lambda} = \alpha \frac{dx^a}{d\lambda} \tag{4.32}$$

この曲線のパラメータを上手く取り換えて $\alpha = 0$ となるようにできる．このように採ったときのパラメータを**アフィンパラメータ**と呼ぶ．したがって，アフィンパラメータを s とすると，式 (4.32) は次のように表される：

$$\frac{d^2 x^a}{ds^2} + \Gamma^a{}_{bc} \frac{dx^b}{ds} \frac{dx^c}{ds} = 0 \tag{4.33}$$

幾何学的には，これは，このベクトルが "それ自身のままに運ばれる" ことを意味する (図 4.2 参照)．すなわち，与えられたベクトル場 $\vec{V}$ に対して，測地線で運ばれたベクトル同士はお互いに平行で，同じ長さを持つ．

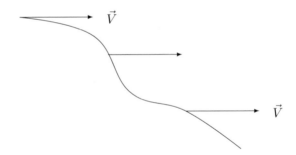

図 4.2 ベクトル $\vec{V}$ を曲線に沿って運ぶとき，運ばれたベクトルが元のベクトルと平行でその長さが等しいとき，このベクトル $\vec{V}$ は曲線に沿って平行に運ばれたという．

式 (4.33) は次のようにより便利な形で書くことができる[*12]：

$$\frac{d^2 x^a}{ds^2} + \Gamma^a{}_{bc} \frac{dx^b}{ds} \frac{dx^c}{ds} = 0 \tag{4.34}$$

[*12] 訳注：式 (4.33) と (4.34) は全く同じ形をしているがこれは原書のままである．恐らく

4.0 リー微分

アフィンパラメータに関する座標, $x^a = x^a(s)$ を与えるこの方程式の解は, 測地線, あるいは幾何学的に可能な限りまっすぐな曲線である.

例 4.9

円柱座標の測地線の方程式を求めよ.

解答 4.9

円柱座標の線素は,

$$\mathrm{d}s^2 = \mathrm{d}r^2 + r^2\mathrm{d}\phi^2 + \mathrm{d}z^2$$

である. 0 でないクリストッフェル記号が次の 2 つに限られることを示すのは簡単である:

$$\Gamma^r{}_{\phi\phi} = -r$$

$$\Gamma^\phi{}_{r\phi} = \Gamma^\phi{}_{\phi r} = \frac{1}{r}$$

式 (4.34) を使って測地線の方程式を求めよう. まず最初に, $a = r$ の場合, $b, c = \phi$ の場合だけが 0 でないクリストッフェル記号を与えるから,

$$\frac{\mathrm{d}^2 r}{\mathrm{d}s^2} - r\left(\frac{\mathrm{d}\phi}{\mathrm{d}s}\right)^2 = 0$$

を得る. さて次に $a = \phi$ の場合, $b = r$ かつ $c = \phi$ か, $b = \phi$ かつ $c = r$ の場合のみが 0 でないクリストッフェル記号を与えるから,

$$\frac{\mathrm{d}^2\phi}{\mathrm{d}s^2} + \frac{2}{r}\frac{\mathrm{d}r}{\mathrm{d}s}\frac{\mathrm{d}\phi}{\mathrm{d}s} = 0$$

と求まる. 最後に $\Gamma^z{}_{ab} = 0$ がすべての可能な添字で成り立つから,

$$\frac{\mathrm{d}^2 z}{\mathrm{d}s^2} = 0$$

原著者は式 (4.33) を

$$\frac{\mathrm{d}u^a}{\mathrm{d}s} + \Gamma^a{}_{bc}u^b u^c = 0$$

と書いたつもりになっていたのかもしれない.

を得る．関数 $r = r(s)$, $\phi = \phi(s)$, $z = z(s)$ を求めることによって測地線が得られる．今考えている空間が平坦な空間であることより，これらは直線であることが予想される[*13]．このことは最後の式において簡単に確認することができる．一回積分すると，

$$\frac{dz}{ds} = \alpha$$

が得られる．ここで α はもちろん定数である．更にもう一度積分すると，

$$z(s) = \alpha s + \beta$$

と求まる．ここで β は別の定数である．$y = mx + b$ を思い出すと，これが普通の直線であることが分かる．

測地線の方程式からクリストッフェル記号を得るための素晴らしい近道が得られる．ディンバーノ (D'Inverno)(1992) に従って次のように定義しよう[*14]：

$$K = \frac{1}{2} g_{ab} \dot{x}^a \dot{x}^b \tag{4.35}$$

ここで "ドット" 記法『˙』によりアフィンパラメータ s に関する微分を表している．そこで，

$$\frac{\partial K}{\partial x^a} = \frac{d}{ds}\left(\frac{\partial K}{\partial \dot{x}^a}\right) \tag{4.36}$$

を各座標について計算し，測地線の方程式と結果を比較する．すると，クリストッフェル記号は簡単に読み取ることができる．ここでは早速，このテクニックを例で試してみよう．

[*13] 訳注：とはいえ，座標のとり方が平坦でないから，r や ϕ で書かれた直線の式が見た目上 $y = mx + b$ の形をしているという意味ではもちろんない．

[*14] 訳注：曲がった時空内を自由落下する質点の運動エネルギーは

$$\frac{1}{2} m v^2 = \frac{1}{2} m \delta_{ij} \frac{dx^i}{dt} \frac{dx^j}{dt} \xRightarrow{\text{曲がった空間}} \frac{1}{2} m g_{ab} \frac{dx^a}{ds} \frac{dx^b}{ds} = \frac{1}{2} m g_{ab} \dot{x}^a \dot{x}^b$$

より，式 (4.35) になる．自由粒子にはポテンシャルは働かないから，ラグランジアンは $\mathcal{L} = K$ である．これより，この質点の運動はオイラー-ラグランジュ方程式 (4.36) となる．なお，得られた運動方程式全体に m が掛かるので定数 m は落とした．

例 4.10

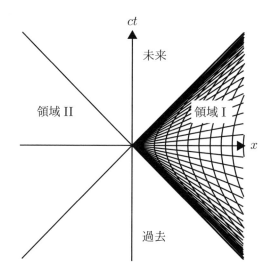

図 4.3 リンドラー座標はミンコフスキー時空内を一定加速度で運動する観測者の運動を記述する．この例では，$+x$ 方向への一定加速度で運動する観測者を考えている．表されている計量は領域 I の計量である．

リンドラー空間 (Rindler space)(図 (4.3) 参照) の計量は次のように書かれる：
$$\mathrm{d}s^2 = \xi^2 \mathrm{d}\tau^2 - \mathrm{d}\xi^2$$
測地線の方程式と (4.35) を使ってクリストッフェル記号を求めよ．

解答 4.10

リンドラー計量に対して (4.35) を使うと，
$$K = \frac{1}{2}(\xi^2 \dot{\tau}^2 - \dot{\xi}^2) \tag{4.37}$$

と求まる．座標 τ に関して (4.36) を求めると，左辺は

$$\frac{\partial K}{\partial \tau} = 0$$

となる[*15]．したがって，

$$\frac{\mathrm{d}}{\mathrm{d}s}\left(\frac{\partial K}{\partial \dot{\tau}}\right) = 0 \tag{4.38}$$

が求める式である．この結果を (4.37) と一緒に使うとまず，

$$\frac{\mathrm{d}}{\mathrm{d}s}\left(\frac{\partial K}{\partial \dot{\tau}}\right) = \frac{\mathrm{d}}{\mathrm{d}s}\left(\frac{1}{2}(2\xi^2\dot{\tau})\right) = 2\xi\dot{\xi}\dot{\tau} + \xi^2\ddot{\tau} \tag{4.39}$$

が得られるので，(4.38) に従ってこれを 0 に置き，測地線の方程式の形式になるようにすると，

$$2\xi\dot{\xi}\dot{\tau} + \xi^2\ddot{\tau} = 0$$
$$\Rightarrow \ddot{\tau} + \frac{2}{\xi}\dot{\xi}\dot{\tau} = 0$$
$$\Rightarrow \Gamma^{\tau}{}_{\tau\xi} = \Gamma^{\tau}{}_{\xi\tau} = \frac{1}{2}(\Gamma^{\tau}{}_{\tau\xi} + \Gamma^{\tau}{}_{\xi\tau}) = \frac{1}{2} \times \frac{2}{\xi} = \frac{1}{\xi}$$

が得られる．ξ 座標に関する K を使った同様の手続きによって，

$$\Gamma^{\xi}{}_{\tau\tau} = \xi \tag{4.40}$$

が示される．

リーマンテンソル

与えられた計量の曲率を求めるために必要なテンソル解析のパズルの最後のピースはリーマンテンソル (しばしば単に曲率テンソルと呼ばれる) であ

[*15] 訳注：式 (4.36) は解析力学におけるオイラー-ラグランジュ方程式なので，解析力学の流儀に従って，τ と $\dot{\tau}$，ξ と $\dot{\xi}$ を独立変数と見なして偏微分していることに注意．

4.0 リーマンテンソル

る．計量接続 (クリストッフェル記号) で表すとそれは次によって与えられる[*16]：

$$R^a{}_{bcd} = \partial_c \Gamma^a{}_{bd} - \partial_d \Gamma^a{}_{bc} + \Gamma^e{}_{bd}\Gamma^a{}_{ec} - \Gamma^e{}_{bc}\Gamma^a{}_{ed} \tag{4.41}$$

リーマンテンソルの最初の添字は計量を使って下げることができる：

$$R_{abcd} = g_{ae} R^e{}_{bcd}$$

これは (4.41) 式を次のように書くことを許す[*17]：

$$R_{abcd} = \partial_c \Gamma_{abd} - \partial_d \Gamma_{abc} + \Gamma_{ead}\Gamma^e{}_{bc} - \Gamma_{eac}\Gamma^e{}_{bd} \tag{4.42}$$

(4.15) 式を使って，次のようにリーマンテンソルを計量を使って書くことができる：

$$\begin{aligned} R_{abcd} =& \frac{1}{2}\left(\frac{\partial^2 g_{da}}{\partial x^b \partial x^c} + \frac{\partial^2 g_{bc}}{\partial x^a \partial x^d} - \frac{\partial^2 g_{ac}}{\partial x^b \partial x^d} - \frac{\partial^2 g_{bd}}{\partial x^a \partial x^c}\right) \\ &+ \Gamma_{ead}\Gamma^e{}_{bc} - \Gamma_{eac}\Gamma^e{}_{bd} \end{aligned} \tag{4.43}$$

リーマンテンソルはいくつかの重要な対称性を持つ．ここでは証明せずにそれらを述べる (それらは易しいが，定義を使って導くのは冗長な計算である．)．

$$\begin{aligned} R_{abcd} = R_{cdab} = -R_{abdc} = -R_{bacd} \\ R_{abcd} + R_{acdb} + R_{adbc} = 0 \end{aligned} \tag{4.44}$$

リーマンテンソルは次のビアンキ恒等式も満たす：

$$\nabla_a R_{debc} + \nabla_c R_{deab} + \nabla_b R_{deca} = 0 \tag{4.45}$$

[*16] 訳注：リーマンテンソルは任意の反変ベクトル V^a を使って次の演算子の交換カッコによって定義される：
$$[\partial_c, \partial_d](V^a e_a) = R^a{}_{bcd} V^b e_a$$

[*17] 訳注：$\partial_a g_{bc} = \Gamma_{cba} + \Gamma_{bca}$ を使って計算する．

すべてを一緒にすると，n 次元空間では，$n^2(n^2-1)/12$ 個の 0 でない独立なリーマンテンソルの成分が存在する[*18]．この事実と (4.44) の対称性を一緒にすると 2 次元では 0 でないリーマンテンソルの成分は，

$$R_{1212} = R_{2121} = -R_{1221} = -R_{2112}$$

しかない．一方，3 次元ではリーマンテンソルの 0 でない独立成分は次の 6 つ，

$$R_{1212}, R_{1313}, R_{2323}, R_{1213}, R_{1223}, R_{1323}$$

である．座標基底を使ったこれらの量の計算は特に現実の時空の計量を扱う場合，とてつもなく冗長である．次章では，非座標基底を導入し，これらの成分を手計算する望ましい方法を提供する．リーマンテンソル (4.41) を含む計算はとても骨が折れるので，コンピュータで計算するのが良いだろう (たとえば GRTensor などのテンソル解析アプリなど)．ただし，少なくとも一回はその計算過程全体を確認しておいた方がよいだろう．そこで，これから，単純な例で実演することにする．

例 4.11

単位 2 次元球面
$$ds^2 = d\theta^2 + \sin^2\theta d\phi^2$$

のリーマンテンソルの成分を求めよ．

解答 4.11

0 でないクリストッフェル記号は

$$\Gamma^\theta{}_{\phi\phi} = -\sin\theta\cos\theta$$
$$\Gamma^\phi{}_{\phi\theta} = \Gamma^\phi{}_{\theta\phi} = \cot\theta$$

[*18] 訳注：「0 でない」といった場合，多くの場合「0 でない**可能性がある**」という意味なので注意しよう．

4.0 リッチテンソルとリッチスカラー

である．2 次元のリーマンテンソルの 0 でない成分が，$R_{1212} = R_{2121} = -R_{1221} = -R_{2112}$ によって与えられるという事実と，リーマンテンソルの定義式 (4.41) を使うと，

$$\begin{aligned}R^\theta{}_{\phi\theta\phi} &= \partial_\theta \Gamma^\theta{}_{\phi\phi} - \partial_\phi \Gamma^\theta{}_{\phi\theta} + \Gamma^a{}_{\phi\phi}\Gamma^\theta{}_{a\theta} - \Gamma^a{}_{\phi\theta}\Gamma^\theta{}_{a\phi} \\ &= \partial_\theta \Gamma^\theta{}_{\phi\phi} + \Gamma^\theta{}_{\phi\phi}\Gamma^\theta{}_{\theta\theta} + \Gamma^\phi{}_{\phi\phi}\Gamma^\theta{}_{\phi\theta} - \Gamma^\theta{}_{\phi\theta}\Gamma^\theta{}_{\theta\phi} - \Gamma^\phi{}_{\phi\theta}\Gamma^\theta{}_{\phi\phi} \\ &= \partial_\theta \Gamma^\theta{}_{\phi\phi} - \Gamma^\theta{}_{\phi\theta}\Gamma^\theta{}_{\theta\phi} - \Gamma^\phi{}_{\phi\theta}\Gamma^\theta{}_{\phi\phi}\end{aligned}$$

が得られるが，$\Gamma^\theta{}_{\theta\phi} = 0$ であることより，この結果は，

$$\begin{aligned}R^\theta{}_{\phi\theta\phi} &= \partial_\theta \Gamma^\theta{}_{\phi\phi} - \Gamma^\phi{}_{\phi\theta}\Gamma^\theta{}_{\phi\phi} \\ &= \partial_\theta(-\sin\theta\cos\theta) - (\cot\theta)(-\sin\theta\cos\theta) \\ &= \sin^2\theta - \cos^2\theta + \frac{\cos\theta}{\sin\theta}(\sin\theta\cos\theta) \\ &= \sin^2\theta - \cos^2\theta + \cos^2\theta \\ &= \sin^2\theta\end{aligned}$$

に単純化される．これ以外の 0 でない成分は対称性 $R_{1212} = R_{2121} = -R_{1221} = -R_{2112}$ を使うことによって求めることができる．

リッチテンソルとリッチスカラー

　リーマンテンソルはアインシュタインテンソルを定義するのに使われる 2 つの量を導くのに使うことができる．これらのうちの最初の量が，**リッチテンソル**で，これはリーマンテンソルの第 1 添字と第 3 添字で縮約をとることによって計算されるものである：

$$R_{ab} = R^c{}_{acb} \tag{4.46}$$

リッチテンソルは対称である．つまり，$R_{ab} = R_{ba}$ である．リッチテンソルの縮約をとることによって**リッチスカラー**が得られる：

$$R = g^{ab}R_{ab} = R^a{}_a \tag{4.47}$$

最後に，アインシュタインテンソルは，

$$G_{ab} = R_{ab} - \frac{1}{2}R g_{ab} \tag{4.48}$$

によって与えられる．

例 4.12

単位 2 次元球面のリッチスカラーが $R = 2$ であることを示せ．

解答 4.12

前の例で我々は $R^\theta{}_{\phi\theta\phi} = \sin^2\theta$ であることを求めた．リーマンテンソルの対称性の条件は

$$R_{\theta\phi\theta\phi} = R_{\phi\theta\phi\theta} = -R_{\theta\phi\phi\theta} = -R_{\phi\theta\theta\phi}$$

である．計量テンソルの成分は

$$g_{\theta\theta} = g^{\theta\theta} = 1, \quad g_{\phi\phi} = \sin^2\theta, \quad g^{\phi\phi} = \frac{1}{\sin^2\theta}$$

である．対称条件を課すと

$$R_{\phi\theta\phi\theta} = \sin^2\theta$$
$$R_{\theta\phi\phi\theta} = -\sin^2\theta$$
$$R_{\phi\theta\theta\phi} = -\sin^2\theta$$

と求まる．さて，ここで，計量を使って添字を上げる必要がある．これは次を与える：

$$R^\phi{}_{\theta\phi\theta} = g^{\phi\phi} R_{\phi\theta\phi\theta} = \left(\frac{1}{\sin^2\theta}\right)\sin^2\theta = 1$$
$$R^\theta{}_{\phi\phi\theta} = g^{\theta\theta} R_{\theta\phi\phi\theta} = -\sin^2\theta$$
$$R^\phi{}_{\theta\theta\phi} = g^{\phi\phi} R_{\phi\theta\theta\phi} = \left(\frac{1}{\sin^2\theta}\right)\sin^2\theta = 1$$

4.0 リッチテンソルとリッチスカラー

リッチテンソルの成分は次によって与えられる:

$$R_{\theta\theta} = R^c{}_{\theta c\theta} = R^\theta{}_{\theta\theta\theta} + R^\phi{}_{\theta\phi\theta} = 1$$

$$R_{\phi\phi} = R^c{}_{\phi c\phi} = R^\theta{}_{\phi\theta\phi} + R^\phi{}_{\phi\phi\phi} = \sin^2\theta$$

$$R_{\theta\phi} = R_{\phi\theta} = R^c{}_{\theta c\phi} = R^\theta{}_{\theta\theta\phi} + R^\phi{}_{\theta\phi\phi} = 0$$

これより,添字の縮約をとることによって次のリッチスカラーを得る:

$$R = g^{ab}R_{ab} = g^{\theta\theta}R_{\theta\theta} + g^{\phi\phi}R_{\phi\phi} = 1 + \left(\frac{1}{\sin^2\theta}\right)\sin^2\theta = 1 + 1 = 2$$

ワイルテンソルと共形的計量

ここでは,のちの学習において便利なある1つの量について簡単に述べる.これが次の公式を使って計算することができる(4次元の)**ワイルテンソル**である:

$$\begin{aligned}C_{abcd} =& R_{abcd} + \frac{1}{2}(g_{ad}R_{cb} + g_{bc}R_{da} - g_{ac}R_{db} - g_{bd}R_{ca}) \\&+ \frac{1}{6}(g_{ac}g_{db} - g_{ad}g_{cb})R\end{aligned} \quad (4.49)$$

このテンソルはしばしば**共形テンソル**として知られている.2つの計量はある微分可能関数 $\omega(x)$ に対して

$$\overline{g}_{ab} = \omega^2(x)g_{ab} \quad (4.50)$$

であるとき,**共形的に関係する** (conformally related) という.計量はその計量がミンコフスキー計量と共形的関係になるような関数 $\omega(x)$ が存在するとき**共形的に平坦**であるという:

$$g_{ab} = \omega^2(x)\eta_{ab} \quad (4.51)$$

ワイルテンソルの素晴らしい性質として,与えられた計量と共形的関係にあるどんな計量に対しても $C^a{}_{bcd}$ が等しいというものがある.これが,この項を共形テンソルと呼ぶ由来である.

章末問題

問1から問6までは次の線素を考えよ:

$$ds^2 = dr^2 + r^2 d\theta^2 + r^2 \sin^2\theta d\phi^2$$

1. 計量テンソルの成分は,
    (a) $g_{rr} = r, g_{\theta\theta} = r\sin\theta, g_{\phi\phi} = r^2 \sin^2\theta$.
    (b) $g_{rr} = r, g_{\theta\theta} = r^2, g_{\phi\phi} = r^2 \sin^2\theta$.
    (c) $g_{rr} = 1, g_{\theta\theta} = r^2, g_{\phi\phi} = r^2 \sin^2\theta$.
    (d) $g_{rr} = r, g_{\theta\theta} = r\sin\theta, g_{\phi\phi} = r^2 \sin^2\theta$.
2. 第1種クリストッフェル記号を計算せよ. $\Gamma_{\phi\phi\theta}$ は,
    (a) $r^2 \sin\theta \cos\theta$.
    (b) $r\sin\theta \cos\theta$.
    (c) $r^2 \sin^2\theta$.
    (d) $\sin\theta \cos\theta$.
3. 次に第2種クリストッフェル記号を計算せよ. $\Gamma^{\phi}_{\phi\theta}$ は,
    (a) $\frac{1}{r}$.
    (b) $\frac{1}{r}\frac{\cos\theta}{\sin\theta}$.
    (c) $\cot\theta$.
    (d) $-\frac{1}{r^2}$.
4. リーマンテンソルを計算せよ. $R_{r\theta\theta\phi}$ は,
    (a) $\sin\theta$.
    (b) $r^3 \sin\theta$.
    (c) $\frac{\cos\theta}{r\sin\theta}$.
    (d) 0.
5. 計量の行列式, g は,
    (a) $r^2 \sin^4\theta$.
    (b) $r^4 \sin^2\theta$.

(c) $r^4 \sin^4 \theta$.

(d) 0.

いま，$w^a = (r, \sin\theta, \sin\theta \cos\phi)$ および $v^a = (r, r^2 \cos\theta, \sin\phi)$ とする．

6. リー微分 $u = L_v w$ は，u^ϕ として，

    (a) $r^2 \cos^2 \theta \cos\phi - \sin\theta$ を持つ．

    (b) $r \cos^2 \theta \cos\phi - \sin\theta$ を持つ．

    (c) $r^2 \cos\theta \cos^2 \phi - \sin\theta$ を持つ．

    (d) $r^2 \cos^2 \theta \cos\phi - \sin^2 \theta$ を持つ．

問 7 および問 8 では，$ds^2 = 2dudv - (1-u)^2 dx^2 - (1+u)^2 dy^2$ と置く．

7. $\Gamma^v{}_{xx}$ は，

    (a) $1 + u$.

    (b) $-1 + u$.

    (c) $1 - v$.

    (d) $1 - u$.

8. リッチスカラーは，

    (a) 1.

    (b) 0.

    (c) u^2.

    (d) v^2.

問 9 および問 10 では，$ds^2 = y^2 \sin x\, dx^2 + x^2 \tan y\, dy^2$ と置く．

9. $\Gamma^y{}_{yy}$ は

    (a) 0.

    (b) $\cos^2 x$.

    (c) $\frac{1+\tan^2 y}{2\tan y}$.

    (d) $\frac{1+\tan^2 x}{2\tan y}$.

10. リッチスカラーは，

    (a) 0.

(b) $\dfrac{y\sin^2 x + y\sin^2 x\tan^2 y + x\cos x\tan^2 y}{x^2 y^2 \sin^2 x \tan^2 y}$.

(c) $\dfrac{x^2\sin^2 x + y\sin^2 x\tan^2 y + x\cos x\tan^2 y}{y^2 \sin^2 x \tan^2 y}$.

(d) $y\sin^2 x + y\sin^2 x\cot^2 y + x\cos x\tan^2 y$.

Chapter 5

カルタン構造方程式

座標基底は $e_a = \partial/\partial x^a$ によって与えられる基底ベクトルである．デカルト座標を除くと座標基底は一般に正規直交ではない．座標基底を使って計算することが可能であるにもかかわらず，それはしばしば問題を解く最良または最も易しい方法ではない．代替となる方法が存在し，それは正規直交基底または"非ホロノミックな"基底を構成することである．物理的にはこれは観測者の局所系で考えるということを意味する．結果を大域的座標で表すために，計量を見ることで簡単に構成することができる座標変換を使う．

本章ではこの概念を導入することから始め，それからそれら2つの間をどのように変換するのかを示す．一旦この概念が頭に入ったら，与えられた計量に関するリーマンテンソルを求めるために使うことができる新しい方程式の組を発展させることにする．この手続きは最初やや気が重く感じられることだろう．しかしそれは実際にはここまで議論してきた方法を使うよりはるかに素晴らしいものである．

ホロノミック(座標)基底

心に浮かぶ最も自然な基底の選択は，座標微分によって基底ベクトルを直接定義することである．与えられた座標 x^a に対して，基底ベクトルと基底

1形式を次のように定義する：

$$e_a = \partial_a = \frac{\partial}{\partial x^a} \quad \text{かつ} \quad \omega^a = dx^a \tag{5.1}$$

基底の組が座標微分に関するものだけで定義されるとき，それは**ホロノミック基底**または**座標基底**と呼ばれる．与えられたベクトル V はこの基底で次のように展開される：

$$V = V^a e_a$$

例として，球座標を考えよう：

$$ds^2 = dr^2 + r^2 d\theta^2 + r^2 \sin^2\theta d\phi^2$$

座標基底ベクトルは次のようになる：

$$e_r = \partial_r = \frac{\partial}{\partial r}, \quad e_\theta = \partial_\theta = \frac{\partial}{\partial \theta}, \quad e_\phi = \partial_\phi = \frac{\partial}{\partial \phi}$$

ここで注意すべき重要なことは，これらの基底ベクトルのすべてが単位長さを持つ訳ではないということである．付け加えると，それらは同じ次元を持たない[*1]．これらの考察は，下で試す異なる基底を導く．

座標基底において，基底ベクトルは次の関係式を満たす：

$$e_a \cdot e_b = g_{ab} \tag{5.2}$$

さらに言えば次のように書くことができる：

$$v \cdot w = g_{ab} v^a w^b \tag{5.3}$$

上において，座標基底に伴う問題について簡単に触れる．もし座標基底を選ぶなら，それは正規直交ではないかもしれない．このことは (5.2) を使って球座標の場合について確認することができる．この線素を見てみると，

$$ds^2 = dr^2 + r^2 d\theta^2 + r^2 \sin^2\theta d\phi^2$$

[*1] 訳注：r は長さの次元を持つのに対し，θ, ϕ は角度という無次元量である．

5.0 非ホロノミック基底   **111**

より，計量の成分は，$g_{rr} = 1$, $g_{\theta\theta} = r^2$, $g_{\phi\phi} = r^2 \sin^2 \theta$ である．さて，いまから基底ベクトルの長さを計算してみよう．(5.2) を使うと，

$$e_r \cdot e_r = 1 \Rightarrow |e_r| = \sqrt{g_{rr}} = 1$$
$$e_\theta \cdot e_\theta = r^2 \Rightarrow |e_\theta| = \sqrt{g_{\theta\theta}} = r$$
$$e_\phi \cdot e_\phi = r^2 \sin^2 \theta \Rightarrow |e_\phi| = \sqrt{g_{\phi\phi}} = r \sin \theta$$

が得られる．これらのうちの 2 つが単位長さを持たないことより，この座標に関する微分によって定義されたこの基底の組は，正規直交ではない．正規直交であるような基底を選ぶために，基底ベクトルのドット積が

$$g(e_a, e_b) = \eta_{ab}$$

を満たすようにそれを構成する．これは実際簡単に行うことができる．そしてのちに見るように，それは相対論の全機構をはるかに容易に扱えるようにする．このようにして定義された基底は**非ホロノミック**または**非座標基底**と呼ばれる．

非ホロノミック基底

非ホロノミック基底は選んだ計量に関して正規直交であるような基底ベクトルである．この種の基底の別の名前は**非座標基底**であり，**正規直交テトラッド (orthonormal tetrad)** という用語 (以下詳細を述べる) は今後しばしば使う．この種の基底は大学 1 年生の物理学から慣れ親しんでいる基本原理に基づく．各々が単位長さを持つ直交ベクトルの組がこの基底のために選ばれる．ここでは，正規直交基底を表すのに，添字の上に "ハット" を付けることにする．つまり，基底ベクトルや基底 1 形式は

$$e_{\hat{a}}, \omega^{\hat{a}}$$

と書かれる．

正規直交基底は物理的に興味深い．またそれは，単なる数学を超えて使用される．そのような基底は物理的観測者によって使われ，座標基底が大域的

時空を表すのに対し，局所ローレンツ系に関する基底を表現する*2．本章で読み進めて行くように，ここではその2つの表現の間の変換を学ぶ．任意のベクトル V は，座標基底，または非座標基底に関して展開できる．基底ベクトルに関する任意の展開と同様に，同じベクトルの単に異なる表現が存在する：

$$V = V^a e_a = V^{\hat{a}} e_{\hat{a}}$$

この基底が局所ローレンツ系の観測者を表すことより，その系で平坦な空間の計量を使って添字の上げ下げができる．いつも通り，計量の符号はその成分から読み取ることができる．たとえば，一般形 $ds^2 = dt^2 - d\vec{x}^{\,2}$ を持つ計量に対しては，$\eta_{\hat{a}\hat{b}} = \mathrm{diag}(1, -1, -1, -1)$ である*3．非ホロノミック基底の基底ベクトルは次を満たす：

$$e_{\hat{a}} \cdot e_{\hat{b}} = \eta_{\hat{a}\hat{b}} \tag{5.4}$$

要するに，非ホロノミック基底を生成する基本的な考え方は，線素の各微分係数によって大きさの尺度を変えることである．これを例で示してみよう．球座標の場合，非座標基底は次によって与えられる：

$$e_{\hat{r}} = \partial_r, \quad e_{\hat{\theta}} = \frac{1}{r}\partial_\theta, \quad e_{\hat{\phi}} = \frac{1}{r\sin\theta}\partial_\phi$$

与えられた基底がホロノミックかどうかを決定する簡単な方法がその基底の**交換係数**を計算することである．次節で球座標の場合についてこれを行おう．

---

*2 訳注：局所ローレンツ系は局所的に質点が自由落下する系とそれに対して等速直線運動する系であり，局所的に平坦なミンコフスキー時空になっている．ミンコフスキー時空の基底は正規直交であるため，局所ローレンツ系では，基底が正規直交になり，またその逆も成り立つ．

*3 訳注：$\mathrm{diag}(a, b, c, d)$ は $\begin{pmatrix} a & 0 & 0 & 0 \\ 0 & b & 0 & 0 \\ 0 & 0 & c & 0 \\ 0 & 0 & 0 & d \end{pmatrix}$ の略記である．

交換係数

交換子は次によって定義される：
$$[A, B] = AB - BA$$

微積分より，偏微分は交換する．関数 $f(x,y)$ を考えよう．次が成り立つ：
$$\frac{\partial^2 f}{\partial x \partial y} = \frac{\partial^2 f}{\partial y \partial x} \Rightarrow \frac{\partial^2 f}{\partial x \partial y} - \frac{\partial^2 f}{\partial y \partial x} = 0$$

これを関数 $f(x,y)$ に作用する微分の交換子によって書き換えてみよう：
$$\frac{\partial^2 f}{\partial x \partial y} - \frac{\partial^2 f}{\partial y \partial x} = \left(\frac{\partial}{\partial x} \frac{\partial}{\partial y} - \frac{\partial}{\partial y} \frac{\partial}{\partial x} \right) f = \left[\frac{\partial}{\partial x}, \frac{\partial}{\partial y} \right] f$$

これより，
$$\left[\frac{\partial}{\partial x}, \frac{\partial}{\partial y} \right] = 0$$

と書くことができる．球座標の場合のホロノミック基底を見てみると，
$$e_r = \partial_r = \frac{\partial}{\partial r}, \quad e_\theta = \partial_\theta = \frac{\partial}{\partial \theta}, \quad e_\phi = \partial_\phi = \frac{\partial}{\partial \phi}$$

が得られる．上の議論より，次が明らかである：
$$[e_r, e_\theta] = [e_r, e_\phi] = [e_\theta, e_\phi] = 0$$

さて今から，球座標に対して求めた非ホロノミック基底を考えよう．交換子 $[e_{\hat{r}}, e_{\hat{\theta}}]$ を計算しよう．読者はまだこの計算が初めてであろうから，テスト関数を補助としてこの計算を進めよう．

$$\begin{aligned}[e_{\hat{r}}, e_{\hat{\theta}}] f &= \left[\partial_r, \frac{1}{r} \partial_\theta \right] f = \partial_r \left(\frac{1}{r} \partial_\theta f \right) - \frac{1}{r} \partial_\theta (\partial_r f) \\ &= -\frac{1}{r^2} \partial_\theta f + \frac{1}{r} \partial_\theta (\partial_r f) - \frac{1}{r} \partial_\theta (\partial_r f) \\ &= -\frac{1}{r^2} \partial_\theta f\end{aligned}$$

非ホロノミック基底ベクトルの定義を使うことにより，

$$[e_{\hat{r}}, e_{\hat{\theta}}]f = -\frac{1}{r^2}\partial_\theta f$$
$$= -\frac{1}{r}e_{\hat{\theta}}f$$

が最終的に得られる．テスト関数は単に計算の便宜のために付けただけなので，これを落とすことができ，すると

$$[e_{\hat{r}}, e_{\hat{\theta}}] = -\frac{1}{r}e_{\hat{\theta}}$$

と書くことができる．この例は非ホロノミック基底の交換子は常に消えるわけではないことを表している．これは次のように形式化できる：

$$[e_i, e_j] = C_{ij}{}^k e_k \tag{5.5}$$

$C_{ij}{}^k$ たちは**交換係数**と呼ばれる．交換係数は (定義より) 最初の 2 つの添字に関して反対称である；つまり，

$$C_{ij}{}^k = -C_{ji}{}^k$$

もし，次の条件が満たされるとき，その基底の組はホロノミックである：

$$C_{ij}{}^k = 0 \quad \forall i, j, k$$

次節で述べるように，基底 1 形式を使って交換係数を計算することもできる．

交換係数と基底 1 形式

基底 1 形式を試すことによって基底がホロノミックかどうか決定することもできる．1 形式 σ は座標基底 1 形式の組 ω^a に関して，

$$\sigma = \sigma_a \omega^a = \sigma_a \mathrm{d}x^a$$

5.0 交換係数と基底1形式

のように展開できる．ベクトルを異なる基底で展開できるのと同様に，1形式もまた非ホロノミック基底に関して展開できる．再び，"ハット"を使って非ホロノミック基底を扱っていることを表すことにすると，

$$\sigma = \sigma_{\hat{a}}\omega^{\hat{a}}$$

と書くことができる．両方の展開が同じ1形式を表す．与えられた，特定の基底1形式に対して，それがホロノミックかどうかを決定することが望まれるかも知れない．それを決定するためにここでも交換係数を求める．交換係数を求める点は前節で説明したのと一緒であるが，それをここでは異なる方法を使って行う．

与えられた基底1形式の組に対して，交換係数は $d\omega^a$ を計算することによって求めることができる．この量は交換係数と次のように関係している：

$$d\omega^a = -\frac{1}{2}C_{bc}{}^a\omega^b \wedge \omega^c \tag{5.6}$$

さて，座標基底に対して，基底1形式は次のように与えられるのであった：

$$\omega^a = dx^a$$

前章では，ウェッジ積の反対称性が任意の p 形式 α に対して次の結果を導くことを学んだ：

$$d(d\alpha) = 0$$

これは，座標基底に対しては，$d\omega^a = 0$ であることを意味する．球座標に対しては，非ホロノミック基底を選ぶと，基底1形式は次によって与えられる：

$$\omega^{\hat{r}} = dr, \quad \omega^{\hat{\theta}} = rd\theta, \quad \omega^{\hat{\phi}} = r\sin\theta d\phi \tag{5.7}$$

(5.6) を使うと，この基底の交換係数を計算することができる．たとえば，

$$d\omega^{\hat{\phi}} = d(r\sin\theta d\phi) = \sin\theta dr \wedge d\phi + r\cos\theta d\theta \wedge d\phi$$

であるので，(5.7) 式で与えられる定義より，この表式を基底 1 形式で書き直すことができる．まず，最初の項は，

$$\sin\theta \mathrm{d}r \wedge \mathrm{d}\phi = \mathrm{d}r \wedge \sin\theta \mathrm{d}\phi = \frac{1}{r}\mathrm{d}r \wedge r\sin\theta \mathrm{d}\phi = \frac{1}{r}\omega^{\hat{r}} \wedge \omega^{\hat{\phi}}$$

であることに注意しよう．次の項に対しては，

$$r\cos\theta \mathrm{d}\theta \wedge \mathrm{d}\phi = \frac{\cos\theta}{r}(r\mathrm{d}\theta) \wedge r\mathrm{d}\phi = \frac{\cos\theta}{r\sin\theta}(r\mathrm{d}\theta) \wedge r\sin\theta \mathrm{d}\phi$$
$$= \frac{\cot\theta}{r}\omega^{\hat{\theta}} \wedge \omega^{\hat{\phi}}$$

と求まる．これらの結果を一緒にすると，次が得られる：

$$\mathrm{d}\omega^{\hat{\phi}} = \frac{1}{r}\omega^{\hat{r}} \wedge \omega^{\hat{\phi}} + \frac{\cot\theta}{r}\omega^{\hat{\theta}} \wedge \omega^{\hat{\phi}}$$

ウェッジ積の反対称性は，この表式を次の形に書くことができることを意味する：

$$\mathrm{d}\omega^{\hat{\phi}} = \frac{1}{r}\omega^{\hat{r}} \wedge \omega^{\hat{\phi}} + \frac{\cot\theta}{r}\omega^{\hat{\theta}} \wedge \omega^{\hat{\phi}}$$
$$= \frac{1}{2}\left(\frac{1}{r}\omega^{\hat{r}} \wedge \omega^{\hat{\phi}} - \frac{1}{r}\omega^{\hat{\phi}} \wedge \omega^{\hat{r}}\right) + \frac{1}{2}\left(\frac{\cot\theta}{r}\omega^{\hat{\theta}} \wedge \omega^{\hat{\phi}} - \frac{\cot\theta}{r}\omega^{\hat{\phi}} \wedge \omega^{\hat{\theta}}\right)$$

すると，(5.6) と比較することにより，交換係数を読み取ることができる．結局交換係数は，

$$C_{\hat{r}\hat{\phi}}{}^{\hat{\phi}} = -C_{\hat{\phi}\hat{r}}{}^{\hat{\phi}} = -\frac{1}{r} \quad \text{かつ} \quad C_{\hat{\theta}\hat{\phi}}{}^{\hat{\phi}} = -C_{\hat{\phi}\hat{\theta}}{}^{\hat{\phi}} = -\frac{\cot\theta}{r}$$

と求まる．

ここで，もしすべての交換係数が消えるなら，その基底はホロノミックであることを思いだそう．本章の最初で触れた通り，正規直交基底で計算することはしばしば便利である．しかし，その一方で，結果を座標基底で表すことが必要になるかもしれない．これから今，それら 2 つの間を変換するのに使うテクニックを探ってゆこう．

基底間の変換

　非座標基底ベクトルの座標成分を使うことによって座標基底ベクトルと非座標基底ベクトルの間の変換法則を導き出すことができる．これらの成分は $(e_{\hat{a}})^b$ によって表され，テトラッド (**tetrad**) として知られる．これらの成分の意味は任意のベクトルについて求められるものと一緒である．言い換えれば，それらを使って非座標基底ベクトルを座標基底ベクトルに関して展開することができる：

$$e_{\hat{a}} = (e_{\hat{a}})^b e_b \tag{5.8}$$

　たとえば，球座標に関する非座標基底を次のように座標基底ベクトルに関して展開することができる：

$$e_{\hat{r}} = (e_{\hat{r}})^b e_b = (e_{\hat{r}})^r e_r + (e_{\hat{r}})^\theta e_\theta + (e_{\hat{r}})^\phi e_\phi$$
$$e_{\hat{\theta}} = (e_{\hat{\theta}})^b e_b = (e_{\hat{\theta}})^r e_r + (e_{\hat{\theta}})^\theta e_\theta + (e_{\hat{\theta}})^\phi e_\phi$$
$$e_{\hat{\phi}} = (e_{\hat{\phi}})^b e_b = (e_{\hat{\phi}})^r e_r + (e_{\hat{\phi}})^\theta e_\theta + (e_{\hat{\phi}})^\phi e_\phi$$

以前述べた通り，非座標基底ベクトルは，

$$e_{\hat{r}} = \partial_r, \qquad e_{\hat{\theta}} = \frac{1}{r}\partial_\theta, \qquad e_{\hat{\phi}} = \frac{1}{r\sin\theta}\partial_\phi$$

である．これと上の式の添字を比較すると，

$$(e_{\hat{r}})^r = 1$$
$$(e_{\hat{\theta}})^\theta = \frac{1}{r}$$
$$(e_{\hat{\phi}})^\phi = \frac{1}{r\sin\theta}$$

が得られ，残りの成分はすべて 0 である．成分 $(e_{\hat{a}})^b$ は $\Lambda_{\hat{a}}{}^b$ で表される大域的座標と観測者の局所ローレンツ系の間の変換を表す変換行列を構成するの

に使うことができる．球座標の場合,

$$\Lambda_{\hat{a}}{}^{b} = \begin{pmatrix} 1 & 0 & 0 \\ 0 & \frac{1}{r} & 0 \\ 0 & 0 & \frac{1}{r\sin\theta} \end{pmatrix}$$

となる．この行列による変換関係を表すと,

$$e_{\hat{a}} = \Lambda_{\hat{a}}{}^{b} e_{b}$$

となる．行列 $\Lambda_{\hat{a}}{}^{b}$ は逆行列を持つ．逆行列の成分は非座標基底に関する座標基底ベクトルの展開である逆の状況を表す．この展開は次のように書くことができる：

$$e_{a} = (e_{a})^{\hat{b}} e_{\hat{b}}$$

成分 $(e_{a})^{\hat{b}}$ を使って $(\Lambda^{-1})_{b}{}^{\hat{a}}$ で表される逆行列を構成することができる．すると,

$$(e_{a})^{\hat{b}}(e_{\hat{b}})^{c} = \delta_{a}^{c} \quad \text{かつ} \quad (e_{\hat{a}})^{b}(e_{b})^{\hat{c}} = \delta_{\hat{a}}^{\hat{c}}$$

が成り立つ[*4]．もっと言えば,

$$(e_{a})^{\hat{c}}(e_{b})_{\hat{c}} = \eta_{ab}$$

が成り立つ．球座標の場合，逆行列は次によって与えられる：

$$(\Lambda^{-1})_{b}{}^{\hat{a}} = \begin{pmatrix} 1 & 0 & 0 \\ 0 & r & 0 \\ 0 & 0 & r\sin\theta \end{pmatrix}$$

基底 1 形式に対する変換関係を導くことも可能である．再び，座標基底を使っているときの基底 1 形式を思いだそう．その場合，それらは完全微分である：

$$\omega^{a} = \mathrm{d}x^{a}$$

[*4] 訳注：$e_{a} = (e_{a})^{\hat{b}} e_{\hat{b}} = (e_{a})^{\hat{b}}(e_{\hat{b}})^{c} e_{c}$ より，$(e_{a})^{\hat{b}}(e_{\hat{b}})^{c} = \delta_{a}^{c}$，$e_{\hat{a}} = (e_{\hat{a}})^{b} e_{b} = (e_{\hat{a}})^{b}(e_{b})^{\hat{c}} e_{\hat{c}}$ より，$(e_{\hat{a}})^{b}(e_{b})^{\hat{c}} = \delta_{\hat{a}}^{\hat{c}}$ が得られる．

5.0 基底間の変換

非座標基底は座標基底と次のようにして関係している：

$$\omega^{\hat{a}} = \omega^{\hat{a}}{}_{b} \mathrm{d}x^{b}$$

基底一形式の場合，変換行列の成分はラベル $\omega^{\hat{a}}{}_{b}$ によって与えられる．球座標の場合に試してみるために，ある単一の項を考えてみる．すなわち，

$$\omega^{\hat{\phi}} = \omega^{\hat{\phi}}{}_{b} \mathrm{d}x^{b} = \omega^{\hat{\phi}}{}_{r} \mathrm{d}r + \omega^{\hat{\phi}}{}_{\theta} \mathrm{d}\theta + \omega^{\hat{\phi}}{}_{\phi} \mathrm{d}\phi = r \sin\theta \mathrm{d}\phi$$

である．これより，0 でない成分は

$$\omega^{\hat{\phi}}{}_{\phi} = r \sin\theta$$

によって与えられる成分のみであると結論づけられる．今回 $\Lambda^{\hat{a}}{}_{b}$ で表される変換行列が

$$\Lambda^{\hat{a}}{}_{b} = \begin{pmatrix} 1 & 0 & 0 \\ 0 & r & 0 \\ 0 & 0 & r\sin\theta \end{pmatrix}$$

によって与えられることを示すのは簡単なことである．これは，単に基底ベクトルの変換を求めるときに使った行列の逆行列である．座標基底 1 形式を非座標基底 1 形式に関して表すためには，この行列の逆行列を使えばよい．すなわち，

$$\mathrm{d}x^{a} = (\Lambda^{-1})^{a}{}_{\hat{b}} \omega^{\hat{b}}$$

である．球座標基底の場合この行列は次によって与えられる：

$$(\Lambda^{-1})^{a}{}_{\hat{b}} = \begin{pmatrix} 1 & 0 & 0 \\ 0 & \frac{1}{r} & 0 \\ 0 & 0 & \frac{1}{r\sin\theta} \end{pmatrix}$$

これらの変換行列は基底ベクトルとともに使われるそれらと次のように関係している：

$$\Lambda^{\hat{a}}{}_{b} = (\Lambda^{-1})_{b}{}^{\hat{a}} \quad \text{かつ} \quad \Lambda_{\hat{a}}{}^{b} = (\Lambda^{-1})^{b}{}_{\hat{a}}$$

表記法上の注意

座標の組 (x^0, x^1, x^2, x^3) を考えよう．今考えている基底を座標基底と仮定する．すなわち，$e_a = \partial/\partial x^a$ とする．この場合，計量または線素は次のように書かれる：
$$g = \mathrm{d}s^2 = g_{ab}\mathrm{d}x^a \otimes \mathrm{d}x^b$$
考えているのが正規直交テトラッドのとき，計量は基底 1 形式に関して書かれる．言い換えると，
$$\mathrm{d}s^2 = g = \eta_{\hat{a}\hat{b}}\omega^{\hat{a}} \otimes \omega^{\hat{b}}$$
と書かれる．多くの場合，ドット積 (ここでは $\eta_{\hat{a}\hat{b}}$ によって表される) は対角的である．$\eta_{\hat{a}\hat{b}} = \mathrm{diag}(1, -1, -1, -1)$ の場合，計量は次のように書かれる：
$$\begin{aligned}\mathrm{d}s^2 = \mathrm{g} &= \omega^{\hat{0}} \otimes \omega^{\hat{0}} - \omega^{\hat{1}} \otimes \omega^{\hat{1}} - \omega^{\hat{2}} \otimes \omega^{\hat{2}} - \omega^{\hat{3}} \otimes \omega^{\hat{3}} \\ &\approx (\omega^{\hat{0}})^2 - (\omega^{\hat{1}})^2 - (\omega^{\hat{1}})^2 - (\omega^{\hat{3}})^2\end{aligned}$$

これはいくつかの特定の例で本書を通してよく使われることになるだろう．ここでは次に正規直交基底を使って曲率を計算することに取り掛かろう．この種の計算は時々テトラッド法という名前で呼ばれる．この計算を遂行するのに使われる方程式が**カルタン構造方程式**である．

カルタン第 1 構造方程式とリッチ回転係数

曲率を計算する最初の手順は，本章でこれから大枠を展開する方法を使う．それは，**曲率 1 形式とリッチ回転係数**を求めることである．この手法のために使われる表記法は実際以上に数学的に洗練されているように見える．実際，読者はこれまでの章で見てきたクリストッフェル記号とリーマンテンソルを求めるために使われる"直接的な"方法よりも，それがかなり退屈ではないということに気付くだろう．

5.0 カルタン第 1 構造方程式とリッチ回転係数

このテクニックの核心は,与えられた基底 1 形式の組 $\omega^{\hat{a}}$ に対して,その微分 $d\omega^{\hat{a}}$ を計算するということである.これらの量は**カルタン第 1 構造方程式**

$$d\omega^{\hat{a}} = -\Gamma^{\hat{a}}{}_{\hat{b}} \wedge \omega^{\hat{b}} \tag{5.9}$$

を満たす.考えているのが非座標基底であることを示すためにハットの付いた添字を使うことに注意しよう.$\Gamma^{\hat{a}}{}_{\hat{b}}$ は**曲率 1 形式**と呼ばれ,それらは次のように基底一形式で書くことができる:

$$\Gamma^{\hat{a}}{}_{\hat{b}} = \Gamma^{\hat{a}}{}_{\hat{b}\hat{c}} \omega^{\hat{c}} \tag{5.10}$$

ここで新しい量 $\Gamma^{\hat{a}}{}_{\hat{b}\hat{c}}$ を導入した.これは,リッチ回転係数である.それはクリストッフェル記号と関係している.しかし,実はクリストッフェル記号とは異なる.これは座標基底に変換を適用することによってクリストッフェル記号を得るために使われる.このことは下で説明する.

曲率 1 形式は計算中便利なある対称関係を満たす.特に,

$$\Gamma_{\hat{a}\hat{b}} = -\Gamma_{\hat{b}\hat{a}} \tag{5.11}$$

$$\Gamma^{\hat{0}}{}_{\hat{i}} = \Gamma^{\hat{i}}{}_{\hat{0}} \quad \text{かつ} \quad \Gamma^{\hat{i}}{}_{\hat{j}} = -\Gamma^{\hat{j}}{}_{\hat{i}} \tag{5.12}$$

ここで,i と j は空間成分を表す[*5].これらの関係がどのように働くか見るために,局所系の計量を使って添字を上げ下げできることを利用しよう.$\eta_{\hat{a}\hat{b}} = \text{diag}(1, -1, -1, -1)$ のとき,(5.11) を使うと,

$$\Gamma^{\hat{i}}{}_{\hat{j}} = \eta^{\hat{i}\hat{i}} \Gamma_{\hat{i}\hat{j}} = -\Gamma_{\hat{i}\hat{j}} = \Gamma_{\hat{j}\hat{i}} = \eta_{\hat{j}\hat{j}} \Gamma^{\hat{j}}{}_{\hat{i}} = -\Gamma^{\hat{j}}{}_{\hat{i}}$$

を得る.これは上手く働く.何故なら $\eta_{\hat{a}\hat{b}}$ の成分は対角成分だけだから,同じ添字しか持たないからである.さらには,ここで扱っている添字が空間成分のみであることより,各 η_{ij} にはマイナス符号が付く.もちろんここで使われる符号は符号規約による.$\eta_{\hat{a}\hat{b}} = \text{diag}(-1, 1, 1, 1)$ を試して,様子が変わるのを確かめてみると良い.

[*5] 訳注:$i = j$ のときは,条件より $\Gamma^{\hat{i}}{}_{\hat{i}} = -\Gamma^{\hat{i}}{}_{\hat{i}}$ なのだから,常に $\Gamma^{\hat{i}}{}_{\hat{i}} = 0$ である.

$d\omega^{\hat{a}}$ を計算するとき，次を思い出すのは役に立つ．α と β を 2 つの任意の 1 形式とする．すると，

$$d(d\alpha) = 0$$
$$\alpha \wedge \beta = -\beta \wedge \alpha \qquad (5.13)$$

が成り立つ．したがって，(具体的にするためだけの理由で仮に r とすると)$d(dr) = 0$ かつ $dr \wedge dr = 0$ であることを思いだすだろう．

クリストッフェル記号は**正規直交基底**を座標基底に変換する行列を使ってリッチ回転係数から得ることができる．特に，$\Gamma^{a}{}_{bc}$ をクリストッフェル記号とするとき，

$$\Gamma^{a}{}_{bc} = (\Lambda^{-1})^{a}{}_{\hat{d}} \Gamma^{\hat{d}}{}_{\hat{e}\hat{f}} \Lambda^{\hat{e}}{}_{b} \Lambda^{\hat{f}}{}_{c} \qquad (5.14)$$

が成り立つ．ここで，ただの添字で座標基底が使われていることを表し，ハット付きの添字で正規直交基底が使われていることを表すことを思いだそう．本書では $\Gamma^{\hat{d}}{}_{\hat{e}\hat{f}}$ と書くときは正規直交基底でのリッチ回転係数を表す．

本章で使われるテクニックは接続を計算するために座標を使うのよりはるかに退屈しない方法である．次節では，この方法を推し進め，どのようにリーマンテンソルを計算するかを見る．ここで使われる手続きは，(5.9) 式の両辺を計算し，曲率 1 形式が何であるかという経験に基づく推測 (これは時々**推測的方法 (guess method)** と呼ばれる) をするために比較することである．一度それを行ってしまえば，曲率 1 形式についてより多くのものを求めることができるかどうかを確認するために (5.12) における対称性を使用することができる．

例 5.1

次によって与えられるトルマン-ボンディ-ド・ジッター計量 (Tolman-Bondi-de Sitter metric) を考えよ：

$$ds^2 = dt^2 - e^{-2\psi(t,r)}dr^2 - R^2(t,r)d\theta^2 - R^2(t,r)\sin^2\theta d\phi^2 \qquad (5.15)$$

この計量は，たとえば，宇宙定数を伴う球状のダスト (塵) の研究で現れる．この計量のリッチ回転係数を求めよ．

解答 5.1

まず、計量 (5.15) を確認して基底 1 形式を書き下す必要がある。リッチ回転係数を求めることが要求されていることより、非座標基底で考えよう。(5.15) を

$$ds^2 = (\omega^{\hat{t}})^2 - (\omega^{\hat{r}})^2 - (\omega^{\hat{\theta}})^2 - (\omega^{\hat{\phi}})^2$$

と書くと、非座標基底 1 形式は、

$$\omega^{\hat{t}} = dt, \ \omega^{\hat{r}} = e^{-\psi(t,r)}dr, \ \omega^{\hat{\theta}} = R(t,r)d\theta, \ \omega^{\hat{\phi}} = R(t,r)\sin\theta d\phi \quad (5.16)$$

となる。

この先、時おり、時間に関する微分は "ドット"(つまり、$df/dt = \dot{f}$) で表し、r に関する微分はプライム (つまり、$df/dr = f'$) で表すことにする。

さて、今から、各基底 1 形式に (5.9) を適用する。最初のものは、

$$d\omega^{\hat{t}} = d(dt) = 0$$

より、あまり情報を与えてくれない。次の 1 形式に移ってみよう。これは次を与える:

$$d\omega^{\hat{r}} = d(e^{-\psi(t,r)}dr) = -\frac{\partial \psi}{\partial t}e^{-\psi(t,r)}dt \wedge dr - \frac{\partial \psi}{\partial r}e^{-\psi(t,r)}dr \wedge dr$$

ここで、$dr \wedge dr = 0$ より、これは次のように単純化される:

$$d\omega^{\hat{r}} = -\frac{\partial \psi}{\partial t}e^{-\psi(t,r)}dt \wedge dr$$

次の手順は、基底 1 形式に関して導いた表式を書き換えることである。この種の計算を行うときには、基底 1 形式に関する座標微分を書くことが有効である。(5.16) を見るとすぐに、

$$dt = \omega^{\hat{t}}, \ dr = e^{\psi(t,r)}\omega^{\hat{r}}, \ d\theta = \frac{1}{R(t,r)}\omega^{\hat{\theta}}, \ d\phi = \frac{1}{R(t,r)\sin\theta}\omega^{\hat{\phi}} \quad (5.17)$$

であることが分かる．したがって，次を得る：

$$d\omega^{\hat{r}} = -\frac{\partial \psi}{\partial t}e^{-\psi(t,r)}dt \wedge dr = -\frac{\partial \psi}{\partial t}e^{-\psi(t,r)}\omega^{\hat{t}} \wedge dr$$
$$= -\frac{\partial \psi}{\partial t}e^{-\psi(t,r)}\omega^{\hat{t}} \wedge e^{\psi(t,r)}\omega^{\hat{r}}$$
$$= -\frac{\partial \psi}{\partial t}\omega^{\hat{t}} \wedge \omega^{\hat{r}}$$

ここでいま (5.13) を使うとこの表式は，

$$d\omega^{\hat{r}} = \frac{\partial \psi}{\partial t}\omega^{\hat{r}} \wedge \omega^{\hat{t}} \tag{5.18}$$

と書かれる．さて，ここで (5.9) を使って $d\omega^{\hat{r}}$ が何であるか書き出してみよう．すると，次が求まる：

$$d\omega^{\hat{r}} = -\Gamma^{\hat{r}}_{\hat{b}} \wedge \omega^{\hat{b}} = -\Gamma^{\hat{r}}_{\hat{t}} \wedge \omega^{\hat{t}} - \Gamma^{\hat{r}}_{\hat{r}} \wedge \omega^{\hat{r}} - \Gamma^{\hat{r}}_{\hat{\theta}} \wedge \omega^{\hat{\theta}} - \Gamma^{\hat{r}}_{\hat{\phi}} \wedge \omega^{\hat{\phi}}$$

この表式を式 (5.18) と比較すると，

$$\Gamma^{\hat{r}}_{\hat{t}} = -\frac{\partial \psi}{\partial t}\omega^{\hat{r}} \tag{5.19}$$

であることが分かる[*6]．次の基底 1 形式に移ると，

$$d\omega^{\hat{\theta}} = d(R(t,r)d\theta)$$
$$= \dot{R}dt \wedge d\theta + R'dr \wedge d\theta$$
$$= \frac{\dot{R}}{R}dt \wedge Rd\theta + \frac{R'}{R}e^{\psi}(e^{-\psi}dr) \wedge Rd\theta$$
$$= \frac{\dot{R}}{R}\omega^{\hat{t}} \wedge \omega^{\hat{\theta}} + \frac{R'}{R}e^{\psi}\omega^{\hat{r}} \wedge \omega^{\hat{\theta}}$$

が得られる．(5.13) を使って項の順序を入れ替えよう．結果は次のようになる：

$$d\omega^{\hat{\theta}} = -\frac{\dot{R}}{R}\omega^{\hat{\theta}} \wedge \omega^{\hat{t}} - \frac{R'}{R}e^{\psi}\omega^{\hat{\theta}} \wedge \omega^{\hat{r}}$$

[*6] 訳注：$\Gamma^{\hat{r}}_{\hat{r}} = 0$ が対称性 (5.12) より言え，後ろの 2 項は $\omega^{\hat{t}}$ でも $\omega^{\hat{r}}$ でもない項を含むから消えるべきであるのでこのことが言える．

5.0 カルタン第 1 構造方程式とリッチ回転係数

(5.9) を使うと，

$$\mathrm{d}\omega^{\hat{\theta}} = -\Gamma^{\hat{\theta}}_{\ \hat{b}} \wedge \omega^{\hat{b}}$$
$$= -\Gamma^{\hat{\theta}}_{\ \hat{t}} \wedge \omega^{\hat{t}} - \Gamma^{\hat{\theta}}_{\ \hat{r}} \wedge \omega^{\hat{r}} - \Gamma^{\hat{\theta}}_{\ \hat{\theta}} \wedge \omega^{\hat{\theta}} - \Gamma^{\hat{\theta}}_{\ \hat{\phi}} \wedge \omega^{\hat{\phi}}$$

を得る．たった今上で求めた結果と比較すると，次を結論づけることができる：

$$\Gamma^{\hat{\theta}}_{\ \hat{t}} = \frac{\dot{R}}{R}\omega^{\hat{\theta}} \quad \text{かつ} \quad \Gamma^{\hat{\theta}}_{\ \hat{r}} = \frac{R'}{R}e^{\psi(t,r)}\omega^{\hat{\theta}} \tag{5.20}$$

最後に $\omega^{\hat{\phi}}$ に取り組もう．この項は次を与える：

$$\mathrm{d}\omega^{\hat{\phi}} = \mathrm{d}(R\sin\theta\mathrm{d}\phi)$$
$$= \dot{R}\sin\theta\mathrm{d}t \wedge \mathrm{d}\phi + R'\sin\theta\mathrm{d}r \wedge \mathrm{d}\phi + \cos\theta R\mathrm{d}\theta \wedge \mathrm{d}\phi$$
$$= \frac{\dot{R}}{R}\mathrm{d}t \wedge R\sin\theta\mathrm{d}\phi + \frac{R'}{R}e^{\psi(t,r)}(e^{-\psi(t,r)}\mathrm{d}r) \wedge R\sin\theta\mathrm{d}\phi$$
$$+ \frac{\cos\theta}{R\sin\theta}R\mathrm{d}\theta \wedge R\sin\theta\mathrm{d}\phi$$

基底一形式に関する微分を書き，それから各項の順序を反転させると，次を得る：

$$\mathrm{d}\omega^{\hat{\phi}} = \frac{\dot{R}}{R}\omega^{\hat{t}} \wedge \omega^{\hat{\phi}} + \frac{R'}{R}e^{\psi(t,r)}\omega^{\hat{r}} \wedge \omega^{\hat{\phi}} + \frac{\cot\theta}{R}\omega^{\hat{\theta}} \wedge \omega^{\hat{\phi}}$$
$$= -\frac{\dot{R}}{R}\omega^{\hat{\phi}} \wedge \omega^{\hat{t}} - \frac{R'}{R}e^{\psi(t,r)}\omega^{\hat{\phi}} \wedge \omega^{\hat{r}} - \frac{\cot\theta}{R}\omega^{\hat{\phi}} \wedge \omega^{\hat{\theta}}$$

(5.9) を使うと次のようになる：

$$\mathrm{d}\omega^{\hat{\phi}} = -\Gamma^{\hat{\phi}}_{\ \hat{t}} \wedge \omega^{\hat{t}} - \Gamma^{\hat{\phi}}_{\ \hat{r}} \wedge \omega^{\hat{r}} - \Gamma^{\hat{\phi}}_{\ \hat{\theta}} \wedge \omega^{\hat{\theta}} - \Gamma^{\hat{\phi}}_{\ \hat{\phi}} \wedge \omega^{\hat{\phi}}$$

これと上で得た結果を比較すると，

$$\Gamma^{\hat{\phi}}_{\ \hat{t}} = \frac{\dot{R}}{R}\omega^{\hat{\phi}}, \quad \Gamma^{\hat{\phi}}_{\ \hat{r}} = \frac{R'}{R}e^{\psi(t,r)}\omega^{\hat{\phi}}, \quad \Gamma^{\hat{\phi}}_{\ \hat{\theta}} = \frac{\cot\theta}{R}\omega^{\hat{\phi}} \tag{5.21}$$

が結論づけられる．$\mathrm{d}\omega^{\hat{t}}$ を計算しても何の役立つ情報も得られないことを以前述べた．それ以外の項に関しては，基本的に"推測的"方法が使える限り

はそれを使い続ける．いまから，(5.12) で示された対称性を使ってそれ以外の曲率 1 形式を求める．具体的には，

$$\Gamma^{\hat{t}}{}_{\hat{r}} = \Gamma^{\hat{r}}{}_{\hat{t}} = -\frac{\partial \psi}{\partial t}\omega^{\hat{r}}$$

$$\Gamma^{\hat{t}}{}_{\hat{\theta}} = \Gamma^{\hat{\theta}}{}_{\hat{t}} = \frac{\dot{R}}{R}\omega^{\hat{\theta}}$$

$$\Gamma^{\hat{t}}{}_{\hat{\phi}} = \Gamma^{\hat{\phi}}{}_{\hat{t}} = \frac{\dot{R}}{R}\omega^{\hat{\phi}}$$

が成り立つ．さて，空間添字のみに注意を払うと，次が成り立つ：

$$\Gamma^{\hat{r}}{}_{\hat{\theta}} = -\Gamma^{\hat{\theta}}{}_{\hat{r}} = -\frac{R'}{R}e^{\psi(t,r)}\omega^{\hat{\theta}}$$

$$\Gamma^{\hat{r}}{}_{\hat{\phi}} = -\Gamma^{\hat{\phi}}{}_{\hat{r}} = -\frac{R'}{R}e^{\psi(t,r)}\omega^{\hat{\phi}}$$

$$\Gamma^{\hat{\theta}}{}_{\hat{\phi}} = -\Gamma^{\hat{\phi}}{}_{\hat{\theta}} = -\frac{\cot\theta}{R}\omega^{\hat{\phi}}$$

いま，曲率 1 形式を計算したので，(5.10) を使ってリッチ回転係数を求めることができる．それをここに再度書いてみよう：

$$\Gamma^{\hat{a}}{}_{\hat{b}} = \Gamma^{\hat{a}}{}_{\hat{b}\hat{c}}\omega^{\hat{c}}$$

まず，$\Gamma^{\hat{t}}{}_{\hat{b}}$ を考えることから始めよう．明らかに，$\Gamma^{\hat{t}}{}_{\hat{t}} = 0$ であり，したがってこの項はスキップできる．続けると，

$$\Gamma^{\hat{t}}{}_{\hat{r}} = \Gamma^{\hat{t}}{}_{\hat{r}\hat{t}}\omega^{\hat{t}} + \Gamma^{\hat{t}}{}_{\hat{r}\hat{r}}\omega^{\hat{r}} + \Gamma^{\hat{t}}{}_{\hat{r}\hat{\theta}}\omega^{\hat{\theta}} + \Gamma^{\hat{t}}{}_{\hat{r}\hat{\phi}}\omega^{\hat{\phi}}$$

が成り立つ．上で $\Gamma^{\hat{t}}{}_{\hat{r}} = -\frac{\partial \psi(t,r)}{\partial t}\omega^{\hat{r}}$ であることを述べた．これら 2 つの表式を比較すると，結局，

$$\Gamma^{\hat{t}}{}_{\hat{r}\hat{r}} = -\frac{\partial \psi(t,r)}{\partial t} \tag{5.22}$$

であることが結論づけられる．加えて，$\Gamma^{\hat{t}}{}_{\hat{r}\hat{t}} = \Gamma^{\hat{t}}{}_{\hat{r}\hat{\theta}} = \Gamma^{\hat{t}}{}_{\hat{r}\hat{\phi}} = 0$ も結論づけることができる．次の座標に移ると，

$$\Gamma^{\hat{t}}{}_{\hat{\theta}} = \Gamma^{\hat{t}}{}_{\hat{\theta}\hat{c}}\omega^{\hat{c}} = \Gamma^{\hat{t}}{}_{\hat{\theta}\hat{t}}\omega^{\hat{t}} + \Gamma^{\hat{t}}{}_{\hat{\theta}\hat{r}}\omega^{\hat{r}} + \Gamma^{\hat{t}}{}_{\hat{\theta}\hat{\theta}}\omega^{\hat{\theta}} + \Gamma^{\hat{t}}{}_{\hat{\theta}\hat{\phi}}\omega^{\hat{\phi}}$$

5.0 カルタン第 1 構造方程式とリッチ回転係数

が成り立つ.上では,$\Gamma^{\hat{t}}_{\hat{\theta}} = \Gamma^{\hat{\theta}}_{\hat{t}} = \frac{\dot{R}}{R}\omega^{\hat{\theta}}$ と求まった.したがってゼロでない項は $\omega^{\hat{\theta}}$ を含む項のみであるので,

$$\Gamma^{\hat{t}}_{\hat{\theta}\hat{\theta}} = \frac{\dot{R}}{R} \tag{5.23}$$

であると結論づけられる.同様に,

$$\Gamma^{\hat{t}}_{\hat{\phi}\hat{\phi}} = \frac{\dot{R}}{R} \tag{5.24}$$

と求まる.さて,$\Gamma^{\hat{r}}_{\hat{b}}$ の形をした項に移ろう.まず最初に,

$$\Gamma^{\hat{r}}_{\hat{t}} = \Gamma^{\hat{r}}_{\hat{t}\hat{t}}\omega^{\hat{t}} + \Gamma^{\hat{r}}_{\hat{t}\hat{r}}\omega^{\hat{r}} + \Gamma^{\hat{r}}_{\hat{t}\hat{\theta}}\omega^{\hat{\theta}} + \Gamma^{\hat{r}}_{\hat{t}\hat{\phi}}\omega^{\hat{\phi}}$$

が成り立つ.いま,(5.19) において,$\Gamma^{\hat{r}}_{\hat{t}} = -\dot{\psi}(t,r)\omega^{\hat{r}}$ となることを求めた.この 2 つの比較より,

$$\Gamma^{\hat{r}}_{\hat{t}\hat{r}} = -\frac{\partial \psi}{\partial t}$$

が結論づけられる.次に,(5.12) によって消える ($i=j$ と置く)$\Gamma^{\hat{r}}_{\hat{r}}$ を飛ばすと,

$$\Gamma^{\hat{r}}_{\hat{\theta}} = \Gamma^{\hat{r}}_{\hat{\theta}\hat{c}}\omega^{\hat{c}} = \Gamma^{\hat{r}}_{\hat{\theta}\hat{t}}\omega^{\hat{t}} + \Gamma^{\hat{r}}_{\hat{\theta}\hat{r}}\omega^{\hat{r}} + \Gamma^{\hat{r}}_{\hat{\theta}\hat{\theta}}\omega^{\hat{\theta}} + \Gamma^{\hat{r}}_{\hat{\theta}\hat{\phi}}\omega^{\hat{\phi}}$$

に進む.以前求めた,$\Gamma^{\hat{r}}_{\hat{\theta}} = -\Gamma^{\hat{\theta}}_{\hat{r}} = -\frac{R'}{R}e^{\psi(t,r)}\omega^{\hat{\theta}}$ という結果と比較すると,

$$\Gamma^{\hat{r}}_{\hat{\theta}\hat{\theta}} = -\frac{R'}{R}e^{\psi(t,r)}$$

が導かれる.最後に,

$$\Gamma^{\hat{r}}_{\hat{\phi}} = \Gamma^{\hat{r}}_{\hat{\phi}\hat{c}}\omega^{\hat{c}} = \Gamma^{\hat{r}}_{\hat{\phi}\hat{t}}\omega^{\hat{t}} + \Gamma^{\hat{r}}_{\hat{\phi}\hat{r}}\omega^{\hat{r}} + \Gamma^{\hat{r}}_{\hat{\phi}\hat{\theta}}\omega^{\hat{\theta}} + \Gamma^{\hat{r}}_{\hat{\phi}\hat{\phi}}\omega^{\hat{\phi}}$$

が成り立つ.以前 $\Gamma^{\hat{r}}_{\hat{\phi}} = -\frac{R'}{R}e^{\psi(t,r)}\omega^{\hat{\phi}}$ であることを求めた.この結果を上と比較すると,

$$\Gamma^{\hat{r}}_{\hat{\phi}\hat{\phi}} = -\frac{R'}{R}e^{\psi(t,r)}$$

でなければならない．$\Gamma^{\hat{\theta}}_{\hat{b}}$ および $\Gamma^{\hat{\phi}}_{\hat{b}}$ の形をした項に同様の手続きを適用すると，残りのリッチ回転係数が得られる：

$$\Gamma^{\hat{\theta}}_{\hat{t}\hat{\theta}} = \Gamma^{\hat{\phi}}_{\hat{t}\hat{\phi}} = \frac{\dot{R}}{R}, \ \Gamma^{\hat{\theta}}_{\hat{r}\hat{\theta}} = \Gamma^{\hat{\phi}}_{\hat{r}\hat{\phi}} = \frac{R'}{R}e^{\psi(t,r)}, \ \Gamma^{\hat{\phi}}_{\hat{\theta}\hat{\phi}} = -\Gamma^{\hat{\theta}}_{\hat{\phi}\hat{\phi}} = -\frac{\cot\theta}{R}$$

こうして，我々はリッチ回転係数の計算を終えた．リッチ回転係数はクリストッフェル記号を得ることや，のちに見るように曲率を計算するのに使うことができる．この時点で，クリストッフェル記号を与えるためにどのようにこれらの量を座標系に変換するのかを実演することができるようになった．これは厳密にいえば必要ではないが，望ましいものである．簡単な例を考えよう：ここで紹介する手続きはすべての項で同じように適用できる．ここで必要となる，式 (5.14) で示された公式を再掲しよう：

$$\Gamma^a_{bc} = (\Lambda^{-1})^a{}_{\hat{d}}\Gamma^{\hat{d}}_{\hat{e}\hat{f}}\Lambda^{\hat{e}}{}_b\Lambda^{\hat{f}}{}_c$$

まず最初に変換行列を構成する必要がある．これは計量の係数をただ読み取るだけで良いから十分簡単である．前のページを見返さなくてよいようにそれをここに再掲しよう：

$$ds^2 = dt^2 - e^{-2\psi(t,r)}dr^2 - R^2(t,r)d\theta^2 - R^2(t,r)\sin^2\theta d\phi^2$$

変換行列の対角成分は単に計量から読み取ることができる．したがって変換行列は，

$$\Lambda^{\hat{a}}{}_b = \begin{pmatrix} 1 & 0 & 0 & 0 \\ 0 & e^{-\psi(t,r)} & 0 & 0 \\ 0 & 0 & R(t,r) & 0 \\ 0 & 0 & 0 & R(t,r)\sin\theta \end{pmatrix} \tag{5.25}$$

であり，その逆行列は，

$$(\Lambda^{-1})^a{}_{\hat{b}} = \begin{pmatrix} 1 & 0 & 0 & 0 \\ 0 & e^{\psi(t,r)} & 0 & 0 \\ 0 & 0 & \frac{1}{R} & 0 \\ 0 & 0 & 0 & \frac{1}{R\sin\theta} \end{pmatrix} \tag{5.26}$$

である．この場合，クリストッフェル記号を求めることはこれらの行列が対角行列であることより，やや簡単である．例として，$\Gamma^{\phi}{}_{\theta\phi}$ を計算してみよう．公式を使うと，これは，

$$\Gamma^{\phi}{}_{\theta\phi} = (\Lambda^{-1})^{\phi}{}_{\hat{\phi}} \Gamma^{\hat{\phi}}{}_{\hat{\theta}\hat{\phi}} \Lambda^{\hat{\theta}}{}_{\theta} \Lambda^{\hat{\phi}}{}_{\phi} = \left(\frac{1}{R\sin\theta}\right)\left(-\frac{\cot\theta}{R}\right)(R)(R\sin\theta)$$
$$= -\cot\theta$$

となる．この例は，曲率を計算するために最初に必要なクリストッフェル記号を得る手順を示している．通常，リッチ回転係数を使った局所系で更に計算を進める．それを行うために使われる手続きは次節で探る．

曲率を計算する

座標基底を使ってすべての接続係数を求めて，それからリーマンテンソルを得るために終わりの見えない微分計算を続けることは，誰もが避けたい繁雑なことである．ありがたいことにカルタンによって発展させられた方法は，より洗練されているが，ただしそれでも大きな退屈な計算は残される．

重力場について学ぶ準備として，曲率と，究極的にはアインシュタインテンソルを得るために，リーマンテンソルとそれから導くことができる量が必要である．以前我々は，

$$R^{a}{}_{bcd} = \partial_c \Gamma^{a}{}_{bd} - \partial_d \Gamma^{a}{}_{bc} + \Gamma^{e}{}_{bd} \Gamma^{a}{}_{ec} - \Gamma^{e}{}_{bc} \Gamma^{a}{}_{ed}$$

であることを学んだ．これは退屈な計算をにじませる気が重い公式である．完全に狂った人しかこのようなひどい計算を楽しめないだろう．幸運なことに，カルタンは一旦コツがつかめればやや易しく感じられる，よりコンパクトな方程式を見つけてくれた．カギとなるアイデアはリーマンテンソルはクリストッフェル記号からそれらを微分することによって得られるということに気付くことである．前節では，曲率1形式の組を計算した．それは，局所系でそれらの成分としてリッチ回転係数を含んでいた．したがって，曲率テンソルを得るためにこれらのものを微分することは完全に意味があることで

ある．ここでは1形式に適用できる方法でそれを行い，本書で$\Omega^{\hat{a}}{}_{\hat{b}}$によって表す曲率2形式と呼ばれる新しい量の組を定義する．それらは次によって与えられる：

$$\Omega^{\hat{a}}{}_{\hat{b}} = d\Gamma^{\hat{a}}{}_{\hat{b}} + \Gamma^{\hat{a}}{}_{\hat{c}} \wedge \Gamma^{\hat{c}}{}_{\hat{b}} \tag{5.27}$$

これらの量は次のようにしてリーマンテンソルと関係していることが判明する[*7]：

$$\Omega^{\hat{a}}{}_{\hat{b}} = \frac{1}{2} R^{\hat{a}}{}_{\hat{b}\hat{c}\hat{d}} \omega^{\hat{c}} \wedge \omega^{\hat{d}} \tag{5.28}$$

さて，この方程式に現れるリーマンテンソルが正規直交基底で表される (添字の上に"ハット"が付いている) ことに注意しよう．これはもし，座標基底で考えたければ，座標基底に変換する必要があることを意味する．これは次の便利な変換公式を使うことによって行うことができる：

$$R^{a}{}_{bcd} = (\Lambda^{-1})^{a}{}_{\hat{e}} R^{\hat{e}}{}_{\hat{f}\hat{g}\hat{h}} \Lambda^{\hat{f}}{}_{b} \Lambda^{\hat{g}}{}_{c} \Lambda^{\hat{h}}{}_{d} \tag{5.29}$$

これらの量をどのように使うかを見るために，これらに関する2, 3の計算をしてみよう．ここでは，まずとても単純な場合から始め，それからより複雑なものを考えよう．

例 5.2

恐らく，ゼロでない曲率を持つもっとも単純な計量は単位球面

$$ds^2 = d\theta^2 + \sin^2\theta d\phi^2$$

であろう．カルタン構造方程式を使ってリッチスカラーを求めよ．

解答 5.2

これはとても単純な計量である．(正規直交基底に対する) 基底1形式は次によって与えられる：

$$\omega^{\hat{\theta}} = d\theta \quad かつ \quad \omega^{\hat{\phi}} = \sin\theta d\phi$$

[*7] 訳注：$d\Gamma^{\hat{a}}{}_{\hat{b}} + \Gamma^{\hat{a}}{}_{\hat{c}} \wedge \Gamma^{\hat{c}}{}_{\hat{b}} = \Omega^{\hat{a}}{}_{\hat{b}} = \frac{1}{2} R^{\hat{a}}{}_{\hat{b}\hat{c}\hat{d}} \omega^{\hat{c}} \wedge \omega^{\hat{d}}$ はカルタン第2構造方程式と呼ばれる．

5.0　カルタン第 1 構造方程式とリッチ回転係数　　131

問題として，この計量に対する 0 でないリッチ回転係数が次によって与えられることを示そう：

$$\Gamma^{\hat{\phi}}_{\hat{\theta}} = \cot\theta\, \omega^{\hat{\phi}}$$

$$\Rightarrow \Gamma^{\hat{\phi}}_{\hat{\theta}\hat{\phi}} = \cot\theta$$

この場合，(5.27) は，次のようになる：

$$\begin{aligned}\Omega^{\hat{\phi}}_{\hat{\theta}} &= \mathrm{d}\Gamma^{\hat{\phi}}_{\hat{\theta}} + \Gamma^{\hat{\phi}}_{\hat{c}} \wedge \Gamma^{\hat{c}}_{\hat{\theta}} = \mathrm{d}\Gamma^{\hat{\phi}}_{\hat{\theta}} + \Gamma^{\hat{\phi}}_{\hat{\theta}} \wedge \Gamma^{\hat{\theta}}_{\hat{\theta}} + \Gamma^{\hat{\phi}}_{\hat{\phi}} \wedge \Gamma^{\hat{\phi}}_{\hat{\theta}} \\ &= \mathrm{d}\Gamma^{\hat{\phi}}_{\hat{\theta}} = \mathrm{d}\left(\cot\theta\, \omega^{\hat{\phi}}\right) \\ &= \mathrm{d}\left(\frac{\cos\theta}{\sin\theta}\sin\theta\, \mathrm{d}\phi\right) = \mathrm{d}(\cos\theta\, \mathrm{d}\phi)\end{aligned}$$

ここで，最初の行から次の行への移行には，$\Gamma^{\hat{\theta}}_{\hat{\theta}} = \Gamma^{\hat{\phi}}_{\hat{\phi}} = 0$ を使った．続けると，次が得られる：

$$\Omega^{\hat{\phi}}_{\hat{\theta}} = \mathrm{d}(\cos\theta\, \mathrm{d}\phi) = -\sin\theta\, \mathrm{d}\theta \wedge \mathrm{d}\phi$$

次の手順は，非ホロノミック基底 1 形式に関する微分に書き換えることである．ここでの定義 $\omega^{\hat{\theta}} = \mathrm{d}\theta$ および $\omega^{\hat{\phi}} = \sin\theta\, \mathrm{d}\phi$ を見ると，$\mathrm{d}\phi = \frac{1}{\sin\theta}\omega^{\hat{\phi}}$ と書くことができることが分かるので，次を得る：

$$\Omega^{\hat{\phi}}_{\hat{\theta}} = -\sin\theta\, \mathrm{d}\theta \wedge \mathrm{d}\phi = -\omega^{\hat{\theta}} \wedge \omega^{\hat{\phi}} = \omega^{\hat{\phi}} \wedge \omega^{\hat{\theta}} \tag{5.30}$$

この結果は，(5.28) を経由してリーマンテンソルの成分を得るために使うことができる．たった 2 つの次元しか存在しないことより，この方程式はとても単純になる．というのも，ゼロでない項は $\hat{a} \neq \hat{b}$ である場合の $\omega^{\hat{a}} \wedge \omega^{\hat{b}}$ を含む項のみであるからである．これは次を与える：

$$\Omega^{\hat{\phi}}_{\hat{\theta}} = \frac{1}{2}R^{\hat{\phi}}_{\hat{\theta}\hat{c}\hat{d}}\omega^{\hat{c}} \wedge \omega^{\hat{d}} = \frac{1}{2}R^{\hat{\phi}}_{\hat{\theta}\hat{\theta}\hat{\phi}}\omega^{\hat{\theta}} \wedge \omega^{\hat{\phi}} + \frac{1}{2}R^{\hat{\phi}}_{\hat{\theta}\hat{\phi}\hat{\theta}}\omega^{\hat{\phi}} \wedge \omega^{\hat{\theta}}$$

ここで，1 形式についての $\alpha \wedge \beta = -\beta \wedge \alpha$ を使ってこれを次のように書き換える：

$$\Omega^{\hat{\phi}}_{\hat{\theta}} = \frac{1}{2}\left(R^{\hat{\phi}}_{\hat{\theta}\hat{\theta}\hat{\phi}} - R^{\hat{\phi}}_{\hat{\theta}\hat{\phi}\hat{\theta}}\right)\omega^{\hat{\theta}} \wedge \omega^{\hat{\phi}}$$

これを (5.30) からリーマンテンソルの成分を読み取ることができる形に持っていくためには，リーマンテンソルの対称性を使う必要がある．まず最初にいくつかの添字を下げる必要がある．計量が $ds^2 = d\theta^2 + \sin^2\theta d\phi^2$ であることより，$\eta_{\hat{a}\hat{b}}$ は，恒等行列以外の何物でもない：

$$\eta_{\hat{a}\hat{b}} = \begin{pmatrix} 1 & 0 \\ 0 & 1 \end{pmatrix}$$

さてここで，リーマンテンソルの対称性を思いだそう：

$$R_{abcd} = -R_{bacd} = -R_{abdc}$$

これらの対称性は局所系にも適用される．そこでは非ホロノミック基底を使っている．したがって，次のように書くことができる：

$$R^{\hat{\phi}}{}_{\hat{\theta}\hat{\phi}\hat{\theta}} = \eta^{\hat{\phi}\hat{\phi}} R_{\hat{\phi}\hat{\theta}\hat{\phi}\hat{\theta}} = R_{\hat{\phi}\hat{\theta}\hat{\phi}\hat{\theta}} = -R_{\hat{\phi}\hat{\theta}\hat{\theta}\hat{\phi}} = -\eta_{\hat{\phi}\hat{\phi}} R^{\hat{\phi}}{}_{\hat{\theta}\hat{\theta}\hat{\phi}} = -R^{\hat{\phi}}{}_{\hat{\theta}\hat{\theta}\hat{\phi}}$$

これは次のように書きかえることを許す：

$$\frac{1}{2}\left(R^{\hat{\phi}}{}_{\hat{\theta}\hat{\theta}\hat{\phi}} - R^{\hat{\phi}}{}_{\hat{\theta}\hat{\phi}\hat{\theta}}\right) = \frac{1}{2}\left(R^{\hat{\phi}}{}_{\hat{\theta}\hat{\theta}\hat{\phi}} + R^{\hat{\phi}}{}_{\hat{\theta}\hat{\theta}\hat{\phi}}\right) = R^{\hat{\phi}}{}_{\hat{\theta}\hat{\theta}\hat{\phi}}$$

この書き換えの下で，

$$\Omega^{\hat{\phi}}{}_{\hat{\theta}} = R^{\hat{\phi}}{}_{\hat{\theta}\hat{\theta}\hat{\phi}} \omega^{\hat{\theta}} \wedge \omega^{\hat{\phi}}$$

が得られる．(5.30) との比較によって，

$$R^{\hat{\phi}}{}_{\hat{\theta}\hat{\theta}\hat{\phi}} = -1$$

が得られる．リーマンテンソルの対称性の別の応用は次を示す：

$$R^{\hat{\phi}}{}_{\hat{\theta}\hat{\phi}\hat{\theta}} = R^{\hat{\theta}}{}_{\hat{\phi}\hat{\theta}\hat{\phi}} = +1$$

$$R^{\hat{\theta}}{}_{\hat{\theta}\hat{\theta}\hat{\phi}} = R_{\hat{\theta}\hat{\theta}\hat{\theta}\hat{\phi}} = -R_{\hat{\theta}\hat{\theta}\hat{\theta}\hat{\phi}}, \quad \therefore R^{\hat{\theta}}{}_{\hat{\theta}\hat{\theta}\hat{\phi}} = 0$$

2 行目は $R_{abcd} = -R_{bacd}$ および，$a = -a \Rightarrow a = 0$ が成り立つことより，言える．このことは $R^{\hat{\phi}}{}_{\hat{\theta}\hat{\phi}\hat{\phi}}$ についても成り立つ．

5.0 カルタン第1構造方程式とリッチ回転係数

この時点で，リッチテンソルとリッチスカラーを計算することができるようになった．後者の量がスカラーであることより，それは不変量であり，また大域的座標で変換する必要がない．以前の議論より，

$$R_{\hat\theta\hat\phi} = R^{\hat a}{}_{\hat\theta\hat a\hat\phi} = R^{\hat\theta}{}_{\hat\theta\hat\theta\hat\phi} + R^{\hat\phi}{}_{\hat\theta\hat\phi\hat\phi} = 0$$

と求まる．別の項は，

$$\begin{aligned}R_{\hat\theta\hat\theta} &= R^{\hat a}{}_{\hat\theta\hat a\hat\theta} = R^{\hat\theta}{}_{\hat\theta\hat\theta\hat\theta} + R^{\hat\phi}{}_{\hat\theta\hat\phi\hat\theta} = 0 + 1 = 1 \\ R_{\hat\phi\hat\phi} &= R^{\hat a}{}_{\hat\phi\hat a\hat\phi} = R^{\hat\theta}{}_{\hat\phi\hat\theta\hat\phi} + R^{\hat\phi}{}_{\hat\phi\hat\phi\hat\phi} = 1 + 0 = 1\end{aligned} \quad (5.31)$$

となる．これより，リッチスカラーを計算するのは簡単なことになる：

$$R = \eta^{\hat a\hat b}R_{\hat a\hat b} = \eta^{\hat\theta\hat\theta}R_{\hat\theta\hat\theta} + \eta^{\hat\phi\hat\phi}R_{\hat\phi\hat\phi} = R_{\hat\theta\hat\theta} + R_{\hat\phi\hat\phi} = 1 + 1 = 2$$

リッチスカラーは与えられた幾何学における内部曲率の基本的な特徴づけを与えるために使うことができる．リッチスカラーの値は局所的にその幾何学が"どのようになっているか"を教えてくれる．もしリッチスカラーが正ならば，この場合のように，その表面は球面状になっている．もしそれが負ならば，その表面は鞍状になっている．このことは，三角形を描くことによって考えることができる．もし，$R > 0$ ならば，内角の和は $180°$ より大きくなる．その一方で $R < 0$ ならばそれらの和は $180°$ より小さくなる．これらの観察結果により，"正の曲率"および"負の曲率"という呼称がなされる．さて，もし $R = 0$ のときは，その幾何学は平坦であり，三角形の内角の和はちょうど $180°$ になる．

例 5.3

ロバートソン-ウォーカー計量

$$ds^2 = -dt^2 + \frac{a^2(t)}{1-kr^2}dr^2 + a^2(t)r^2 d\theta^2 + a^2(t)r^2\sin^2\theta d\phi^2$$

は一様で等方な膨張宇宙を記述する．定数 $k = -1, 0, 1$ はそれぞれ宇宙が開いている，平坦，閉じているに対応する．テトラッド法を使ってリーマンテンソルの成分を求めよ．

解答 5.3

計量を見ると，次の正規直交基底 1 形式を定義できることが分かる：

$$\omega^{\hat{t}} = \mathrm{d}t, \ \omega^{\hat{r}} = \frac{a(t)}{\sqrt{1-kr^2}}\mathrm{d}r, \ \omega^{\hat{\theta}} = ra(t)\mathrm{d}\theta, \ \omega^{\hat{\phi}} = ra(t)\sin\theta\mathrm{d}\phi \quad (5.32)$$

ここから先は，書く手間を省いて $a(t) = a$ と書くことにする．(5.9) を使って曲率を計算すると，1 形式は次を与える：

$$\begin{aligned}
\mathrm{d}\omega^{\hat{t}} =& \mathrm{d}(\mathrm{d}t) = 0 \\
\mathrm{d}\omega^{\hat{r}} =& \mathrm{d}\left(\frac{a}{\sqrt{1-kr^2}}\mathrm{d}r\right) = \frac{\dot{a}\mathrm{d}t \wedge \mathrm{d}r}{\sqrt{1-kr^2}} = -\frac{\dot{a}}{a}\omega^{\hat{r}} \wedge \omega^{\hat{t}} \\
\mathrm{d}\omega^{\hat{\theta}} =& \mathrm{d}(ra\mathrm{d}\theta) = r\dot{a}\mathrm{d}t \wedge \mathrm{d}\theta + a\mathrm{d}r \wedge \mathrm{d}\theta \\
=& \frac{\dot{a}}{a}\omega^{\hat{t}} \wedge \omega^{\hat{\theta}} + \frac{a\sqrt{1-kr^2}}{\sqrt{1-kr^2}}\frac{ra}{ra}\mathrm{d}r \wedge \mathrm{d}\theta \\
=& -\frac{\dot{a}}{a}\omega^{\hat{\theta}} \wedge \omega^{\hat{t}} + \frac{\sqrt{1-kr^2}}{ra}\omega^{\hat{r}} \wedge \omega^{\hat{\theta}} \\
=& -\frac{\dot{a}}{a}\omega^{\hat{\theta}} \wedge \omega^{\hat{t}} - \frac{\sqrt{1-kr^2}}{ra}\omega^{\hat{\theta}} \wedge \omega^{\hat{r}} \\
\mathrm{d}\omega^{\hat{\phi}} & \\
=& \mathrm{d}(ra\sin\theta\mathrm{d}\phi) \\
=& r\dot{a}\sin\theta\mathrm{d}t \wedge \mathrm{d}\phi + a\sin\theta\mathrm{d}r \wedge \mathrm{d}\phi + ra\cos\theta\mathrm{d}\theta \wedge \mathrm{d}\phi \\
=& -\frac{\dot{a}}{a}\omega^{\hat{\phi}} \wedge \omega^{\hat{t}} - \frac{\sqrt{1-kr^2}}{ra}\omega^{\hat{\phi}} \wedge \omega^{\hat{r}} - \frac{\cot\theta}{ra}\omega^{\hat{\phi}} \wedge \omega^{\hat{\theta}}
\end{aligned}$$

(5.9) の右辺を書き出すことによって求められる次の関係式

$$\begin{aligned}
\mathrm{d}\omega^{\hat{r}} =& -\Gamma^{\hat{r}}_{\hat{t}} \wedge \omega^{\hat{t}} - \Gamma^{\hat{r}}_{\hat{r}} \wedge \omega^{\hat{r}} - \Gamma^{\hat{r}}_{\hat{\theta}} \wedge \omega^{\hat{\theta}} - \Gamma^{\hat{r}}_{\hat{\phi}} \wedge \omega^{\hat{\phi}} \\
\mathrm{d}\omega^{\hat{\theta}} =& -\Gamma^{\hat{\theta}}_{\hat{t}} \wedge \omega^{\hat{t}} - \Gamma^{\hat{\theta}}_{\hat{r}} \wedge \omega^{\hat{r}} - \Gamma^{\hat{\theta}}_{\hat{\theta}} \wedge \omega^{\hat{\theta}} - \Gamma^{\hat{\theta}}_{\hat{\phi}} \wedge \omega^{\hat{\phi}} \\
\mathrm{d}\omega^{\hat{r}} =& -\Gamma^{\hat{\phi}}_{\hat{t}} \wedge \omega^{\hat{t}} - \Gamma^{\hat{\phi}}_{\hat{r}} \wedge \omega^{\hat{r}} - \Gamma^{\hat{\phi}}_{\hat{\theta}} \wedge \omega^{\hat{\theta}} - \Gamma^{\hat{\phi}}_{\hat{\phi}} \wedge \omega^{\hat{\phi}}
\end{aligned}$$

5.0 カルタン第1構造方程式とリッチ回転係数　　　　**135**

を使うと，次の曲率一形式を読み取ることができる：

$$\Gamma^{\hat{r}}{}_{\hat{t}} = \frac{\dot{a}}{a}\omega^{\hat{r}}, \qquad \Gamma^{\hat{\theta}}{}_{\hat{t}} = \frac{\dot{a}}{a}\omega^{\hat{\theta}}, \qquad \Gamma^{\hat{\theta}}{}_{\hat{r}} = \frac{\sqrt{1-kr^2}}{ra}\omega^{\hat{\theta}}$$

$$\Gamma^{\hat{\phi}}{}_{\hat{t}} = \frac{\dot{a}}{a}\omega^{\hat{\phi}}, \qquad \Gamma^{\hat{\phi}}{}_{\hat{r}} = \frac{\sqrt{1-kr^2}}{ra}\omega^{\hat{\phi}}, \qquad \Gamma^{\hat{\phi}}{}_{\hat{\theta}} = \frac{\cot\theta}{ra}\omega^{\hat{\phi}} \tag{5.33}$$

添字の上げ下げは，$\eta_{\hat{a}\hat{b}}$ を使ってできる．この場合，計量が $\eta_{\hat{a}\hat{b}} = \mathrm{diag}(-1,1,1,1)$ の形に置かねばならないことに注意しよう．これが曲率1形式とどのように働くのか見てみよう：

$$\Gamma^{\hat{r}}{}_{\hat{t}} = \eta^{\hat{r}\hat{r}}\Gamma_{\hat{r}\hat{t}} = \Gamma_{\hat{r}\hat{t}} = -\Gamma_{\hat{t}\hat{r}} = -\eta_{\hat{t}\hat{t}}\Gamma^{\hat{t}}{}_{\hat{r}} = \Gamma^{\hat{t}}{}_{\hat{r}}$$

$$\Gamma^{\hat{\theta}}{}_{\hat{r}} = \eta^{\hat{\theta}\hat{\theta}}\Gamma_{\hat{\theta}\hat{r}} = \Gamma_{\hat{\theta}\hat{r}} = -\Gamma_{\hat{r}\hat{\theta}} = -\eta_{\hat{r}\hat{r}}\Gamma^{\hat{r}}{}_{\hat{\theta}} = -\Gamma^{\hat{r}}{}_{\hat{\theta}}$$

さて，今から，式 (5.27) を使って曲率2形式を計算しよう．ここでは，$\Omega^{\hat{\theta}}{}_{\hat{r}}$ を丁寧に計算する：

$$\Omega^{\hat{\theta}}{}_{\hat{r}} = \mathrm{d}\Gamma^{\hat{\theta}}{}_{\hat{r}} + \Gamma^{\hat{\theta}}{}_{\hat{c}} \wedge \Gamma^{\hat{c}}{}_{\hat{r}}$$
$$= \mathrm{d}\Gamma^{\hat{\theta}}{}_{\hat{r}} + \Gamma^{\hat{\theta}}{}_{\hat{t}} \wedge \Gamma^{\hat{t}}{}_{\hat{r}} + \Gamma^{\hat{\theta}}{}_{\hat{r}} \wedge \Gamma^{\hat{r}}{}_{\hat{r}} + \Gamma^{\hat{\theta}}{}_{\hat{\theta}} \wedge \Gamma^{\hat{\theta}}{}_{\hat{r}} + \Gamma^{\hat{\theta}}{}_{\hat{\phi}} \wedge \Gamma^{\hat{\phi}}{}_{\hat{r}}$$
$$= \mathrm{d}\Gamma^{\hat{\theta}}{}_{\hat{r}} + \Gamma^{\hat{\theta}}{}_{\hat{t}} \wedge \Gamma^{\hat{t}}{}_{\hat{r}} + \Gamma^{\hat{\theta}}{}_{\hat{\phi}} \wedge \Gamma^{\hat{\phi}}{}_{\hat{r}}$$

いま，この表式の最初の項に対して，

$$\Gamma^{\hat{\theta}}{}_{\hat{r}} = \frac{\sqrt{1-kr^2}}{ra}\omega^{\hat{\theta}} = \frac{\sqrt{1-kr^2}}{ra}(ra\mathrm{d}\theta) = \sqrt{1-kr^2}\mathrm{d}\theta$$

が成り立つ．したがって，

$$\mathrm{d}\Gamma^{\hat{\theta}}{}_{\hat{r}} = \mathrm{d}\left(\sqrt{1-kr^2}\mathrm{d}\theta\right) = -\frac{kr}{\sqrt{1-kr^2}}\mathrm{d}r \wedge \mathrm{d}\theta$$
$$= -\frac{k}{a^2}\omega^{\hat{r}} \wedge \omega^{\hat{\theta}}$$

が成り立つ．残りの2つの項に対しては，

$$\Gamma^{\hat{\theta}}{}_{\hat{t}} \wedge \Gamma^{\hat{t}}{}_{\hat{r}} = \frac{\dot{a}}{a}\omega^{\hat{\theta}} \wedge \frac{\dot{a}}{a}\omega^{\hat{r}} = \frac{\dot{a}^2}{a^2}\omega^{\hat{\theta}} \wedge \omega^{\hat{r}}$$

$$\Gamma^{\hat{\theta}}{}_{\hat{\phi}} \wedge \Gamma^{\hat{\phi}}{}_{\hat{r}} = -\frac{\cot\theta}{ra}\omega^{\hat{\phi}} \wedge \frac{\sqrt{1-kr^2}}{ra}\omega^{\hat{\phi}} = 0$$

を得る．したがって，曲率 2 形式は，

$$\Omega^{\hat\theta}{}_{\hat r} = -\frac{k}{a^2}\omega^{\hat r}\wedge\omega^{\hat\theta} + \frac{\dot a^2}{a^2}\omega^{\hat\theta}\wedge\omega^{\hat r}$$

$$= \frac{k}{a^2}\omega^{\hat\theta}\wedge\omega^{\hat r} + \frac{\dot a^2}{a^2}\omega^{\hat\theta}\wedge\omega^{\hat r}$$

$$= \frac{\dot a^2 + k}{a^2}\omega^{\hat\theta}\wedge\omega^{\hat r} \tag{5.34}$$

となる．(5.28) を使うと，リーマンテンソルの成分を得ることができる．まず最初に，$\eta_{\hat a\hat b} = \mathrm{diag}(-1,1,1,1)$ とともにリーマンテンソルの対称性

$$R^{\hat\theta}{}_{\hat r\hat r\hat\theta} = \eta^{\hat\theta\hat\theta}R_{\hat\theta\hat r\hat r\hat\theta} = R_{\hat\theta\hat r\hat r\hat\theta} = -R_{\hat\theta\hat r\hat\theta\hat r} = -\eta_{\hat\theta\hat\theta}R^{\hat\theta}{}_{\hat r\hat\theta\hat r} = -R^{\hat\theta}{}_{\hat r\hat\theta\hat r}$$

を使って，

$$\Omega^{\hat\theta}{}_{\hat r} = \frac{1}{2}R^{\hat\theta}{}_{\hat r\hat\theta\hat r}\omega^{\hat\theta}\wedge\omega^{\hat r} + \frac{1}{2}R^{\hat\theta}{}_{\hat r\hat r\hat\theta}\omega^{\hat r}\wedge\omega^{\hat\theta}$$

$$= \frac{1}{2}R^{\hat\theta}{}_{\hat r\hat\theta\hat r}\omega^{\hat\theta}\wedge\omega^{\hat r} - \frac{1}{2}R^{\hat\theta}{}_{\hat r\hat r\hat\theta}\omega^{\hat\theta}\wedge\omega^{\hat r}$$

$$= \frac{1}{2}\left(R^{\hat\theta}{}_{\hat r\hat\theta\hat r} - R^{\hat\theta}{}_{\hat r\hat r\hat\theta}\right)\omega^{\hat\theta}\wedge\omega^{\hat r} = \frac{1}{2}\left(R^{\hat\theta}{}_{\hat r\hat\theta\hat r} + R^{\hat\theta}{}_{\hat r\hat\theta\hat r}\right)\omega^{\hat\theta}\wedge\omega^{\hat r}$$

$$= R^{\hat\theta}{}_{\hat r\hat\theta\hat r}\omega^{\hat\theta}\wedge\omega^{\hat r}$$

となることに注意しよう．(5.34) と比較すると，

$$R^{\hat\theta}{}_{\hat r\hat\theta\hat r} = \frac{\dot a^2 + k}{a^2}$$

という結論が得られる。同様の計算で次が示される (各自確かめよ).

$$R^{\hat{t}}{}_{\hat{\theta}\hat{t}\hat{\theta}} = R^{\hat{t}}{}_{\hat{\phi}\hat{t}\hat{\phi}} = R^{\hat{t}}{}_{\hat{r}\hat{t}\hat{r}} = \frac{\ddot{a}}{a}$$

$$R^{\hat{r}}{}_{\hat{\theta}\hat{r}\hat{\theta}} = \frac{\dot{a}^2 + k}{a^2}$$

$$R^{\hat{\theta}}{}_{\hat{\phi}\hat{\theta}\hat{\phi}} = \frac{\dot{a}^2 + k}{a^2}, \qquad R^{\hat{\phi}}{}_{\hat{r}\hat{r}\hat{\phi}} = -\frac{\dot{a}^2 + k}{a^2}$$

章末問題

球座標 $ds^2 = dr^2 + r^2 d\theta^2 + r^2 \sin^2\theta \, d\phi^2$ を考えよ。このとき、リッチ回転係数を計算せよ。

1. $\Gamma^{\hat{r}}{}_{\hat{\phi}\hat{\phi}}$ は,
    (a) $-\frac{1}{r}$ である.
    (b) $r\sin^2\theta$ である.
    (c) $-r\sin\theta\cos\theta$ である.
    (d) $-r\sin^2\phi$ である.
2. $\Gamma^{\hat{\theta}}{}_{\hat{\phi}\hat{\phi}}$ は,
    (a) $\tan\theta$ である.
    (b) $-\sin\theta\sin\phi$ である.
    (c) $-\frac{\cot\theta}{r}$ である.
    (d) $r^2\sin\theta\cos\theta$ である.
3. リッチ回転係数に適切な変換行列を適用すると, $\Gamma^r{}_{\phi\phi}$ は,
    (a) $r\sin^2\theta$ となる.
    (b) $-r\sin^2\phi$ となる.
    (c) $-\frac{\cot\theta}{r}$ となる.
    (d) $\frac{1}{r^2}$ となる.

4. リンドラー計量 $ds^2 = u^2\,dv^2 - du^2$. を考えよ．0 でないリッチ回転係数は
   (a) $\Gamma^{\hat{v}}{}_{\hat{v}\hat{v}} = \Gamma^{\hat{u}}{}_{\hat{u}\hat{v}} = -\frac{1}{u}$ である．
   (b) 空間は平坦なのですべてのリッチ回転係数は消える．
   (c) $\Gamma^{\hat{u}}{}_{\hat{v}\hat{v}} = \Gamma^{\hat{v}}{}_{\hat{u}\hat{v}} = -\frac{1}{u^2}$ である．
   (d) $\Gamma^{\hat{u}}{}_{\hat{v}\hat{v}} = \Gamma^{\hat{v}}{}_{\hat{u}\hat{v}} = \frac{1}{u}$ である．

5. 球座標では，交換係数 $C_{\hat{r}\hat{\theta}}{}^{\hat{\theta}}, C_{\hat{r}\hat{\phi}}{}^{\hat{\phi}}$, および $C_{\hat{\theta}\hat{\theta}}{}^{\hat{\phi}}$ は，
   (a) $C_{\hat{r}\hat{\theta}}{}^{\hat{\theta}} = C_{\hat{r}\hat{\phi}}{}^{\hat{\phi}} = -\frac{1}{r},\ C_{\hat{\theta}\hat{\phi}}{}^{\hat{\phi}} = 0$ である．
   (b) $C_{\hat{r}\hat{\theta}}{}^{\hat{\theta}} = C_{\hat{r}\hat{\phi}}{}^{\hat{\phi}} = -\frac{1}{r},\ C_{\hat{\theta}\hat{\phi}}{}^{\hat{\phi}} = -\tan\theta$ である．
   (c) $C_{\hat{r}\hat{\theta}}{}^{\hat{\theta}} = C_{\hat{r}\hat{\phi}}{}^{\hat{\phi}} = -\frac{1}{r}, C_{\hat{\theta}\hat{\phi}}{}^{\hat{\phi}} = -\frac{\cot\theta}{r}$ である．
   (d) $C_{\hat{r}\hat{\theta}}{}^{\hat{\theta}} = C_{\hat{r}\hat{\phi}}{}^{\hat{\phi}} = -\frac{1}{r^2}, C_{\hat{\theta}\hat{\phi}}{}^{\hat{\phi}} = -\frac{\cot\theta}{r}$ である．

6. 例 5.1 で学んだトルマン計量を考えよ．リッチ回転係数 $\Gamma^{\hat{\phi}}{}_{\hat{r}\hat{\phi}}$ は，
   (a) $-\frac{R'}{R}e^{\Psi(t,r)}$ である．
   (b) $\frac{R'}{R}e^{\Psi(t,r)}$ である．
   (c) $-e^{\Psi(t,r)}$ である．
   (d) $-\frac{e^{\Psi(t,r)}}{R}$ である．

7. トルマン計量に対するアインシュタインテンソルの G_{tt} 成分は，
   (a) $G_{tt} = 0$ である．
   (b) $G_{tt} = \frac{1}{R}\left[-Re^{2\Psi}\left(2R'\Psi' + 2R'' + R^{-1}R'^2\right) - 2\dot{R}\dot{\Psi}R + 1 + \dot{R}^2\right]$ である．
   (c) $G_{tt} = \frac{1}{R^2}\left[Re^{2\Psi}\left(2R'\Psi' + 2R'' + R^{-1}R'^2\right) - 2\dot{R}\dot{\Psi}R + 1 + \dot{R}^2\right]$ である．
   (d) $G_{tt} = \frac{1}{R^2}\left[-Re^{2\Psi}\left(2R'\Psi' + 2R'' + R^{-1}R'^2\right) - 2\dot{R}\dot{\Psi}R + 1 + \dot{R}^2\right]$ である．

8. 例 5.2 のロバートソン-ウォーカー計量で，$\eta_{\hat{a}\hat{b}} = \mathrm{diag}(-1,1,1,1)$ を使って添字を上げ下げすると，
   (a) $\Gamma^{\hat{\phi}}{}_{\hat{\theta}} = -\Gamma^{\hat{\theta}}{}_{\hat{\phi}}$ が成り立つ．

5.0 章末問題

(b) $\Gamma^{\hat{\theta}}{}_{\hat{\theta}} = -\Gamma^{\hat{\theta}}{}_{\hat{\phi}}$ が成り立つ.
(c) $\Gamma^{\hat{\phi}}{}_{\hat{\phi}} = -\Gamma^{\hat{\theta}}{}_{\hat{\phi}}$ が成り立つ.
(d) $\Gamma^{\hat{\phi}}{}_{\hat{\theta}} = \Gamma^{\hat{\theta}}{}_{\hat{\phi}}$ が成り立つ.

# Chapter 6
アインシュタイン方程式

　アインシュタインの重力理論の基礎を構成する物理的原理は17世紀にガリレオによって行われた有名なピサの斜塔の実験を起源とする．ガリレオは実際にはこの傾いた塔から球を落としてはいない．代わりに，斜面に球を転がした．どのように実験が行われたかはここでは重要ではない．ここで関心があるのは，すべての物体が重力場内でそれらの質量や内部の成分によらず同じ加速度を持つという，その実験が暴く根本的な事実のみである．

　この事実は最初の**等価原理**に到達することができる根源的事実である．基本的なニュートン物理学では質量と呼ばれる量は3つの基本的な方程式によって特徴づけられる．慣性力を記述する方程式と重力ポテンシャル下で物体に働く力の方程式と重力場の発生源として物体が及ぼす力の方程式の3つである．これらの状況のそれぞれを記述する方程式に現れる質量が全く同一であると仮定する少しの先験的な理由も実際にはない．それにもかかわらず，ガリレオの得た結果がそのような場合になっていることを証明するものであることをこれから示す．

ニュートン理論における質量の等価性

ニュートン理論では，3種類の質量が存在する．最初の2つは慣性力と重力に対する反応を記述するものであり，3つ目は与えられた物体が重力場の発生源として振る舞った結果による重力場を記述するために使われる．より，具体的には，

- **慣性質量**：基礎的な物理学の課程で現れる最初の質量は有名な公式 $F = ma$ に含まれている．慣性質量は運動の変化に抵抗する能力の大きさである．以下では，慣性質量 (Inertial mass) を m^{I} で表す．
- **受動的な重力質量**：ニュートン理論では，重力場を通して物体が感じる力は，$F = -m\nabla\phi$ によって与えられるポテンシャル ϕ によって記述される．この方程式に現れる質量 m は，与えられた重力場に対する物体の質量を記述し，受動的な重力質量と呼ばれる．以下では，受動的な重力質量 (Passive gravitational mass) を m^{P} で表す．
- **能動的な重力質量**：この種の質量は重力場の発生源として振る舞う．以下では，能動的な重力質量 (Active gravitational mass) を m^{A} で表す．

これらの種類の質量が互いに等価であるべきであるというのは先験的には明らかではない．ここでは，今から，それらが互いに等価であることの実証を進める．まず，重力場内における2つの物体の運動を考えよう．ガリレオは，空気抵抗を無視すれば高さ h から同時に放たれた2つの物体は同時に地面に到達するということを示した．このことは，それらの質量やそれらがどのような物質でできているかによらずに成り立つ．

重力場内の2つの物体の運動を考える．重力場は物体に力を及ぼし，そのためニュートンの第2法則によって

$$F_1 = m_1^{\mathrm{I}} a_1$$
$$F_2 = m_2^{\mathrm{I}} a_2$$

6.0 ニュートン理論における質量の等価性

と書くことができる．さていま，重力場を通して働く力は $F = -m\nabla\phi$ を使ってポテンシャルに関して書くことができる．ここでこの場合の m は物体の受動的な重力質量である．これより，

$$F_1 = m_1^{\mathrm{I}} a_1 = -m_1^{\mathrm{P}} \nabla\phi$$
$$F_2 = m_2^{\mathrm{I}} a_2 = -m_2^{\mathrm{P}} \nabla\phi$$

が成り立つ．2番目の式を使うと，質量2の加速度に対して解くことができる：

$$m_2^{\mathrm{I}} a_2 = -m_2^{\mathrm{P}} \nabla\phi$$
$$\Rightarrow\ a_2 = -\frac{m_2^{\mathrm{P}}}{m_2^{\mathrm{I}}} \nabla\phi$$

ただし，ここでガリレオによって得られた実験事実は，重力場内のすべての物体が同じ加速度で落下するということを教えてくれる．その加速度を g とすれば，$a_1 = a_2 = g$ を意味するので，

$$a_2 = g = -\frac{m_2^{\mathrm{P}}}{m_2^{\mathrm{I}}} \nabla\phi$$

が成り立つ．$a_1 = a_2 = g$ より，$F_1 = m_1^{\mathrm{I}} a_1 = -m_1^{\mathrm{P}} \nabla\phi$ は次のように書き換えることができる：

$$F_1 = m_1^{\mathrm{I}} a_1 = m_1^{\mathrm{I}} g = -m_1^{\mathrm{P}} \nabla\phi$$
$$g = -\frac{m_1^{\mathrm{P}}}{m_1^{\mathrm{I}}} \nabla\phi$$

g に関するこの2つの表式を等号で結ぶと，

$$\frac{m_1^{\mathrm{P}}}{m_1^{\mathrm{I}}} \nabla\phi = \frac{m_2^{\mathrm{P}}}{m_2^{\mathrm{I}}} \nabla\phi$$

が成り立つので，この両辺の $\nabla\phi$ を消去すると，

$$\frac{m_1^{\mathrm{P}}}{m_1^{\mathrm{I}}} = \frac{m_2^{\mathrm{P}}}{m_2^{\mathrm{I}}}$$

が得られる．この表式で現れる質量 m_1 および m_2 は完全に任意であり，質量 m_2 としてどんなものを代入してもこの結果はそのまま成り立つ．したがって，受動的な重力質量と慣性質量の比はどんな物体に対しても一定であると結論づけることができる．この比例定数が 1 になるように選ぶことができ，その結果として

$$m_1^{\mathrm{I}} = m_1^{\mathrm{P}}$$

が結論づけられる．すなわち，慣性質量と受動的な重力質量は等価である（さらに，この結果は有名なエトヴェシュの実験によって高い精度で確かめられている）．ここからは，能動的な重力質量が受動的な重力質量と等価であることを示す．

再び，m_1 および m_2 で表示される 2 つの質量を考えよう．質量 m_1 を原点に置き，m_2 を原点からの動径座標の直線に沿って m_1 から距離 r 離れたところに最初に配置する．距離 r 離れた地点における質量 m_1 による重力ポテンシャルは，

$$\phi_1 = -G\frac{m_1^{\mathrm{A}}}{r}$$

によって与えられる．ここで G はニュートンの重力定数である．質量 m_1 による，質量 m_2 に対する力は，

$$F_2 = -m_2^{\mathrm{P}} \nabla \phi_1$$

によって与えられる．今考えているのが動径座標の方向のみの運動であることより，グラディエント (grad = ∇) は，

$$F_2 = -m_2^{\mathrm{P}} \nabla \phi_1 = -m_2^{\mathrm{P}} \left[\frac{\partial}{\partial r} \left(-G\frac{m_1^{\mathrm{A}}}{r} \right) \hat{r} \right] = -\hat{r} G \frac{m_1^{\mathrm{A}} m_2^{\mathrm{P}}}{r^2}$$

と書くことができる．ただし，$\hat{r} = \dfrac{\vec{r}}{|\vec{r}|}$ である．同様に質量 m_2 によって生成される重力場を経由して質量 m_1 に働く力は，

$$F_1 = \hat{r} G \frac{m_2^{\mathrm{A}} m_1^{\mathrm{P}}}{r^2}$$

6.0 試験質点　　　　　　　　　　　　　　　　　　　　　　　　　**145**

となる．符号の違いを理解するためには，この場合力の働く向きが逆向きであることより $-\hat{r}$ となることに注意しなければならない．さて，ニュートンの第3法則は，$F_1 = -F_2$ であることを教えてくれる．したがって，

$$G\frac{m_2^A m_1^P}{r^2} = G\frac{m_1^A m_2^P}{r^2}$$

が成り立つ．ここで，共通項 G および r^2 を消去すると，

$$m_2^A m_1^P = m_1^A m_2^P$$

となる．これは，

$$\frac{m_1^P}{m_1^A} = \frac{m_2^P}{m_2^A}$$

を導く．この結果より，再び，この実験ではどんな質量を選んでもよいことが分かる．したがって，この比は一定であるべきであるので，1 にとろう．この結果，

$$m^A = m^P$$

を結論づけることができる．すなわち，あらゆる物体の能動的な重力質量と受動的な重力質量は等価である．我々はすでに受動的な重力質量が慣性質量と等価であるということを導いたので，

$$m = m^I = m^P = m^A$$

であることが示されたことになる．ここで，単一の量 m によって物体の質量を表した．

試験質点

　ある物質やエネルギーの分布が重力場の源として振る舞うような時空の領域の研究をすることを想像しよう．このようなものを**背景場**と呼ぶことにしよう．試験質点は背景場と比較してそれ自身が生成する重力場が無視できるほど小さいような質点 (訳注：質点なので大きさも無視できる) である．言い換えれば，試験質点の存在は背景場に何の変更も影響も与えない．

アインシュタインのリフト実験

アインシュタインのリフト実験は等価原理を説明するための一連の思考実験である．アインシュタインの時代，彼はリフトまたはエレベーターに着眼点を置いた．ここでは同じことを宇宙船を使ってより現代的な形で行おう．すべての実験において，回転はないという状況を仮定する．まず最初に宇宙船が深い星間空間にあり，重力場の発生源から遠く離れている状況を考えよう．さらに，宇宙船は中にいる宇宙飛行士が外の宇宙と通信手段を持たないものとしよう．特に，宇宙船には窓がなく宇宙飛行士は外を覗いて宇宙における彼の運動の状態や位置を決定できないものとしよう．これらの実験を読み進める際にニュートンの第1法則を心に留めておこう．ニュートンの第1法則は，静止または一様運動 (つまり等速直線運動) をしている質点は，外力が働かない (か外力の合力がつり合っている) 限り，静止または一様運動をし続けるというものである．

ケース1. 最初の実験においては，加速をしておらず，ある慣性系の観測者に対して空間内を一様運動している宇宙船を考えよう．宇宙飛行士は小さなボールを持ち，その後手放す．彼はニュートンの第1法則より，ボールが単純に彼が手放したその場に止まって静止するのを目撃する (図 6.1 参照)．

ケース2. 次にいまから加速している宇宙船を考えよう．宇宙船は先ほどと同様に，惑星，恒星やその他の重力発生源から遠く離れた深い空間に位置するものとする．しかし今回，宇宙船は一定加速度 a で加速しているものとする．より限定的には，ここで選ぶ加速度は地表の重力加速度と等しいものとしよう．つまり，$a = g = 9.81 \text{ m/s}^2$ とする．この状況で宇宙飛行士がボールを手放すと，彼から見てボールは (地上と同じ加速度で) まっすぐ床に落ちる (図 6.2 参照)．

6.0 アインシュタインのリフト実験

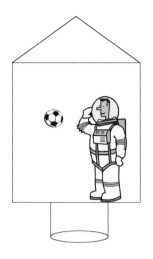

図 6.1 重力場から遠く離れた深い空間で加速のない運動をする宇宙船に乗った宇宙飛行士の図．彼はボールを手放すが，ボールは同じところにとどまり続け，彼に対して静止したままである．

図 6.2 加速している宇宙船．この場合宇宙飛行士がボールを手放すと，彼から見てそれはまっすぐ床に落ちる．

ケース 3. 3番目の状況を考えてみよう．今想像するのは，地表の発射台にしっかり固定された宇宙船である．宇宙船の寸法は重力の潮汐効果と地球の回転運動による効果が無視できる程度のものであるとする．すべての人が理解するように，この状況で宇宙飛行士がボールを手放すと，それは1つ前の状況と同様，まっすぐ床に落ちる (図 6.3 参照)．

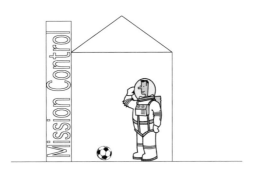

図 6.3 地表に固定された発射台の上の宇宙船．ボールを落とすとまっすぐ床に落ちる．

ここで発射台の上の宇宙船の中の状況は深宇宙で加速度 g で加速する宇宙船の船内と同じである．

ケース 4. 最後にもう1つの状況を考えよう：地表付近で自由落下する宇宙船である．仮に宇宙船が地表付近に掘った鉱山の立坑をまっすぐ落ちていくものとしよう．この場合，宇宙飛行士がボールを手放すと，宇宙船が加速せずに深宇宙にいる状況と同じ状況に出くわす．彼がボールを手放すとそれは手放した位置に静止する (図 6.4 参照)．

これらの実験の要点は次の通りである：重力の潮汐効果が無視できるほど小さい時空領域では，重力場内を自由落下する (局所的な) 慣性系と重力場が存在しない空間を一様運動 (等速直線運動) する観測者を区別する実験は存在しない．

より具体的には，ケース2とケース3はこの宇宙飛行士からは区別できない．彼が外の景色を見ることができないと仮定すると，彼は深宇宙を加速

6.0 弱い等価原理

度 g で加速しているか，地表に静止しているかを区別する方法はない．これは，特殊相対論では，加速しているどんな系も測定する時空領域が十分小さくて潮汐効果が無視できるような場合における重力場にいる系と区別ができないことを意味する．

図 6.4 地表付近の立坑を自由落下する宇宙船．宇宙飛行士がボールを手放すと，驚いたことにボールは彼から見て船内の同じ位置に静止したままである．

ケース 1 とケース 4 は重力場が存在しない空間を一様運動する場合と，重力場内を自由落下する場合を区別する実験が存在しないことを示す．もう一度言うと，この宇宙飛行士の周りが完全に密閉されているなら，これらの状況は等価に見える．ケース 1 とケース 4 は**弱い等価原理**を描いたものである．

弱い等価原理

弱い等価原理は重力場の一般的な性質についての言明である．ガリレオは重力場に対するすべての物質の反応は，その質量や物質を構成する成分によらず全く同じであることを発見した．加えて，特殊相対論は質量とエネルギーの等価性を教えてくれる．これら 2 つの物理学の条件は弱い等価原理を

導く．

　弱い等価原理：重力場はすべての質量とエネルギーに対して全く同じように結合する．重力場は普遍的である．これは本章の初めの部分で得た結果である慣性質量と重力質量が等価であることの正式な言明である．

強い等価原理

　思考実験，ケース2とケース3は強い等価原理を表す宇宙船内の状況を含んでいる．この原理は物理法則は加速系と一様で静的な重力場で等しいということを述べるものである．

　十分大きな時間間隔や十分大きな空間の領域をとる実験では，重力の潮汐効果が表れることに注意しよう．このような条件下では等価原理はもはや適用できない．たとえば，地球の表面付近から2つのボールを落とす実験を考えよ．

一般共変性原理

　第4章ではある座標系で成り立つテンソル方程式は，すべての座標系で成り立つことを述べた．これは**一般共変性原理**を導く．これは単純に座標変換の下で不変であるべき物理法則は，テンソルの形で書けるということを述べたものである．この**原理**はまだ議論の余地があることに注意しよう．ただし，その原理に導かれてアインシュタインが彼の理論を構築したので，ここでは単にそれを述べるだけにしておこう．

測地線偏差

　通常の平坦な空間では，平行線はどこまで行っても常に平行であり続ける．さて，いまから"可能な限りまっすぐな線"が測地線であるようなより一般の空間を考えよう．曲がった空間で(局所的に)平行で始まる測地線に

6.0 測地線偏差

何が起こるか？ ヒントは読者の手直なところにある世界地図を見ることである．北極から南極に向かう曲がった経線がどうなるか示してみよう．赤道ではこれらの線は (局所的に) 平行である．しかし，赤道から北極に移動するにつれて隣り合う線は互いに近づきあい北極で交わってしまう．北極の同じ点から出てくる経線は赤道に向けて移動するにつれて散らばっていく (図 6.5 参照).

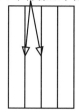

平坦な空間の平行線は平行のまま　　平行だった経線は収束する

経線は赤道では平行から始まる

図 6.5 平坦な空間では左の図のように，平行線はどこまで行っても平行である．一方曲がった空間では，これは正しくない．右に示すように平行で始まった線は赤道から北極に移動するにつれて，互いに近づいて収束してしまう．このような，偏差は一般の曲がった空間や曲がった時空でも成り立つ.

この振る舞いは任意の曲がった幾何学においてありふれたことである．実際最初平行であるような曲がった空間の測地線は結局は交わる[*1]．重力が単なる幾何学であることより，時空内の測地線上の質点の運動のこの種の振る舞いを求めることは有意義である．

重力場において，最初平行だった測地線が収束するというのは，重力場の潮汐効果に他ならない．物理的には，これは重力場内で自由落下する2つの質点が相対的に加速することとして示される．2つの質点を地表上のある高

[*1] 訳注：この部分の原著者の記述は負曲率の空間については当てはまらないことに注意しよう．

さ h で手放したとしよう．たとえ最初この質点たちが地上に向かって平行に運動し始めたとしても，それらが地球の中心から放射状に走る経路上にあることより，もし (落下する距離)h が十分大きければ，それらは互いに近づいていくように見える．これは重力潮汐効果の現れである．ここでは，**測地線偏差**の方程式とともにこの現象を学ぶ．重力の学習において，読者はしばしば**合同 (congruence)** という用語を目にするだろう．合同は多様体上の各点 p が単一の曲線上にあるような曲線の集まりである．時空における測地線偏差を学習するために，時間的測地線の合同を考える．曲線の接ベクトルを u^a とすると，その合同は $u_a u^a = 1$ のときの慣性世界線の集まりを表す．

接続ベクトルはある測地線からその隣の測地線に向かって指すベクトルとして定義される．より具体的には，それは同じアフィンパラメータの値を持つ隣り合う曲線上の 2 つの点をつなげる．これは図 6.6 に描いた．

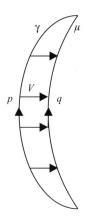

図 6.6　多様体内の 2 つの曲線 γ と μ．それぞれの曲線が共にアフィンパラメータ τ でパラメータ化されているものとしよう．偏差ベクトル V は，あるアフィンパラメータの値 $\tau = \tau_1$ に対して，$\gamma(\tau_1) = p$ かつ $\mu(\tau_1) = q$ となるとき，この曲線上の 2 つの点 p と q を結ぶ．

さて今から，慣性質点の測地線からもう一方の無限に近い慣性質点の測地

6.0 測地線偏差

線を指す接続ベクトル η^a を考えよう.

η^a は，それに対する u^a に関するリー微分が消えるとき，リー伝播であるという．すなわち，

$$L_u\eta^a = u^b\nabla_b\eta^a - \eta^b\nabla_b u^a = 0$$

であるとき η^a をリー伝播であるという．また，次の結果も使う．

例 6.1

$$\nabla_a\nabla_b V^c - \nabla_b\nabla_a V^c = R^c{}_{dab}V^d$$

を示せ．

解答 6.1

ベクトルの共変微分が

$$\nabla_b V^a = \frac{\partial V^a}{\partial x^b} + \Gamma^a{}_{cb}V^c$$

であるという第4章の結果を思いだそう．また

$$\nabla_c T^a{}_b = \partial_c T^a{}_b + \Gamma^a{}_{dc}T^d{}_b - \Gamma^d{}_{bc}T^a{}_d \tag{6.1}$$

であることにも注意しよう．続けると，

$$\nabla_a\nabla_b V^c = \nabla_a\left(\partial_b V^c + \Gamma^c{}_{eb}V^e\right)$$

を得る．$\partial_b V^c + \Gamma^c{}_{eb}V^e$ を単一のテンソルとして扱うことによりこの右辺最初の共変微分を容易に計算することができる．このテンソルを $S^c{}_b = \partial_b V^c + \Gamma^c{}_{eb}V^e$ と置くことにしよう．すると (6.1) を使うことにより，

$$\nabla_a S^c{}_b = \partial_a S^c{}_b + \Gamma^c{}_{da}S^d{}_b - \Gamma^d{}_{ba}S^c{}_d$$

が得られる．この表式に現れる $S^c{}_b$ を $S^c{}_b = \partial_b V^c + \Gamma^c{}_{eb}V^e$ の置き換えで元に戻すと，

$$\nabla_a\left(\partial_b V^c + \Gamma^c{}_{eb}V^e\right) = \partial_a\left(\partial_b V^c + \Gamma^c{}_{eb}V^e\right) + \Gamma^c{}_{da}\left(\partial_b V^d + \Gamma^d{}_{eb}V^e\right)$$
$$- \Gamma^d{}_{ba}\left(\partial_d V^c + \Gamma^c{}_{ed}V^e\right)$$

を与える．同様の計算で，

$$\nabla_b \nabla_a V^c = \partial_b \left(\partial_a V^c + \Gamma^c_{ea} V^e \right) + \Gamma^c_{db} \left(\partial_a V^d + \Gamma^d_{ea} V^e \right)$$
$$- \Gamma^d_{ab} (\partial_d V^c + \Gamma^c_{ed} V^e)$$

が示せる．

さてそれでは，$\nabla_a \nabla_b V^c - \nabla_b \nabla_a V^c$ をそれぞれの項について計算してみよう．偏微分が交換することより，$\partial_a \partial_b V^c - \partial_b \partial_a V^c = 0$ なので，最初の項の差は，

$$\begin{aligned}
&\partial_a \left(\partial_b V^c + \Gamma^c_{eb} V^e \right) - \partial_b \left(\partial_a V^c + \Gamma^c_{ea} V^e \right) \\
&= \partial_a \left(\Gamma^c_{eb} V^e \right) - \partial_b \left(\Gamma^c_{ea} V^e \right) \\
&= V^e \left(\partial_a \Gamma^c_{eb} - \partial_b \Gamma^c_{ea} \right) + \Gamma^c_{eb} \partial_a V^e - \Gamma^c_{ea} \partial_b V^e
\end{aligned} \quad (6.2)$$

を与える．残りの項に対しては，今考えているのがねじれ無し接続であり，したがって $\Gamma^a_{bc} = \Gamma^a_{cb}$ が成り立つので，

$$\begin{aligned}
&\Gamma^c_{da} \left(\partial_b V^d + \Gamma^d_{eb} V^e \right) - \Gamma^d_{ba} \left(\partial_d V^c + \Gamma^c_{ed} V^e \right) \\
&\quad - \Gamma^c_{db} \left(\partial_a V^d + \Gamma^d_{ea} V^e \right) + \Gamma^d_{ab} \left(\partial_d V^c + \Gamma^c_{ed} V^e \right) \\
&= \Gamma^c_{da} \left(\partial_b V^d + \Gamma^d_{eb} V^e \right) - \Gamma^d_{ab} \left(\partial_d V^c + \Gamma^c_{ed} V^e \right) \\
&\quad - \Gamma^c_{db} \left(\partial_a V^d + \Gamma^d_{ea} V^e \right) + \Gamma^d_{ab} \left(\partial_d V^c + \Gamma^c_{ed} V^e \right) \\
&= \Gamma^c_{da} \left(\partial_b V^d + \Gamma^d_{eb} V^e \right) - \Gamma^c_{db} \left(\partial_a V^d + \Gamma^d_{ea} V^e \right) \\
&= \Gamma^c_{da} \partial_b V^d - \Gamma^c_{db} \partial_a V^d + \Gamma^c_{da} \Gamma^d_{eb} V^e - \Gamma^c_{db} \Gamma^d_{ea} V^e
\end{aligned}$$

と求まる．

ダミー添字を取り替えることにより，さらに進めることができる．再び，クリストッフェル記号が下付き添字に関して対称であるという事実を使ってこの項を次のように書き換える：

$$\begin{aligned}
&\Gamma^c_{da} \partial_b V^d - \Gamma^c_{db} \partial_a V^d + \Gamma^c_{da} \Gamma^d_{eb} V^e - \Gamma^c_{db} \Gamma^d_{ea} V^e \\
&= \Gamma^c_{ea} \partial_b V^e - \Gamma^c_{eb} \partial_a V^e + \Gamma^c_{da} \Gamma^d_{eb} V^e - \Gamma^c_{db} \Gamma^d_{ea} V^e
\end{aligned}$$

最終的な結果を得るためにこの表式を (6.2) に加える．ただし，$\Gamma^c_{ea} \partial_b V^e - \Gamma^c_{eb} \partial_a V^e$ は (6.2) 式に含まれる同様の項と打ち消しあうので，

6.0 測地線偏差

次が残る：

$$\nabla_a \nabla_b V^c - \nabla_b \nabla_a V^c$$
$$= V^e \left(\partial_a \Gamma^c{}_{eb} - \partial_b \Gamma^c{}_{ea} \right) + \Gamma^c{}_{ad} \Gamma^d{}_{eb} V^e - \Gamma^c{}_{db} \Gamma^d{}_{ea} V^e$$
$$= \left(\partial_a \Gamma^c{}_{eb} - \partial_b \Gamma^c{}_{ea} + \Gamma^c{}_{da} \Gamma^d{}_{eb} - \Gamma^c{}_{db} \Gamma^d{}_{ea} \right) V^e$$
$$= \left(\partial_a \Gamma^c{}_{db} - \partial_b \Gamma^c{}_{da} + \Gamma^c{}_{ea} \Gamma^e{}_{db} - \Gamma^c{}_{eb} \Gamma^e{}_{da} \right) V^d$$

最後の行において，ダミー添字を $d \leftrightarrow e$ と入れ替えた．(4.41) より，

$$R^a{}_{bcd} = \partial_c \Gamma^a{}_{bd} - \partial_d \Gamma^a{}_{bc} + \Gamma^e{}_{bd} \Gamma^a{}_{ec} - \Gamma^e{}_{bc} \Gamma^a{}_{ed}$$

となることが分かり，したがって，

$$\nabla_a \nabla_b V^c - \nabla_b \nabla_a V^c = R^c{}_{dab} V^d \tag{6.3}$$

を結論づけることができる．さらには，リー微分が消えることより，

$$u^b \nabla_b \eta^a = \eta^b \nabla_b u^a \tag{6.4}$$

と書くことができる．さてここで，η^c は 2 つの慣性質点の間の距離の評価を表す．基礎物理学の課程において，読者は速度が位置の時間微分であり，加速度が位置の 2 階微分であると学んだことを思いだそう．すなわち，$v = dx/dt$ かつ $a = d^2 x/dt^2$ である．接ベクトル u^a とパラメータ τ を持つ慣性測地線に対して，次によって，同様の類似で 2 つの測地線の間の相対加速度を定義する[*2]：

$$\frac{D^2 \eta^a}{D\tau^2} = u^b \nabla_b \left(u^c \nabla_c \eta^a \right)$$
$$= u^b \nabla_b \left(\eta^c \nabla_c u^a \right)$$
$$= u^b \left(\nabla_b \eta^c \nabla_c u^a + \eta^c \nabla_b \nabla_c u^a \right)$$
$$= u^b \nabla_b \eta^c \nabla_c u^a + u^b \eta^c \nabla_b \nabla_c u^a$$

[*2] 訳注：第 4 章の絶対微分の定義を使えば，

$$u^b \nabla_b V^a = \frac{dx^b}{d\lambda} \nabla_b V^a = \frac{dx^b}{d\lambda} \left(\frac{\partial V^a}{\partial x^b} + V^c \Gamma^a{}_{cb} \right)$$
$$= \frac{dV^a}{d\lambda} + V^c \Gamma^a{}_{cb} \frac{dx^b}{d\lambda} = \frac{dV^a}{d\lambda} + \Gamma^a{}_{bc} V^b \frac{dx^c}{d\lambda} = \frac{DV^a(x(\lambda))}{D\lambda}$$

より，2 階微分がこのようになる．

(6.3) を使って最後の項を $\nabla_b \nabla_c u^a = \nabla_c \nabla_b u^a + R^a{}_{dbc} u^d$ と書きかえると，

$$\frac{\mathrm{D}^2 \eta^a}{\mathrm{D}\tau^2} = u^b \nabla_b \eta^c \nabla_c u^a + u^b \eta^c \left(\nabla_c \nabla_b u^a + R^a{}_{dbc} u^d \right)$$
$$= u^b \nabla_b \eta^c \nabla_c u^a + \eta^c u^b \nabla_c \nabla_b u^a + \eta^c u^b u^d R^a{}_{dbc}$$
$$= \eta^b \nabla_b u^c \nabla_c u^a + \eta^c u^b \nabla_c \nabla_b u^a + \eta^c u^b u^d R^a{}_{dbc}$$

を得る．ダミー添字を張り替えて $\eta^c u^b \nabla_c \nabla_b u^a = \eta^b u^c \nabla_b \nabla_c u^a$ と置くと

$$\frac{\mathrm{D}^2 \eta^a}{\mathrm{D}\tau^2} = \eta^b \nabla_b u^c \nabla_c u^a + \eta^b u^c \nabla_b \nabla_c u^a + \eta^c u^b u^d R^a{}_{dbc}$$

となる．さて，いまライプニッツ則より $\nabla_b (u^c \nabla_c u^a) = \nabla_b u^c \nabla_c u^a + u^c \nabla_b \nabla_c u^a$ であり，したがってこの表式は，

$$\frac{\mathrm{D}^2 \eta^a}{\mathrm{D}\tau^2} = \eta^b \nabla_b u^c \nabla_c u^a + \eta^b u^c \nabla_b \nabla_c u^a + \eta^c u^b u^d R^a{}_{dbc}$$
$$= \eta^b \left(\nabla_b u^c \nabla_c u^a + u^c \nabla_b \nabla_c u^a \right) + \eta^c u^b u^d R^a{}_{dbc}$$
$$= \eta^b \left(\nabla_b (u^c \nabla_c u^a) \right) + \eta^c u^b u^d R^a{}_{dbc}$$

と変形される．しかし，u^a は測地線の接ベクトルであるので $u^c \nabla_c u^a = 0$ を満たす[*3]．すると，最後の項を並べなおしてダミー添字を張り替え $\eta^c u^b u^d R^a{}_{dbc} = R^a{}_{dbc} u^d u^b \eta^c = R^a{}_{bcd} u^b u^c \eta^d$ と置くと，測地線偏差の方程式

$$\frac{\mathrm{D}^2 \eta^a}{\mathrm{D}\tau^2} = R^a{}_{bcd} u^b u^c \eta^d$$

を得る．

　この結果は次のように要約できる：重力は2つの慣性質点を相互加速させる潮汐効果を通してそれ自身の姿を現す．幾何学的には，これは時空の曲率の表れである．ここでは測地線偏差の方程式を使って2つの測地線の間の相対加速度を記述した．

[*3] 訳注：測地線 $x(\lambda)$ に対して，$u^c \nabla_c u^a = \dfrac{\mathrm{D} u^a(\lambda)}{\mathrm{D}\lambda} = 0 \cdot u^a(\lambda) = 0$ が成り立つ．

アインシュタイン方程式

　この節ではアインシュタイン方程式を導入し，それをニュートン力学の枠組みに現れる重力を記述するために使われる方程式と関係づける．
　ニュートン的重力は 2 つの方程式によって記述することができる．それらのうち最初のものは，空間を通した質点の経路を記述する．質点がポテンシャル ϕ を持つ重力場内を運動するとき，ニュートンの第 2 法則より，

$$F = ma = -m\nabla\phi$$

が成り立つ．両辺から質量項を消去し，加速度を位置の 2 階微分として書くと，

$$\frac{\mathrm{d}^2 x}{\mathrm{d}t^2} = -\nabla\phi$$

が成り立つ．この方程式は，測地線偏差の方程式

$$\frac{\mathrm{D}^2 \eta^a}{\mathrm{D}\tau^2} = R^a{}_{bcd} u^b u^c \eta^d$$

と似たような形をしている．したがってここで我々はパズルのピースを 1 つ手に入れたことになる：我々は重力場に応じて物質が反応する振る舞いを記述する方法を知っている．そして，それはそれ自体は曲率を通して感じられることになる．しかし，今から，ニュートン的重力で使われる別の方程式を考えよう．この方程式はどのように質量が重力場の源として振る舞うかを記述する．すなわち，ポアソン方程式

$$\nabla^2 \phi = 4\pi G \rho$$

である．アインシュタイン方程式はこれと全体的には同じ形をしている．右辺においては，ニュートン理論における源となる項は与えられた空間の領域における質量密度である．特殊相対論で学ぶのは質量とエネルギーが等価であるというものである．したがって，新しい重力理論はこの考えを取り入れ

る必要があり，かつすべての質量やエネルギーの形態を重力場の源とすることができるように考慮しなければならない．これはストレス-エネルギーテンソル T_{ab} で源を記述することによって行われる．これは質量密度より，より一般的な表式である．何故ならそれはエネルギー密度を含むからである．このことは以下および続く章でより詳しく議論する．

ニュートン方程式の左辺には，ポテンシャルの 2 階微分がある．相対論では計量は重力ポテンシャルの役割を果たす．我々は次の関係を学んできた：

$$\Gamma^a{}_{bc} = \frac{1}{2} g^{ad} \left(\frac{\partial g_{db}}{\partial x^c} + \frac{\partial g_{cd}}{\partial x^b} - \frac{\partial g_{bc}}{\partial x^d} \right)$$

$$R^a{}_{bcd} = \partial_c \Gamma^a{}_{bd} - \partial_d \Gamma^a{}_{bc} + \Gamma^e{}_{bd} \Gamma^a{}_{ec} - \Gamma^e{}_{bc} \Gamma^a{}_{ed}$$

上の式より，曲率テンソルは計量に関する 2 階微分方程式である．したがって，計量のニュートン理論に現れる重力ポテンシャルに対するアナロジーを考えると，曲率テンソルを含むいくつかの項がこの方程式の左辺に現れなければならない．方程式 $\nabla^2 \phi = 4\pi G \rho$ は実際には $\nabla_i \nabla_j \phi$ のトレースを質量密度に対応させるように関係させる．したがって，第 4 章で学んだ曲率テンソルのトレースであるリッチテンソルが左辺の項になることが期待される．したがって方程式は何か

$$R_{ab} \propto T_{ab}$$

のようなものとなるはずである．

右辺のストレス-エネルギーテンソルの存在によって課されるアインシュタイン方程式の形の上での重要な拘束条件は，エネルギー運動量保存則である．これは次章で見るように関係式，

$$\nabla_b T^{ab} = 0$$

によって表されるものである．この拘束条件は $R_{ab} \propto T_{ab}$ が上手く機能しないということを意味する．何故なら，$\nabla_b R^{ab} \neq 0$ だからである．縮約されたビアンキ恒等式 (問題 1 参照) は $\nabla_a R^{ab} = \dfrac{1}{2} g^{ab} \nabla_a R$ を意味する．ここで R はリッチスカラーである．したがって，もし左辺に代わりにアイン

6.0 宇宙定数のあるアインシュタイン方程式

シュタインテンソルを使えばその式はエネルギー運動量保存則を満たす．すなわち，アインシュタインテンソル G_{ab} は

$$G_{ab} = R_{ab} - \frac{1}{2}g_{ab}R$$

であり，したがってこれより相対論的場の方程式であるアインシュタイン方程式は

$$G_{ab} = \kappa T_{ab}$$

に到達する．ここで κ はのちに明らかになるが，$8\pi G$ となる比例定数である[*4]．

真空中のアインシュタイン方程式は重力源の外側，すなわち物質やエネルギーが存在しない領域の時空領域の重力場を研究するために使われる．たとえば，星の外側の真空な時空領域の研究に使うことができる．このとき $T_{ab} = 0$ と置くことができ，すると真空領域におけるアインシュタイン方程式は，

$$R_{ab} = 0 \tag{6.5}$$

となる．

宇宙定数のあるアインシュタイン方程式

宇宙定数は元々アインシュタインによってこじつけの因子としてアインシュタイン方程式に付け加えられた．その頃，彼を含め人々は宇宙は静的であると考えていた．現代の我々がアインシュタイン方程式が動的な宇宙を予測するものであると解釈するように，当時のアインシュタインはその当時彼が望んでいた結果に合わせるために方程式を少しいじくった．ハッブルによる観測が宇宙が膨張しているという理にかなった見解を証明したとき，アインシュタインは宇宙定数を棄却し，彼の人生最大の失敗であると述べた．

[*4] 訳注：$c \neq 1$ の単位系ではこの値は，$\dfrac{8\pi G}{c^4}$ となるが，本書では $c = 1$ の単位系を採用している．

近年，しかし，観測は宇宙において何らかの形の真空のエネルギーが働くことを示唆するように見え，したがって宇宙定数は本当に必要なものとして戻ってきた．アインシュタイン方程式は小さな宇宙定数を含み，その上でなお動的な宇宙を解として持つ．宇宙の真空のエネルギーを

$$\rho_v = \frac{\Lambda}{8\pi G}$$

と置くと，この項を含むアインシュタイン方程式は，

$$R_{ab} - \frac{1}{2}g_{ab}R + g_{ab}\Lambda = 8\pi G T_{ab} \tag{6.6}$$

と書くことができる．あるいは，

$$G_{ab} + g_{ab}\Lambda = 8\pi G T_{ab}$$

と書いても良い．したがってこの追加でアインシュタインテンソルは不変であり続け，ほとんどの計算はこのひどい計算を含むものとなる．次の例では，宇宙定数を含んだアインシュタイン方程式の解を実演する．

2 + 1 次元のアインシュタイン方程式を解く例

2 + 1 次元のアインシュタイン方程式を扱う例を考えよう．これは考えている時空を 2 つの空間次元と 1 つの時間次元を持つものに制限することを意味する．2 + 1 次元を基本とする模型はたとえば，量子重力の研究で使われる解析を単純化する．詳しい議論は，カーリップ (Carlip)(1998) を見ると良い．

この例では，0 でない宇宙定数 $\Lambda < 0$ を持つ不均一球対称な宇宙塵の雲 $T_{ab} = \rho u_a u_b$ を考える．これは長い計算である．したがって，ここでは 3 つの例に分割する．この問題は最近出版された論文を基本とする．したがってそれにより読者は実際の現代の研究においてどのように相対論の計算が行われているのかというアイデアを得ることができるであろう．最初の例は第 5 章で学習したテクニックを再現する手助けとなるであろう．

6.0 2＋1次元のアインシュタイン方程式を解く例

例 6.2

計量
$$ds^2 = -dt^2 + e^{2b(t,r)}\,dr^2 + R^2(t,\ r)\,d\phi^2$$
を考え，カルタン構造方程式を使って曲率テンソルの成分を求めよ．

解答 6.2

0 でない宇宙定数とともに，アインシュタイン方程式は次の形をとる：
$$G_{ab} + g_{ab}\Lambda = 8\pi G T_{ab}$$
与えられた計量で，正規直交基底 1 形式は次の形をとる：
$$\omega^{\hat{t}} = dt, \qquad \omega^{\hat{r}} = e^{b(t,r)}\,dr, \qquad \omega^{\hat{\phi}} = R(t,\ r)\,d\phi \tag{6.7}$$
これらは計算に便利な次の逆関係を与える：
$$dt = \omega^{\hat{t}}, \qquad dr = e^{-b(t,r)}\omega^{\hat{r}}, \qquad d\phi = \frac{1}{R(t,\ r)}\omega^{\hat{\phi}} \tag{6.8}$$
この基底に対して，添字の上げ下げに使える計量として，
$$\eta_{\hat{a}\hat{b}} = \begin{pmatrix} -1 & 0 & 0 \\ 0 & 1 & 0 \\ 0 & 0 & 1 \end{pmatrix}$$
が成り立つ．

カルタンの方法を使ってアインシュタインテンソルの成分を求めることができる．まず最初にリッチ回転係数を計算する．カルタン第 1 構造方程式が
$$d\omega^{\hat{a}} = -\Gamma^{\hat{a}}{}_{\hat{b}} \wedge \omega^{\hat{b}} \tag{6.9}$$
であることを思いだそう．また，
$$\Gamma^{\hat{a}}{}_{\hat{b}} = \Gamma^{\hat{a}}{}_{\hat{b}\hat{c}}\omega^{\hat{c}} \tag{6.10}$$
であることも思い出そう．最初の方程式は
$$d\omega^{\hat{t}} = d\,(dt) = 0$$

であることより，何の情報ももたらさない．$\omega^{\hat{r}}$ に移ると

$$\begin{aligned}\mathrm{d}\omega^{\hat{r}} &= \mathrm{d}\left(e^{b(t,r)}\,\mathrm{d}r\right) = \frac{\partial b}{\partial t}\,e^{b(t,r)}\,\mathrm{d}t \wedge \mathrm{d}r + \frac{\partial b}{\partial r}\,e^{b(t,r)}\,\mathrm{d}r \wedge \mathrm{d}r \\ &= \frac{\partial b}{\partial t}\,e^{b(t,r)}\,\mathrm{d}t \wedge \mathrm{d}r\end{aligned} \tag{6.11}$$

と求まる．(6.8) を使ってこれを基底 1 形式に関して書くと，

$$\mathrm{d}\omega^{\hat{r}} = \frac{\partial b}{\partial t}\,e^{b(t,r)}\,\mathrm{d}t \wedge \mathrm{d}r = \frac{\partial b}{\partial t}\,\omega^{\hat{t}} \wedge \omega^{\hat{r}} = -\frac{\partial b}{\partial t}\,\omega^{\hat{r}} \wedge \omega^{\hat{t}} \tag{6.12}$$

を得る．$\mathrm{d}\omega^{\hat{r}}$ に関するカルタン第 1 構造方程式を具体的に書くと，

$$\begin{aligned}\mathrm{d}\omega^{\hat{r}} &= -\Gamma^{\hat{r}}{}_{\hat{b}} \wedge \omega^{\hat{b}} \\ &= -\Gamma^{\hat{r}}{}_{\hat{t}} \wedge \omega^{\hat{t}} - \Gamma^{\hat{r}}{}_{\hat{r}} \wedge \omega^{\hat{r}} - \Gamma^{\hat{r}}{}_{\hat{\phi}} \wedge \omega^{\hat{\phi}}\end{aligned} \tag{6.13}$$

が求まる．これを表式の中に基底 1 形式 $\omega^{\hat{t}}$ と $\omega^{\hat{r}}$ しか含まない (6.12) 式と比較すると，ゼロでない項は $\Gamma^{\hat{r}}{}_{\hat{t}} \wedge \omega^{\hat{t}}$ によって与えられ[*5]，したがって

$$\Gamma^{\hat{r}}{}_{\hat{t}} = \frac{\partial b}{\partial t}\,\omega^{\hat{r}} \tag{6.14}$$

を結論づけることができる．(6.10) を使って左辺を展開すると，

$$\Gamma^{\hat{r}}{}_{\hat{t}} = \Gamma^{\hat{r}}{}_{\hat{t}\hat{t}}\omega^{\hat{t}} + \Gamma^{\hat{r}}{}_{\hat{t}\hat{r}}\omega^{\hat{r}} + \Gamma^{\hat{r}}{}_{\hat{t}\hat{\phi}}\omega^{\hat{\phi}}$$

を得る．これを (6.14) と比較するとこの表式における 0 でないリッチ回転係数は

$$\Gamma^{\hat{r}}{}_{\hat{t}\hat{r}} = \frac{\partial b}{\partial t}$$

となる．さていまから，対称性を介してこれに関係する他の 0 でないリッチ回転係数を求めるために進めたい．次を思いだそう：

$$\Gamma_{\hat{a}\hat{b}} = -\Gamma_{\hat{b}\hat{a}}, \qquad \Gamma^{\hat{0}}{}_{\hat{i}} = \Gamma^{\hat{i}}{}_{\hat{0}}, \qquad \Gamma^{\hat{i}}{}_{\hat{j}} = -\Gamma^{\hat{j}}{}_{\hat{i}} \tag{6.15}$$

[*5] 訳注：$\Gamma^{\hat{r}}{}_{\hat{t}} = 0$ より．

6.0 2＋1次元のアインシュタイン方程式を解く例

これは $\Gamma^{\hat{r}}{}_{\hat{t}} = \Gamma^{\hat{t}}{}_{\hat{r}} = \frac{\partial b}{\partial t}\omega^{\hat{r}}$ を意味する. $\Gamma^{\hat{t}}{}_{\hat{r}}$ を展開すると,

$$\Gamma^{\hat{t}}{}_{\hat{r}} = \Gamma^{\hat{t}}{}_{\hat{r}\hat{t}}\omega^{\hat{t}} + \Gamma^{\hat{t}}{}_{\hat{r}\hat{r}}\omega^{\hat{r}} + \Gamma^{\hat{t}}{}_{\hat{r}\hat{\phi}}\omega^{\hat{\phi}}$$

を得る. これから $\Gamma^{\hat{t}}{}_{\hat{r}\hat{r}} = \frac{\partial b}{\partial t}$ であることが分かる. 最後の基底 1 形式に移ると,

$$d\omega^{\hat{\phi}} = d\left(R(t,\ r)\,d\phi\right) = \frac{\partial R}{\partial t}\,dt \wedge d\phi + \frac{\partial R}{\partial r}\,dr \wedge d\phi$$

$$= \frac{1}{R}\frac{\partial R}{\partial t}\omega^{\hat{t}} \wedge \omega^{\hat{\phi}} + \frac{1}{R}\frac{\partial R}{\partial r}e^{-b(t,r)}\omega^{\hat{r}} \wedge \omega^{\hat{\phi}} \qquad (6.16)$$

$$= -\frac{1}{R}\frac{\partial R}{\partial t}\omega^{\hat{\phi}} \wedge \omega^{\hat{t}} - \frac{1}{R}\frac{\partial R}{\partial r}e^{-b(t,r)}\omega^{\hat{\phi}} \wedge \omega^{\hat{r}}$$

を得る. カルタン構造方程式を使うと

$$d\omega^{\hat{\phi}} = -\Gamma^{\hat{\phi}}{}_{\hat{t}} \wedge \omega^{\hat{t}} - \Gamma^{\hat{\phi}}{}_{\hat{r}} \wedge \omega^{\hat{r}} - \Gamma^{\hat{\phi}}{}_{\hat{\phi}} \wedge \omega^{\hat{\phi}} \qquad (6.17)$$

と書くことができる. これを (6.16) と比較すると,

$$\Gamma^{\hat{\phi}}{}_{\hat{t}} = \frac{1}{R}\frac{\partial R}{\partial t}\omega^{\hat{\phi}} \quad \text{および} \quad \Gamma^{\hat{\phi}}{}_{\hat{r}} = \frac{1}{R}\frac{\partial R}{\partial r}e^{-b(t,r)}\omega^{\hat{\phi}} \qquad (6.18)$$

を結論づけることができる. (6.10) を使って各項を展開すると, 次の 0 でないリッチ回転係数が求まる.

$$\Gamma^{\hat{\phi}}{}_{\hat{t}\hat{\phi}} = \frac{1}{R}\frac{\partial R}{\partial t} \quad \text{および} \quad \Gamma^{\hat{\phi}}{}_{\hat{r}\hat{\phi}} = \frac{1}{R}\frac{\partial R}{\partial r}e^{-b(t,r)} \qquad (6.19)$$

余談として, $\Gamma_{\hat{c}\hat{a}\hat{b}} = -\Gamma_{\hat{a}\hat{c}\hat{b}}$ に注意しよう. これは最初の 2 つの添字が一致するどんな項も消えることを意味する. たとえば,

$$\Gamma^{\hat{\phi}}{}_{\hat{\phi}\hat{r}} = \eta^{\hat{\phi}\hat{\phi}}\Gamma_{\hat{\phi}\hat{\phi}\hat{r}} = \Gamma_{\hat{\phi}\hat{\phi}\hat{r}} = -\Gamma_{\hat{\phi}\hat{\phi}\hat{r}}$$

$$\Gamma_{\hat{\phi}\hat{\phi}\hat{r}} = 0$$

$$\Rightarrow \Gamma^{\hat{\phi}}{}_{\hat{\phi}\hat{r}} = 0$$

である．さていまから，(6.15) に示される対称性を適用して，別の 0 でない項を求めよう．まず最初の項として

$$\Gamma^{\hat{\phi}}{}_{\hat{t}} = \eta^{\hat{\phi}\hat{\phi}}\Gamma_{\hat{\phi}\hat{t}} = \Gamma_{\hat{\phi}\hat{t}} = -\Gamma_{\hat{t}\hat{\phi}} = -\eta_{\hat{t}\hat{t}}\Gamma^{\hat{t}}{}_{\hat{\phi}} = \Gamma^{\hat{t}}{}_{\hat{\phi}}$$
$$\Rightarrow \Gamma^{\hat{t}}{}_{\hat{\phi}} = \frac{1}{R}\frac{\partial R}{\partial t}\omega^{\hat{\phi}} \tag{6.20}$$

を得る．これは次の結論を導く：

$$\Gamma^{\hat{t}}{}_{\hat{\phi}\hat{\phi}} = \frac{1}{R}\frac{\partial R}{\partial t}$$

(6.15) を使うと，$\Gamma^{\hat{\phi}}{}_{\hat{r}} = -\Gamma^{\hat{r}}{}_{\hat{\phi}}$ であることが分かる．したがって，

$$\Gamma^{\hat{r}}{}_{\hat{\phi}} = -\frac{1}{R}\frac{\partial R}{\partial r}e^{-b(t,r)}\omega^{\hat{\phi}}$$
$$\Rightarrow \Gamma^{\hat{r}}{}_{\hat{\phi}\hat{\phi}} = -\frac{1}{R}\frac{\partial R}{\partial r}e^{-b(t,r)}$$

が成り立つ．

次にカルタン第 2 構造方程式を使って非座標基底における曲率テンソルの成分を求めることに進もう．曲率 2 形式が

$$\Omega^{\hat{a}}{}_{\hat{b}} = d\Gamma^{\hat{a}}{}_{\hat{b}} + \Gamma^{\hat{a}}{}_{\hat{c}} \wedge \Gamma^{\hat{c}}{}_{\hat{b}} = \frac{1}{2}R^{\hat{a}}{}_{\hat{b}\hat{c}\hat{d}}\omega^{\hat{c}} \wedge \omega^{\hat{d}} \tag{6.21}$$

を介して定義されることを思いだそう．ここでは，2 つの項だけを解いて残りの項は練習問題として残しておこう．(6.21) で $\hat{a} = \hat{r}$ および，$\hat{b} = \hat{t}$ と置くと，

$$\begin{aligned}\Omega^{\hat{r}}{}_{\hat{t}} &= d\Gamma^{\hat{r}}{}_{\hat{t}} + \Gamma^{\hat{r}}{}_{\hat{c}} \wedge \Gamma^{\hat{c}}{}_{\hat{t}} \\ &= d\Gamma^{\hat{r}}{}_{\hat{t}} + \Gamma^{\hat{r}}{}_{\hat{t}} \wedge \Gamma^{\hat{t}}{}_{\hat{t}} + \Gamma^{\hat{r}}{}_{\hat{r}} \wedge \Gamma^{\hat{r}}{}_{\hat{t}} + \Gamma^{\hat{r}}{}_{\hat{\phi}} \wedge \Gamma^{\hat{\phi}}{}_{\hat{t}}\end{aligned} \tag{6.22}$$

を与える．(6.14) を使って $d\Gamma^{\hat{r}}{}_{\hat{t}}$ を計算し，$\omega^{\hat{r}} = e^{b(t,r)}\,dr$ を思いだすこと

6.0 ２＋１次元のアインシュタイン方程式を解く例

から始める：

$$\begin{aligned}
&\mathrm{d}\Gamma^{\hat{r}}{}_{\hat{t}} \\
=& \mathrm{d}\left(\frac{\partial b}{\partial t}\omega^{\hat{r}}\right) = \mathrm{d}\left(\frac{\partial b}{\partial t}e^{b(t,r)}\mathrm{d}r\right) \\
=& \frac{\partial^2 b}{\partial t^2}e^{b(t,r)}\,\mathrm{d}t\wedge\mathrm{d}r + \left(\frac{\partial b}{\partial t}\right)^2 e^{b(t,r)}\,\mathrm{d}t\wedge\mathrm{d}r + \frac{\partial^2 b}{\partial t\partial r}e^{b(t,r)}\,\mathrm{d}r\wedge\mathrm{d}r \\
&+ \frac{\partial b}{\partial t}\frac{\partial b}{\partial r}e^{b(t,r)}\,\mathrm{d}r\wedge\mathrm{d}r
\end{aligned}$$

$\mathrm{d}r\wedge\mathrm{d}r = 0$ より，これは次のように単純化される：

$$\begin{aligned}
\mathrm{d}\Gamma^{\hat{r}}{}_{\hat{t}} &= \frac{\partial^2 b}{\partial t^2}e^{b(t,r)}\,\mathrm{d}t\wedge\mathrm{d}r + \left(\frac{\partial b}{\partial t}\right)^2 e^{b(t,r)}\,\mathrm{d}t\wedge\mathrm{d}r \\
&= \left[\frac{\partial^2 b}{\partial t^2} + \left(\frac{\partial b}{\partial t}\right)^2\right]\omega^{\hat{t}}\wedge\omega^{\hat{r}}
\end{aligned} \tag{6.23}$$

(6.22) の中の残りの項はすべて消える：

$$\Gamma^{\hat{r}}{}_{\hat{t}}\wedge\Gamma^{\hat{t}}{}_{\hat{t}} = 0 \quad (\Gamma^{\hat{t}}{}_{\hat{t}} = 0\text{ より})$$

$$\Gamma^{\hat{r}}{}_{\hat{r}}\wedge\Gamma^{\hat{r}}{}_{\hat{t}} = 0 \quad (\Gamma^{\hat{r}}{}_{\hat{r}} = 0\text{ より})$$

$$\Gamma^{\hat{r}}{}_{\hat{\phi}}\wedge\Gamma^{\hat{\phi}}{}_{\hat{t}} = -\frac{1}{R}\frac{\partial R}{\partial r}e^{-b(t,r)}\omega^{\hat{\phi}}\wedge\frac{1}{R}\frac{\partial R}{\partial t}\omega^{\hat{\phi}} = 0 \quad (\omega^{\hat{\phi}}\wedge\omega^{\hat{\phi}} = 0\text{ より})$$

したがって (6.22) は次のように簡単になる：

$$\begin{aligned}
\Omega^{\hat{r}}{}_{\hat{t}} &= \mathrm{d}\Gamma^{\hat{r}}{}_{\hat{t}} \\
\Rightarrow\ \Omega^{\hat{r}}{}_{\hat{t}} &= \left[\frac{\partial^2 b}{\partial t^2} + \left(\frac{\partial b}{\partial t}\right)^2\right]\omega^{\hat{t}}\wedge\omega^{\hat{r}}
\end{aligned} \tag{6.24}$$

曲率テンソルの成分を求めるためには (6.21) を適用する．それはこの場合，

$$\Omega^{\hat{r}}{}_{\hat{t}} = \frac{1}{2} R^{\hat{r}}{}_{\hat{t}\hat{c}\hat{d}} \omega^{\hat{c}} \wedge \omega^{\hat{d}}$$
$$= \frac{1}{2} R^{\hat{r}}{}_{\hat{t}\hat{t}\hat{r}} \omega^{\hat{t}} \wedge \omega^{\hat{r}} + \frac{1}{2} R^{\hat{r}}{}_{\hat{t}\hat{r}\hat{t}} \omega^{\hat{r}} \wedge \omega^{\hat{t}}$$
$$= \frac{1}{2} R^{\hat{r}}{}_{\hat{t}\hat{t}\hat{r}} \omega^{\hat{t}} \wedge \omega^{\hat{r}} - \frac{1}{2} R^{\hat{r}}{}_{\hat{t}\hat{r}\hat{t}} \omega^{\hat{t}} \wedge \omega^{\hat{r}}$$
$$= \frac{1}{2} \left(R^{\hat{r}}{}_{\hat{t}\hat{t}\hat{r}} - R^{\hat{r}}{}_{\hat{t}\hat{r}\hat{t}} \right) \omega^{\hat{t}} \wedge \omega^{\hat{r}}$$

を与える．

さて，局所系の平坦空間計量 $\eta_{\hat{a}\hat{b}} = \mathrm{diag}(-1,\,1,\,1)$ を使って添字を上げ下げし，そして曲率テンソルの対称性を適用することによって

$$R^{\hat{r}}{}_{\hat{t}\hat{r}\hat{t}} = \eta^{\hat{r}\hat{r}} R_{\hat{r}\hat{t}\hat{r}\hat{t}} = R_{\hat{r}\hat{t}\hat{r}\hat{t}} = -R_{\hat{r}\hat{t}\hat{t}\hat{r}} = -\eta_{\hat{r}\hat{r}} R^{\hat{r}}{}_{\hat{t}\hat{t}\hat{r}} = -R^{\hat{r}}{}_{\hat{t}\hat{t}\hat{r}}$$

が得られる．したがって，

$$\Omega^{\hat{r}}{}_{\hat{t}} = \frac{1}{2} \left(R^{\hat{r}}{}_{\hat{t}\hat{t}\hat{r}} - R^{\hat{r}}{}_{\hat{t}\hat{r}\hat{t}} \right) \omega^{\hat{t}} \wedge \omega^{\hat{r}} = \frac{1}{2} \left(R^{\hat{r}}{}_{\hat{t}\hat{t}\hat{r}} + R^{\hat{r}}{}_{\hat{t}\hat{t}\hat{r}} \right) \omega^{\hat{t}} \wedge \omega^{\hat{r}}$$
$$= R^{\hat{r}}{}_{\hat{t}\hat{t}\hat{r}} \omega^{\hat{t}} \wedge \omega^{\hat{r}}$$

が成り立つ．これを (6.24) と比較すると

$$R^{\hat{r}}{}_{\hat{t}\hat{t}\hat{r}} = \frac{\partial^2 b}{\partial t^2} + \left(\frac{\partial b}{\partial t} \right)^2$$

を結論づけることができる．さていまから，曲率 2 形式 $\Omega^{\hat{t}}{}_{\hat{\phi}}$ を計算しよう．(6.21) を使うと，

$$\Omega^{\hat{t}}{}_{\hat{\phi}} = \mathrm{d}\Gamma^{\hat{t}}{}_{\hat{\phi}} + \Gamma^{\hat{t}}{}_{\hat{c}} \wedge \Gamma^{\hat{c}}{}_{\hat{\phi}}$$
$$= \mathrm{d} \left(\frac{1}{R} \frac{\partial R}{\partial t} \omega^{\hat{\phi}} \right) + \Gamma^{\hat{t}}{}_{\hat{t}} \wedge \Gamma^{\hat{t}}{}_{\hat{\phi}} + \Gamma^{\hat{t}}{}_{\hat{r}} \wedge \Gamma^{\hat{r}}{}_{\hat{\phi}} + \Gamma^{\hat{t}}{}_{\hat{\phi}} \wedge \Gamma^{\hat{\phi}}{}_{\hat{\phi}}$$
$$= \mathrm{d} \left(\frac{1}{R} \frac{\partial R}{\partial t} \omega^{\hat{\phi}} \right) + \Gamma^{\hat{t}}{}_{\hat{r}} \wedge \Gamma^{\hat{r}}{}_{\hat{\phi}}$$

6.0 2＋1次元のアインシュタイン方程式を解く例

が成り立つ．いま，

$$\mathrm{d}\left(\frac{1}{R}\frac{\partial R}{\partial t}\omega^{\hat\phi}\right) = \mathrm{d}\left(\frac{1}{R}\frac{\partial R}{\partial t}R\,\mathrm{d}\phi\right)$$

$$= \mathrm{d}\left(\frac{\partial R}{\partial t}\,\mathrm{d}\phi\right)$$

$$= \frac{\partial^2 R}{\partial t^2}\,\mathrm{d}t\wedge\mathrm{d}\phi + \frac{\partial^2 R}{\partial t\partial r}\,\mathrm{d}r\wedge\mathrm{d}\phi$$

$$= \frac{1}{R}\frac{\partial^2 R}{\partial t^2}\omega^{\hat t}\wedge\omega^{\hat\phi} + \frac{e^{-b(t,r)}}{R}\frac{\partial^2 R}{\partial t\partial r}\omega^{\hat r}\wedge\omega^{\hat\phi}$$

および，

$$\Gamma^{\hat t}{}_{\hat r}\wedge\Gamma^{\hat r}{}_{\hat\phi} = \frac{\partial b}{\partial t}\omega^{\hat r}\wedge\left(-\frac{e^{-b(t,r)}}{R}\frac{\partial R}{\partial r}\omega^{\hat\phi}\right)$$

$$= -\frac{e^{-b(t,r)}}{R}\frac{\partial b}{\partial t}\frac{\partial R}{\partial r}\omega^{\hat r}\wedge\omega^{\hat\phi}$$

が成り立つ．これらの結果を一緒にすると，

$$\Omega^{\hat t}{}_{\hat\phi}$$
$$= \frac{1}{R}\frac{\partial^2 R}{\partial t^2}\omega^{\hat t}\wedge\omega^{\hat\phi} + \frac{e^{-b(t,r)}}{R}\frac{\partial^2 R}{\partial r\partial t}\omega^{\hat r}\wedge\omega^{\hat\phi} - \frac{e^{-b(t,r)}}{R}\frac{\partial b}{\partial t}\frac{\partial R}{\partial r}\omega^{\hat r}\wedge\omega^{\hat\phi}$$
$$= \frac{1}{R}\frac{\partial^2 R}{\partial t^2}\omega^{\hat t}\wedge\omega^{\hat\phi} + \frac{e^{-b(t,r)}}{R}\left(\frac{\partial^2 R}{\partial t\partial r} - \frac{\partial b}{\partial t}\frac{\partial R}{\partial r}\right)\omega^{\hat r}\wedge\omega^{\hat\phi}$$

が得られる．再び，曲率テンソルの成分を求めるために，$\Omega^{\hat t}{}_{\hat\phi} = \frac{1}{2}R^{\hat t}{}_{\hat\phi\hat c\hat d}\omega^{\hat c}\wedge\omega^{\hat d}$ と書きだすと，

$$\Omega^{\hat t}{}_{\hat\phi} = \frac{1}{2}R^{\hat t}{}_{\hat\phi\hat r\hat\phi}\,\omega^{\hat r}\wedge\omega^{\hat\phi} + \frac{1}{2}R^{\hat t}{}_{\hat\phi\hat\phi\hat r}\,\omega^{\hat\phi}\wedge\omega^{\hat r} + \frac{1}{2}R^{\hat t}{}_{\hat\phi\hat t\hat\phi}\,\omega^{\hat t}\wedge\omega^{\hat\phi}$$
$$\quad + \frac{1}{2}R^{\hat t}{}_{\hat\phi\hat\phi\hat t}\,\omega^{\hat\phi}\wedge\omega^{\hat t}$$
$$= \frac{1}{2}\left(R^{\hat t}{}_{\hat\phi\hat r\hat\phi} - R^{\hat t}{}_{\hat\phi\hat\phi\hat r}\right)\omega^{\hat r}\wedge\omega^{\hat\phi} + \frac{1}{2}\left(R^{\hat t}{}_{\hat\phi\hat t\hat\phi} - R^{\hat t}{}_{\hat\phi\hat\phi\hat t}\right)\omega^{\hat t}\wedge\omega^{\hat\phi}$$
$$= R^{\hat t}{}_{\hat\phi\hat r\hat\phi}\,\omega^{\hat r}\wedge\omega^{\hat\phi} + R^{\hat t}{}_{\hat\phi\hat t\hat\phi}\,\omega^{\hat t}\wedge\omega^{\hat\phi}$$

が得られる．したがって，

$$R^{\hat{t}}{}_{\hat{\phi}\hat{t}\hat{\phi}} = \frac{1}{R}\frac{\partial^2 R}{\partial t^2} \quad \text{および} \quad R^{\hat{t}}{}_{\hat{\phi}\hat{r}\hat{\phi}} = \frac{e^{-b(t,r)}}{R}\left(\frac{\partial^2 R}{\partial t \partial r} - \frac{\partial b}{\partial t}\frac{\partial R}{\partial r}\right)$$

を結論づけることができる．すべてをまとめると，曲率テンソルの 0 でない成分は，

$$\begin{aligned}
R^{\hat{r}}{}_{\hat{t}\hat{t}\hat{r}} &= \frac{\partial^2 b}{\partial t^2} + \left(\frac{\partial b}{\partial t}\right)^2 = -R^{\hat{t}}{}_{\hat{t}\hat{r}\hat{t}} \\
R^{\hat{t}}{}_{\hat{\phi}\hat{t}\hat{\phi}} &= \frac{1}{R}\frac{\partial^2 R}{\partial t^2} = -R^{\hat{t}}{}_{\hat{\phi}\hat{\phi}\hat{t}}, \\
R^{\hat{t}}{}_{\hat{\phi}\hat{r}\hat{\phi}} &= \frac{e^{-b(t,r)}}{R}\left(\frac{\partial^2 R}{\partial t \partial r} - \frac{\partial b}{\partial t}\frac{\partial R}{\partial r}\right) = -R^{\hat{t}}{}_{\hat{\phi}\hat{\phi}\hat{r}} \\
R^{\hat{r}}{}_{\hat{\phi}\hat{r}\hat{\phi}} &= \frac{e^{-2b(t,r)}}{R}\left(\frac{\partial b}{\partial t}\frac{\partial R}{\partial t}e^{2b(t,r)} - \frac{\partial^2 R}{\partial r^2} + \frac{\partial R}{\partial r}\frac{\partial b}{\partial r}\right)
\end{aligned} \tag{6.25}$$

となる．

例 6.3

例 6.2 の結果を使って，座標基底に関するアインシュタインテンソルの成分を求めよ．

解答 6.3

リッチテンソルの成分を求めることから始める．引き続き，正規直交基底で計算しよう．したがって

$$R_{\hat{a}\hat{b}} = R^{\hat{c}}{}_{\hat{a}\hat{c}\hat{b}} \tag{6.26}$$

を使う．リッチテンソルの 0 でない最初の成分は，

$$R_{\hat{t}\hat{t}} = R^{\hat{c}}{}_{\hat{t}\hat{c}\hat{t}} = R^{\hat{t}}{}_{\hat{t}\hat{t}\hat{t}} + R^{\hat{r}}{}_{\hat{t}\hat{r}\hat{t}} + R^{\hat{\phi}}{}_{\hat{t}\hat{\phi}\hat{t}}$$

6.0 2＋1次元のアインシュタイン方程式を解く例

である。$R^{\hat{\phi}}{}_{\hat{t}\hat{\phi}\hat{t}} = \eta^{\hat{\phi}\hat{\phi}} R_{\hat{\phi}\hat{t}\hat{\phi}\hat{t}} = R_{\hat{\phi}\hat{t}\hat{\phi}\hat{t}} = -R_{\hat{t}\hat{\phi}\hat{\phi}\hat{t}} = -\eta_{\hat{t}\hat{t}} R^{\hat{t}}{}_{\hat{\phi}\hat{\phi}\hat{t}} = R^{\hat{t}}{}_{\hat{\phi}\hat{\phi}\hat{t}}$ およ
び, 前例の結果を使うと,

$$R_{\hat{t}\hat{t}} = -\frac{\partial^2 b}{\partial t^2} - \left(\frac{\partial b}{\partial t}\right)^2 - \frac{1}{R}\frac{\partial^2 R}{\partial t^2} \tag{6.27}$$

と求まる。次に,

$$R_{\hat{t}\hat{r}} = R^{\hat{c}}{}_{\hat{t}\hat{c}\hat{r}} = R^{\hat{t}}{}_{\hat{t}\hat{t}\hat{r}} + R^{\hat{r}}{}_{\hat{t}\hat{r}\hat{r}} + R^{\hat{\phi}}{}_{\hat{t}\hat{\phi}\hat{r}}$$

と計算する。この和の 0 でない唯一の項は $R^{\hat{\phi}}{}_{\hat{t}\hat{\phi}\hat{r}} = R^{\hat{t}}{}_{\hat{\phi}\hat{r}\hat{\phi}}$ であり, した
がって,

$$R_{\hat{t}\hat{r}} = -\frac{e^{-b(t,r)}}{R}\left(\frac{\partial^2 R}{\partial t \partial r} - \frac{\partial b}{\partial t}\frac{\partial R}{\partial r}\right) \tag{6.28}$$

が成り立つ。その次は,

$$\begin{aligned}R_{\hat{r}\hat{r}} &= R^{\hat{c}}{}_{\hat{r}\hat{c}\hat{r}} = R^{\hat{t}}{}_{\hat{r}\hat{t}\hat{r}} + R^{\hat{r}}{}_{\hat{r}\hat{r}\hat{r}} + R^{\hat{\phi}}{}_{\hat{r}\hat{\phi}\hat{r}} \\ &= R^{\hat{r}}{}_{\hat{t}\hat{t}\hat{r}} + R^{\hat{r}}{}_{\hat{\phi}\hat{r}\hat{\phi}} \\ &= \frac{\partial^2 b}{\partial t^2} + \left(\frac{\partial b}{\partial t}\right)^2 + \frac{e^{-2b(t,r)}}{R}\left(\frac{\partial b}{\partial t}\frac{\partial R}{\partial t}e^{2b(t,r)} - \frac{\partial^2 R}{\partial r^2} + \frac{\partial R}{\partial r}\frac{\partial b}{\partial r}\right)\end{aligned} \tag{6.29}$$

と求まる。最後に同じ方法を使うと,

$$R_{\hat{\phi}\hat{\phi}} = \frac{1}{R}\frac{\partial^2 R}{\partial t^2} + \frac{e^{-2b(t,r)}}{R}\left(\frac{\partial b}{\partial t}\frac{\partial R}{\partial t}e^{2b(t,r)} - \frac{\partial^2 R}{\partial r^2} + \frac{\partial R}{\partial r}\frac{\partial b}{\partial r}\right) \tag{6.30}$$

であることが示せる。その次の手順は $R = \eta^{\hat{a}\hat{b}} R_{\hat{a}\hat{b}}$ を (6.27), (6.29), (6.30)
とともに使ってリッチスカラーを求めることである :

$$\begin{aligned}R &= -R_{\hat{t}\hat{t}} + R_{\hat{r}\hat{r}} + R_{\hat{\phi}\hat{\phi}} \\ &= 2\frac{\partial^2 b}{\partial t^2} + 2\left(\frac{\partial b}{\partial t}\right)^2 + \frac{2}{R}\frac{\partial^2 R}{\partial t^2} + 2\frac{e^{-2b(t,r)}}{R}\left(\frac{\partial b}{\partial t}\frac{\partial R}{\partial t}e^{2b(t,r)} - \frac{\partial^2 R}{\partial r^2} + \frac{\partial R}{\partial r}\frac{\partial b}{\partial r}\right)\end{aligned} \tag{6.31}$$

局所系では, アインシュタインテンソルの成分は

$$G_{\hat{a}\hat{b}} = R_{\hat{a}\hat{b}} - \frac{1}{2}\eta_{\hat{a}\hat{b}} R \tag{6.32}$$

を使って求めることができる．たとえば，(6.29) を (6.31) とともに使うと，

$$G_{\hat{r}\hat{r}}$$
$$=R_{\hat{r}\hat{r}} - \frac{1}{2}R$$

$$=\frac{\partial^2 b}{\partial t^2} + \left(\frac{\partial b}{\partial t}\right)^2 + \frac{e^{-2b(t,r)}}{R}\left(\frac{\partial b}{\partial t}\frac{\partial R}{\partial t}e^{2b(t,r)} - \frac{\partial^2 R}{\partial r^2} + \frac{\partial R}{\partial r}\frac{\partial b}{\partial r}\right)$$

$$-\frac{1}{2}\left[2\frac{\partial^2 b}{\partial t^2} + 2\left(\frac{\partial b}{\partial t}\right)^2 + \frac{2}{R}\frac{\partial^2 R}{\partial t^2} + 2\frac{e^{-2b(t,r)}}{R}\left(\frac{\partial b}{\partial t}\frac{\partial R}{\partial t}e^{2b(t,r)} - \frac{\partial^2 R}{\partial r^2} + \frac{\partial R}{\partial r}\frac{\partial b}{\partial r}\right)\right]$$

$$=-\frac{1}{R}\frac{\partial^2 R}{\partial t^2}$$

が求まる．(6.30) と (6.31) を使うと，

$$G_{\hat{\phi}\hat{\phi}}$$
$$=R_{\hat{\phi}\hat{\phi}} - \frac{1}{2}R$$

$$=\frac{1}{R}\frac{\partial^2 R}{\partial t^2} + \frac{e^{-2b(t,r)}}{R}\left(\frac{\partial b}{\partial t}\frac{\partial R}{\partial t}e^{2b(t,r)} - \frac{\partial^2 R}{\partial r^2} + \frac{\partial R}{\partial r}\frac{\partial b}{\partial r}\right)$$
$$-\frac{1}{2}\left[2\frac{\partial^2 b}{\partial t^2} + 2\left(\frac{\partial b}{\partial t}\right)^2 + \frac{2}{R}\frac{\partial^2 R}{\partial t^2} + 2\frac{e^{-2b(t,r)}}{R}\left(\frac{\partial b}{\partial t}\frac{\partial R}{\partial t}e^{2b(t,r)} - \frac{\partial^2 R}{\partial r^2} + \frac{\partial R}{\partial r}\frac{\partial b}{\partial r}\right)\right]$$
$$=-\frac{\partial^2 b}{\partial t^2} - \left(\frac{\partial b}{\partial t}\right)^2$$

が得られる．同様の計算練習により，その他の 0 でない成分は，

$$G_{\hat{t}\hat{t}} = \frac{e^{-2b(t,r)}}{R}\left(\frac{\partial b}{\partial t}\frac{\partial R}{\partial t}e^{2b(t,r)} - \frac{\partial^2 R}{\partial r^2} + \frac{\partial R}{\partial r}\frac{\partial b}{\partial r}\right)$$

$$G_{\hat{t}\hat{r}} = R_{\hat{t}\hat{r}} = -\frac{e^{-b(t,r)}}{R}\left(\frac{\partial^2 R}{\partial t \partial r} - \frac{\partial b}{\partial t}\frac{\partial R}{\partial r}\right)$$

であることが示される．

アインシュタインテンソルの成分を座標基底で表すには，変換行列 $\Lambda^{\hat{a}}{}_b$ を書き下す必要がある．計量 $ds^2 = -dt^2 + e^{2b(t,r)}\,dr^2 + R^2(t,r)\,d\phi^2$，を使う

6.0　2＋1次元のアインシュタイン方程式を解く例

と，これは十分簡単に書けることが分かる：.

$$\Lambda^{\hat{a}}{}_{b} = \begin{pmatrix} 1 & 0 & 0 \\ 0 & e^{b(t,r)} & 0 \\ 0 & 0 & R(t,r) \end{pmatrix} \quad (6.33)$$

すると，変換は

$$G_{ab} = \Lambda^{\hat{c}}{}_{a} \Lambda^{\hat{d}}{}_{b} G_{\hat{c}\hat{d}} \quad (6.34)$$

によって与えられる．

アインシュタインの和の規約が (6.34) の右辺で使われていることに注意しよう．ただし，(6.33) 式が対角行列であることより，各々の表式はその和においてただ 1 つの項しか使わない．(6.33) と (6.34) を使って，順番に各項を考えると，

$$\begin{aligned} G_{tt} &= \Lambda^{\hat{t}}{}_{t} \Lambda^{\hat{t}}{}_{t} G_{\hat{t}\hat{t}} = (1)(1) G_{\hat{t}\hat{t}} \\ &= G_{\hat{t}\hat{t}} = \frac{e^{-2b(t,r)}}{R} \left(\frac{\partial b}{\partial t} \frac{\partial R}{\partial t} e^{2b(t,r)} - \frac{\partial^{2} R}{\partial r^{2}} + \frac{\partial R}{\partial r} \frac{\partial b}{\partial r} \right) \end{aligned} \quad (6.35)$$

$$\begin{aligned} G_{tr} &= \Lambda^{\hat{t}}{}_{t} \Lambda^{\hat{r}}{}_{r} G_{\hat{t}\hat{r}} \\ &= (1)(e^{b(t,r)}) \left\{ -\frac{e^{-b(t,r)}}{R} \left(\frac{\partial^{2} R}{\partial t \partial r} - \frac{\partial b}{\partial t} \frac{\partial R}{\partial r} \right) \right\} \\ &= \frac{1}{R} \left(\frac{\partial b}{\partial t} \frac{\partial R}{\partial r} - \frac{\partial^{2} R}{\partial t \partial r} \right) \end{aligned} \quad (6.36)$$

$$\begin{aligned} G_{rr} &= \Lambda^{\hat{r}}{}_{r} \Lambda^{\hat{r}}{}_{r} G_{\hat{r}\hat{r}} \\ &= -\frac{e^{2b(t,r)}}{R} \frac{\partial^{2} R}{\partial t^{2}} \end{aligned} \quad (6.37)$$

および，最後に

$$G_{\phi\phi} = \Lambda^{\hat{\phi}}{}_{\phi} \Lambda^{\hat{\phi}}{}_{\phi} G_{\hat{\phi}\hat{\phi}}$$

$$= R^{2} \left[-\frac{\partial^{2} b}{\partial t^{2}} - \left(\frac{\partial b}{\partial t} \right)^{2} \right] \quad (6.38)$$

$$= -R^{2} \left[\frac{\partial^{2} b}{\partial t^{2}} + \left(\frac{\partial b}{\partial t} \right)^{2} \right]$$

が求まる.

例 6.4

例 6.3 の結果を使って,0 でない宇宙定数 $\Lambda < 0$ を持つアインシュタイン方程式の $e^{b(t,r)}$ および $R(t,\ r)$ の関数形を求めよ.

解答 6.4

以前述べたように,塵 (ダスト (dust)) のエネルギー運動量テンソルは $T_{ab} = \rho u_a u_b$ によって与えられる.今考えているのが $2+1$ 次元であることより,u^a は **3 元速度**と呼ぶべきものである.考える座標系は共動座標系で考えるのが易しい[*6].この場合,3 元速度は $u^a = \left(u^t,\ u^r,\ u^\phi\right) = (1,\ 0,\ 0)$ という単純な形をとる.また,計量として局所平坦計量

$$\eta_{\hat{a}\hat{b}} = \begin{pmatrix} -1 & 0 & 0 \\ 0 & 1 & 0 \\ 0 & 0 & 1 \end{pmatrix} \tag{6.39}$$

を使うことができる.するとアインシュタイン方程式は,

$$G_{\hat{a}\hat{b}} + \Lambda \eta_{\hat{a}\hat{b}} = \kappa T_{\hat{a}\hat{b}} \tag{6.40}$$

と書くことができる.ここで κ は $(\kappa = 8\pi G)$ なる定数である.いま $\Lambda < 0$ より,より自明な形として,ある $\lambda^2 > 0$ によって $\Lambda = -\lambda^2$ と書くことができる.以前,$G_{\hat{r}\hat{r}} = -\frac{1}{R}\frac{\partial^2 R}{\partial t^2}$ と求めた.$\eta_{\hat{r}\hat{r}} = 1$ および $T_{\hat{r}\hat{r}} = 0$ を (6.40) とともに使うと,

$$\frac{\partial^2 R}{\partial t^2} + \lambda^2 R = 0 \tag{6.41}$$

と求まる.この良く知られた微分方程式は,解,

$$R = A\cos(\lambda t) + B\sin(\lambda t)$$

[*6] 訳注:ダスト流体と一緒に動く座標系のことである.

6.0 2＋1次元のアインシュタイン方程式を解く例

を持つ．ここで，$A = A(r)$ および $B = B(r)$ である．$G_{\hat{\phi}\hat{\phi}}$ に移ると，$\eta_{\hat{\phi}\hat{\phi}} = 1$ および $T_{\hat{\phi}\hat{\phi}} = 0$ を使うと，

$$\frac{\partial^2 b}{\partial t^2} + \left(\frac{\partial b}{\partial t}\right)^2 + \lambda^2 = 0 \tag{6.42}$$

が得られる．この微分方程式の解を求めるために，$f = e^{b(t,r)}$ と置こう．すると，

$$\frac{\partial f}{\partial t} = \frac{\partial b}{\partial t} e^b$$

$$\frac{\partial^2 f}{\partial t^2} = \frac{\partial}{\partial t}\left(\frac{\partial b}{\partial t} e^b\right) = \frac{\partial^2 b}{\partial t^2} e^b + \left(\frac{\partial b}{\partial t}\right)^2 e^b = \left[\frac{\partial^2 b}{\partial t^2} + \left(\frac{\partial b}{\partial t}\right)^2\right] f$$

が成り立つので，

$$\frac{\partial^2 b}{\partial t^2} + \left(\frac{\partial b}{\partial t}\right)^2 = \frac{1}{f}\frac{\partial^2 f}{\partial t^2}$$

と書くことができる．これより (6.42) は，

$$\frac{\partial^2 f}{\partial t^2} + \lambda^2 f = 0$$

と変形される．

こうして再び，我々は調和振動子型の方程式の解

$$e^b = C \cos(\lambda t) + D \sin(\lambda t) \tag{6.43}$$

を得たことになる．ここで，1つ前の場合と同様に，積分 "定数" は r の関数である．

さらに進んだ解析に使うことができるアインシュタイン方程式があと2つある．ここでは，単に列挙するにとどめる：

$$\frac{\partial R}{\partial r}\frac{\partial b}{\partial t} - \frac{\partial^2 R}{\partial t \partial r} = 0$$

$$\frac{e^{-2b(t,r)}}{R}\left(\frac{\partial b}{\partial t}\frac{\partial R}{\partial t} e^{2b(t,r)} - \frac{\partial^2 R}{\partial r^2} + \frac{\partial R}{\partial r}\frac{\partial b}{\partial r}\right) + \lambda^2 = \kappa \rho$$

エネルギー条件

のちにエネルギー条件に付いて述べる．ここではそれら3つを述べる：

- 弱いエネルギー条件は任意の時間的ベクトル u^a に対して，$T_{ab}u^a u^b \geq 0$ が成り立つものである．
- ヌルエネルギー条件は任意のヌルベクトル l^a に対して，$T_{ab}l^a l^b \geq 0$ が成り立つものである．
- 強いエネルギー条件は任意の時間的ベクトル u^a に対して，$T_{ab}u^a u^b \geq \frac{1}{2}T^c{}_c u^d u_d$ が成り立つものである．

章末問題

1. ビアンキ恒等式 $\nabla_a R_{debc} + \nabla_c R_{deab} + \nabla_b R_{deca} = 0$, を使うと，アインシュタインテンソルに関する縮約されたビアンキ恒等式は
   (a) $\nabla_b R^{ab} = 0$ である．
   (b) $\nabla_b G^{ab} = -T^{ac}$ である．
   (c) $\nabla_b G^{ab} = 0$ である．
   (d) $\nabla_b G^{ab} = \kappa\rho$ である．
2. 例 6.2 を考えよ．カルタン方程式を使うと，
   (a) $R^{\hat\phi}{}_{\hat t \hat t \hat \phi} = \frac{1}{R^2}\frac{\partial^2 R}{\partial t^2}$ である．
   (b) $R^{\hat\phi}{}_{\hat t \hat t \hat \phi} = \frac{1}{R}\frac{\partial^2 R}{\partial t^2}$ である．
   (c) $R^{\hat\phi}{}_{\hat t \hat t \hat \phi} = -\frac{1}{R^2}\frac{\partial^2 R}{\partial t^2}$ である．
3. 強い等価原理に関する最も正確な記述を選べ．
   (a) 物理法則は加速系と一様で静的な重力場で同等である．
   (b) 潮汐力は観測できない．
   (c) 慣性系と加速系は区別できない．
4. アインシュタイン方程式は次のうちどれか？

6.0 章末問題

(a) $\nabla^2 \phi = 4\pi G \rho$

(b) $\frac{D^2 \eta^a}{D\tau^2} = R^a{}_{bcd} u^b u^c \eta^d$

(c) $\nabla_b T^{ab} = 0$

(d) $G_{ab} = \kappa T_{ab}$

次の計量を考えよ：
$$ds^2 = -dt^2 + L^2(t, r)\, dr^2 + B^2(t, r)\, d\phi^2 + M^2(t, r)\, dz^2$$

5. リッチ回転係数 $\Gamma^{\hat{t}}{}_{\hat{r}\hat{r}}$ は
   (a) $\frac{1}{L} \frac{\partial L}{\partial t}$ である．
   (b) $-\frac{1}{L} \frac{\partial L}{\partial t}$ である．
   (c) $\frac{1}{L^2} \frac{\partial L}{\partial t}$ である．
   (d) $\frac{\partial B}{\partial t}$ である．

6. $\Gamma^{\hat{r}}{}_{\hat{\phi}\hat{\phi}}$ は次のどれによって与えられるか？
   (a) $\frac{1}{B} \frac{\partial B}{\partial t}$
   (b) $\frac{1}{M} \frac{\partial M}{\partial t}$
   (c) $-\frac{1}{LB} \frac{\partial B}{\partial r}$
   (d) $-\frac{1}{LB} \frac{\partial B}{\partial t}$

$T_{\hat{t}\hat{t}} = \rho$ ととり，宇宙定数を 0 と置くと，$G_{\hat{t}\hat{t}}$ に関するアインシュタイン方程式は次のうちどれになるか？

7. (a) $-\frac{B''L - B'L'}{BL^3} - \frac{M''L - M'L'}{ML^3} - \frac{B'M'}{BML^2} + \frac{\dot{B}\dot{L}}{BL} + \frac{\dot{M}\dot{L}}{ML} + \frac{\dot{B}\dot{M}}{BM} = \kappa\rho$

   (b) $\frac{B''L - B'L'}{BL^3} - \frac{M''L - M'L'}{ML^3} = \kappa\rho$

   (c) $-\frac{B''L - B'L'}{BL^3} - \frac{M''L - M'L'}{ML^3} - \frac{B'M'}{BML^2} + \frac{\dot{B}\dot{L}}{BLBL} + \frac{\dot{M}\dot{L}}{ML} + \frac{\dot{B}\dot{M}}{BM} = 0$

8. リッチスカラーは次のうちどれか？

(a) $R = \frac{2}{L}\frac{\partial^2 L}{\partial t^2} + \frac{2}{B}\frac{\partial^2 B}{\partial t^2} + \frac{2}{M}\frac{\partial^2 M}{\partial t^2} + \frac{2}{LB}\frac{\partial L}{\partial t}\frac{\partial B}{\partial t} + \frac{2}{LM}\frac{\partial L}{\partial t}\frac{\partial M}{\partial t}$
$\quad + \frac{2}{BM}\frac{\partial M}{\partial t}\frac{\partial B}{\partial t} - \frac{2}{L^2 B}\frac{\partial^2 B}{\partial r^2} - \frac{2}{L^2 M}\frac{\partial^2 M}{\partial r^2} + \frac{2}{L^3 B}\frac{\partial L}{\partial r}\frac{\partial B}{\partial r}$
$\quad + \frac{2}{L^3 M}\frac{\partial L}{\partial r}\frac{\partial M}{\partial r} - \frac{2}{L^2 BM}\frac{\partial B}{\partial r}\frac{\partial M}{\partial r}$

(b) $R = \frac{2}{L}\frac{\partial^2 L}{\partial t^2} + \frac{2}{B}\frac{\partial^2 B}{\partial t^2} + \frac{2}{M}\frac{\partial^2 M}{\partial t^2} + \frac{2}{LB}\frac{\partial L}{\partial t}\frac{\partial B}{\partial t} - \frac{2}{LM}\frac{\partial L}{\partial t}\frac{\partial M}{\partial t}$

(c) $R = \frac{2}{L^2}\frac{\partial^2 L}{\partial t^2} - \frac{2}{B}\frac{\partial^2 B}{\partial t^2} + \frac{2}{M}\frac{\partial^2 M}{\partial t^2} - \frac{2}{LB}\frac{\partial L}{\partial t}\frac{\partial B}{\partial t} - \frac{2}{LM}\frac{\partial L}{\partial t}\frac{\partial M}{\partial t}$

Chapter 7

エネルギー運動量テンソル

　一般相対論では，ストレス-エネルギー またはエネルギー運動量テンソル T^{ab} は重力場の源として振る舞う．それはアインシュタインテンソルと関係し，そのため (宇宙定数を持たない) アインシュタイン方程式

$$G^{ab} = 8\pi G T^{ab}$$

を通して時空の曲率と関係している[*1].
　ストレス-エネルギーテンソルの成分は $T^{ab} = T^{ba}$ という関係式を満たす行列に配置することができる．すなわち，ストレス-エネルギーテンソルは対称 (行列) である．以下および本書を通して，用語，ストレス-エネルギーテンソルおよびエネルギー運動量テンソルはどちらも同じような意味で使うことにする．
　それでは早速，エネルギー運動量テンソルの各成分をどのように記述するのかについて見てみよう．T^{ab} の成分の意味を理解するために，一定の x^b によって定義される表面を考えよう．すると，T^{ab} は一定の x^b によって定められる境界面を横切る運動量の a 成分の流束 (flux)，つまり流れである．今考えているのが 4 元運動量であることより，$a = t$ ならば表面を横切るエ

[*1] 訳注：本章では $c = 1$ の単位系を採用している．

ネルギーについて考えていることになる．それでは，各々の"種類"の成分を順番に説明してみよう．それらは，T^{tt}, T^{it}, T^{ti}，および T^{ij} である．

エネルギー密度

T^{tt} 成分はエネルギー密度を表している．何故そうなるかを見るために，4 元運動量ベクトル $\vec{p} = (E, \vec{p})$ を考える．上で与えた定義を使うことによって，この場合 T^{tt} は一定時刻の面を横切る 4 元運動量ベクトルの p^0 成分あるいは，単にエネルギーであることを確認することができる．これはエネルギー密度である．

相対論においては，エネルギーと質量は等価であるので，これは実際には質量-エネルギー密度と考えなければならない．

多くの場合エネルギー密度は u で表される；しかしこれは 4 元速度と紛らわしいので本書では質量-エネルギー密度を ρ によって表すことにする．したがってストレス-エネルギーテンソルに対しては，

$$\rho = T^{tt}$$

と書くことができることになる．

運動量密度とエネルギー流束

運動量密度は**単位体積当たりの運動量**である．運動量密度を π で表すと，i 方向の運動量密度は
$$\pi^i = T^{it}$$

となる．これは一定時刻の表面を横切る運動量の流れである．

さて，T^{ti} を考えよう．この項 (エネルギー運動量テンソルの対称性より，実際には T^{it} に等しいが) は表面 x^i を流れるエネルギーの流れである．

ストレス (応力または圧力)

ストレス-エネルギーテンソルの最後の構成要素は純粋な空間成分によって与えられる．これらは単位面積当たりの力の流束，つまり応力または圧力を表す[*2]．これは

$$T^{ij}$$

である．この項は基底ベクトル e_j によって与えられる法線方向を持った表面を横切る単位面積当たりの力の第 i 成分である．同様に T^{ji} は基底ベクトル e_i によって与えられる法線方向を持った表面を横切る単位面積当たりの力の第 j 成分である．ベクトルと 1 形式を実数に写像するテンソルの表示に戻ると，基底ベクトルを引数として渡すことによって，ストレス-エネルギーテンソルのこれらの成分が得られる．すなわち，

$$T_{ij} = T(e_i, e_j)$$

ストレス-エネルギーテンソルの成分の行列への構成法は，図式的に図 7.1 に示した．本書では，相対論で良く扱われる 2 種類のストレス-エネルギーテンソルを考えることにする．それらは，完全流体とダスト (流体) である．

[*2] 訳注：特に空間成分の対角成分 T^{ii} は圧力を表す．

第 7 章　エネルギー運動量テンソル

図 7.1　ストレス-エネルギーテンソルの図式的表現．T^{00} はエネルギー密度である．T^{0j} (j は空間添字) の形をした項はエネルギー流束である．T^{j0} の項は運動量密度であり，純粋な空間成分 T^{ij} は応力または圧力である．

保存方程式

保存方程式はストレス-エネルギーテンソルを使って次のように導かれる：

$$\nabla_b T^{ab} = 0 \qquad (7.1)$$

この方程式はエネルギーと運動量が保存することを意味する．局所系ではこれは，

$$\frac{\partial T^{ab}}{\partial x^b} = 0 \qquad (7.2)$$

のように単純化される．局所系では，保存方程式 (7.2) は時間座標に適用された場合，よく知られた次の関係式が得られる：

$$\frac{\partial T^{00}}{\partial t} + \frac{\partial T^{0i}}{\partial x^i} = \frac{\partial T^{00}}{\partial t} + \frac{\partial T^{0i}}{\partial x^i} = \frac{\partial \varepsilon}{\partial t} + \nabla \cdot \pi = 0$$

これはエネルギー保存則に他ならない．

7.0 ダスト流体   181

ダスト流体

　のちに本書では圧力と密度によって特徴づけられる完全流体について述べる．ここでもし完全流体から始め，その圧力をゼロと置くと，**ダスト流体**を得る．これは考えられるもっとも単純なエネルギー運動量テンソルである．

　読者はダスト流体は単純すぎて退屈で実用性がないと思われるかもしれない．しかしダスト粒子がエネルギーと運動量を運ぶことを考えよう．すると運動するダスト粒子のエネルギーと運動量は重力場を発生させる．

　この場合，問題となる物質場を記述するために使うことができる量は2つしかない．それは，エネルギー密度とどれくらいの速度 (と方向) でダスト粒子が運動するかである．最初の量であるエネルギー密度を得るもっとも単純な方法は，共動座標系に飛ぶことである．もし観測者が共同座標系にいるなら，その観測者はダスト粒子とともに運動している．その場合，単位体積当たり n 個の粒子があり，各々の粒子がエネルギー m を持つとすれば，エネルギー密度は $\rho = mn$ によって与えられる．

　我々が関心のある次の量は4元速度 $\vec{u}$ に他ならない．これはもちろんダスト流体によって運ばれる運動量である．一般的にいえば，ダスト流体のストレス-エネルギーテンソルを得るためにはエネルギー密度と一緒にしなければならない．従ってダスト流体に対しては，ストレス-エネルギーテンソルは，

$$T^{ab} = \rho u^a u^b \tag{7.3}$$

となる．

　共動座標系の観測者に対しては，4元速度は $\vec{u} = (1,\ 0,\ 0,\ 0)$ と単純化される．この場合，ストレス-エネルギーテンソルは特に単純な形

$$T^{ab} = \begin{pmatrix} \rho & 0 & 0 & 0 \\ 0 & 0 & 0 & 0 \\ 0 & 0 & 0 & 0 \\ 0 & 0 & 0 & 0 \end{pmatrix} \tag{7.4}$$

になる．

さて，静止している観測者がダスト粒子が 4 元速度 $\vec{u}$ で運動するのを観測する場合を考えてみよう．その場合，$\vec{u} = (\gamma, \gamma v^x, \gamma v^y, \gamma v^z)$ である．ここで v^i は通常の 3 元速度の成分であり，$\gamma = \frac{1}{\sqrt{1-v^2}}$ である．(7.3) を見ると，この場合のストレス-エネルギーテンソルが

$$T^{ab} = \rho \gamma^2 \begin{pmatrix} 1 & v^x & v^y & v^z \\ v^x & (v^x)^2 & v^x u^y & v^x v^z \\ v^y & v^y v^x & (v^y)^2 & v^y v^z \\ v^z & v^z v^x & v^z v^y & (v^z)^2 \end{pmatrix} \tag{7.5}$$

となることが分かる．

例 7.1

ダスト流体の場合のエネルギー運動量の保存方程式が流体の連続の式を導くことを示せ．

解答 7.1

保存方程式は，
$$\frac{\partial T^{ab}}{\partial x^b} = 0$$
によって与えられる．$a = t$ と置くと，
$$\frac{\partial T^{tb}}{\partial x^b} = \frac{\partial T^{tt}}{\partial t} + \frac{\partial T^{tx}}{\partial x} + \frac{\partial T^{ty}}{\partial y} + \frac{\partial T^{tz}}{\partial z} = 0$$
が得られる．(7.5) を使うと，これは

$$\frac{\partial T^{tt}}{\partial t} + \frac{\partial T^{tx}}{\partial x} + \frac{\partial T^{ty}}{\partial y} + \frac{\partial T^{tz}}{\partial z}$$
$$= \frac{\partial \rho \gamma^2}{\partial t} + \frac{\partial \left(\rho \gamma^2 v^x\right)}{\partial x} + \frac{\partial \left(\rho \gamma^2 v^y\right)}{\partial y} + \frac{\partial \left(\rho \gamma^2 v^z\right)}{\partial z}$$
$$= \gamma^2 \left[\frac{\partial \rho}{\partial t} + \nabla \cdot (\rho \vec{v})\right]$$

7.0 完全流体

となる．したがって，
$$\frac{\partial \rho}{\partial t} + \nabla \cdot (\rho \vec{v}) = 0$$
が得られる．ここで $\vec{v}$ は通常の 3 次元速度である．これは連続の式に他ならない．

完全流体

完全流体とは熱伝導や粘性を持たない流体である．そのような流体は質量密度 ρ と圧力 P によって特徴づけられる．局所系での完全流体を記述するストレス-エネルギーテンソルは

$$T^{ab} = \begin{pmatrix} \rho & 0 & 0 & 0 \\ 0 & P & 0 & 0 \\ 0 & 0 & P & 0 \\ 0 & 0 & 0 & P \end{pmatrix} \tag{7.6}$$

である[*3]．

一般の座標系でのストレス-エネルギーテンソルを求めるには，特殊相対論における平坦空間を考え，系を 4 元速度 $\vec{u}$ で運動する観測者の系にブーストする．するとストレス-エネルギーは次のように一般の座標系に変換される：

$$T^{a'b'} = \Lambda^{a'}{}_c \Lambda^{b'}{}_d T^{cd} \tag{7.7}$$

ただし，ρ と P を伴って 4 元速度 $\vec{u}$ および計量 η_{ab} から最も一般的な形のストレス-エネルギーテンソルを構成することができることに注意しよう．さらにこのテンソルは対称であるべきである．このことから，このストレス

[*3] 訳注：今考えている局所系では，完全流体は粘性がゼロのため応力成分 ($T^{ij} (i \neq j)$) はすべて 0 である．また，圧力はパスカルの法則より，ある微小立方体に働く圧力は x, y, z 成分すべてが等しく，かつそれぞれの面に垂直に働くため，3 成分すべて同じ値（ここでは P）になる．

-エネルギーテンソルの一般形が

$$T^{ab} = Au^a u^b + B\eta^{ab} \tag{7.8}$$

であることが分かる．ここで A, B はスカラーである．この例では，計量は $\eta_{ab} = \text{diag}(1, -1, -1, -1)$ と仮定した．(7.6) を見ると，空間成分は $T^{ii} = P$ のみである．このことを別の方法で書くと，

$$T^{ij} = -\eta^{ij} P = \delta^{ij} P \tag{7.9}$$

と書くことができる．静止系では，$u^0 = 1$ であり，その他の成分はすべて消える．したがって (7.8) は

$$T^{ij} = B\eta^{ij}$$

という形になる．これを (7.9) と比較すると $B = -P$ が得られる．さてここで時間成分を考えよう．局所系では $T^{00} = \rho$ であり，したがって

$$T^{00} = \rho = Au^0 u^0 + B\eta^{00} = Au^0 u^0 - P = A - P$$

である．したがってこれより，$A = P + \rho$ と結論づけられるので，ミンコフスキー時空での完全流体のストレス-エネルギーテンソルの一般形は

$$T^{ab} = (\rho + P) u^a u^b - P\eta^{ab} \tag{7.10}$$

となる．すると，この式の右辺はテンソルで書かれているので，任意の計量 g_{ab} に対して，これはすぐに一般化できて，

$$T^{ab} = (\rho + P) u^a u^b - Pg^{ab} \tag{7.11}$$

が一般の座標系で成り立つ．ここでもし，$\eta_{ab} = \text{diag}(-1, 1, 1, 1)$ を採用したとすると，ストレス-エネルギーテンソルの一般形は変わってしまうことに注意しなければならない．その場合，方程式は次のように変わる：

$$\begin{aligned} T^{ab} &= (\rho + P) u^a u^b + P\eta^{ab} \\ T^{ab} &= (\rho + P) u^a u^b + Pg^{ab} \end{aligned} \tag{7.12}$$

例 7.2

例 5.3 で使ったロバートソン-ウォーカー計量を考えよ：

$$ds^2 = -dt^2 + \frac{a^2(t)}{1-kr^2}\,dr^2 + a^2(t)r^2\,d\theta^2 + a^2(t)r^2\sin^2\theta\,d\phi^2$$

0 でない宇宙定数を持つアインシュタイン方程式を仮定するとき，この場合のフリードマン方程式を求めよ．

解答 7.2

第 5 章では局所系におけるロバートソン-ウォーカー計量に対するリーマンテンソルを導いた．これよりこの計量の 0 でないアインシュタインテンソルの成分は次によって与えられる：

$$\begin{aligned}G_{\hat{t}\hat{t}} &= \frac{3}{a^2}\left(k+\dot{a}^2\right)\\G_{\hat{r}\hat{r}} &= G_{\hat{\theta}\hat{\theta}} = G_{\hat{\phi}\hat{\phi}} = -2\frac{\ddot{a}}{a} - \frac{1}{a^2}\left(k+\dot{a}^2\right)\end{aligned} \tag{7.13}$$

局所系ではストレス-エネルギーテンソルの成分は単に (7.6) によって与えられる．したがって，$T^{\hat{a}\hat{b}} = \mathrm{diag}\,(\rho, P, P, P)$ である．さて，0 でない宇宙定数を持つ場合，$(c = G = 1$ の単位系を採用すると) アインシュタイン方程式は次のように書ける：

$$G_{\hat{a}\hat{b}} + \Lambda g_{\hat{a}\hat{b}} = 8\pi T_{\hat{a}\hat{b}} \tag{7.14}$$

局所系では，線素は，$\eta_{\hat{a}\hat{b}} = \mathrm{diag}\,(-1,\ 1,\ 1,\ 1)$ である．これを使ってストレス-エネルギーテンソルの添字を下げる：

$$T_{\hat{a}\hat{b}} = \eta_{\hat{a}\hat{c}}\eta_{\hat{b}\hat{d}}T^{\hat{c}\hat{d}} \tag{7.15}$$

今の場合，すべての要素が対角成分しか持たないことより簡単である．また明らかにすべての負号が打ち消しあう．ただし，読者は一般の場合には添字の上げ下げに十分注意しなければならない．いずれにせよ，

$$T_{\hat{a}\hat{b}} = \mathrm{diag}\,(\rho, P, P, P) \tag{7.16}$$

が得られる．(7.14) と (7.13) を一緒にすると，

$$G_{\hat{t}\hat{t}} + \Lambda \eta_{\hat{t}\hat{t}} = 8\pi T_{\hat{t}\hat{t}}$$

$$\Rightarrow \frac{3}{a^2}\left(k + \dot{a}^2\right) - \Lambda = 8\pi\rho \tag{7.17}$$

が得られる．$G_{\hat{r}\hat{r}} = G_{\hat{\theta}\hat{\theta}} = G_{\hat{\phi}\hat{\phi}}$ およびすべてのストレス-エネルギーテンソルの空間対角成分が等しいことより，これらのうち1つだけ考えれば十分である．すると，

$$G_{\hat{r}\hat{r}} + \Lambda \eta_{\hat{r}\hat{r}} = 8\pi T_{\hat{r}\hat{r}}$$

$$\Rightarrow 2\frac{\ddot{a}}{a} + \frac{1}{a^2}\left(k + \dot{a}^2\right) - \Lambda = -8\pi P \tag{7.18}$$

と求まる．方程式 (7.17) および (7.18) が**フリードマン方程式**と呼ばれるものである．

数密度上の相対論的効果

ここでは，特殊相対論の文脈における粒子密度に関する運動の効果を調べるために少し脱線する．

ある粒子の集まりを含む直方体領域 V を考える．このとき，単位体積当たりの粒子数として粒子の**数密度**を定義することができる．この体積中にある全粒子数を N とすると，数密度は，

$$n = \frac{N}{V}$$

となる．相対論においては，このことはこの体積領域が静止しているような系から観測する場合についてのみ正しい．もしそうでなければ，観測者が観測する数密度はローレンツ収縮の分だけ変わる．標準設定下にある2つの系 F および F' を考えよう．ここで F' は x 軸に沿って速度 v で運動するものとする．この体積中の粒子数はスカラーだから，異なる系で観測しても変わることはない．一方，運動方向のローレンツ収縮は体積が変わることを意味する．図 7.2 では，x 軸に沿った運動を示した．

7.0 数密度上の相対論的効果

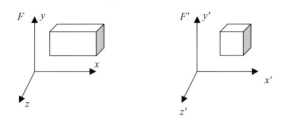

図 7.2 直方体領域 V はローレンツ収縮効果により,運動方向に縮む.これは V に含まれる粒子数の密度を変える.

これらの条件下で,y および z 軸方向の長さはローレンツ変換の下で変わらない.運動する直方体領域の共動静止系でのこの直方体領域の体積を V とすると,静止した観測者の観測する体積は,

$$V' = \sqrt{1-v^2}V = \frac{1}{\gamma}V$$

である.したがって,静止している観測者が観測する,速度 v で運動する直方体領域の数密度は

$$n' = \frac{N}{V'} = \gamma n$$

となる.

例 7.3

粒子の詰まった箱を考えよう.この箱の静止系では,体積は $V = 1 \text{ m}^3$ であり,全粒子数は $N = 2.5 \times 10^{25}$ である.箱の静止系と箱が速度 $v = 0.9$ で運動するように見える静止系からみた粒子数密度を比較せよ[*4].この箱は静止系の観測者に対して,x 方向に運動しているものとする.

[*4] 訳注:今考えているのが $c = 1$ の単位系だから,$v = 0.9$ とは $v = 0.9c$ の意味である.

解答 7.3

箱の静止系では数密度は 1 立方メートル当たり $n = 2.5 \times 10^{25}$ 個である．さて，いま

$$\gamma = \frac{1}{\sqrt{1-v^2}} = \frac{1}{\sqrt{1-(0.9)^2}} \approx 2.29$$

である．この箱が速度 v で運動しているように見える静止した観測者は箱の粒子数密度を 1 立方メートル当たり

$$n' = \gamma n = (2.3)\left(2.5 \times 10^{25}\right) = 5.75 \times 10^{25}$$

として観測する．また，x 方向に沿って，箱の長さは，

$$x = \frac{1}{\gamma}x' = \frac{1}{2.3} \text{ m} \approx 0.43 \text{ m}$$

となって観測される．ここでもちろん全粒子数はどちらの系でも等しく観測される．

より複雑な流体

流体の場合に仮定できるストレス-エネルギーテンソルの最も一般的な形は，粘性や剪断を持つことができる "完全でない" 流体に関するものである．これは本書の範囲を超える．ただしここでは高度な本で学習する準備として簡単にそれを述べるので，粘性がどのように扱われるかみることができるだろう．この場合のストレス-エネルギーテンソルは

$$T^{ab} = \rho\left(1+\varepsilon\right)u^a u^b + (P - \zeta\theta)h^{ab} - 2\eta\sigma^{ab} + q^a u^b + q^b u^a$$

となる．ここで定義された量は以下である：

ε	流体の静止系でのエネルギー密度
P	圧力
h^{ab}	空間射影テンソル $= u^a u^b + g^{ab}$
η	剪断粘性
ζ	バルク粘性
θ	膨張因子
σ^{ab}	剪断テンソル
q^a	エネルギー流束ベクトル

膨張因子は流体の世界線たちのの発散を記述するものである．したがってそれは，

$$\theta = \nabla_a u^a$$

によって与えられる．剪断テンソルは

$$\sigma^{ab} = \frac{1}{2}\left(\nabla_c u^a h^{cb} + \nabla_c u^b h^{ca}\right) - \frac{1}{3}\theta h^{ab}$$

である．

章末問題

1. ストレス-エネルギーテンソルの T^{tt} 成分は
   (a) エネルギー密度を表す．
   (b) 殆どの場合消える．
   (c) 運動量の保存を表す．
2. 保存方程式は
   (a) $\nabla_b T^{ab} = -\rho$ によって与えられる．
   (b) $\nabla_b T^{ab} = 0$ によって与えられる．
   (c) $\nabla_b T^{ab} = \rho$ によって与えられる．
3. フリードマン方程式を変形すると次のどの関係式が得られるか？
   (a) $\frac{d}{dt}\left(\rho a^3\right) + P \frac{d}{dt}\left(a^3\right) = 0$

(b) $\rho^2 \frac{\mathrm{d}}{\mathrm{d}t}\left(a^3\right) + P \frac{\mathrm{d}}{\mathrm{d}t}\left(a^3\right) = 0$

(c) $\frac{\mathrm{d}}{\mathrm{d}t}\left(\rho a^3\right) = 0$

4. 問題 3 の正しい結果を使うと，a^3 が体積 V にとられ，$E = \rho a^3$ であるとき，次のうちどれが正しい関係式と求められるか？

   (a) $\mathrm{d}E + P\,\mathrm{d}V = 0$

   (b) $\mathrm{d}E + T\,\mathrm{d}S = 0$

   (c) $\mathrm{d}E - P\,\mathrm{d}V = 0$

5. 完全流体が与えられたとき，そのストレス-エネルギーテンソルの空間成分は

   (a) $T^{ij} = -\eta^{ij} P$ と書くことができる．

   (b) $T^{ij} = -\eta^{ij} \rho$ と書くことができる．

   (c) $T^{ij} = -\eta^{ij}(P + \rho)$ と書くことができる．

Chapter

8

キリングベクトル

導入

すべての物理学者は『対称性は保存則を導く』という現代物理学の天からの声を聞いた．そしてそれは真実である．したがって読者が不思議に思うかもしれない1つのことは，非常に幾何学的な相対論に対して，どのようにして対称性を見つけるか？ということである．幾何学的にいえば，対称性は計量が点から点まで移動したとき同じであると分かるとき，どこかに隠れている．ここからそこへ移動したときに，計量が同じままであるなら，それが対称性である．

実は，**キリングベクトル**と呼ばれる特別な種類のベクトルを求めることによって，対称性を引き出すための体系的方法が存在することが判明する．キリングベクトル X は**キリング方程式**を満たす．それは共変微分に関して

$$\nabla_b X_a + \nabla_a X_b = 0 \tag{8.1}$$

のように与えられる．この方程式は，反変成分についてもまた成り立つことに注意しよう．すなわち，$\nabla^b X^a + \nabla^a X^b = 0$ である．キリングベクトルは以下のようにして対称性と関係する：もし，X がベクトル場で，点の集まりが $X^a \, \mathrm{d}x_a$ によってずらされたとき，距離関係が同じままならば，X はキリ

ングベクトルである．この種の距離保存写像は**等長**と呼ばれる．簡単にいえば，キリングベクトルの方向に沿って移動するとき，計量は変化しない．これは重要である．何故ならのちの章で見るように，このことは保存量を導くからである．計量が変化しない方向に運動する自由質点はいかなる力も感じない．これは運動量保存則を導く．具体的には，X がキリングベクトルならば，u を質点の 4 元速度，p を質点の 4 元運動量とするとき，

$$X \cdot u = 一定$$
$$X \cdot p = 一定$$

は測地線に沿う．

この例で示すように，キリング方程式は計量テンソルのリー微分に関して表すことができる．

例 8.1

計量テンソルのリー微分が消える，すなわち，

$$L_X g_{ab} = 0$$

であるとき，(8.1) で与えられた X に対するキリング方程式が成り立つことを示せ．

解答 8.1

計量のリー微分は，

$$L_X g_{ab} = X^c \partial_c g_{ab} + g_{cb} \partial_a X^c + g_{ac} \partial_b X^c$$

である[*1].

[*1] 訳注：リー微分は公式に現れる偏微分を共変微分に置き換えてもそのまま成り立つので，p94(4.28) 式で与えた 2 階の共変テンソルに対するリー微分の公式から始めると，この問題は劇的に易しく解ける．実際，計量は共変微分に対して定数のように振る舞うから，

$$0 = L_X g_{ab} = X^c \nabla_c g_{ab} + g_{cb} \nabla_a X^c + g_{ac} \nabla_b X^c$$
$$= g_{cb} \nabla_a X^c + g_{ac} \nabla_b X^c = \nabla_a (g_{cb} X^c) + \nabla_b (g_{ac} X^c) = \nabla_a X_b + \nabla_b X_a.$$

より (8.1) で与えられた X に対するキリング方程式が成り立つことが示せた．

8.0 導入

ここで共変微分の形を思いだそう．それは次によって与えられる：

$$\nabla_c X^a = \partial_c X^a + \Gamma^a{}_{bc} X^b \tag{8.2}$$

さてここで，計量テンソルの共変微分は消える．すなわち，$\nabla_c g_{ab} = 0$ である．計量テンソルの共変微分は，$\nabla_c g_{ab} = \partial_c g_{ab} - \Gamma^d{}_{ac} g_{db} - \Gamma^d{}_{bc} g_{ad}$ によって与えられる．これが消えることから，

$$\partial_c g_{ab} = \Gamma^d{}_{ac} g_{db} + \Gamma^d{}_{bc} g_{ad}$$

と書くことができる．これを使って計量テンソルのリー微分を書き換えてみよう．すると次が得られる：

$$\begin{aligned} L_X g_{ab} &= X^c \partial_c g_{ab} + g_{cb} \partial_a X^c + g_{ac} \partial_b X^c \\ &= X^c \left(\Gamma^d{}_{ac} g_{db} + \Gamma^d{}_{bc} g_{ad} \right) + g_{cb} \partial_a X^c + g_{ac} \partial_b X^c \\ &= g_{db} \Gamma^d{}_{ac} X^c + g_{ad} \Gamma^d{}_{bc} X^c + g_{cb} \partial_a X^c + g_{ac} \partial_b X^c \end{aligned}$$

いくつかの操作は X の共変微分を書き下すために必要となる形でこれを得ることができる．次に注意しよう：

$$\nabla_b X^c = \partial_b X^c + \Gamma^c{}_{bd} X^d$$

先の表式において，我々はちょうど最後の項が $g_{ac} \partial_b X^c$ であるリー微分について導いた．共変微分を書き下すために必要な他の項を求めることはできるであろうか？　それは可能である．繰り返される添字はダミー添字であり，それはどのような文字にも置き換えられることを思いだそう．リー微分について得た最後の行を見てみよう．第2項

$$g_{ad} \Gamma^d{}_{bc} X^c$$

について考えてみよう．

添字 c と d は繰り返されているので，ダミー添字である．そこで，$c \leftrightarrow d$ のように入れ替えて，この項を次のように書き換えてみよう：

$$g_{ac} \Gamma^c{}_{bd} X^d$$

まず最初に，リー微分に対する結果を書き下し，共変微分になるようにそれらの項を並べ替えてみよう．

$$L_X g_{ab} = g_{db}\Gamma^d{}_{ac}X^c + g_{ad}\Gamma^d{}_{bc}X^c + g_{cb}\,\partial_a X^c + g_{ac}\,\partial_b X^c$$
$$= g_{ac}\,\partial_b X^c + g_{ad}\Gamma^d{}_{bc}X^c + g_{cb}\,\partial_a X^c + g_{db}\Gamma^d{}_{ac}X^c$$

この時点で，この表式の第2項を添字の変更をしたもので置き換えてみる．

$$L_X g_{ab} = g_{ac}\,\partial_b X^c + g_{ad}\Gamma^d{}_{bc}X^c + g_{cb}\,\partial_a X^c + g_{db}\Gamma^d{}_{ac}X^c$$
$$= g_{ac}\,\partial_b X^c + g_{ac}\Gamma^c{}_{bd}X^d + g_{cb}\,\partial_a X^c + g_{db}\Gamma^d{}_{ac}X^c$$
$$= g_{ac}\left(\partial_b X^c + \Gamma^c{}_{bd}X^d\right) + g_{cb}\,\partial_a X^c + g_{db}\Gamma^d{}_{ac}X^c$$
$$= g_{ac}\nabla_b X^c + g_{cb}\,\partial_a X^c + g_{db}\Gamma^d{}_{ac}X^c$$

今最後の項の添字を入れ替えると次を得る：

$$L_X g_{ab} = g_{ac}\nabla_b X^c + g_{cb}\,\partial_a X^c + g_{db}\Gamma^d{}_{ac}X^c$$
$$= g_{ac}\nabla_b X^c + g_{cb}\,\partial_a X^c + g_{cb}\Gamma^c{}_{ad}X^d$$
$$= g_{ac}\nabla_b X^c + g_{cb}\left(\partial_a X^c + \Gamma^c{}_{ad}X^d\right)$$
$$= g_{ac}\nabla_b X^c + g_{cb}\nabla_a X^c$$

計量の共変微分が消えることより，計量テンソルは微分の中に入れられるので，添字を下げることができる．すると，最初の項に対しては，

$$g_{ac}\nabla_b X^c = \nabla_b\left(g_{ac}X^c\right) = \nabla_b X_a$$

と求まり，第2項からは，

$$g_{cb}\nabla_a X^c = \nabla_a\left(g_{cb}X^c\right) = \nabla_a X_b$$

が得られる．したがって，

$$L_X g_{ab} = g_{ac}\nabla_b X^c + g_{cb}\nabla_a X^c = \nabla_b X_a + \nabla_a X_b$$

が得られる．$L_X g_{ab} = 0$ を仮定したので，これは (8.1) を意味する．

しばしば特定の計量のキリングベクトルを求めることが必要となる．ここでは，2次元球面に対するキリングベクトルを求めることによる分かりやすい例を考察する．

例 8.2

キリング方程式を使って 2 次元球面
$$\mathrm{d}s^2 = R^2 \, \mathrm{d}\theta^2 + R^2 \sin^2\theta \, \mathrm{d}\phi^2$$
のキリングベクトルを求めよ.

解答 8.2

キリング方程式は共変微分を含む.したがって,この計量に対するアフィン接続係数を思い出す必要がある.以前我々は,
$$\Gamma^\theta{}_{\theta\theta} = \Gamma^\phi{}_{\theta\theta} = \Gamma^\theta{}_{\phi\phi} = \Gamma^\phi{}_{\phi\phi} = 0$$
$$\Gamma^\phi{}_{\phi\theta} = \Gamma^\phi{}_{\theta\phi} = \cot\theta$$
$$\Gamma^\theta{}_{\phi\phi} = -\sin\theta \cos\theta$$
であることを求めた.さて,ここで共変微分が,
$$\nabla_b V_a = \partial_b V_a - \Gamma^c{}_{ab} V_c$$
によって与えられることを思いだそう.キリング方程式において,$a = b = \theta$ から始めると,
$$\nabla_\theta X_\theta + \nabla_\theta X_\theta = 0$$
$$\Rightarrow \nabla_\theta X_\theta = 0$$
が求まる.共変微分の方程式を使い,アインシュタインの和の規約を思い出すと,
$$\nabla_\theta X_\theta = \partial_\theta X_\theta - \Gamma^c{}_{\theta\theta} X_c = \partial_\theta X_\theta - \Gamma^\theta{}_{\theta\theta} X_\theta - \Gamma^\phi{}_{\theta\theta} X_\phi$$
を得る.ここで,$\Gamma^\theta{}_{\theta\theta} = \Gamma^\phi{}_{\theta\theta} = 0$ であることより,これは次のような単純な式になる:
$$\partial_\theta X_\theta = 0$$
より明白な形で書くと,
$$\frac{\partial X_\theta}{\partial \theta} = 0$$

が成り立つ．この式を積分することにより，キリングベクトルの X_θ 成分が，ある ϕ 変数の関数として求まる：

$$X_\theta = f(\phi) \tag{8.3}$$

さて，次に $a = b = \phi$ を考える．キリング方程式を使うと，

$$\nabla_\phi X_\phi = 0$$

を得る．共変微分を書き出すことによって左辺を書き換えると，

$$\nabla_\phi X_\phi = \partial_\phi X_\phi - \Gamma^c{}_{\phi\phi} X_c = \partial_\phi X_\phi - \Gamma^\theta{}_{\phi\phi} X_\theta - \Gamma^\phi{}_{\phi\phi} X_\phi$$

が求まる．今，$\Gamma^\phi{}_{\phi\phi} = 0$ および $\Gamma^\theta{}_{\phi\phi} = -\sin\theta\cos\theta$ なので，(8.3) を使うと，この方程式は

$$\frac{\partial X_\phi}{\partial \phi} = -\sin\theta\cos\theta\, X_\theta = -\sin\theta\cos\theta\, f(\phi)$$

になる．これを積分すると，

$$X_\phi = -\sin\theta\cos\theta \int f(\phi')\, d\phi' + g(\theta) \tag{8.4}$$

が得られる．さて，$a = \theta$ かつ $b = \phi$ と置くことによって，キリング方程式に戻ると，この幾何学に対するキリング方程式，すなわち，

$$\nabla_\theta X_\phi + \nabla_\phi X_\theta = 0$$

を得る．それぞれの項を別々に書き下してみよう．最初の項は，

$$\nabla_\theta X_\phi = \partial_\theta X_\phi - \Gamma^c{}_{\theta\phi} X_c = \partial_\theta X_\phi - \Gamma^\theta{}_{\phi\theta} X_\theta - \Gamma^\phi{}_{\phi\theta} X_\phi$$

である．クリストッフェル記号を見ると，これが

$$\nabla_\theta X_\phi = \partial_\theta X_\phi - \cot\theta\, X_\phi$$

を導くことが分かる．さて，$\nabla_\theta X_\phi + \nabla_\phi X_\theta = 0$ の第 2 項を考える．すると，

$$\nabla_\phi X_\theta = \partial_\phi X_\theta - \Gamma^c{}_{\theta\phi} X_c = \partial_\phi X_\theta - \Gamma^\theta{}_{\theta\phi} X_\theta - \Gamma^\phi{}_{\theta\phi} X_\phi = \partial_\phi X_\theta - \cot\theta\, X_\phi$$

8.0 導入

が得られるので,方程式 $\nabla_\theta X_\phi + \nabla_\phi X_\theta = 0$ は,

$$\begin{aligned}\partial_\theta X_\phi + \partial_\phi X_\theta - 2\cot\theta\, X_\phi &= 0 \\ \Rightarrow \partial_\theta X_\phi + \partial_\phi X_\theta &= 2\cot\theta\, X_\phi\end{aligned} \tag{8.5}$$

になる.以前得た結果を使うことによってこの方程式はさらに計算することができる.(8.4) より,

$$\begin{aligned}\partial_\theta X_\phi &= \partial_\theta\left[-\sin\theta\cos\theta\int f(\phi')\,\mathrm{d}\phi' + g(\theta)\right] \\ &= (\sin^2\theta - \cos^2\theta)\int f(\phi')\,\mathrm{d}\phi' + \partial_\theta g(\theta)\end{aligned}$$

が求まる.また,(8.3) より,

$$\partial_\phi X_\theta = \partial_\phi f(\phi)$$

も得られる.さて,これらすべてを一緒にすると解を得る.これらの項を一緒に足し合わせると,

$$\partial_\theta X_\phi + \partial_\phi X_\theta = (\sin^2\theta - \cos^2\theta)\int f(\phi')\,\mathrm{d}\phi' + \partial_\theta g(\theta) + \partial_\phi f(\phi)$$

が得られる.

次にこれが (8.5) 式の右辺と等しいと置こう.ただし,少しだけ変形しよう.まず,

$$2\cot\theta\, X_\phi = 2\cot\theta\left[-\sin\theta\cos\theta\int f(\phi')\,\mathrm{d}\phi' + g(\theta)\right]$$

が得られる.さて,ここで,

$$\cot\theta\,(\sin\theta\cos\theta) = \frac{\cos\theta}{\sin\theta}(\sin\theta\cos\theta) = \cos^2\theta$$

が成り立つから,

$$2\cot\theta\, X_\phi = -2\cos^2\theta\int f(\phi')\,\mathrm{d}\phi' + 2\cot\theta\, g(\theta)$$

と書くことができる．結局，(8.5) の両辺を等号で結ぶと，

$$(\sin^2\theta - \cos^2\theta)\int f(\phi')\,\mathrm{d}\phi' + \partial_\theta g(\theta) + \partial_\phi f(\phi)$$

$$= -2\cos^2\theta \int f(\phi')\,\mathrm{d}\phi' + 2\cot\theta g(\theta)$$

が得られる．

ここでの目標は，すべての θ を含む項を一方の辺に集め，すべての ϕ を含む項を他方の辺に集めることである．これは，両辺に $2\cos^2\theta \int f(\phi')\,\mathrm{d}\phi'$ を加え，それから，左辺の $\partial_\theta g(\theta)$ を右辺に移動することで実現する．これを行うと，

$$\int f(\phi')\,\mathrm{d}\phi' + \partial_\phi f(\phi) = 2\cot\theta g(\theta) - \partial_\theta g(\theta)$$

という方程式が得られる．

もし読者が偏微分方程式の学習を思い起こすならば，ここで変数の分離に使った方法について，ある 1 つの変数のみ含む式が別の 1 つの変数のみ含む式と等しいならば，それらはともに定数でなければならないということを思い出すだろう．そこで，ここではそれを行い，その定数を k と呼ぼう．すると，θ についての式を見てみると，

$$\partial_\theta g(\theta) - 2\cot\theta g(\theta) = -k$$

が成り立つ．ここでは，微分項が正になるように全体に -1 を掛けた．この種の方程式は積分因子法を使うことによって解くことができる[*2]．これがどのような方法か簡単に見てみよう．基本的に次のような形をした微分方程式を考えよう：

$$\frac{\mathrm{d}y}{\mathrm{d}t} + p(t)y = r(t)$$

[*2] 訳注：$\dot{y} + p(t)y = r(t)$ の両辺に $\dot{M} = M(t)p(t)$ となる $M(t)$ を掛けると，$\frac{\mathrm{d}}{\mathrm{d}t}(M(t)y) = M(t)r(t)$ が得られるが，これは解けて $y = \frac{1}{M(t)}\int M(t)r(t)dt + \frac{C}{M(t)}$ となる．$M(t)$ は条件より，$M(t) = e^{\int p(t)dt}$ となる．これが積分因子法と呼ばれる理由である．

8.0 導入

まず最初に，y に掛かっている項 $p(t)$ を積分する：

$$Q(t) = \int p(t')\mathrm{d}t'$$

するとこの常微分方程式は解けて，解は次のように書ける：

$$y(t) = e^{-Q(t)} \int e^{Q(t')} r(t')\mathrm{d}t' + C e^{-Q(t)}$$

ここで C は積分定数である．今考えている式，$\partial_\theta g(\theta) - 2\cot\theta g(\theta) = -k$ を見てみると，この公式と次の対応関係があることが分かる．$p(\theta) = -2\cot\theta$ および，$r(\theta) = -k$ である．まず最初に，p を積分しよう：

$$Q(\theta) = \int -2\cot\theta' \mathrm{d}\theta' = -2\int \frac{\cos\theta'}{\sin\theta'}\mathrm{d}\theta' = -2\ln(\sin\theta)$$

さて，これを指数につなげると次が得られる：

$$e^{-Q(\theta)} = e^{2\ln(\sin\theta)} = e^{\ln(\sin^2\theta)} = \sin^2\theta$$

これから $e^{Q(\theta)} = \frac{1}{\sin^2\theta}$ も得られる．すると，この積分因子公式を使って関数 g の解を書き下すことができる．たった今求めた公式をまとめると，

$$g(\theta) = \sin^2\theta \int \frac{(-k)}{\sin^2\theta'}\mathrm{d}\theta' + C\sin^2\theta$$

が得られる．この場合，θ' は単なるダミー変数である．積分が行われたときこの関数は θ 変数に関する関数として書かれる．この積分は積分公式の表やマセマティカ (Mathematica) などの数式処理システムを使えば簡単に分かるが，もし思いだせなければ (両辺を微分することにより)，

$$\int \frac{1}{\sin^2\theta'}\mathrm{d}\theta' = -\cot\theta$$

が成り立つことが分かる．したがって次を得る：

$$\begin{aligned} g(\theta) &= \sin^2\theta \int \frac{(-k)}{\sin^2\theta'}\mathrm{d}\theta' + C\sin^2\theta = k\sin^2\theta\cot\theta + C\sin^2\theta \\ &= \sin^2\theta(k\cot\theta + C) \end{aligned}$$

残された最後のピースは，ϕ 項の解を得ることである．以前，$\int f(\phi')\mathrm{d}\phi' + \partial_\phi f(\phi) = 2\cot\theta g(\theta) - \partial_\theta g(\theta)$ が成り立ち，これがある定数 k に等しいと置いた．したがって，ϕ についてのピースについて見てみると，

$$\int f(\phi')\mathrm{d}\phi' + \partial_\phi f(\phi) = k$$

を得る．これについての解を得るのは易しい．この式の両辺を微分してみよう．これは積分を取り除き，定数を 0 に変えさせ，その結果見慣れた方程式を与える：

$$\frac{\mathrm{d}^2 f}{\mathrm{d}\phi^2} + f(\phi) = 0$$

これはほとんどの人にとって見慣れた方程式であろう．そしてその解は三角関数によって与えられる．具体的には，$f(\phi) = A\cos\phi + B\sin\phi$ である．すぐに分かるように，$\partial_\phi f = -A\sin\phi + B\cos\phi$ である．さらに良いことに，この例を始めたときから気になっていた積分を明白な形で計算できる．これを行うと次を得る：

$$\int f(\phi')\mathrm{d}\phi' = \int (A\cos\phi' + B\sin\phi')\mathrm{d}\phi' = A\sin\phi - B\cos\phi$$

これは本当に良い結果である．定数 k は次のように定義されたのであった；

$$\int f(\phi')\mathrm{d}\phi' + \partial_\phi f(\phi) = k$$

ここから実は k が 0 であるということが分かる．今求めた結果を使うと，

$$\int f(\phi')\mathrm{d}\phi' + \partial_\phi f(\phi) = A\sin\phi - B\cos\phi - A\sin\phi + B\cos\phi = 0$$

が得られるからである．これは一見頭が痛いが，実はここまででほとんどの計算は終わっている．θ 関数に対する計算で，

$$g(\theta) = \sin^2\theta(k\cot\theta + C)$$

と求まったのを思いだそう．$k = 0$ より，

$$g(\theta) = C\sin^2\theta$$

8.0 導入

という単純な結果を得る．最終的に，この時点で，キリングベクトルを書き下すために必要なすべてのピースが得られた．(8.3) を見ると，$X_\theta = f(\phi)$ であることが分かる．ここまでの結果によると，

$$X_\theta = A\cos\phi + B\sin\phi$$

という結果が得られる．いま，(8.4) において，

$$X_\phi = -\sin\theta\cos\theta \int f(\phi')\mathrm{d}\phi' + g(\theta)$$

に決定していた．これとすでに得られた結果を使うことにより，キリングベクトルのこの成分の最終的な形が得られる：

$$X_\phi = -\sin\theta\cos\theta(A\sin\phi - B\cos\phi) + C\sin^2\theta$$

キリングベクトルの反変成分は計量を使って添字を上げることによって求めることができる．すると，

$$X^\theta = \frac{1}{R^2}X_\theta$$

および，

$$X^\phi = \frac{1}{R^2\sin^2\theta}X_\phi$$

となることが判明する．

実は，2次元球面に対して，キリングベクトルが角運動量演算子に関して書くことができるということが判明する．それでは，個別の成分を書く代わりに全ベクトルを書くことから始めて，それから少々代数演算を施そう：

$$\begin{aligned}
X &= X^\theta\partial_\theta + X^\phi\partial_\phi \\
&= \frac{1}{R^2}(A\cos\phi + B\sin\phi)\partial_\theta + \frac{1}{R^2}\left[C - \cot\theta(A\sin\phi - B\cos\phi)\right]\partial_\phi \\
&= A'\cos\phi\partial_\theta - A'\cot\theta\sin\phi\partial_\phi + B'\sin\phi\partial_\theta + B'\cot\theta\cos\phi\partial_\phi + C'\partial_\phi \\
&= A'L_x + B'L_y + C'L_z
\end{aligned}$$

但し，A, B, C は任意定数なので，$A' = A/R^2, B' = B/R^2, C' = C/R^2$ と置いた．ここで角運動量演算子は，

$$L_x = \cos\phi \frac{\partial}{\partial\theta} - \cot\theta \sin\phi \frac{\partial}{\partial\phi}$$

$$L_y = \sin\phi \frac{\partial}{\partial\theta} + \cot\theta \cos\phi \frac{\partial}{\partial\phi}$$

$$L_z = \frac{\partial}{\partial\phi}$$

によって与えられる．

キリングベクトルの微分

キリングベクトルを微分することによって，キリングベクトルとアインシュタイン方程式の成分との間のいくつかの便利な関係を得ることができる．リーマンテンソルに対してはキリングベクトル X^d について次が成り立つ：

$$\nabla_c \nabla_b X^a = R^a{}_{bcd} X^d \tag{8.6}$$

したがって，リッチテンソルは，次を通してキリングベクトルと関係している：

$$\nabla_b \nabla_a X^b = R_{ac} X^c \tag{8.7}$$

リッチスカラーに対しては，

$$X^a \nabla_a R = 0 \tag{8.8}$$

が成り立つ．

キリングベクトルによって保存カレントを構成する

X をキリングベクトル, T をストレス-エネルギーテンソルとしよう. 次の量をカレントと定義しよう：

$$J^a = T^{ab} X_b$$

この量の共変微分は計算できる. 計算すると,

$$\nabla_a J^a = \nabla_a (T^{ab} X_b) = (\nabla_a T^{ab}) X_b + T^{ab}(\nabla_a X_b)$$

となる. ここで, ストレス-エネルギーテンソルは保存するので, $\nabla_b T^{ab} = 0$ である (訳注：T^{ab} が対称だから $\nabla_a T^{ab} = 0$ でもある). したがって残るのは,

$$\nabla_a J^a = T^{ab}(\nabla_a X_b)$$

である. 今, ストレスエネルギーテンソルは対称なので, その添字の対称性より,

$$\nabla_a J^a = T^{ab}(\nabla_a X_b) = \frac{1}{2}(T^{ab}\nabla_a X_b + T^{ba}\nabla_b X_a)$$

$$= \frac{1}{2}T^{ab}(\nabla_a X_b + \nabla_b X_a) = 0$$

が成り立つ. したがって, J は保存 (する) カレントである.

章末問題

1. キリング方程式は次によって与えられる：
    (a) $\nabla_b X_a - \nabla_a X_b = 0$
    (b) $\nabla_b X_a = 0$
    (c) $\nabla_b X_a + \nabla_a X_b = G_{ab}$
    (d) $\nabla_b X_a + \nabla_a X_b = 0$

2. 与えられたキリングベクトルを X とするとき，リーマンテンソルは次を満たす：
   (a) $\nabla_c \nabla_b X^a = -R^a{}_{bcd} X^d$
   (b) $\nabla_c \nabla_b X^a = R^a{}_{bcd} X^d$
   (c) $\nabla_c \nabla_b X^a = R^a{}_{bcd} X^d - R^a{}_{bcd} X^b$
3. 与えられたキリングベクトルを X とするとき，リッチスカラーは次を満たす：
   (a) $X^a \nabla_a R = 0$
   (b) $X^a \nabla_a R = -R$
   (c) $X^a \nabla_a R = R^a{}_a$

Chapter 9

ヌルテトラッドとペトロフ分類

時空の構造を記述するために使うことができる最も基本的な実体は光錐であるという視点がある[*1]．結局のところ，光錐は過去と未来を分け，そうすることによって事象たちはお互いに一方から他方へ因果的に関係することが定義できる．光錐は時空内のどこに質点が運動できるかを定義する．すべてのものは光の速さより速くは運動できない (図 9.1 参照)．ここでは，読者がすでにみてきたいくつかの概念を見直すことから始める．それらはすでにおなじみかも知れないが，ふたたび見直されるだけの十分な価値がある．

第 1 章で説明したように，時空内の事象は**時空図**を使って描くことができる．空間と時間を一緒に視覚的に表すために，1 つまたは 2 つの空間次元は制限される．光速を $c = 1$ に定義することによって，光線は錐を定義する 45° 上の線を運動する．この光錐は次のようにして原点に置かれるある事象 E の時空構造を定義する．

E と因果関係がある過去の事象は時空図の $t < 0$ の部分の下の光錐の中で見つかる．E によって影響されるかもしれない事象は $t > 0$ のところの未来

[*1] 訳注：光錐という単語は原著にある (light cone) の訳である．通常この単語は光円錐と訳されることが多く，事実空間次元を 2 次元に制限すると円錐形なのだが，本文を読めば分かる通り，ここでは空間次元を 1 次元に制限したものを主に扱っているため，光錐とした．

の光錐の中である．いかなる質点または質量を持った物体も光速以上の速さで運動することはできない．したがって，いかなる質点の運動も光錐の内部に制限される．

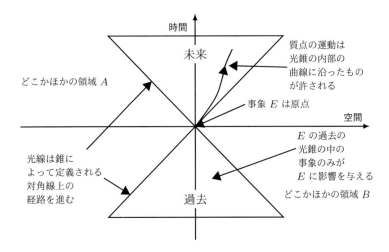

図 9.1　時空構造の本質は光錐によってより良く記述される．ここでは空間次元を 1 個だけ示した．時間は垂直軸上にある．質点はこの光錐の内側の経路のみ運動することができる．

図 (9.1) の時空図において，どこかほかの場所として光錐の外側の 2 つの領域を，領域 A,B として定義した．これらの領域は，お互いに因果的に隔たっている．

　領域 A のいかなる事象も領域 B の事象に影響を与えることはできない．何故なら，それが起こるためには光速より速い速さで移動する必要があるからである．これはすべて完全に平坦な空間で起こる．そこでは光は直線上を移動する．重力は時空の歪みとして現れる．のちに詳細にシュワルツシルト解を調べる際に，重力が光線を曲げることを見る．重力場において，光はもはや完全な直線上を移動しない．より大きな歪みは，より顕著な効果を生む．

この事実の注目すべき結果として，強い重力場では光錐が傾き始めるということがある．ブラックホールの内部には特異点があり，その点では時空の曲率は無限大になる．光錐は特異点に近づくにつれてより傾く．どんな光錐の未来方向も特異点に向けられる．あなたが何をしようと，あなたがそこにいるなら，あなたは特異点に向かっていく．

ブラックホールを詳細に調べるとき，このことはもっと深く言う必要がある．今の議論の焦点は光錐自体が時空の構造を明らかにするということである．ロジャー・ペンローズが**ヌルテトラッド**の導入によって相対論を新しい方法で展開することに気づかせたのはこの概念である．このアプローチはブラックホールの研究と，重力波の研究にもとても便利である．その際，重力擾乱は光速で伝播する (そしてそのためヌルベクトルは適切な道具となる)．

基本的な考え方は次の通りである：我々はある方向に動く光線を記述する基底ベクトルを構成したい．問題を単純化するために，さしあたり特殊相対論の平坦空間を考えよう．$\hat{x}$ と $-\hat{x}$ に沿って動く光線を記述する2つのベクトルは，$\hat{t}+\hat{x}$ と $\hat{t}-\hat{x}$ である．これらのベクトルは，**ヌル**である．そしてそれは，ドット積によって定義されるそれらの長さが0であることを意味する．4次元空間のための基底を得るためには2つ余分に線形独立なベクトルが必要となる．これは他の空間座標 $\hat{y} \pm i\hat{z}$ からそれらを構成することによって行うことができる[*2].

[*2] 訳注：任意のヌルベクトル V に対して，$(V^0)^2 - (V^1)^2 - (V^2)^2 - (V^3)^2 = (V^0 - V^1)(V^0 + V^1) - (V^2 - iV^3)(V^2 + iV^3) = 0$ である．するとこの形より，ゼロでないお互いに線形独立な V の候補として特に，$\hat{t}+\hat{x}, \hat{t}-\hat{x}, \hat{y}+i\hat{z}, \hat{y}-i\hat{z}$ が選べる．

第 9 章 ヌルテトラッドとペトロフ分類

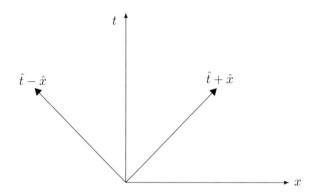

図 9.2 $\hat{x}$ と $-\hat{x}$ に沿って動く光線の方向を指す 2 つのヌルベクトル．

ヌルベクトル

　読者はすでに正規直交基底の導入がどのように素晴らしく計算を単純化し，座標に束縛されるよりももっと幾何学に集中できるのかを見てきた．本章では，その手続きをさらに推し進める．前節で述べた通り，ペンローズは時空構造の主要な要素が光錐であることを感じた．この考察を通して彼はテトラッド基底 (テトラッドは 4 つの基底ベクトルがあるという事実を表す) として**ヌルベクトル**の組を導入することを思いついた．

　読者は世界間隔が光的 $(\Delta s)^2 = 0$ であるとき，これは時間と距離が等しいことを意味するのを特殊相対論の学習から思いだすだろう．実は，ベクトルのドット積に対してその長さを考慮することによってこの概念をベクトルに持ち越すことができる．すなわち，**ヌルベクトル** $\vec{v}$ は，$\vec{v} \cdot \vec{v} = 0$ であるようなものである．

例 9.1

　次のベクトルが時間的，空間的，ヌルのいずれか分類せよ：

$$A^a = (-1,\ 4,\ 0,\ 1), \quad B^a = (2,\ 0,\ -1,\ 1), \quad C^a = (2,\ 0,\ -2,\ 0)$$

解答 9.1

ミンコフスキー計量は，

$$\eta_{ab} = \text{diag}(1, -1, -1, -1)$$

である．各ベクトルの成分を下げると，次のようになる：

$$A_a = \eta_{ab} A^b$$
$$\Rightarrow A_0 = \eta_{00} A^0 = (+1)(-1) = -1$$
$$A_1 = \eta_{11} A^1 = (-1)(4) = -4$$
$$A_2 = \eta_{22} A^2 = (-1)(0) = 0$$
$$A_3 = \eta_{33} A^3 = (-1)(1) = -1$$
$$\Rightarrow A_a = (-1, -4, 0, -1)$$

同様の手続きを残りのベクトルに対して行うと次を与える：

$$B_a = (2, 0, 1, -1) \quad \text{および} \quad C_a = (2, 0, 2, 0)$$

ドット積 $\vec{A} \cdot \vec{A}$, $\vec{B} \cdot \vec{B}$, および $\vec{C} \cdot \vec{C}$ を計算すると，まず，$\vec{A}$ に対しては，

$$A_a A^a = (-1)(-1) + (-4)(4) + 0 + (-1)(1) = 1 - 16 - 1 = -16$$

と求まる．計量に対してここで採用した約束の下で $A_a A^a < 0$ であることより，$\vec{A}$ は空間的である．次のベクトルに対しては，

$$B_a B^a = (2)(2) + 0 + (1)(-1) + (-1)(1) = 4 - 1 - 1 = 2$$
$$\Rightarrow B_a B^a > 0$$

と求まるので，$\vec{B}$ は時間的である．最後のベクトルに対しては，

$$C_a C^a = (2)(2) + 0 + (2)(-2) + 0 = 4 - 4 = 0$$

となり，$C_a C^a = 0$ より，これはヌルベクトルである．

ヌルテトラッド

今,読者はミンコフスキー空間のヌルベクトルについて思い出したので,早速本章の話題に移ろう.ここでは,l, n, m,および $\overline{m}$ によって表されるテトラッドあるいは,4元基底ベクトルを導入することから始める.基底ベクトルを定義するのに何を使用したかによって,これらのベクトルのうち2つが**複素ベクトル**であることが許される.具体的には,

$$l, n \text{ は実ベクトル} \\ m, \overline{m} \text{ は複素ベクトル} \tag{9.1}$$

表記から明らかなように,m および $\overline{m}$ は一方から他方への複素共役である.次に見るべき重要な点は,これらの基底ベクトルがミンコフスキー計量に関するヌルベクトルであるということである.前節で簡単に見たことにより,これは

$$l \cdot l = n \cdot n = m \cdot m = \overline{m} \cdot \overline{m} = 0 \tag{9.2}$$

,またはたとえば $\eta_{ab} l^a l^b = 0$ と書くことができることを意味する.さらに,これらのベクトルは次の実および複素ベクトルの間のドット積に対して直交的関係を満たす:

$$l \cdot m = l \cdot \overline{m} = n \cdot m = n \cdot \overline{m} = 0 \tag{9.3}$$

テトラッドを特徴づけるにはさらに2つの情報が必要となる.最初のものは2つの実ベクトルが

$$l \cdot n = 1 \tag{9.4}$$

を満たすというものであり,最後のものは複素ベクトルが

$$m \cdot \overline{m} = -1 \tag{9.5}$$

を満たすというものである.

9.0 ヌルテトラッド

9.0.1 ヌルテトラッドを構成する

ヌルテトラッドはここまで読んできた読者がすでに知っていることを使えばやや簡単に構成できることが判明する．これは正規直交1形式 $\omega^{\hat{a}}$ を使うことによって行うことができる．まず最初にいくつかの関係を述べ，それから $\omega^{\hat{a}}$ をヌルテトラッドに変換する行列を書き下す．与えられた時空に対して，次のように正規直交テトラッドが定義されているものと仮定しよう[*3]：

$$v^a \qquad \text{時間的ベクトル}$$
$$i^a, j^a, k^a \quad \text{空間的ベクトル}$$

すると，ヌルテトラッドは単純なレシピを使って構成できる．
2つの実ベクトルは

$$l^a = \frac{v^a + i^a}{\sqrt{2}} \quad \text{および} \quad n^a = \frac{v^a - i^a}{\sqrt{2}} \tag{9.6}$$

によって与えられるが，2つの複素ベクトルは

$$m^a = \frac{j^a + ik^a}{\sqrt{2}} \quad \text{および} \quad \overline{m}^a = \frac{j^a - ik^a}{\sqrt{2}} \tag{9.7}$$

を使って構成することができる．

例 9.2

(9.6) によって与えられた定義から，$\eta_{ab}l^a l^b = 0$ および $\eta_{ab}l^a n^b = 1$ が導かれることを示せ．

解答 9.2

ベクトル v^a, i^a, j^a, および k^a は正規直交テトラッドを構成する．v^a が時間的であることより，$\eta_{ab}v^a v^b = +1$ が成り立つ．一方，i^a は空間的であることより，$\eta_{ab}i^a i^b = -1$ を満たす．また，正規直交性から，$\vec{v}\cdot\vec{i} = 0$ が分

[*3] 訳注：ここで空間的ベクトルとして i^a が現れるが，もちろんこれは虚数記号 i とは何の関係もない．ここでは m の定義に虚数記号 i も現れ紛らわしいので注意してほしい．

かる．これらの情報をもとに進めると，

$$\eta_{ab}l^a l^b = \eta_{ab}\left(\frac{v^a+i^a}{\sqrt{2}}\right)\left(\frac{v^b+i^b}{\sqrt{2}}\right) = \frac{1}{2}\eta_{ab}\left(v^a v^b + v^a i^b + i^a v^b + i^a i^b\right)$$
$$= \frac{1}{2}(1+0+0-1) = 0$$

が得られる．2番目の場合については，

$$\eta_{ab}l^a n^b = \eta_{ab}\left(\frac{v^a+i^a}{\sqrt{2}}\right)\left(\frac{v^b-i^b}{\sqrt{2}}\right) = \frac{1}{2}\eta_{ab}\left(v^a v^b - v^a i^b + i^a v^b - i^a i^b\right)$$
$$= \frac{1}{2}(1+0+0+1) = 1$$

が得られる．

それでは，いくつかの特定の場合についてどのようにヌルテトラッドを構成するか見てみよう．成分 g_{ab} として座標基底で計量を使っているときに便利な2つの関係は，計量テンソルの成分にヌルテトラッドを

$$g_{ab} = l_a n_b + l_b n_a - m_a \overline{m}_b - m_b \overline{m}_a \tag{9.8}$$
$$g^{ab} = l^a n^b + l^b n^a - m^a \overline{m}^b - m^b \overline{m}^a \tag{9.9}$$

のように関係づけることである*4 本書で推奨する方法である正規直交テトラッドを使っているときは，2つの基底は次のように関係する：

$$\begin{pmatrix} l \\ n \\ m \\ \overline{m} \end{pmatrix} = \frac{1}{\sqrt{2}}\begin{pmatrix} 1 & 1 & 0 & 0 \\ 1 & -1 & 0 & 0 \\ 0 & 0 & 1 & i \\ 0 & 0 & 1 & -i \end{pmatrix}\begin{pmatrix} \omega^{\hat{0}} \\ \omega^{\hat{1}} \\ \omega^{\hat{2}} \\ \omega^{\hat{3}} \end{pmatrix} \tag{9.10}$$

[*4] 訳注：ヌルテトラッドを $(e_0{}^a, e_1{}^a, e_2{}^a, e_3{}^a) = (l^a, n^a, m^a, \overline{m}^a)$ と置くと，$g_{\alpha\beta} = \boldsymbol{e}_\alpha \cdot \boldsymbol{e}_\beta = e_\alpha{}^a e_{\beta a}$ より，

$$g_{\alpha\beta} = \begin{pmatrix} 0 & 1 & 0 & 0 \\ 1 & 0 & 0 & 0 \\ 0 & 0 & 0 & -1 \\ 0 & 0 & -1 & 0 \end{pmatrix} \quad \left(= g^{\alpha\beta}\right)$$

となる．すると，$g^{ab} = \boldsymbol{e}^a \cdot \boldsymbol{e}^b = e_\alpha{}^a e^{\alpha b} = g^{\alpha\beta} e_\alpha{}^a e_\beta{}^b$ より，$g^{ab} = g^{01} e_0{}^a e_1{}^b + g^{10} e_1{}^a e_0{}^b + g^{23} e_2{}^a e_3{}^b + g^{32} e_3{}^a e_2{}^b$ となるので，式 (9.9) が得られる．

例 9.3

球座標で書かれた平坦なミンコフスキー計量を考えよ:

$$ds^2 = dt^2 - dr^2 - r^2 d\theta^2 - r^2 \sin^2\theta \, d\phi^2$$

この計量のヌルテトラッドを構成せよ．

解答 9.3

計量の成分を書き下すと，

$$g_{ab} = \begin{pmatrix} 1 & 0 & 0 & 0 \\ 0 & -1 & 0 & 0 \\ 0 & 0 & -r^2 & 0 \\ 0 & 0 & 0 & -r^2 \sin^2\theta \end{pmatrix} \tag{9.11}$$

となる．第 5 章に戻って確認すると，この計量に対する正規直交基底 1 形式を書くことができる．それらは，

$$\omega^{\hat{t}} = dt, \qquad \omega^{\hat{r}} = dr, \qquad \omega^{\hat{\theta}} = r\, d\theta, \qquad \omega^{\hat{\phi}} = r\sin\theta\, d\phi$$

である．(9.10) を適用すると，次の関係が得られる:

$$l = \frac{\omega^{\hat{t}} + \omega^{\hat{r}}}{\sqrt{2}} = \frac{dt + dr}{\sqrt{2}}$$

$$n = \frac{\omega^{\hat{t}} - \omega^{\hat{r}}}{\sqrt{2}} = \frac{dt - dr}{\sqrt{2}}$$

$$m = \frac{\omega^{\hat{\theta}} + i\omega^{\hat{\phi}}}{\sqrt{2}} = \frac{r\, d\theta + ir\sin\theta\, d\phi}{\sqrt{2}}$$

$$\overline{m} = \frac{\omega^{\hat{\theta}} - i\omega^{\hat{\phi}}}{\sqrt{2}} = \frac{r\, d\theta - ir\sin\theta\, d\phi}{\sqrt{2}}$$

多くの場合，ベクトルは座標基底に関する成分で書かれる．すなわち，$v^a = \left(v^0,\ v^1,\ v^2,\ v^3\right)$ またはこの場合，$v^a = \left(v^t,\ v^r,\ v^\theta,\ v^\phi\right)$ あるいは，

$v_a = (v_t,\ v_r,\ v_\theta,\ v_\phi)$ である．この記号法を使うと，

$$l_a = \frac{1}{\sqrt{2}}(1,\ 1,\ 0,\ 0), \qquad n_a = \frac{1}{\sqrt{2}}(1,\ -1,\ 0,\ 0)$$

$$m_a = \frac{1}{\sqrt{2}}(0,\ 0,\ r,\ ir\sin\theta), \qquad \overline{m}_a = \frac{1}{\sqrt{2}}(0,\ 0,\ r,\ -ir\sin\theta)$$

が成り立つ．これを心に留めておいて，(9.8) を確かめよう．(9.11) の g_{tt} から始めると，

$$g_{tt} = l_t n_t + l_t n_t - m_t \overline{m}_t - m_t \overline{m}_t = \left(\frac{1}{\sqrt{2}}\right)\left(\frac{1}{\sqrt{2}}\right) + \left(\frac{1}{\sqrt{2}}\right)\left(\frac{1}{\sqrt{2}}\right)$$
$$= \frac{1}{2} + \frac{1}{2} = 1$$

が成り立つ．続けると，

$$g_{rr} = l_r n_r + l_r n_r - m_r \overline{m}_r - m_r \overline{m}_r$$
$$= \left(\frac{1}{\sqrt{2}}\right)\left(-\frac{1}{\sqrt{2}}\right) + \left(\frac{1}{\sqrt{2}}\right)\left(-\frac{1}{\sqrt{2}}\right)$$
$$= -\frac{1}{2} - \frac{1}{2} = -1$$

$$g_{\theta\theta} = l_\theta n_\theta + l_\theta n_\theta - m_\theta \overline{m}_\theta - m_\theta \overline{m}_\theta = -\left(\frac{r}{\sqrt{2}}\right)\left(\frac{r}{\sqrt{2}}\right) - \left(\frac{r}{\sqrt{2}}\right)\left(\frac{r}{\sqrt{2}}\right)$$
$$= -\frac{r^2}{2} - \frac{r^2}{2} = -r^2$$

$$g_{\phi\phi} = l_\phi n_\phi + l_\phi n_\phi - m_\phi \overline{m}_\phi - m_\phi \overline{m}_\phi = -2\left(\frac{ir\sin\theta}{\sqrt{2}}\right)\left(-\frac{ir\sin\theta}{\sqrt{2}}\right)$$
$$= -r^2 \sin{}^2\theta$$

が得られる．計量 g_{ab} を使ってヌルテトラッドの添字の上げ下げができる．これを見るために，(9.2), (9.3), (9.4), および (9.5) で定義されたドット積の関係と一緒に (9.9) を使う．1 つの場合だけ考えてみよう．まず，

$$g^{ab} = l^a n^b + l^b n^a - m^a \overline{m}^b - m^b \overline{m}^a$$

9.0 ヌルテトラッド 215

が成り立つ．$l^a = g^{ab} l_b$ が望むものである．だから，l_b を両辺に挿入してみよう：
$$g^{ab} l_b = l^a n^b l_b + l^b n^a l_b - m^a \overline{m}^b l_b - m^b \overline{m}^a l_b$$

さて，少しだけ項を並べ替えて，$A \cdot B = A^b B_b$ という事実を使うと次のように書ける：
$$g^{ab} l_b = l^a n^b l_b + n^a l^b l_b - m^a \overline{m}^b l_b - \overline{m}^a m^b l_b$$
$$= l^a (l \cdot n) + n^a (l \cdot l) - m^a (\overline{m} \cdot l) - \overline{m}^a (m \cdot l)$$

ドット積関係は生き残る項が $l \cdot n = 1$ であることを告げる．こうして，望まれた結果 $l^a = g^{ab} l_b$ が得られた．

例 9.4

例 9.3 の計量のとき，g^{ab} を使って，l^a, n^a, および m^a を求め，(9.2), (9.4), および (9.5) で与えられたドット積関係を確かめよ．

解答 9.4

上付き添字を持つ計量は，
$$g^{ab} = \begin{pmatrix} 1 & 0 & 0 & 0 \\ 0 & -1 & 0 & 0 \\ 0 & 0 & -\frac{1}{r^2} & 0 \\ 0 & 0 & 0 & -\frac{1}{r^2 \sin^2 \theta} \end{pmatrix}$$

によって与えられる．これはお馴染みの方法で進めることができる．$l^a = g^{ab} l_b$ および $l_a = \frac{1}{\sqrt{2}} (1,\ 1,\ 0,\ 0)$ に対しては，

$$l^t = g^{tt} \left(\frac{1}{\sqrt{2}}\right) = (+1) \left(\frac{1}{\sqrt{2}}\right) = \frac{1}{\sqrt{2}}$$
$$l^r = g^{rr} \left(\frac{1}{\sqrt{2}}\right) = (-1) \left(\frac{1}{\sqrt{2}}\right) = -\frac{1}{\sqrt{2}}$$
$$\Rightarrow l^a = \frac{1}{\sqrt{2}} (1,\ -1,\ 0,\ 0)$$

が成り立つ．したがって，

$$l \cdot l = l^a l_a = \left(\frac{1}{\sqrt{2}}\right)\left(\frac{1}{\sqrt{2}}\right) + \left(-\frac{1}{\sqrt{2}}\right)\left(\frac{1}{\sqrt{2}}\right) = \frac{1}{2} - \frac{1}{2} = 0$$

が成り立つ．$n_a = \frac{1}{\sqrt{2}}(1, -1, 0, 0)$ に対しては，

$$n^t = g^{tt}\left(\frac{1}{\sqrt{2}}\right) = (+1)\left(\frac{1}{\sqrt{2}}\right) = \frac{1}{\sqrt{2}}$$
$$n^r = g^{rr}\left(-\frac{1}{\sqrt{2}}\right) = (-1)\left(-\frac{1}{\sqrt{2}}\right) = \frac{1}{\sqrt{2}}$$
$$\Rightarrow n^a = \frac{1}{\sqrt{2}}(1, 1, 0, 0)$$

が得られる．したがって，$n \cdot n = n^a n_a = \left(\frac{1}{\sqrt{2}}\right)\left(\frac{1}{\sqrt{2}}\right) + \left(\frac{1}{\sqrt{2}}\right)\left(-\frac{1}{\sqrt{2}}\right) = \frac{1}{2} - \frac{1}{2} = 0$ が成り立つ．また，

$$l \cdot n = l^a n_a = \left(\frac{1}{\sqrt{2}}\right)\left(\frac{1}{\sqrt{2}}\right) + \left(-\frac{1}{\sqrt{2}}\right)\left(-\frac{1}{\sqrt{2}}\right) = \frac{1}{2} + \frac{1}{2} = 1$$

と計算される．これまでのところは問題がない．さて，複素基底ベクトルについて確認してみよう．m^a に対しては，

$$m^\theta = g^{\theta\theta} m_\theta = \left(-\frac{1}{r^2}\right)\left(\frac{r}{\sqrt{2}}\right) = -\frac{1}{\sqrt{2}r}$$
$$m^\phi = g^{\phi\phi} m_\phi = \left(-\frac{1}{r^2 \sin^2\theta}\right)\left(\frac{ir\sin\theta}{\sqrt{2}}\right) = -\frac{i}{\sqrt{2}r\sin\theta}$$
$$\Rightarrow m^a = \frac{1}{\sqrt{2}}(0, 0, -1/r, -i/r\sin\theta)$$

と求まる．したがって，

$$m \cdot \overline{m} = m^a \overline{m}_a = \frac{1}{2}\left[\left(-\frac{1}{r}\right)(r) + \left(-\frac{i}{r\sin\theta}\right)(-ir\sin\theta)\right] = \frac{1}{2}(-1 - 1)$$
$$= -1$$

が成り立つので，すべてが期待通りの結果になっていることが分かる．

9.0 技法を拡張する

ヌルテトラッドを使って基準計量を構成する

ヌルテトラッドを使って基準 (frame) 計量 $\nu_{\hat{a}\hat{b}}$ を構成することができる．$\nu_{\hat{a}\hat{b}}$ の要素が $\nu_{\hat{a}\hat{b}} = e_{\hat{a}} \cdot e_{\hat{b}}$ であり，したがって次のように指定する：

$$e_{\hat{0}} = l, \qquad e_{\hat{1}} = n, \qquad e_{\hat{2}} = m, \qquad e_{\hat{3}} = \overline{m}$$

式 (9.4) と (9.5) と一緒に直交的関係を使うと，容易に次のようになることが分かる：

$$v_{\hat{a}\hat{b}} = v^{\hat{a}\hat{b}} = \begin{pmatrix} 0 & 1 & 0 & 0 \\ 1 & 0 & 0 & 0 \\ 0 & 0 & 0 & -1 \\ 0 & 0 & -1 & 0 \end{pmatrix} \qquad (9.12)$$

技法を拡張する

ここでは今から，曲率テンソルと関係する量の計算のための新しい表記法と手法である，**ニューマン-ペンローズ技法** を導入する．この技法は，ヌルベクトルを扱うのに有利で，それらを使って，曲率テンソルの成分を直接計算することができる．それにより，与えられた時空についてのいくつかの有益な情報の断片を抽出することができる．それはまた，ブラックホールと重力放射の研究で非常に有用であることが証明される**ペトロフ分類**と呼ばれる分類体系と一緒に結びつけることができる．

まず最初に，いくつかの表記法を導入しよう．基底ベクトルの一組として，ヌルテトラッドは方向微分であると考えることができる．したがって，次のように定義することができる：

$$D = l^a \nabla_a, \qquad \Delta = n^a \nabla_a, \qquad \delta = m^a \nabla_a, \qquad \overline{\delta} = \overline{m}^a \nabla_a \qquad (9.13)$$

次に，**スピン係数** と呼ばれる記号の組を定義する．これらのスカラー (それは複素数でもよい) は 2 つの方法で定義することができる．最初は，リッ

チ回転係数に関してそれらを書き留めることである.

$$
\begin{aligned}
&\pi = \Gamma_{130}, \quad \nu = \Gamma_{131}, \quad \lambda = \Gamma_{133}, \quad \mu = \Gamma_{132} \\
&\tau = \Gamma_{201}, \quad \sigma = \Gamma_{202}, \quad \kappa = \Gamma_{200}, \quad \rho = \Gamma_{203} \\
&\varepsilon = \frac{1}{2}\left(\Gamma_{100} + \Gamma_{230}\right), \quad \gamma = \frac{1}{2}\left(\Gamma_{101} + \Gamma_{231}\right) \\
&\alpha = \frac{1}{2}\left(\Gamma_{103} + \Gamma_{233}\right), \quad \beta = \frac{1}{2}\left(\Gamma_{102} + \Gamma_{232}\right)
\end{aligned}
\tag{9.14}
$$

さらに良いことに,これらの係数はヌルテトラッドに関して直接的に定義することもできる:

$$
\begin{aligned}
&\pi = -\nabla_b n_a \overline{m}^a l^b, \quad \nu = -\nabla_b n_a \overline{m}^a n^b, \quad \lambda = -\nabla_b n_a \overline{m}^a \overline{m}^b, \\
&\mu = -\nabla_b n_a \overline{m}^a m^b \\
&\tau = \nabla_b l_a m^a n^b, \quad \sigma = \nabla_b l_a m^a m^b, \quad \kappa = \nabla_b l_a m^a l^b, \quad \rho = \nabla_b l_a m^a \overline{m}^b \\
&\varepsilon = \frac{1}{2}\left(\nabla_b l_a n^a l^b - \nabla_b m_a \overline{m}^a l^b\right), \quad \gamma = \frac{1}{2}\left(\nabla_b l_a n^a n^b - \nabla_b m_a \overline{m}^a n^b\right) \\
&\alpha = \frac{1}{2}\left(\nabla_b l_a n^a \overline{m}^b - \nabla_b m_a \overline{m}^a \overline{m}^b\right), \beta = \frac{1}{2}\left(\nabla_b l_a n^a m^b - \nabla_b m_a \overline{m}^a m^b\right)
\end{aligned}
\tag{9.15}
$$

リッチ回転係数を求めた後 (または座標基底においてはクリストッフェル記号を求めた後) の通常の作業の流れにおいては, 曲率テンソルを求める問題に取り組む. ここでは同じアプローチをとる. したがって一度スピン係数を手にした今, リッチテンソルと, 曲率テンソルの成分を得ることができる. しかし, ニューマン-ペンローズ技法においては, 我々は **ワイルテンソル**に焦点を当てる. この定義は第 4 章から思いだそう.

座標基底では,ワイルテンソルは曲率テンソルに関して次のように定義される:

$$
\begin{aligned}
C_{abcd} = R_{abcd} &+ \frac{1}{2}\left(g_{ad}R_{cb} + g_{bc}R_{da} - g_{ac}R_{db} - g_{bd}R_{ca}\right) \\
&+ \frac{1}{6}\left(g_{ac}g_{db} - g_{ad}g_{cb}\right)R
\end{aligned}
$$

9.0 技法を拡張する

ワイルテンソルはスカラーを使って表す 10 個の独立成分がある．これらは**ワイルスカラー**と呼ばれ，次によって与えられる：

$$\Psi_0 = -C_{abcd} l^a m^b l^c m^d \tag{9.16}$$

$$\Psi_1 = -C_{abcd} l^a n^b l^c m^d \tag{9.17}$$

$$\Psi_2 = -C_{abcd} l^a m^b \overline{m}^c n^d \tag{9.18}$$

$$\Psi_3 = -C_{abcd} n^a l^b n^c \overline{m}^d \tag{9.19}$$

$$\Psi_4 = -C_{abcd} n^a \overline{m}^b n^c \overline{m}^d \tag{9.20}$$

加えて，次の関係式が成り立つ：

$$\begin{aligned} C_{0101} = C_{2323} = -(\Psi_1 + \Psi_2^*) \\ C_{0123} = \Psi_2 - \Psi_2^* \end{aligned} \tag{9.21}$$

最後に，ここではスカラーの組によってリッチテンソルを表すためにいくつかの表記法を開発する．これは，4 つの実スカラーと 3 つの複素スカラーを必要とする．これらは次の通りである：

$$\begin{aligned} \Phi_{00} = -\frac{1}{2} R_{ab} l^a l^b, \quad \Phi_{01} = -\frac{1}{2} R_{ab} l^a m^b, \quad \Phi_{02} = -\frac{1}{2} R_{ab} m^a m^b \\ \Phi_{11} = -\frac{1}{4} R_{ab} \left(l^a n^b + m^a \overline{m}^b \right), \quad \Phi_{12} = -\frac{1}{2} R_{ab} n^a m^b, \\ \Phi_{22} = -\frac{1}{2} R_{ab} n^a n^b \\ \Lambda_{NP} = \frac{1}{24} R \end{aligned} \tag{9.22}$$

R_{ab} とワイルテンソルの成分を求め，それからそれらを使ってこれらのスカラーを計算することはできるが，それは的を外れているだろう．これらその他の量を使うことを避けながらすべてをヌルベクトルから直接計算したい．そうする方法があるというのは別に驚くには値しない．まず，式 (9.15) を使ってヌルテトラッドから直接スピン係数 を計算する．次の手順はニューマン-ペンローズ恒等式と呼ばれる巨大な外観の方程式の組に依存

する．これらの恐ろしげな方程式はワイルスカラーおよびリッチスカラーを得るためにスピン係数に適用される方向微分を使う．

全部で 18 の恒等式があるのでここではそれら全部を記載しない．その代わりにここでは次の例の計算で便利な 2 つを列挙する．これはこの方法の雰囲気を伝えるには十分であろう．この方法の詳細を理解することに関心のある読者はグリフィス (Griffiths)(1991) またはチャンドラセカール (Chandrasekhar) (1992) を参照すると良いだろう．ワイルスカラーおよびリッチスカラーを計算するのに便利な 2 つの方程式は次である：

$$\Delta\lambda - \overline{\delta}\nu = -\lambda\left(\mu + \overline{\mu}\right) - \lambda\left(3\gamma - \overline{\gamma}\right) + \nu\left(3\alpha + \overline{\beta} + \pi - \overline{\tau}\right) - \Psi_4 \quad (9.23)$$

$$\delta\nu - \Delta\mu = \mu^2 + \lambda\overline{\lambda} + \mu\left(\gamma + \overline{\gamma}\right) - \overline{\nu}\pi + \nu\left(\tau - 3\beta - \overline{\alpha}\right) + \Phi_{22} \quad (9.24)$$

例題に入る前に，まずこれらの定義のいくつかの物理的解釈を議論するために時間を割こう．

物理的解釈とペトロフ分類

真空中では，曲率テンソルとワイルテンソルは一致する．そのため，多くの場合，ワイルテンソルのみを学習すれば十分である．ワイルテンソルの代数的対称性を説明する**ペトロフ分類**は，光に関するこれらの考慮事項において非常に有益であろう．この分類の意味を理解するために，行列と固有ベクトルに関して考えよう．行列の固有ベクトルは縮退することができ，多重に発生することがあり得る．同じことがここで起こり，ワイルテンソルは多重に発生しうる「固有ベクトル」の集まりを持つ．固有 2 重ベクトル[*5] は α をスカラーとするとき，

$$\frac{1}{2}C^{ab}{}_{cd}V^{cd} = \alpha V^{ab}$$

[*5] 訳注：固有 2 重ベクトルは英語の『eigenbivector』の訳であるが，双線形の意味での 2 重であり，必ずしも固有値が 2 重に縮退しているというわけではない．

9.0 物理的解釈とペトロフ分類 — 221

を満たす．ここで調べる範囲を超えるが，数学的理由により，ワイルテンソルは最大 4 つの固有 2 重ベクトルを持つことができる．

　物理的には，ペトロフ分類はそれが認める**主ヌル方向**の数によって時空を特徴づける方法である．固有 2 重ベクトルの多重性は主ヌル方向の数に対応する．固有 2 重ベクトルが一意 (重複度が 1) であるとき，それは**単純**であると呼ばれる．ここでは，それらが重複された回数によって異なる固有 2 重ベクトル (およびそれ故ヌル方向) を区別する．もしここで，3 重のヌル方向が存在するというとき，これは 3 つのヌル方向が一致するということを意味する．

　時空はここで今要約したペトロフ体系に分類することが可能な 6 つの基本的な種類がある：

I 型．すべての 4 つの主ヌル方向が異なっている (4 つの単純な主ヌル方向がある)．これはまた**代数的一般時空**として知られる．残りの種類は**代数的特殊**として知られる．

II 型．2 つの単純なヌル方向と，1 つの 2 重ヌル方向が存在する．

III 型．単一の異なるヌル方向と 3 重のヌル方向がある．この型は潮汐効果による剪断を持つ縦波重力波に相当する．

D 型．2 つの 2 重な主ヌル方向が存在する．

ペトロフ D 型は星やブラックホールの重力場 (シュワルツシルトまたはカー真空) と関連する．2 つの主ヌル方向は入出光線の合同に対応する．

N 型．重複度 4 の単一の主ヌル方向が存在する．これは横波重力波に一致する．

O 型．ワイルテンソルは消滅し，時空は共形的に平坦である．

我々は主ヌル方向と Ψ_A を調べることによってそれらが重複された回数について学ぶことができる．注意すべき 3 つの状況がある：

- **2 重の主ヌル方向が存在する**：ワイルテンソルの 0 でない成分は $\Psi_2, \Psi_3,$ およびΨ_4 である．
- **3 重の主ヌル方向が存在する (III 型)**：ワイルテンソルの 0 でない成分は Ψ_3 およびΨ_4 である．
- **4 重の主ヌル方向が存在する (N 型)**：ワイルテンソルの 0 でない成分は Ψ_4 である．

ワイルテンソルの消滅する成分からヌルベクトル l^a および n^a についても分かる．たとえば，$\Psi_0 = 0$ ならば，l^a は主ヌル方向と平行である．その一方で $\Psi_4 = 0$ ならば n^a は主ヌル方向と平行である．$\Psi_0 = \Psi_1 = 0$ ならば，l^a は主ヌル方向に整列される．

重力放射の文脈では次の解釈が成り立つ：

Ψ_0 n^a 方向の横波成分
Ψ_1 n^a 方向の縦波成分
Ψ_3 l^a 方向の縦波成分
Ψ_4 l^a 方向の横波成分

最後に，ここではいくつかのスピン係数の物理的意味について触れる．まず，l^a によって定義されるヌル光線束を考える．

$\kappa = 0$ l^a はヌル合同 (null congruence) に接する．
$-\mathrm{Re}(\rho)$ ヌル合同の膨張 ((光線) は放射状に発散する)
$\mathrm{Im}(\rho)$ ヌル合同のねじれ
$|\sigma|$ ヌル合同の剪断

n^a によって定義される合同に対して，これらの定義は $-\nu, -\mu,$ および $-\lambda$ に対して成り立つ．

例 9.5

平面重力波を記述するブリンクマン (Brinkmann) 計量を考えよ：

$$ds^2 = H(u,\ x,\ y)\, du^2 + 2\, du\, dv - dx^2 - dy^2$$

0 でないワイルスカラーとリッチテンソルの成分を求め，それらを解釈せよ．

解答 9.5

正規直交 1 形式の基底を定義して通常の方法で進めることによって，これらの量を計算することができる．そして (9.22) と関連する方程式を使って望まれた量を直接計算することができる．しかし，ここでは新しいアプローチを採用し，リッチスカラーおよびワイルスカラーをヌルテトラッドから直接計算するためにニューマン-ペンローズ恒等式を使う．

この座標は (u,v,x,y) である．ただし，u，v はヌル座標である．具体的には，$u = t - x$ および $v = t + x$．ベクトル ∂_v は波の伝播方向を定義する．したがって，

$$l^a = (0,\ 1,\ 0,\ 0) = \partial_v$$

と採ることが便利である．計量テンソルの成分を使って添字の上げ下げができるので，座標基底でそれらを同定しよう．計量が次のように書けることを思いだそう：

$$ds^2 = g_{ab} dx^a dx^b$$

したがって，望みの項を読み取ることができる．交差項が $2du dv = g_{uv} du dv + g_{vu} dv du$ によって与えられるので，$g_{uv} = g_{vu} = 1$ をとることに注意しよう．その他の項はすぐに読み取れる．したがって，$(u,\ v,\ x,\ y)$ の順に座標を並べると，

$$(g_{ab}) = \begin{pmatrix} H & 1 & 0 & 0 \\ 1 & 0 & 0 & 0 \\ 0 & 0 & -1 & 0 \\ 0 & 0 & 0 & -1 \end{pmatrix}$$

が得られる．この行列の逆行列は上付き添字を持つ座標基底における計量テンソルの成分を与える：

$$(g^{ab}) = \begin{pmatrix} 0 & 1 & 0 & 0 \\ 1 & -H & 0 & 0 \\ 0 & 0 & -1 & 0 \\ 0 & 0 & 0 & -1 \end{pmatrix}$$

この情報をもとに，ヌルベクトルの様々な成分を計算することができる．まず，$l^a = (0,\ 1,\ 0,\ 0)$ から始める．添字を下げることにより，

$$l_a = g_{ab} l^b = g_{av} l^v$$

と求まる．この形の計量の 0 でない項は $g_{uv} = 1$ のみである．したがって

$$\begin{aligned} l_u &= g_{uv} l^v = 1 \\ \Rightarrow l_a &= (1,\ 0,\ 0,\ 0) \end{aligned} \tag{9.25}$$

と結論づけられる．このテトラッドの残りの成分を求めるために，式 (8) および (9) を適用することができる．前のページを見返さなくて済むように，g_{ab} の恒等式を再掲しよう．

$$g_{ab} = l_a n_b + l_b n_a - m_a \overline{m}_b - m_b \overline{m}_a$$

一度すべての成分を下付き添字で得たなら，必要となるすべての他の成分を得るために g^{ab} を使って添字を上げることができる．この計量にはあまり多くの項がないことより，この手順は比較的痛みを伴わない．最初のヌルベクトルの 0 でない唯一の成分として $l_u = 1$ もまた成り立つことより，すべての個別の場合を考慮することなくすべての項がどうなるか実際に答えることができる．上から始めると，

$$\begin{aligned} g_{uu} &= H = 2 l_u n_u - 2 m_u \overline{m}_u \\ g_{uv} &= 1 = l_u n_v + l_v n_u - m_u \overline{m}_v - \overline{m}_u m_v = l_u n_v - m_u \overline{m}_v - \overline{m}_u m_v \\ g_{vu} &= 1 = l_v n_u + l_u n_v - m_v \overline{m}_u - \overline{m}_v m_u = l_u n_v - m_v \overline{m}_u - \overline{m}_v m_u \\ g_{xx} &= -1 = 2 l_x n_x - 2 m_x \overline{m}_x = -2 m_x \overline{m}_x \\ g_{yy} &= -1 = 2 l_y n_y - 2 m_y \overline{m}_y = -2 m_y \overline{m}_y \end{aligned}$$

9.0 物理的解釈とペトロフ分類　　　　　　　　　　　　　　　　　　**225**

が得られる．ここでしなければならないすべてのことが，計量を与え返すヌルテトラッドを考えだすことであることより，幾らかの仮定をしても大丈夫である．ここでは $m_u = m_v = \overline{m}_u = \overline{m}_v = 0$ をとり，m の x 成分が実数であると仮定する．すると，最初と 2 番目の方程式より，$l_u = 1$ であることから，

$$n_u = \frac{1}{2}H \quad \text{および} \quad n_v = 1$$

が得られる．いま，n はヌルベクトルであるから，$n_x = n_y = 0$ と置いてもよい．4 番目の方程式は

$$m_x = \overline{m}_x = \frac{1}{\sqrt{2}}$$

をもたらす．これらの項はそれらがお互いに複素共役であり，実数であることよりお互いに等しい．最後の方程式は m の虚部を与える．いずれにせよすべてをまとめると，

$$\begin{aligned} l_a &= (1,\ 0,\ 0,\ 0), & n_a &= \left(\frac{1}{2}H,\ 1,\ 0,\ 0\right) \\ m_a &= \frac{1}{\sqrt{2}}(0,\ 0,\ 1,\ -i), & \overline{m}_a &= \frac{1}{\sqrt{2}}(0,\ 0,\ 1,\ i) \end{aligned} \tag{9.26}$$

が成り立つ．次に，g^{ab} を使って添字を上げる．ここまでですでに l^a が何か分かっている．n^a の成分は

$$n^a = g^{ab} n_b$$
$$\Rightarrow n^u = g^{ub} n_b = g^{uv} n_v = n_v = 1$$
$$n^v = g^{vb} n_b = g^{vu} n_u + g^{vv} n_v = n_u - H n_v = \frac{1}{2}H - H = -\frac{1}{2}H$$

残りの成分が 0 であることは簡単に確かめられる．最終結果は，

$$n^a = \left(1,\ -\frac{1}{2}H,\ 0,\ 0\right) \tag{9.27}$$

である．同様の計算で，

$$m^a = \frac{1}{\sqrt{2}}(0, 0, -1, i) \quad \text{and} \quad \overline{m}^a = \frac{1}{\sqrt{2}}(0, 0, -1, -i) \tag{9.28}$$

が示される．共変微分を計算するためにこの計量に対するクリストッフェル記号がこれから必要になる．これらはかなり簡単に計算できる．ここではそれらのうち 2 つを明白な形で計算する．いま，

$$\Gamma^v{}_{xu} = \frac{1}{2}g^{vd}\left(\partial_x g_{du} + \partial_u g_{dx} - \partial_d g_{xu}\right)$$

である．この計量に関する定数でない項がただ 1 つ存在し，それは $g_{uu} = H$ である．したがって，後ろ 2 つの項は落とせてこの項は，次のように単純になる：

$$\Gamma^v{}_{xu} = \frac{1}{2}g^{vu}\left(\partial_x g_{uu}\right) = \frac{1}{2}\frac{\partial H}{\partial x}$$

x に y を代入すると似たような結果である

$$\Gamma^v{}_{yu} = \frac{1}{2}g^{vu}\left(\partial_y g_{uu}\right) = \frac{1}{2}\frac{\partial H}{\partial y}$$

を生む．すべてを一緒にすると，この計量に対する 0 でないクリストッフェル記号は，

$$\begin{aligned}\Gamma^v{}_{xu} &= \frac{1}{2}\frac{\partial H}{\partial x}, & \Gamma^v{}_{yu} &= \frac{1}{2}\frac{\partial H}{\partial y} \\ \Gamma^v{}_{uu} &= \frac{1}{2}\frac{\partial H}{\partial u}, & \Gamma^x{}_{uu} &= \frac{1}{2}\frac{\partial H}{\partial x}, & \Gamma^y{}_{uu} &= \frac{1}{2}\frac{\partial H}{\partial y}\end{aligned} \qquad (9.29)$$

となる．この情報をもとに，スピン係数とワイルスカラーを計算することができる．スピン係数は次から計算することができる：

$$\pi = -\nabla_b n_a \overline{m}^a l^b, \nu = -\nabla_b n_a \overline{m}^a n^b, \lambda = -\nabla_b n_a \overline{m}^a \overline{m}^b,$$
$$\mu = -\nabla_b n_a \overline{m}^a m^b$$
$$\tau = \nabla_b l_a m^a n^b, \sigma = \nabla_b l_a m^a m^b, \kappa = \nabla_b l_a m^a l^b, \rho = \nabla_b l_a m^a \overline{m}^b$$
$$\varepsilon = \frac{1}{2}\left(\nabla_b l_a n^a l^b - \nabla_b m_a \overline{m}^a l^b\right), \gamma = \frac{1}{2}\left(\nabla_b l_a n^a n^b - \nabla_b m_a \overline{m}^a n^b\right)$$
$$\alpha = \frac{1}{2}\left(\nabla_b l_a n^a \overline{m}^b - \nabla_b m_a \overline{m}^a \overline{m}^b\right), \beta = \frac{1}{2}\left(\nabla_b l_a n^a m^b - \nabla_b m_a \overline{m}^a m^b\right)$$

いま，$\nabla_b l_a = 0$ であり，したがってこれよりただちに，$\kappa = \rho = \sigma = \tau = 0$ を結論づけることができる．結果として，この場合のヌル合同に対しては，

9.0 物理的解釈とペトロフ分類

剪断，ねじれ，発散が存在しないことが分かる．それに加えて，$\alpha = \beta = \gamma = \varepsilon = 0$ であることも見てとれる．この問題は段々，扱いやすいように見え始めている．心配が必要なのは，ごくわずかな項のみである．0 でないことが判明する ν を考えよう．

ここでは，この公式に含まれた総和を書き出すことから始める．ただし，すべての項を書き下す必要はないことを注意しよう．何故なら，m が x および y 成分しか持たず，n が u および v 成分しか持たないという事実によって救われるからである．続けると，

$$\begin{aligned}\nu &= -\nabla_b n_a \overline{m}^a n^b \\ &= -\nabla_u n_x \overline{m}^x n^u - \nabla_u n_y \overline{m}^y n^u - \nabla_v n_x \overline{m}^x n^v - \nabla_v n_y \overline{m}^y n^v\end{aligned}$$

が成り立つ．最後の 2 つの項は落ちる．これが何故か見るために最後の項を見てみよう．$n_y = 0$ を思い出すと，

$$\nabla_v n_y = \frac{\partial n_y}{\partial v} - \Gamma^d{}_{yv} n_d = -\Gamma^u{}_{yv} n_u - \Gamma^v{}_{yv} n_v$$

が成り立つ．クリストッフェル記号 (9.29) を見てみると，$\Gamma^u{}_{yv} = \Gamma^v{}_{yv} = 0$ であることが分かる．したがってこれらの項は無視できる．いま，最初の 2 つの項は

$$\nabla_u n_x = \frac{\partial n_x}{\partial u} - \Gamma^d{}_{xu} n_d = -\Gamma^v{}_{xu} n_v = -\frac{1}{2}\frac{\partial H}{\partial x}$$

$$\nabla_u n_y = \frac{\partial n_y}{\partial u} - \Gamma^d{}_{yu} n_d = -\Gamma^v{}_{yu} n_v = -\frac{1}{2}\frac{\partial H}{\partial y}$$

のようにうまくいく．これらの結果を ν の表式に戻すと，

$$\begin{aligned}\nu &= -\nabla_u n_x \overline{m}^x n^u - \nabla_u n_y \overline{m}^y n^u \\ &= -\left(-\frac{1}{2}\frac{\partial H}{\partial x}\right)\left(-\frac{1}{\sqrt{2}}\right) - \left(-\frac{1}{2}\frac{\partial H}{\partial y}\right)\left(-i\frac{1}{\sqrt{2}}\right) \\ &= -\frac{1}{2\sqrt{2}}\left(\frac{\partial H}{\partial x} + i\frac{\partial H}{\partial y}\right)\end{aligned} \quad (9.30)$$

が求まる (この計算を進めるときは，全体に渡る負号について注意しよう). 同様の計算はスピン係数が $\lambda = \pi = 0$ であることを示す．消滅するスピン係数によって，Ψ_4 は計算すべきであるニューマン-ペンローズ恒等式に対して，とても単純な形をとる．必要となる表式は，(9.23) によって与えられる：

$$\Delta\lambda - \overline{\delta}\nu = -\lambda\left(\mu + \overline{\mu}\right) - \lambda\left(3\gamma - \overline{\gamma}\right) + \nu\left(3\alpha + \overline{\beta} + \pi - \overline{\tau}\right) - \Psi_4$$

この場合，

$$\Psi_4 = \overline{\delta}\nu$$

となる．(9.13) を思いだすと，この方程式は $\Psi_4 = \overline{m}^a \nabla_a \nu$ となる．ただし，ν はスカラーであるので単なる偏微分を計算する必要のみがあることに注意しよう．最終結果は，

$$\Psi_4 = \overline{m}^a \partial_a \nu = \overline{m}^x \partial_x \nu + \overline{m}^y \partial_y \nu$$

$$= \left(-\frac{1}{\sqrt{2}}\right)\frac{\partial}{\partial x}\left[-\frac{1}{2\sqrt{2}}\left(\frac{\partial H}{\partial x} + i\frac{\partial H}{\partial y}\right)\right]$$

$$+ \left(-\frac{i}{\sqrt{2}}\right)\frac{\partial}{\partial y}\left[-\frac{1}{2\sqrt{2}}\left(\frac{\partial H}{\partial x} + i\frac{\partial H}{\partial y}\right)\right]$$

$$= \frac{1}{4}\left(\frac{\partial^2 H}{\partial x^2} + i\frac{\partial^2 H}{\partial x\,\partial y}\right) + \frac{i}{4}\left(\frac{\partial^2 H}{\partial x\,\partial y} + i\frac{\partial^2 H}{\partial y^2}\right)$$

$$= \frac{1}{4}\frac{\partial^2 H}{\partial x^2} + \frac{i}{2}\frac{\partial^2 H}{\partial x\,\partial y} - \frac{1}{4}\frac{\partial^2 H}{\partial y^2}$$

である．したがって，ワイルスカラーは

$$\Psi_4 = \frac{1}{4}\left(\frac{\partial^2 H}{\partial x^2} - \frac{\partial^2 H}{\partial y^2} + 2i\frac{\partial^2 H}{\partial x\,\partial y}\right) \tag{9.31}$$

によって与えられる．

計算練習として，もし読者が望むなら，リッチテンソルの唯一の 0 でない成分が

$$\Phi_{22} = \frac{1}{4}\left(\frac{\partial^2 H}{\partial x^2} + \frac{\partial^2 H}{\partial y^2}\right) \tag{9.32}$$

によって与えられることを示すことができる．

Ψ_4 が唯一の 0 でないワイルスカラーであるという事実はペトロフ型が N 型であるということを教えてくれる．これは主ヌル方向が 4 回繰り返されるということを意味する．したがって，この計量は横方向の重力波を記述する．

章末問題

1. ミンコフスキー計量 $\eta_{ab} = \text{diag}(1, -1, -1, -1)$ を使うと，$\vec{A} = (3, 0, -3, 0)$ は，
   (a) 時間的
   (b) 十分な情報は与えられていない．
   (c) ヌル
   (d) 空間的
2. ヌルテトラッドの中の複素ベクトルの定義を使う，すなわち，

$$m^a = \frac{j^a + ik^a}{\sqrt{2}}, \qquad \overline{m}^a = \frac{j^a - ik^a}{\sqrt{2}}$$

   とするとき，次のどの命題が正しいか？
   (a) これらはヌルベクトルであり，$m \cdot \overline{m} = -1$ が成り立つ．
   (b) これらは時間的ベクトルであり，$m \cdot \overline{m} = -1$ が成り立つ．
   (c) これらはヌルベクトルであり，$m \cdot \overline{m} = 1$ が成り立つ．
   (d) これらはヌルベクトルであり，$m \cdot \overline{m} = 0$ が成り立つ．
3. 例 9.5 を考えよ．次のどの関係が成り立つか？
   (a) $\pi = -\nabla_b n_a \overline{m}^a l^b = 0$
   (b) $\pi = -\nabla_b n_a \overline{m}^a l^b = -1$

(c) $\pi = \nabla_b n_a m^a \bar{l}^b = 0$

(d) $\pi = \nabla_b n_a m^a \bar{l}^b = 1$

4. 再び,例 9.5 を考えよ.次のどの関係が成り立つか？

(a) $\lambda = -\nabla_b l_a m^a m^b = 0$

(b) $\lambda = -\nabla_b n_a m^a m^b = 0$

(c) $\lambda = \nabla_b n_a \bar{m}^a \bar{m}^b = 0$

(d) $\lambda = -\nabla_b n_a \bar{m}^a \bar{m}^b = 0$

5. ペトロフ I 型として記述される時空は

(a) ヌル方向を持たない.

(b) 4 つの異なる主ヌル方向を持つ.

(c) 単一のヌル方向を持つ.

(d) 消滅するワイルテンソルを持つ,しかし 2 つのヌル方向を持つ.

Chapter 10
シュワルツシルト解

　難解な数式の組に直面したとき，しばしばとるべき最初の行動は，最も簡単に解ける特殊な場合を探すことである．このようなアプローチはしばしば最も興味深く，かつ物理的に重要な状況に対する洞察が得られることが判明する．これは数理物理学のどんな他の理論とも同じくらい一般相対論に対しても正しいことである．

　したがって，ここでは，一般相対論の最初の応用として，時間に対して独立で球対称な場の方程式の解を考える．そのような舞台設定ではたとえば，太陽の外側に見られる重力場を記述することが可能である．今考えている状況では，物質分布の**外側**の場にしか関心がないため，ある質量の周辺の物質のない空間領域に注意を制限することによって問題をさらに単純化することができる．相対論の文脈では，これはこの問題の解を，**真空中のアインシュタイン方程式**を使い，ストレス-エネルギーテンソルを無視することによって求めることができることを意味する．

　こうして得られる解は**シュワルツシルト解**として知られる．シュワルツシルト解は1916年ドイツの物理学者カール・シュヴァルツシルトによって，彼が第1次世界大戦の間ロシア前線に従事していた頃発見された．彼はアインシュタインに彼の解を送ったのちすぐに病死した．アインシュタインはアインシュタイン方程式にそのような単純な解が得られたことに驚いた．

真空中のアインシュタイン方程式

真空場の方程式は，質量を持つ物体の周りの空っぽの空間の計量構造を記述する．物質やエネルギーが存在しない空っぽの空間に対する考察では，$T_{ab} = 0$ と置かれる．この場合，場の方程式は，

$$R_{ab} = 0 \tag{10.1}$$

となる[*1]．

静的球対称時空

球対称な物体の外側の場を表現する計量の形を得るためには，まず最初にそれがとるべき形を制限することを考える．その物体から遠く離れた地点（r が大きい地点）では，ミンコフスキー計量の形をしているものと仮定できる．いま，球対称性を仮定しているので，ミンコフスキー計量は球座標

$$ds^2 = dt^2 - dr^2 - r^2 d\theta^2 - r^2 \sin^2\theta \, d\phi^2 \tag{10.2}$$

で表そう．大きな r で式 (10.2) に近づく時間独立な球対称計量の一般形を得るために，まず最初に時間独立性の要求を考えよう．計量が時間独立なとき，計量に影響を与えることなく $dt \to -dt$ と変更することができるはずである．これから線素が $dtdr, dtd\theta, dtd\phi$ のようないかなる混合項も含まないということが分かる．

この計量で許される非対角項が時間座標を含まない場合では，

$$ds^2 = g_{tt} \, dt^2 + g_{ij} \, dx^i dx^j$$

[*1] 訳注：宇宙項が無視できる場合のアインシュタイン方程式 $R_{ab} - \frac{1}{2}g_{ab}R = \kappa T_{ab}$ において，$T_{ab} = 0$ とできるなら，式全体に g^{ab} を掛けることにより，

$$0 = g^{ab}R_{ab} - \frac{1}{2}g^{ab}g_{ab}R = R - \frac{1}{2}\delta^a_a R = R - 2R = -R$$

より，$R = 0$ が得られるので，結局 $R_{ab} = 0$ が成り立つことになる．

10.0 静的球対称時空

として一般形を書くことができる．更にまた，計量の成分が時間独立であるという要請もする．すなわち，

$$\frac{\partial g_{ab}}{\partial t} = 0$$

である．これらの条件を満たす計量を**静的**と呼ぶ．

次の仕事は球対称性がどのように計量の形に影響を与えるかということを考えることである．球対称計量は空間内にどこにも特別な角度方向を持たないものである．この意味は，計量の形を変えることなく $d\theta \to -d\theta$ および $d\phi \to -d\phi$ のように変更することができなければならないということを意味する．時間独立性が dt を含む混合項を考慮から排除するのと同様にして，$d\theta \to -d\theta$ および $d\phi \to -d\phi$ という変更によって影響を受ける $drd\theta$，$drd\phi$，$d\theta d\phi$ などの混合項は持てない．

このため完全に対角的な形をした計量でなければならないという到達点に達する．ここまでですでに，計量の項からいかなる時間依存性も除かれたことになる．動径方向の対称性を課していることより，この計量の各項は r のみに依存する係数関数が掛けられることが可能である．(10.2) を案内役として使うことにより，この計量は

$$ds^2 = A(r)dt^2 - B(r)dr^2 - C(r)r^2 d\theta^2 - D(r)r^2 \sin^2\theta\, d\phi^2 \quad (10.3)$$

として書くことができる．球対称性は良く知られたように角度項が標準形 $d\Omega^2$ を仮定することを要求するので，$C = D$ を採用し，これを

$$ds^2 = A(r)dt^2 - B(r)dr^2 - C(r)\left(r^2 d\theta^2 + r^2 \sin^2\theta\, d\phi^2\right) \quad (10.4)$$

として書く．さて，実は，C を排除するために動径を変更することによって，問題をより一層単純化できる．当面は新しい動径座標を ρ と置き，それを $\rho = \sqrt{C(r)}r$ を使って定義する．すると，$\rho^2 = Cr^2$ が成り立ち，計量の角度部分はお馴染みの形

$$C(r)\left(r^2\, d\theta^2 + r^2 \sin^2\theta\, d\phi^2\right) = Cr^2\, d\theta^2 + Cr^2 \sin^2\theta\, d\phi^2$$
$$= \rho^2\, d\theta^2 + \rho^2 \sin^2\theta\, d\phi^2$$

と仮定できる．定義 $\rho = \sqrt{C(r)}r$ から，

$$\mathrm{d}\rho = \frac{1}{2\sqrt{C}}\,\mathrm{d}C\,r + \sqrt{C}\,\mathrm{d}r$$

$$= \left(\frac{1}{2\sqrt{C}}\frac{\mathrm{d}C}{\mathrm{d}r}r + \sqrt{C}\right)\mathrm{d}r$$

$$= \sqrt{C}\left(\frac{r}{2C}\frac{\mathrm{d}C}{\mathrm{d}r} + 1\right)\mathrm{d}r$$

と書くことができることが分かる．両辺を 2 乗し，dr^2 について解くと，

$$\mathrm{d}r^2 = \frac{1}{C}\left(1 + \frac{r}{2C}\frac{\mathrm{d}C}{\mathrm{d}r}\right)^{-2}\mathrm{d}\rho^2$$

と求まる．それでは，$Bdr^2 = B'd\rho^2$ を持つように，係数関数 $B' = \frac{1}{C}\left(1 + \frac{r}{2C}\frac{\mathrm{d}C}{\mathrm{d}r}\right)^{-2}B$ を再定義してみよう．すると，これらの条件で，

$$\mathrm{d}s^2 = A'\mathrm{d}t^2 - B'\mathrm{d}\rho^2 - \rho^2\left(\mathrm{d}\theta^2 + \sin^2\theta\,\mathrm{d}\phi^2\right)$$

として書きかえることができる．ここで A' は ρ の関数である．この時点まで，動径座標が大きくなるにつれて，係数関数が 1 に向かう必要性があることを除いて，それらがどんな形をしているかといういかなる要求も課されていないので，ここまでは基本的に任意関数としてのラベルだけ使用してきた．そのため，すべてのラベルを張り替えることができ，係数関数からプライムを落とし，$\rho \to r$ に変えることによって，線素を

$$\mathrm{d}s^2 = A\mathrm{d}t^2 - B\mathrm{d}r^2 - r^2\left(\mathrm{d}\theta^2 + \sin^2\theta\,\mathrm{d}\phi^2\right)$$

のように書くことが許される[*2]．

さてここで，最後に 1 つの要請を課そう．大きな r で計量 (10.2) に一致するためには，符号も保存する必要がある．これは指数関数として係数関数

[*2] 訳注：もちろんこの結果，r は単純に原点からの (厳密な) 距離を表しているとは言い切れなくなる．

10.0　曲率 1 形式

を書くことによって行うことができる．そうすると，正の関数であることが保証される．すなわち，$A = e^{2\nu(r)}$ および $B = e^{2\lambda(r)}$ と置く．これはシュワルツシルト解を得るために使うことができる計量を与える．

$$\mathrm{d}s^2 = e^{2\nu(r)}\mathrm{d}t^2 - e^{2\lambda(r)}\mathrm{d}r^2 - r^2\left(\mathrm{d}\theta^2 + \sin^2\theta\,\mathrm{d}\phi^2\right) \tag{10.5}$$

曲率 1 形式

ここでは，正規直交テトラッド法を使って解を求めよう．今では，読者は，曲率 1 形式とリッチ回転係数を計算することがこの道に沿った最初の手順であることに気付いている．それを実行するために，次の基底 1 形式を定義する：

$$\omega^{\hat{t}} = e^{\nu(r)}\mathrm{d}t, \quad \omega^{\hat{r}} = e^{\lambda(r)}\mathrm{d}r, \quad \omega^{\hat{\theta}} = r\mathrm{d}\theta, \quad \omega^{\hat{\phi}} = r\sin\theta\,\mathrm{d}\phi \tag{10.6}$$

したがって，

$$\mathrm{d}t = e^{-\nu(r)}\omega^{\hat{t}}, \quad \mathrm{d}r = e^{-\lambda(r)}\omega^{\hat{r}}, \quad \mathrm{d}\theta = \frac{1}{r}\omega^{\hat{\theta}}, \quad \mathrm{d}\phi = \frac{1}{r\sin\theta}\omega^{\hat{\phi}} \tag{10.7}$$

が成り立つ．各基底 1 形式の外微分は

$$\mathrm{d}\omega^{\hat{t}} = \mathrm{d}\left(e^{\nu(r)}\mathrm{d}t\right) = \frac{\mathrm{d}\nu}{\mathrm{d}r}e^{\nu(r)}\mathrm{d}r \wedge \mathrm{d}t = \frac{\mathrm{d}\nu}{\mathrm{d}r}e^{-\lambda(r)}\omega^{\hat{r}} \wedge \omega^{\hat{t}} \tag{10.8}$$

$$\mathrm{d}\omega^{\hat{r}} = \mathrm{d}\left(e^{\lambda(r)}dr\right) = \frac{\mathrm{d}\lambda}{\mathrm{d}r}e^{\lambda(r)}\mathrm{d}r \wedge \mathrm{d}r = 0 \tag{10.9}$$

$$\mathrm{d}\omega^{\hat{\theta}} = \mathrm{d}\left(r\mathrm{d}\theta\right) = \mathrm{d}r \wedge \mathrm{d}\theta = \frac{e^{-\lambda(r)}}{r}\omega^{\hat{r}} \wedge \omega^{\hat{\theta}} \tag{10.10}$$

$$\mathrm{d}\omega^{\hat{\phi}} = \mathrm{d}\left(r\sin\theta\,\mathrm{d}\phi\right) = \sin\theta\,\mathrm{d}r \wedge \mathrm{d}\phi + r\cos\theta\,\mathrm{d}\theta \wedge \mathrm{d}\phi$$

$$= \frac{e^{-\lambda(r)}}{r}\omega^{\hat{r}} \wedge \omega^{\hat{\phi}} + \frac{\cot\theta}{r}\omega^{\hat{\theta}} \wedge \omega^{\hat{\phi}} \tag{10.11}$$

によって与えられる．再びカルタン第1構造方程式を思い出そう．それは今考えている座標では次の形である：

$$\mathrm{d}\omega^{\hat{a}} = -\Gamma^{\hat{a}}{}_{\hat{b}} \wedge \omega^{\hat{b}} = -\Gamma^{\hat{a}}{}_{\hat{t}} \wedge \omega^{\hat{t}} - \Gamma^{\hat{a}}{}_{\hat{r}} \wedge \omega^{\hat{r}} - \Gamma^{\hat{a}}{}_{\hat{\theta}} \wedge \omega^{\hat{\theta}} - \Gamma^{\hat{a}}{}_{\hat{\phi}} \wedge \omega^{\hat{\phi}}$$

順番に各基底1形式をとると

$$\mathrm{d}\omega^{\hat{t}} = -\Gamma^{\hat{t}}{}_{\hat{t}} \wedge \omega^{\hat{t}} - \Gamma^{\hat{t}}{}_{\hat{r}} \wedge \omega^{\hat{r}} - \Gamma^{\hat{t}}{}_{\hat{\theta}} \wedge \omega^{\hat{\theta}} - \Gamma^{\hat{t}}{}_{\hat{\phi}} \wedge \omega^{\hat{\phi}} \tag{10.12}$$

$$\mathrm{d}\omega^{\hat{r}} = -\Gamma^{\hat{r}}{}_{\hat{t}} \wedge \omega^{\hat{t}} - \Gamma^{\hat{r}}{}_{\hat{r}} \wedge \omega^{\hat{r}} - \Gamma^{\hat{r}}{}_{\hat{\theta}} \wedge \omega^{\hat{\theta}} - \Gamma^{\hat{r}}{}_{\hat{\phi}} \wedge \omega^{\hat{\phi}} \tag{10.13}$$

$$\mathrm{d}\omega^{\hat{\theta}} = -\Gamma^{\hat{\theta}}{}_{\hat{t}} \wedge \omega^{\hat{t}} - \Gamma^{\hat{\theta}}{}_{\hat{r}} \wedge \omega^{\hat{r}} - \Gamma^{\hat{\theta}}{}_{\hat{\theta}} \wedge \omega^{\hat{\theta}} - \Gamma^{\hat{\theta}}{}_{\hat{\phi}} \wedge \omega^{\hat{\phi}} \tag{10.14}$$

$$\mathrm{d}\omega^{\hat{\phi}} = -\Gamma^{\hat{\phi}}{}_{\hat{t}} \wedge \omega^{\hat{t}} - \Gamma^{\hat{\phi}}{}_{\hat{r}} \wedge \omega^{\hat{r}} - \Gamma^{\hat{\phi}}{}_{\hat{\theta}} \wedge \omega^{\hat{\theta}} - \Gamma^{\hat{\phi}}{}_{\hat{\phi}} \wedge \omega^{\hat{\phi}} \tag{10.15}$$

を与える．(10.12) と (10.8) を比較すると，(10.8) のゼロでない唯一の項は $\omega^{\hat{r}} \wedge \omega^{\hat{t}}$ の形をしていることに注意せよ．したがって，

$$\Gamma^{\hat{t}}{}_{\hat{r}} = \frac{\mathrm{d}\nu}{\mathrm{d}r} e^{-\lambda(r)} \omega^{\hat{t}} \tag{10.16}$$

と結論づけることができる．$\Gamma^{\hat{a}}{}_{\hat{b}} = \Gamma^{\hat{a}}{}_{\hat{b}\hat{c}} \omega^{\hat{c}}$ を使うと，$\Gamma^{\hat{t}}{}_{\hat{r}\hat{t}} = \frac{\mathrm{d}\nu}{\mathrm{d}r} e^{-\lambda(r)}$ となる．(10.9) が消え，何の直接的情報も与えないことより，(10.14) と (10.10) の比較に移ろう．ここでも，今回 $\omega^{\hat{r}} \wedge \omega^{\hat{\theta}}$ を含む単一の項のみに対して，(10.14) のゼロでない項として $\Gamma^{\hat{\theta}}{}_{\hat{r}} \wedge \omega^{\hat{r}}$ をとると，

$$\Gamma^{\hat{\theta}}{}_{\hat{r}} = \frac{e^{-\lambda(r)}}{r} \omega^{\hat{\theta}} \tag{10.17}$$

を結論づけることができる．再び，$\Gamma^{\hat{a}}{}_{\hat{b}} = \Gamma^{\hat{a}}{}_{\hat{b}\hat{c}} \omega^{\hat{c}}$ を使うと，$\Gamma^{\hat{\theta}}{}_{\hat{r}\hat{\theta}} = \frac{e^{-\lambda(r)}}{r}$ を結論づけることができる．

最後に，同じ手順を使い (10.15) と (10.11) を比較すると，

$$\Gamma^{\hat{\phi}}{}_{\hat{r}} = \frac{e^{-\lambda(r)}}{r} \omega^{\hat{\phi}}, \quad \Gamma^{\hat{\phi}}{}_{\hat{\theta}} = \frac{\cot\theta}{r} \omega^{\hat{\phi}} \tag{10.18}$$

10.0 曲率1形式

を与える*3. ここで, $\Gamma^{\hat{\phi}}{}_{\hat{r}\hat{\phi}} = \frac{e^{-\lambda(r)}}{r}$ および $\Gamma^{\hat{\phi}}{}_{\hat{\theta}\hat{\phi}} = \frac{\cot\theta}{r}$ である.

いま，(10.9) の場合に戻ると，それが消滅してしまうことから何の直接的情報も与えないことが分かる．この場合の曲率1形式を求めるためには，対称性の条件を使う．計量 (10.5) を見ると，この場合添字を上げ下げするために,

$$\eta_{\hat{a}\hat{b}} = \begin{pmatrix} 1 & 0 & 0 & 0 \\ 0 & -1 & 0 & 0 \\ 0 & 0 & -1 & 0 \\ 0 & 0 & 0 & -1 \end{pmatrix}$$

と定義できることが分かる．したがって，次の関係が成り立つ：

$$\Gamma^{\hat{t}}{}_{\hat{r}} = \eta^{\hat{t}\hat{t}}\Gamma_{\hat{t}\hat{r}} = \Gamma_{\hat{t}\hat{r}} = -\Gamma_{\hat{r}\hat{t}} = -\eta_{\hat{r}\hat{r}}\Gamma^{\hat{r}}{}_{\hat{t}} = \Gamma^{\hat{r}}{}_{\hat{t}}$$
$$\Gamma^{\hat{\theta}}{}_{\hat{r}} = \eta^{\hat{\theta}\hat{\theta}}\Gamma_{\hat{\theta}\hat{r}} = -\Gamma_{\hat{\theta}\hat{r}} = \Gamma_{\hat{r}\hat{\theta}} = \eta_{\hat{r}\hat{r}}\Gamma^{\hat{r}}{}_{\hat{\theta}} = -\Gamma^{\hat{r}}{}_{\hat{\theta}}$$
$$\Gamma^{\hat{\phi}}{}_{\hat{r}} = \eta^{\hat{\phi}\hat{\phi}}\Gamma_{\hat{\phi}\hat{r}} = -\Gamma_{\hat{\phi}\hat{r}} = \Gamma_{\hat{r}\hat{\phi}} = \eta_{\hat{r}\hat{r}}\Gamma^{\hat{r}}{}_{\hat{\phi}} = -\Gamma^{\hat{r}}{}_{\hat{\phi}}$$

これより, (10.16) から,

$$\Gamma^{\hat{r}}{}_{\hat{t}} = \Gamma^{\hat{t}}{}_{\hat{r}} = \frac{d\nu}{dr}e^{-\lambda(r)}\omega^{\hat{t}}$$
$$\Rightarrow \Gamma^{\hat{r}}{}_{\hat{t}\hat{t}} = \frac{d\nu}{dr}e^{-\lambda(r)} \tag{10.19}$$

が結論づけられる．(10.17) を使うと,

$$\Gamma^{\hat{r}}{}_{\hat{\theta}} = -\Gamma^{\hat{\theta}}{}_{\hat{r}} = -\frac{e^{-\lambda(r)}}{r}\omega^{\hat{\theta}}$$
$$\Rightarrow \Gamma^{\hat{r}}{}_{\hat{\theta}\hat{\theta}} = -\frac{e^{-\lambda(r)}}{r} \tag{10.20}$$

---

*3 訳注：(10.8) と (10.12) より, $\Gamma^{\hat{t}}{}_{\hat{\theta}}$ を含む項が消えるがこれだけでは, $\Gamma^{\hat{t}}{}_{\hat{\theta}} \wedge \omega^{\hat{t}} = \bigcirc\omega^{\hat{t}} \wedge \omega^{\hat{t}} = 0$ となっているだけで $\Gamma^{\hat{t}}{}_{\hat{\theta}} = 0$ と断定できない．この場合, 対称性より, $\Gamma^{\hat{t}}{}_{\hat{\theta}} = \Gamma^{\hat{\theta}}{}_{\hat{t}}$ がいえ, (10.10) と (10.14) より, $\Gamma^{\hat{t}}{}_{\hat{\theta}} = \Gamma^{\hat{\theta}}{}_{\hat{t}} = \bigcirc\omega^{\theta}$ が言えるので $\omega^{\hat{t}}$ と ω^{θ} の独立性より初めて $\Gamma^{\hat{\theta}}{}_{\hat{t}} = \Gamma^{\hat{t}}{}_{\hat{\theta}} = 0$ が導かれる．

と求まる．そして最後に，

$$\Gamma^{\hat{r}}{}_{\hat{\phi}} = -\Gamma^{\hat{\phi}}{}_{\hat{r}} = -\frac{e^{-\lambda(r)}}{r}\omega^{\hat{\phi}}$$
$$\Rightarrow \Gamma^{\hat{r}}{}_{\hat{\phi}\hat{\phi}} = -\frac{e^{-\lambda(r)}}{r} \tag{10.21}$$

となる．

曲率テンソルについて解く

さて，いまからカルタン第 2 構造方程式 を使って曲率テンソルの成分を計算する．すなわち，$\Omega^{\hat{a}}{}_{\hat{b}} = d\Gamma^{\hat{a}}{}_{\hat{b}} + \Gamma^{\hat{a}}{}_{\hat{c}} \wedge \Gamma^{\hat{c}}{}_{\hat{b}} = \frac{1}{2}R^{\hat{a}}{}_{\hat{b}\hat{c}\hat{d}}\omega^{\hat{c}} \wedge \omega^{\hat{d}}$ である．ここでは，曲率 2 形式の 1 つのみを明示的な形で計算する．$\Omega^{\hat{r}}{}_{\hat{t}} = d\Gamma^{\hat{r}}{}_{\hat{t}} + \Gamma^{\hat{r}}{}_{\hat{c}} \wedge \Gamma^{\hat{c}}{}_{\hat{t}}$ を考えよ．この和に対して，$\Gamma^{\hat{t}}{}_{\hat{t}} = \Gamma^{\hat{r}}{}_{\hat{r}} = \Gamma^{\hat{\theta}}{}_{\hat{t}} = \Gamma^{\hat{\phi}}{}_{\hat{t}} = 0$ より，

$$\Gamma^{\hat{r}}{}_{\hat{c}} \wedge \Gamma^{\hat{c}}{}_{\hat{t}} = \Gamma^{\hat{r}}{}_{\hat{t}} \wedge \Gamma^{\hat{t}}{}_{\hat{t}} + \Gamma^{\hat{r}}{}_{\hat{r}} \wedge \Gamma^{\hat{r}}{}_{\hat{t}} + \Gamma^{\hat{r}}{}_{\hat{\theta}} \wedge \Gamma^{\hat{\theta}}{}_{\hat{t}} + \Gamma^{\hat{r}}{}_{\hat{\phi}} \wedge \Gamma^{\hat{\phi}}{}_{\hat{t}} = 0$$

が成り立つ．結局残るのは，

$$\begin{aligned}\Omega^{\hat{r}}{}_{\hat{t}} &= d\Gamma^{\hat{r}}{}_{\hat{t}} = d\left(\frac{d\nu}{dr}e^{-\lambda(r)}\omega^{\hat{t}}\right) \\ &= d\left(\frac{d\nu}{dr}e^{\nu(r)-\lambda(r)}dt\right) \\ &= \frac{d^2\nu}{dr^2}e^{\nu(r)-\lambda(r)}dr \wedge dt + \left(\frac{d\nu}{dr}\right)^2 e^{\nu(r)-\lambda(r)}dr \wedge dt \\ &\quad - \left(\frac{d\nu}{dr}\right)\left(\frac{d\lambda}{dr}\right)e^{\nu(r)-\lambda(r)}dr \wedge dt\end{aligned}$$

である．(10.7) を使って微分を基底 1 形式に反転した形で書くと，次の表式にたどり着く：

$$\Omega^{\hat{r}}{}_{\hat{t}} = \left[\frac{d^2\nu}{dr^2} + \left(\frac{d\nu}{dr}\right)^2 - \left(\frac{d\nu}{dr}\right)\left(\frac{d\lambda}{dr}\right)\right]e^{-2\lambda(r)}\omega^{\hat{r}} \wedge \omega^{\hat{t}} \tag{10.22}$$

10.0 曲率テンソルについて解く

今度は，表式 $\Omega^{\hat{a}}{}_{\hat{b}} = \frac{1}{2}R^{\hat{a}}{}_{\hat{b}\hat{c}\hat{d}}\omega^{\hat{c}} \wedge \omega^{\hat{d}}$ を使って，リーマンテンソルの成分に関して曲率2形式を書き出してみよう．アインシュタインの和の規約が使われているから，$\hat{c}$ および $\hat{d}$ に関して和がとられていることを思いだそう．ただし，(10.22) には $\omega^{\hat{r}} \wedge \omega^{\hat{t}}$ しか項がないため，$\omega^{\hat{r}} \wedge \omega^{\hat{t}}$ および $\omega^{\hat{t}} \wedge \omega^{\hat{r}}$ を含む2つの項のみを考慮すればよいことに注意しよう．したがって，

$$\Omega^{\hat{r}}{}_{\hat{t}} = \frac{1}{2}R^{\hat{r}}{}_{\hat{t}\hat{c}\hat{d}}\omega^{\hat{c}} \wedge \omega^{\hat{d}} = \frac{1}{2}R^{\hat{r}}{}_{\hat{t}\hat{r}\hat{t}}\omega^{\hat{r}} \wedge \omega^{\hat{t}} + \frac{1}{2}R^{\hat{r}}{}_{\hat{t}\hat{t}\hat{r}}\omega^{\hat{t}} \wedge \omega^{\hat{r}}$$

が成り立つ．いま，$\omega^{\hat{t}} \wedge \omega^{\hat{r}} = -\omega^{\hat{r}} \wedge \omega^{\hat{t}}$ という事実を使うとこれは，

$$\Omega^{\hat{r}}{}_{\hat{t}} = \frac{1}{2}R^{\hat{r}}{}_{\hat{t}\hat{r}\hat{t}}\omega^{\hat{r}} \wedge \omega^{\hat{t}} - \frac{1}{2}R^{\hat{r}}{}_{\hat{t}\hat{t}\hat{r}}\omega^{\hat{r}} \wedge \omega^{\hat{t}} = \frac{1}{2}\left(R^{\hat{r}}{}_{\hat{t}\hat{r}\hat{t}} - R^{\hat{r}}{}_{\hat{t}\hat{t}\hat{r}}\right)\omega^{\hat{r}} \wedge \omega^{\hat{t}}$$

のように書ける．前の章で見てきた同様の手順を使うと，これはリーマンテンソルの対称性を使ってさらにより単純化できる：

$$R^{\hat{r}}{}_{\hat{t}\hat{t}\hat{r}} = \eta^{\hat{r}\hat{r}}R_{\hat{r}\hat{t}\hat{t}\hat{r}} = -R_{\hat{r}\hat{t}\hat{t}\hat{r}} = R_{\hat{r}\hat{t}\hat{r}\hat{t}} = \eta_{\hat{r}\hat{r}}R^{\hat{r}}{}_{\hat{t}\hat{r}\hat{t}} = -R^{\hat{r}}{}_{\hat{t}\hat{r}\hat{t}}$$

したがって，

$$\begin{aligned}\Omega^{\hat{r}}{}_{\hat{t}} &= \frac{1}{2}\left(R^{\hat{r}}{}_{\hat{t}\hat{r}\hat{t}} - R^{\hat{r}}{}_{\hat{t}\hat{t}\hat{r}}\right)\omega^{\hat{r}} \wedge \omega^{\hat{t}} = \frac{1}{2}\left(R^{\hat{r}}{}_{\hat{t}\hat{r}\hat{t}} + R^{\hat{r}}{}_{\hat{t}\hat{r}\hat{t}}\right)\omega^{\hat{r}} \wedge \omega^{\hat{t}} \\ &= R^{\hat{r}}{}_{\hat{t}\hat{r}\hat{t}}\omega^{\hat{r}} \wedge \omega^{\hat{t}}\end{aligned}$$

が成り立つ．これと，(10.22) との比較は

$$R^{\hat{r}}{}_{\hat{t}\hat{r}\hat{t}} = \left[\frac{\mathrm{d}^2\nu}{\mathrm{d}r^2} + \left(\frac{\mathrm{d}\nu}{\mathrm{d}r}\right)^2 - \left(\frac{\mathrm{d}\nu}{\mathrm{d}r}\right)\left(\frac{\mathrm{d}\lambda}{\mathrm{d}r}\right)\right]e^{-2\lambda(r)}$$

を示す．残りの成分についても同様のことを行い，すべてを一緒にすると，リーマンテンソルの0でない独立成分は，

$$\begin{aligned}R^{\hat{r}}{}_{\hat{t}\hat{r}\hat{t}} &= \left[\frac{\mathrm{d}^2\nu}{\mathrm{d}r^2} + \left(\frac{\mathrm{d}\nu}{\mathrm{d}r}\right)^2 - \left(\frac{\mathrm{d}\nu}{\mathrm{d}r}\right)\left(\frac{\mathrm{d}\lambda}{\mathrm{d}r}\right)\right]e^{-2\lambda(r)} \\ R^{\hat{t}}{}_{\hat{\theta}\hat{t}\hat{\theta}} &= -R^{\hat{t}}{}_{\hat{\phi}\hat{t}\hat{\phi}} = -\frac{1}{r}\frac{\mathrm{d}\nu}{\mathrm{d}r}e^{-2\lambda} \\ R^{\hat{r}}{}_{\hat{\theta}\hat{r}\hat{\theta}} &= R^{\hat{r}}{}_{\hat{\phi}\hat{r}\hat{\phi}} = \frac{1}{r}\frac{\mathrm{d}\lambda}{\mathrm{d}r}e^{-2\lambda} \\ R^{\hat{\theta}}{}_{\hat{\phi}\hat{\theta}\hat{\phi}} &= \frac{1 - e^{-2\lambda}}{r^2}\end{aligned} \quad (10.23)$$

によって与えられる．その他の 0 でない成分はリーマンテンソルの対称性を使って求めることができる．

真空中のアインシュタイン方程式

こうしていま，真空中のアインシュタイン方程式を得るためにリッチテンソルの成分を計算することができるようになった．これは，$R_{\hat{a}\hat{b}} = R^{\hat{c}}{}_{\hat{a}\hat{c}\hat{b}}$ を計算することによって比較的簡単に行うことができる．最初の項は簡単に計算できる：

$$R_{\hat{t}\hat{t}} = R^{\hat{t}}{}_{\hat{t}\hat{t}\hat{t}} + R^{\hat{r}}{}_{\hat{t}\hat{r}\hat{t}} + R^{\hat{\theta}}{}_{\hat{t}\hat{\theta}\hat{t}} + R^{\hat{\phi}}{}_{\hat{t}\hat{\phi}\hat{t}}$$
$$= \left[\frac{\mathrm{d}^2\nu}{\mathrm{d}r^2} + \left(\frac{\mathrm{d}\nu}{\mathrm{d}r}\right)^2 - \left(\frac{\mathrm{d}\nu}{\mathrm{d}r}\right)\left(\frac{\mathrm{d}\lambda}{\mathrm{d}r}\right) + \frac{2}{r}\frac{\mathrm{d}\nu}{\mathrm{d}r}\right]e^{-2\lambda(r)} \quad (10.24)$$

$R^{\hat{t}}{}_{\hat{r}\hat{t}\hat{r}} = -R^{\hat{r}}{}_{\hat{t}\hat{r}\hat{t}}$ を示すことによって，

$$R_{\hat{r}\hat{r}} = -\left[\frac{\mathrm{d}^2\nu}{\mathrm{d}r^2} + \left(\frac{\mathrm{d}\nu}{\mathrm{d}r}\right)^2 - \left(\frac{\mathrm{d}\nu}{\mathrm{d}r}\right)\left(\frac{\mathrm{d}\lambda}{\mathrm{d}r}\right) - \frac{2}{r}\frac{\mathrm{d}\lambda}{\mathrm{d}r}\right]e^{-2\lambda(r)} \quad (10.25)$$

となることが分かる．続けると，

$$R_{\hat{\theta}\hat{\theta}} = R^{\hat{t}}{}_{\hat{\theta}\hat{t}\hat{\theta}} + R^{\hat{r}}{}_{\hat{\theta}\hat{r}\hat{\theta}} + R^{\hat{\theta}}{}_{\hat{\theta}\hat{\theta}\hat{\theta}} + R^{\hat{\phi}}{}_{\hat{\theta}\hat{\phi}\hat{\theta}}$$
$$= -\frac{1}{r}\frac{\mathrm{d}\nu}{\mathrm{d}r}e^{-2\lambda} + \frac{1}{r}\frac{\mathrm{d}\lambda}{\mathrm{d}r}e^{-2\lambda} + \frac{1-e^{-2\lambda}}{r^2} \quad (10.26)$$

$$\begin{aligned}R_{\hat{\phi}\hat{\phi}} &= R^{\hat{t}}{}_{\hat{\phi}\hat{t}\hat{\phi}} + R^{\hat{r}}{}_{\hat{\phi}\hat{r}\hat{\phi}} + R^{\hat{\theta}}{}_{\hat{\phi}\hat{\theta}\hat{\phi}} + R^{\hat{\phi}}{}_{\hat{\phi}\hat{\phi}\hat{\phi}} \\ &= -\frac{1}{r}\frac{d\nu}{dr}e^{-2\lambda} + \frac{1}{r}\frac{\mathrm{d}\lambda}{\mathrm{d}r}e^{-2\lambda} + \frac{1-e^{-2\lambda}}{r^2}\end{aligned} \quad (10.27)$$

が成り立つ．真空中のアインシュタイン方程式はリッチテンソルの各成分を 0 に等しいと置くことによって得られる．$\nu(r)$ および $\lambda(r)$ の関数形を求めるために必要となるのはたった 2 つの真空中のアインシュタイン方程式しか

10.0 真空中のアインシュタイン方程式

ない．(10.24) と (10.25) を使い，それらを 0 に等しいと置くと，

$$\frac{d^2\nu}{dr^2} + \left(\frac{d\nu}{dr}\right)^2 - \left(\frac{d\nu}{dr}\right)\left(\frac{d\lambda}{dr}\right) + \frac{2}{r}\frac{d\nu}{dr} = 0 \qquad (10.28)$$

$$\frac{d^2\nu}{dr^2} + \left(\frac{d\nu}{dr}\right)^2 - \left(\frac{d\nu}{dr}\right)\left(\frac{d\lambda}{dr}\right) - \frac{2}{r}\frac{d\lambda}{dr} = 0 \qquad (10.29)$$

を与える．(10.28) から (10.29) を引くと次を得る：

$$\frac{d\nu}{dr} + \frac{d\lambda}{dr} = 0$$

これはこれらの関数の和が定数であることを意味する：

$$\nu + \lambda = 定数 = k$$

この定数は次のような巧妙な方法で消去することができる．時間座標を $t \to te^{-k}$ に変更する．これは，$dt \to dt e^{-k}, dt^2 \to dt^2\, e^{-2k} \Rightarrow e^{2\nu}dt^2 \to e^{2(\nu-k)}dt^2$ を意味する．言い換えれば，$\nu \to \nu - k$ と変換したことになるので，

$$\nu + \lambda = 0$$
$$\Rightarrow \lambda = -\nu$$

が成り立つ．すると，これを使って，(10.29) の ν を $-\lambda$ に置き換えると，

$$\frac{d^2\lambda}{dr^2} - 2\left(\frac{d\lambda}{dr}\right)^2 + \frac{2}{r}\frac{d\lambda}{dr} = 0 \qquad (10.30)$$

が得られる．この方程式を解くために，$re^{-2\lambda}$ の 2 階微分を考えよう：

$$\begin{aligned}(re^{-2\lambda})'' &= \left(e^{-2\lambda} - 2r\frac{d\lambda}{dr}e^{-2\lambda}\right)' \\ &= -4\frac{d\lambda}{dr}e^{-2\lambda} - 2r\frac{d^2\lambda}{dr^2}e^{-2\lambda} + 4r\left(\frac{d\lambda}{dr}\right)^2 e^{-2\lambda}\end{aligned}$$

これが実際 (10.30) の別の表現であることを確認するために，これを早速 0 に等しいと置こう：

$$-4\frac{d\lambda}{dr}e^{-2\lambda} - 2r\frac{d^2\lambda}{dr^2}e^{-2\lambda} + 4r\left(\frac{d\lambda}{dr}\right)^2 e^{-2\lambda} = 0$$

いま，全体を $e^{-2\lambda}$ で割ると，

$$-4\frac{d\lambda}{dr} - 2r\frac{d^2\lambda}{dr^2} + 4r\left(\frac{d\lambda}{dr}\right)^2 = 0$$

が得られる．次に，この全体を $-2r$ で割ると，

$$\frac{d^2\lambda}{dr^2} - 2\left(\frac{d\lambda}{dr}\right)^2 + \frac{2}{r}\frac{d\lambda}{dr} = 0$$

が得られる．これは，(10.30) そのものである．$\left(re^{-2\lambda}\right)''$ に戻ると，これが (10.30) と等価であることより消えるので，一回積分出来て，

$$\left(re^{-2\lambda}\right)' = 定数 \tag{10.31}$$

が得られる．さて，$\left(re^{-2\lambda}\right)'' = \left(e^{-2\lambda} - 2r\frac{d\lambda}{dr}e^{-2\lambda}\right)'$ と求まったことを思いだして (10.26) に移ろう．(10.26) を 0 に置くことによって，別の真空中のアインシュタイン方程式が得られる：

$$R_{\hat{\theta}\hat{\theta}} = -\frac{1}{r}\frac{d\nu}{dr}e^{-2\lambda} + \frac{1}{r}\frac{d\lambda}{dr}e^{-2\lambda} + \frac{1-e^{-2\lambda}}{r^2} = 0$$

この全体に，r^2 を掛けると，

$$-r\frac{d\nu}{dr}e^{-2\lambda} + r\frac{d\lambda}{dr}e^{-2\lambda} + 1 - e^{-2\lambda} = 0$$

が得られる．ここで，$\nu = -\lambda$ を使うと，

$$2r\frac{d\lambda}{dr}e^{-2\lambda} + 1 - e^{-2\lambda} = 0$$

が得られる．1 を右辺に移項し，全体に -1 を掛けると，

$$-2r\frac{d\lambda}{dr}e^{-2\lambda} + e^{-2\lambda} = 1$$

10.0 積分定数の意味

が成り立つ．ここでいま，左辺は $\left(re^{-2\lambda}\right)'$ 以外の何物でもない．したがって，$\left(re^{-2\lambda}\right)' = 1$ となることが求まった．この方程式を積分すると，

$$re^{-2\lambda} = r - 2m$$

と求まる．ここで $-2m$ は，値が不明の積分定数である．積分定数としてこのような奇妙な指定をしたのは，のちに見るように，この項が質量と関係しているからである．この全体を r で割ると，

$$e^{-2\lambda} = 1 - \frac{2m}{r}$$

と求まる．ここで，この計量の元々の形を思い出すと，

$$ds^2 = e^{2\nu(r)}dt^2 - e^{2\lambda(r)}dr^2 - r^2\left(d\theta^2 + \sin^2\theta\, d\phi^2\right)$$

であったので，$\nu = -\lambda$ を使うと，今まで探していたこの計量の係数として，

$$e^{2\nu} = 1 - \frac{2m}{r} \quad \text{および} \quad e^{2\lambda} = \left(1 - \frac{2m}{r}\right)^{-1} \tag{10.32}$$

が得られる．

積分定数の意味

ニュートン理論と一般相対論の間の対応を調べることによってこの線素に現れる定数を求めよう．のちに，弱重力場制限を議論し，Φ をニュートン理論における重力ポテンシャルとするとき (さしあたり，基本定数を明示的な形で表すと)，

$$g_{tt} \approx 1 + \frac{2\Phi}{c^2}$$

が成り立つなら，相対論がニュートン理論に単純化されることを導く．原点に位置する質点に対して，

$$\Phi = -G\frac{M}{r}$$

が成り立ち，したがって，

$$g_{tt} \approx 1 - 2\frac{GM}{c^2 r}$$

が成り立つ．これを (10.32) と比較すると，

$$m = \frac{GM}{c^2}$$

と置けばよいことが分かる．ここで M はキログラムで表した物体の質量である (あるいはどんな単位を使ってもよい)．この項を見てみると，この計量に現れる m の単位は長さの単位を持つことが分かる．この定数 m は物体の**幾何質量** (geometric mass) と呼ばれる．

シュワルツシルト計量

これらの結果をもとに，(10.5) をシュワルツシルト線素の良く知られた形に書き換えることができる：

$$ds^2 = \left(1 - \frac{2m}{r}\right)dt^2 - \frac{dr^2}{\left(1 - \frac{2m}{r}\right)} - r^2\left(d\theta^2 + \sin^2\theta\, d\phi^2\right) \quad (10.33)$$

この計量を見てみると，r が大きくなるにつれて，計量は (10.2) の平坦空間の計量に近づいてゆくことが分かる．

時間座標

(10.33) のシュワルツシルト計量と平坦空間の計量の間の対応関係は，ここで使われている時間座標 t が原点から遠く離れた観測者によって測定される時間であることを教えてくれる．

シュワルツシルト半径

(10.33) で定義される計量は $r = 2m$ の点で特異点を持つ (つまり，発散する)．この値はシュワルツシルト半径として知られている．重力場の源としての物体の質量に関して，シュワルツシルト半径は，

$$r_s = \frac{2GM}{c^2} \tag{10.34}$$

によって与えられる．

通常の星の場合，シュワルツシルト半径は星の内部の奥深くにある．したがって，(10.33) によって与えられる計量は平均的な星の外側の領域を記述するために，自信をもって使うことができる．例として，太陽のシュワルツシルト半径は，(10.34) 式に太陽質量 1.989×10^{30}kg を代入することによって $r_s \simeq 3$ km と求まる．これまでの結果は真空中のアインシュタイン方程式を解くことから始めたことを思いだそう．この点が物質の存在する太陽の内部にあるために，前節で得た解はこの領域では使えない．計量は半径一定の値で発散するということに注意しなければならない．しかしながら，これが本当の物理的特異点であるかどうかを決定するためには，より一層の調査が必要となる．これは，時空の曲率が無限大になるか，あるいは，単に使われている座標系のみの問題であるかを調べることである．それは明らかであるように思えるが，線素が座標に関して書かれているということに注意することが重要である．

何か別の座標に変換することによって，計量を異なる方法で書けることが判明するかも知れない．時空の挙動のより良い考えを得るための最良の行動は，不変量，すなわちスカラーを調べることである．スカラー量で存在を予言される特異点を求めることができるなら，それはすべての座標系で存在する特異点であることが分かり，したがって何か物理的に意味のあることを表している．今の場合，リッチテンソルの成分が消えるので，リッチスカラーも同様に消える．その代わりに，リーマンテンソルを使って次のスカ

ラーを構成する：

$$R_{abcd}R^{abcd} = \frac{48m^2}{r^6} \tag{10.35}$$

この量は $r=0$ の点で発散する．これがスカラーであることより，すべての座標系でこのことは成り立つので，点 $r=0$ は真性特異点であると結論づけられる．

シュワルツシルト時空の測地線

いま，計量が分かっているので，この時空で質点や光線が進む経路がどうなるか決定することができる．導く必要があるものを見つけ出すために，各座標での測地線方程式を解こう．

これはオイラー-ラグランジュ方程式を導くことによって，かなり簡単に行える．本書ではラグランジュの方法を詳しく解説しない．代わりにここでは，簡単にこの方法を実演する (興味のある読者は参考文献を参照せよ)．測地線方程式を求めるために，次の変分をとる[*4]：

$$\delta \int \mathrm{d}s = \delta \int \left[\left(1 - \frac{2m}{r}\right)\dot{t}^2 - \frac{1}{\left(1 - \frac{2m}{r}\right)}\dot{r}^2 - r^2\dot{\theta}^2 - r^2\sin^2\theta\,\dot{\phi}^2 \right] \mathrm{d}s = 0$$

ここで今次のように置く：

$$F = \left(1 - \frac{2m}{r}\right)\dot{t}^2 - \frac{1}{\left(1 - \frac{2m}{r}\right)}\dot{r}^2 - r^2\dot{\theta}^2 - r^2\sin^2\theta\,\dot{\phi}^2$$

すると上の変分から得られるオイラー-ラグランジュ方程式は

$$\frac{\mathrm{d}}{\mathrm{d}s}\left(\frac{\partial F}{\partial \dot{x}^a}\right) - \frac{\partial F}{\partial x^a} = 0 \tag{10.36}$$

[*4] 訳注：

$$1 = \frac{\mathrm{d}s^2}{\mathrm{d}s^2} = \left(1 - \frac{2m}{r}\right)\left(\frac{\mathrm{d}t}{\mathrm{d}s}\right)^2 - \frac{1}{\left(1 - \frac{2m}{r}\right)}\left(\frac{\mathrm{d}r}{\mathrm{d}s}\right)^2 - r^2\left(\frac{\mathrm{d}\theta}{\mathrm{d}s}\right)^2 - r^2\sin^2\theta\left(\frac{\mathrm{d}\phi}{\mathrm{d}s}\right)^2$$

に注意せよ．なお，ここでは，ドット『 $\cdot$ 』は s での微分である．

10.0 シュワルツシルト時空の測地線

となる．時間座標から始めると，

$$\frac{\partial F}{\partial \dot{t}} = 2\left(1 - \frac{2m}{r}\right)\dot{t}$$

$$\Rightarrow \frac{\mathrm{d}}{\mathrm{d}s}\left(\frac{\partial F}{\partial \dot{t}}\right) = \frac{\mathrm{d}}{\mathrm{d}s}\left[2\left(1 - \frac{2m}{r}\right)\dot{t}\right]$$

$$= \frac{\mathrm{d}}{\mathrm{d}s}\left[2\left(1 - \frac{2m}{r}\right)\right]\dot{t} + 2\left(1 - \frac{2m}{r}\right)\ddot{t}$$

$$= \frac{4m}{r^2}\dot{r}\dot{t} + 2\left(1 - \frac{2m}{r}\right)\ddot{t}$$

が成り立つ．

F の中には t を含む項が存在しないから，F の t での微分は 0 である．したがって，最初の測地線方程式は次のようになる：

$$\ddot{t} + \frac{2m}{r(r-2m)}\dot{r}\dot{t} = 0 \tag{10.37}$$

さて次に，動径座標を考えよう．まず，

$$\frac{\partial F}{\partial \dot{r}} = -\frac{2}{\left(1 - \dfrac{2m}{r}\right)}\dot{r}$$

$$\Rightarrow \frac{\mathrm{d}}{\mathrm{d}s}\left(\frac{\partial F}{\partial \dot{r}}\right) = -\frac{2}{\left(1 - \dfrac{2m}{r}\right)}\ddot{r} + \frac{4m}{(r-2m)^2}(\dot{r})^2$$

が成り立つ．F は r に依存するから，

$$\frac{\partial F}{\partial r} = \frac{2m}{r^2}\dot{t}^2 + \left(1 - \frac{2m}{r}\right)^{-2}\frac{2m}{r^2}\dot{r}^2 - 2r\dot{\theta}^2 - 2r\sin^2\theta\,\dot{\phi}^2$$

と計算される．(10.36) を使ってこれらの結果を一緒にすると，2 番目の測地線方程式が得られる：

$$\ddot{r} + \frac{m}{r^3}(r-2m)\dot{t}^2 - \frac{m}{r(r-2m)}\dot{r}^2 - (r-2m)\left(\dot{\theta}^2 + \sin^2\theta\,\dot{\phi}^2\right) = 0 \tag{10.38}$$

さらに，

$$\frac{\partial F}{\partial \dot\theta} = -2r^2\dot\theta \Rightarrow \frac{\mathrm{d}}{\mathrm{d}s}\left(\frac{\partial F}{\partial \dot\theta}\right) = -4r\dot r\dot\theta - 2r^2\ddot\theta$$

$$\frac{\partial F}{\partial \theta} = -2r^2\sin\theta\cos\theta\,\dot\phi^2$$

と求まるので，θ に対する測地線方程式は，

$$\ddot\theta + \frac{2}{r}\dot r\dot\theta - \sin\theta\cos\theta\dot\phi^2 = 0 \tag{10.39}$$

によって与えられる．最後に ϕ 座標に対しては，

$$\frac{\partial F}{\partial \dot\phi} = -2r^2\sin^2\theta\,\dot\phi$$

$$\Rightarrow \frac{\mathrm{d}}{\mathrm{d}s}\left(\frac{\partial F}{\partial \dot\theta}\right) = -4r\dot r\sin^2\theta\dot\phi - 4r^2\sin\theta\cos\theta\dot\theta\dot\phi - 2r^2\sin^2\theta\ddot\phi$$

$$\frac{\partial F}{\partial \phi} = 0$$

となる．したがって，

$$\ddot\phi + 2\cot\theta\,\dot\theta\dot\phi + \frac{2}{r}\dot r\dot\phi = 0 \tag{10.40}$$

である．

シュワルツシルト時空での質点の軌道

　前節ではシュワルツシルト時空における測地線の微分方程式の組を得た．しかしながら，これらの方程式は非常に気が重くなるもので，直接それらを解くのは時間の浪費のように思えるかもしれない．実はシュワルツシルト時空における質点の運動や光線の軌道について学ぶことができる異なるアプローチが存在し，それはキリングベクトルの使用に基づく．計量の各対称性はキリングベクトルに対応することを思いだそう．質点の運動に関係する保存量はその質点の 4 元速度でキリングベクトルのドット積を構成することによって求めることができる．

10.0 シュワルツシルト時空での質点の軌道

それらの成分に関するベクトルが，座標の順序 (t, r, θ, ϕ) を使って，定義される．シュワルツシルト時空における質点の 4 元速度は

$$\vec{u} = \left(\frac{\mathrm{d}t}{\mathrm{d}\tau}, \frac{\mathrm{d}r}{\mathrm{d}\tau}, \frac{\mathrm{d}\theta}{\mathrm{d}\tau}, \frac{\mathrm{d}\phi}{\mathrm{d}\tau} \right) \tag{10.41}$$

によって与えられる．ここで τ は固有時である．4 元速度は次を満たす：

$$\vec{u} \cdot \vec{u} = g_{ab} u^a u^b = 1 \tag{10.42}$$

座標基底では，(10.33) から読み取れる計量テンソルの成分は，

$$g_{tt} = \left(1 - \frac{2m}{r}\right), \quad g_{rr} = -\frac{1}{\left(1 - \frac{2m}{r}\right)}, \quad g_{\theta\theta} = -r^2, \quad g_{\phi\phi} = -r^2 \sin^2\theta \tag{10.43}$$

である．(10.41) を使うと，(10.42) は

$$\begin{aligned}
\vec{u} \cdot \vec{u} &= g_{ab} u^a u^b \\
&= \left(1 - \frac{2m}{r}\right) \left(\frac{\mathrm{d}t}{\mathrm{d}\tau}\right)^2 - \left(1 - \frac{2m}{r}\right)^{-1} \left(\frac{\mathrm{d}r}{\mathrm{d}\tau}\right)^2 - r^2 \left(\frac{\mathrm{d}\theta}{\mathrm{d}\tau}\right)^2 \\
&\quad - r^2 \sin^2\theta \left(\frac{\mathrm{d}\phi}{\mathrm{d}\tau}\right)^2 = 1
\end{aligned} \tag{10.44}$$

を与えることが分かる．この方程式から軌道を求めるために使える基底を構成できる．一般相対論では，古典力学と同様，中心力場内の物体の軌道は平面内に横たわることが示せる．したがって，座標として，$\theta = \pi/2$ かつ $\frac{\mathrm{d}\theta}{\mathrm{d}\tau} = 0$ と置くことができる．

この方程式をさらに解析する前に，シュワルツシルト時空に対する 2 つのキリングベクトルを定義し，それらを使って保存量を構成しよう．これは実際かなり易しい．シュワルツシルト計量の形を導いたとき，2 つの重要な基準を示した：この計量は時間独立かつ球対称であると．

シュワルツシルト計量

$$\mathrm{d}s^2 = \left(1 - \frac{2m}{r}\right) \mathrm{d}t^2 - \frac{\mathrm{d}r^2}{\left(1 - \frac{2m}{r}\right)} - r^2 \left(\mathrm{d}\theta^2 + \sin^2\theta \, \mathrm{d}\phi^2\right)$$

を見ると，時間 t と角度変数 ϕ に依存する項が存在しないことが分かる．したがって，次のようにキリングベクトルを定義できる[*5]．計量の t に対する独立性に対応するキリングベクトルは

$$\xi = (1, 0, 0, 0) \tag{10.45}$$

である．時間からの計量の独立性はエネルギーの保存と関連づけられる．

シュワルツシルト計量の ϕ に対する独立性に対応する別のキリングベクトルを構成することができる．これは，

$$\eta = (0, 0, 0, 1) \tag{10.46}$$

である．ϕ に関する計量の独立性は角運動量の保存に関連する．

これらのキリングベクトルに関係する保存量は4元ベクトルで各ベクトルのドット積をとることによって求められる．単位静止質量当たりの保存エネルギーは

$$e = \vec{\xi} \cdot \vec{u} = g_{ab}\xi^a u^b = \left(1 - \frac{2m}{r}\right)\frac{\mathrm{d}t}{\mathrm{d}\tau} \tag{10.47}$$

によって与えられる．単位静止質量当たりの保存角運動量は

$$l = -\vec{\eta} \cdot \vec{u} = -g_{ab}\eta^a u^b = r^2 \sin^2\theta \frac{\mathrm{d}\phi}{\mathrm{d}\tau} = r^2 \frac{\mathrm{d}\phi}{\mathrm{d}\tau} \quad (\text{for } \theta = \frac{\pi}{2}) \tag{10.48}$$

として定義される．これらの定義の下で $\theta = \pi/2$ と置くことによって，(10.44) は，

$$\left(1 - \frac{2m}{r}\right)^{-1} e^2 - \left(1 - \frac{2m}{r}\right)^{-1}\left(\frac{\mathrm{d}r}{\mathrm{d}\tau}\right)^2 - \frac{l^2}{r^2} = 1 \tag{10.49}$$

[*5] 訳注：$\mathrm{d}s^2 = g_{\mu\nu}dx^\mu dx^\nu$ であり，すべての計量 $g_{\mu\nu}$ が x^κ と独立なら，$K^\mu = \delta^\mu_\kappa$ はキリングベクトルである．証明は次のように計量のリー微分が0になることを言えば良い：

$$L_K g_{ab} = K^c \partial_c g_{ab} + g_{cb}\partial_a K^c + g_{ac}\partial_b K^c = K^\kappa \partial_\kappa g_{ab} = 0.$$

10.0 シュワルツシルト時空での質点の軌道

のように単純化される．この全体に $1 - \frac{2m}{r}$ を掛けてから，2 で割ってみよう．結果は，

$$\frac{e^2}{2} - \frac{1}{2}\left(\frac{dr}{d\tau}\right)^2 - \frac{1}{2}\frac{l^2}{r^2}\left(1 - \frac{2m}{r}\right) = \frac{1}{2} - \frac{m}{r}$$

となる．さていま，単位質量当たりのエネルギーの項を分離すると，

$$\frac{e^2 - 1}{2} = \frac{1}{2}\left(\frac{dr}{d\tau}\right)^2 + \frac{l^2}{2r^2}\left(1 - \frac{2m}{r}\right) - \frac{m}{r}$$

を与える．ここで有効ポテンシャルを

$$V_{\text{eff}} = \frac{l^2}{2r^2}\left(1 - \frac{2m}{r}\right) - \frac{m}{r}$$

と定義し，$E = \frac{e^2-1}{2}$ と置くと，V によって記述されるポテンシャルの中を運動する単位質量を持つ質点のエネルギー E を記述する古典力学

$$E = \frac{1}{2}\dot{r}^2 + V_{\text{eff}}$$

に対応する表式が得られる．しかし，有効ポテンシャルに対するより綿密な観察をしてみると，主要項を展開して

$$V_{\text{eff}} = -\frac{m}{r} + \frac{l^2}{2r^2} - \frac{l^2 m}{r^3} \tag{10.50}$$

が成り立つ．この最初の2項はニュートン的な場合に期待されるもの以外の何物でもない．特に最初の項は，重力ポテンシャルに関係づけられており，2番目の項は古典軌道力学によって有名な角運動量項である．一方，この表式の最後の項は一般相対論で発生するポテンシャルの修正項である．

通常の方法で r がとり得る最小および最大値を求める．1階微分は，

$$\frac{dV_{\text{eff}}}{dr} = \frac{d}{dr}\left(-\frac{m}{r} + \frac{l^2}{2r^2} - \frac{l^2 m}{r^3}\right) = \frac{m}{r^2} - \frac{l^2}{r^3} + \frac{3l^2 m}{r^4}$$

である．つぎにこれを 0 に等しいと置こう：

$$\frac{m}{r^2} - \frac{l^2}{r^3} + \frac{3l^2 m}{r^4} = 0$$

$$\Rightarrow mr^2 - l^2 r + 3l^2 m = 0$$

2 次方程式の解の公式を適用すると，r の最大値と最小値が

$$r_{1,2} = \frac{l^2 \pm \sqrt{l^4 - 12\, l^2 m^2}}{2m} = \frac{l^2}{2m}\left(1 \pm \sqrt{1 - 12\frac{m^2}{l^2}}\right) \quad (10.51)$$

で与えられることが分かる．これらの値は円軌道に対応する．平方根に 2 項展開を使うと

$$r_{1,2} = \frac{l^2}{2m}\left(1 \pm \sqrt{1 - 12\frac{m^2}{l^2}}\right) \cong \frac{l^2}{2m}\left[1 \pm \left(1 - 6\frac{m^2}{l^2}\right)\right]$$

の様に書き換えることができる．この 2 つの値は，それぞれ安定および不安定な円軌道に対応する．安定な円軌道は，

$$r_1 \approx \frac{l^2}{m}$$

となるものである．一方，不安定な円軌道に対しては，マイナス符号をとり，

$$r_2 \cong \frac{l^2}{2m}\left[1 - \left(1 - 6\frac{m^2}{l^2}\right)\right] = \frac{l^2}{2m}\left(6\frac{m^2}{l^2}\right) = 3m$$

を得る．$m = \frac{GM}{c^2}$ を使うと，軌道は $r_2 = 3\frac{GM}{c^2}$ によって与えられる．太陽に対してはこの値は，

$$r_2^{\text{sun}} = 3\frac{\left(6.67 \times 10^{-11}\, \text{m}^3\text{s}^2/\text{kg}\right)\left(1.989 \times 10^{30}\, \text{kg}\right)}{\left(3 \times 10^8\, \text{m/s}\right)^2} = 4422\, \text{km}$$

となる．太陽の赤道半径は 695,000km であるので，不安定な円軌道は太陽内部に含まれてしまうことが分かる．(10.50) を見ると，異なる値の r に対

10.0　シュワルツシルト時空での質点の軌道

する軌道の挙動から学べることがあることが分かる．まず，$r = 2m$，すなわちシュワルツシルト半径における場合を考えよう．この場合

$$V_{\text{eff}}(r = 2m) = -\frac{m}{2m} + \frac{l^2}{2(2m)^2} - \frac{l^2 m}{(2m)^3} = -\frac{1}{2} + \frac{l^2}{8m^2} - \frac{l^2 m}{8m^3} = -\frac{1}{2}$$

が成り立つ．大きな r に対して，このポテンシャルはニュートン的ポテンシャル

$$V_{\text{eff}}(r) \approx -\frac{m}{r}$$

に近づく．

(10.51) を再び見ると，角運動量 l^2 が $12m^2$ より小さくなると，平方根の中の項は負になることに注意しよう．すると，半径が複素数であるという非物理的結果を得ることになる．これはこの場合安定な円軌道が存在できないことを意味する．物理的にいえば，l^2 が $12m^2$ より小さい場合，軌道に乗っている物体は星の表面に衝突することを示す．物体がこれらの条件の下で，ブラックホールに接近しているなら，それは単にブラックホールに飲み込まれてしまう．

これらの結果は図 10.1 および 10.2 に描いた．2 つの図の曲線を比較することにより，r が大きくなるにつれてニュートン的な場合と相対論的な場合が近づいてゆくことが分かる．小さな r では違いは劇的である．これは太陽系で相対論的効果を確かめる最良の場所は太陽の近くであることを意味する．これがアインシュタインが水星の軌道の歳差運動を考察したとき行ったことである．

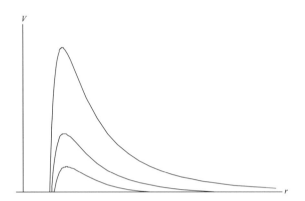

図 10.1　一般相対論における有効ポテンシャルのプロット．簡単のため 3 つの異なる値の l の場合のプロットを生成するために単位質量を採用した．r が小さい場合の挙動は重要である；この比較は，この領域でニュートン的な場合とは著しく異なることを示している．これは $1/r^3$ 項の結果である．

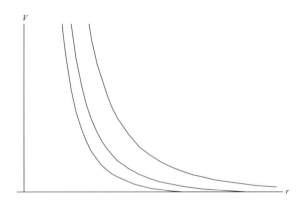

図 10.2　上と同じ値の l に対するニュートン的な場合．大きな r で，これらの軌道は直前のプロットに一致する．小さな r では挙動は全く異なる．

光線の湾曲

　太陽系内で適用される一般相対論の 4 つの標準的または "古典的" テストが存在する．これらは，水星の近日点の歳差運動，太陽付近を通過する光の湾曲，シュワルツシルト場内の光の伝播時間，および重力赤方偏移である．これらの現象はすべての主要な教科書に記載されている．ここでは光が関与する 2 つのテストを考慮し，光線の軌跡に対する方程式の導出を考察することから始める (図 10.3 参照)．この導出はいくつかの小さな違いを除けば前節のものに従う．

　再び，この運動は $\theta = \pi/2$ に置かれた平面内をとると仮定できる．また，特殊相対論から光線の経路は光錐上にあり，したがって $ds^2 = 0$ の場合によって記述することができることが分かる．これらの考慮点は (10.44) に従う方程式が

$$\left(1 - \frac{2m}{r}\right)\dot{t}^2 - \left(1 - \frac{2m}{r}\right)^{-1}\dot{r}^2 - r^2\dot{\phi}^2 = 0 \qquad (10.52)$$

になることを意味する．質点に対してこれまで行ってきたように，定義 (10.47) と (10.48) を使って (微分は固有時 τ に関するものではなく，その代わりに λ で表すあるパラメータに関する微分をとるという違いで)

$$e^2 = \left(1 - \frac{2m}{r}\right)^2 \dot{t}^2 \quad かつ \quad l^2 = r^4\dot{\phi}^2$$

と書かれる．ここでドットは λ に関する微分を表す．すると，(10.52) は，

$$\left(1 - \frac{2m}{r}\right)^{-1} e^2 - \left(1 - \frac{2m}{r}\right)^{-1}\dot{r}^2 - \frac{l^2}{r^2} = 0 \qquad (10.53)$$

となる．

　軌跡を求めるために，$r = r(\phi)$ に対する表式を得ることが重要である．ここでは ϕ に関する微分をプライム『$'$』を使って表すことにする．これを

心に留めておいて $\dot{r}$ を次のように書き換えてみよう：

$$\dot{r} = \frac{\mathrm{d}r}{\mathrm{d}\lambda} = \frac{\mathrm{d}r}{\mathrm{d}\phi}\frac{\mathrm{d}\phi}{\mathrm{d}\lambda} = r'\dot{\phi}$$

いま，$r^2\dot{\phi} = l$ を使うと，

$$\dot{r} = r'\dot{\phi} = \frac{r'l}{r^2}$$

と書ける．この方程式をより便利な形で書くために，新しい変数 $u = 1/r$ を導入しよう．ここで，

$$u' = \left(\frac{1}{r}\right)' = -\frac{1}{r^2}r'$$

に注意すると，

$$\dot{r} = \frac{r'l}{r^2} = \left(-r^2 u'\right)\frac{l}{r^2} = -lu'$$

と書くことができる．(10.53) に戻って，全体に $(1 - 2m/r)$ を掛けて，$u = 1/r$ と置くと，

$$e^2 - l^2 u'^2 - l^2 u^2 (1 - 2mu) = 0$$

が得られる．光線の軌跡の方程式を得るために，ϕ に関する 2 度目の微分を行い，定数 e^2 を取り除く．これは

$$u' \left(u'' + u - 3mu^2\right) = 0$$

を与える．全体を u' で割ると，最終的な結果

$$u'' + u = 3mu^2 \qquad (10.54)$$

が得られる．この方程式を解く通常の手続きは摂動法を使うものである．まず，$\varepsilon = 3m$ と置き，

$$u = u_0 + \varepsilon u_1 + O\left(\varepsilon^2\right) \qquad (10.55)$$

という形の解を試す．高次の項を無視すると，

$$u' = u_0' + \varepsilon u_1'$$
$$u'' = u_0'' + \varepsilon u_1''$$

10.0 光線の湾曲

が成り立つ．さて，2次以上の項を無視すると，$3mu^2 = \varepsilon u^2 \approx \varepsilon u_0^2$ が成り立つ．これらの結果を (10.54) に挿入すると，

$$u_0'' + \varepsilon u_1'' + u_0 + \varepsilon u_1 = \varepsilon u_0^2$$

が得られる．ここで今，ε のオーダー別にこれらの項を等号で結べることを利用する．まず最初に，

$$u_0'' + u_0 = 0$$

から始める．この方程式の解は，$u_0 = A \sin \phi + B \cos \phi$ によって与えられる．一般性を失うことなく，$B = 0$ および $u_0 = A \sin \phi$ という初期条件を選ぶことができる[*6]．この方程式は $r = 1/u$ であり $y = r \sin \phi$ を極座標で使うことにより，$1/A = r \sin \phi = y$ と書けることから直線運動を表す[*7]．したがって，定数 $r_{\min} \equiv 1/A$ は原点から最も近くなる点を表す．

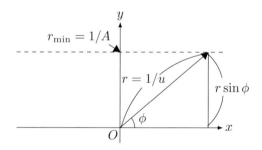

図 10.3 最低次数のオーダーの光線の軌跡．光線は点線で表された直線の経路に従う．距離 $r_{\min}$ は原点に最も近くなる距離である．

[*6] 訳注：$\cos \phi_0 = \frac{A}{\sqrt{A^2+B^2}}, \sin \phi_0 = \frac{B}{\sqrt{A^2+B^2}}$ と置けば，

$$A \sin \phi + B \cos \phi = \sqrt{A^2 + B^2} \left(\frac{A}{\sqrt{A^2+B^2}} \sin \phi + \frac{B}{\sqrt{A^2+B^2}} \cos \phi \right)$$
$$= \sqrt{A^2 + B^2} (\cos \phi_0 \sin \phi + \sin \phi_0 \cos \phi) = \sqrt{A^2 + B^2} \sin(\phi + \phi_0)$$

となるので改めて任意定数および角度を $A' = \sqrt{A^2 + B^2}, \phi' = \phi + \phi_0$ と置けばよい．

[*7] 訳注：$1/r = u = u_0 + \varepsilon u_1 + O(\varepsilon^2) = A \sin \phi + \varepsilon u_1 + O(\varepsilon^2)$ より，$1/A \simeq r \sin \phi = y$ が成り立つ．

次に，ε の 1 次のオーダーの項で等式を作る：

$$u_1'' + u_1 = u_0^2 = A^2 \sin^2 \phi$$

これの斉次方程式方はその前に求めたのと一緒の

$$u_1'' + u_1 = 0$$

なので，解 $u_1^{\mathrm{H}} = B \sin \phi + C \cos \phi$ を持つ．前と同様に一般性を失うことなく，$B = 0$ ととることができる．また，元の非斉次微分方程式の特解として $u_1^{\mathrm{p}} = D \sin^2 \phi + E \cos^2 \phi$ がとれる．したがって，これを微分して，

$$u_1^{\mathrm{p}\prime} = 2D \sin \phi \cos \phi - 2E \cos \phi \sin \phi$$
$$u_1^{\mathrm{p}\prime\prime} = 2D \cos^2 \phi - 2D \sin^2 \phi - 2E \cos^2 \phi + 2E \sin^2 \phi$$

が成り立つので，

$$u_1^{\mathrm{p}\prime\prime} + u_1^{\mathrm{p}} = 2D \cos^2 \phi - 2D \sin^2 \phi - 2E \cos^2 \phi + 2E \sin^2 \phi$$
$$+ D \sin^2 \phi + E \cos^2 \phi$$
$$= 2D \cos^2 \phi - D \sin^2 \phi - E \cos^2 \phi + 2E \sin^2 \phi$$

が成り立つ．いま，特解は $u_1^{\mathrm{p}\prime\prime} + u_1^{\mathrm{p}} = A^2 \sin^2 \phi$ を満たさねばならず，これは，$2D - E = 0$ のときのみ正しい．これは次を残す：

$$-D \sin^2 \phi + 4D \sin^2 \phi = 3D \sin^2 \phi$$

$u_1^{\mathrm{p}\prime\prime} + u_1^{\mathrm{p}} = A^2 \sin^2 \phi$ を使うと，$D = A^2/3$ を結論づけられる．したがって，特解は

$$u_1^{\mathrm{p}} = D \sin^2 \phi + E \cos^2 \phi = \frac{A^2}{3} \sin^2 \phi + 2 \frac{A^2}{3} \cos^2 \phi$$
$$= \frac{A^2}{3} \left(1 - \cos^2 \phi\right) + 2 \frac{A^2}{3} \cos^2 \phi$$
$$= \frac{A^2}{3} + \frac{A^2}{3} \cos^2 \phi$$

になる．すると，完成した 1 次のオーダーの解は

$$u_1 = \frac{A^2}{3} \left(1 + K \cos \phi + \cos^2 \phi\right) \tag{10.56}$$

10.0 光線の湾曲

となる．ここで K は別の積分定数である．すべてを一緒にして，$\varepsilon = 3m$ を使うと，光線の軌跡の完全な解 (それは近似解であるが) は，

$$u = u_0 + \varepsilon u_1 = A \sin\phi + mA^2 \left(1 + K\cos\phi + \cos^2\phi\right) \quad (10.57)$$

となる．mA^2 は直線経路からの軌跡の湾曲を引き起こす．

天体物理学の状況では，漸近直線に沿って太陽に近づく遠くの星から発する光線は，太陽の重力場によってごくわずかな量だけ湾曲され，そののち別の漸近直線に沿って進路を変更して離れてゆく．漸近線は図 10.4 において $u=0$ に対応し，かつ $\phi = \Delta + \pi$ に対応する入射光のものと，$u=0$ に対応し，かつ $\phi = 0$ に対応する直線である x 軸に平行な出射光のものの 2 つある．このうち，後者の条件 $u=0$ かつ $\phi = 0$ を (10.57) に代入すると，

$$0 = u = A\sin 0 + mA^2(1 + K\cos 0 + \cos^2 0) = mA^2(2 + K)$$

より積分定数は $K = -2$ となる．すると完成した光線の湾曲の公式は

$$u = A\sin\phi + mA^2\left(1 - 2\cos\phi + \cos^2\phi\right)$$

となるので全湾曲量 Δ はこの式に $u=0$ と $\phi = \Delta + \pi$ を代入して，

$$\begin{aligned}0 =& u = A\sin(\Delta+\pi) + mA^2\left(1 - 2\cos(\Delta+\pi) + \cos^2(\Delta+\pi)\right) \\ =& -A\sin\Delta + mA^2(1 + 2\cos\Delta + \cos^2\Delta)\end{aligned}$$

となる．いま，太陽程度の重力場では，屈折角が大変小さいことが想定されるので，小さな角度近似 $\sin\Delta \approx \Delta$, $\cos\Delta \approx 1$ を使うと，

$$0 = u \approx -A\Delta + 4mA^2$$

として書くことができる．定数 A が上で求めた直線との距離の逆数であることを思い出すと，全湾曲量は

$$\Delta = \frac{4m}{r_{\min}}$$

によって与えられる．

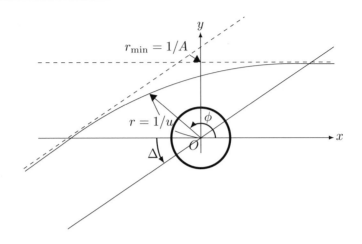

図 10.4　太陽によって湾曲される光線

太陽の場合，1.75 秒角の湾曲が予想された[*8]．興味のある読者は観測的課題とこの現象を測定しようと試みた結果がうまくいったことについて学ぶことができるであろう．

時間の遅れ

シュワルツシルト幾何学それ自身を体現する最後の現象が，2 点の間を光が進むのに要する時間の移動である．太陽のような質量のある物体を囲む時空によって引き起こされる曲率は平坦な空間の場合に比べて光線の移動時間が増加する．

再び，$\theta = \pi/2$ と置き，$ds^2 = 0$ を使うと，

$$0 = \left(1 - \frac{2m}{r}\right)dt^2 - \left(1 - \frac{2m}{r}\right)^{-1}dr^2 - r^2 d\phi^2$$

が成り立つ．光線に対する以前の結果を使うと，dr に関する最後のピース

[*8] 訳注：1 秒角は $1/3600°$ である．

10.0 時間の遅れ

を書くことができ，次の結果を得る：

$$dt^2 = \frac{dr^2\left(1 - 2mr_0^2/r^3\right)}{\left(1 - r_0^2/r^2\right)\left(1 - 2m/r\right)^2}$$

平方根をとって，1次のオーダーで展開し，便利な単位を採用すると (そのため t のところに ct を置いた)，

$$cdt = \frac{dr}{\sqrt{1 - r_0^2/r^2}}\left(1 + \frac{2m}{r} - \frac{mr_0^2}{r^3}\right)$$

が得られる．この結果は積分できる．地球から太陽を"挟んで"太陽系の別の惑星の間を光が移動する時間を考えるには，r_p をその惑星までの太陽からの半径，r_e を太陽から地球までの半径とするとき，r_0 から r_p と r_0 から r_e の間を積分すればよい．結果は，

$$ct = \sqrt{r_p^2 - r_0^2} + \sqrt{r_e^2 - r_0^2} + 2m\ln\frac{\left(\sqrt{r_p^2 - r_0^2} + r_p\right)\left(\sqrt{r_e^2 - r_0^2} + r_e\right)}{r_0^2}$$
$$- m\left(\frac{\sqrt{r_p^2 - r_0^2}}{r_p} + \frac{\sqrt{r_e^2 - r_0^2}}{r_e}\right)$$

となる．

　地球とその星の通常の平坦空間の距離は最初の項，$\sqrt{r_p^2 - r_0^2} + \sqrt{r_e^2 - r_0^2}$ によって与えられる．残りの項は時空の曲率 (すなわち，太陽の重力場によって) によって引き起こされる距離の増加を示している．これらの項は太陽系で測定可能な時間の遅れを引き起こす．たとえば，金星へのレーダー反射は 200 μs だけ遅れる．

　紙面が限られているため，ここでのシュワルツシルト解の分析は不十分である．読者はより広い取り扱いのために，本書の最後に記載されている参考文献を参照することが望ましい．

章末問題

1. 例 4.10 で記述される変分法を使うと，シュワルツシルト計量 (10.5) の 0 でないクリストッフェル記号は次のいずれか？

    (a)
    $$\Gamma^t{}_{rt} = \frac{d\nu}{dr},$$
    $$\Gamma^r{}_{tt} = e^{2(\nu-\lambda)}\frac{d\nu}{dr}, \Gamma^r{}_{rr} = \frac{d\lambda}{dr},$$
    $$\Gamma^r{}_{\theta\theta} = -r\,e^{-2\lambda}, \Gamma^r{}_{\phi\phi} = -r\,e^{-2\lambda}\sin^2\theta,$$
    $$\Gamma^\theta{}_{r\theta} = \frac{1}{r}, \Gamma^\theta{}_{\phi\phi} = -\sin\theta\cos\theta,$$
    $$\Gamma^\phi{}_{r\phi} = \frac{1}{r}, \Gamma^\phi{}_{\theta\phi} = \cot\theta$$

    (b)
    $$\Gamma^t{}_{rt} = \frac{d\nu}{dr},$$
    $$\Gamma^r{}_{tt} = e^{2(\nu-\lambda)}\frac{d\nu}{dr}, \Gamma^r{}_{rr} = \frac{d\lambda}{dr},$$
    $$\Gamma^r{}_{\theta\theta} = re^{-2\lambda}, \Gamma^r{}_{\phi\phi} = -re^{-2\lambda}\sin^2\theta,$$
    $$\Gamma^\theta{}_{r\theta} = \frac{1}{r}, \Gamma^\theta{}_{\phi\phi} = \sin\theta\cos\theta,$$
    $$\Gamma^\phi{}_{r\phi} = -\frac{1}{r}, \Gamma^\phi{}_{\theta\phi} = -\cot\theta,$$

    (c)
    $$\Gamma^r{}_{tt} = \frac{d\nu}{dr}, \Gamma^r{}_{rr} = -\frac{d\lambda}{dr},$$
    $$\Gamma^r{}_{\theta\theta} = -re^{-2\lambda}, \Gamma^r{}_{\phi\phi} = re^{-2\lambda}\cos^2\theta,$$
    $$\Gamma^\theta{}_{r\theta} = \frac{1}{r}, \Gamma^\theta{}_{\phi\phi} = -\sin\theta\cos\theta,$$
    $$\Gamma^\phi{}_{r\phi} = \frac{1}{r}, \Gamma^\phi{}_{\theta\phi} = \cot\theta,$$

10.0 章末問題

2. 仮に時間独立性の条件を落として線素を
$$ds^2 = e^{2\nu(r,t)}\,dt^2 - e^{2\lambda(r,t)}\,dr^2 - r^2\left(d\theta^2 + \sin^2\theta\,d\phi^2\right)$$
と書くとき，リッチテンソルの R_{rt} は次のどれによって与えられるか？
   (a) $R_{rt} = \frac{1}{r}\frac{d\nu}{dt}$
   (b) $R_{rt} = \frac{2}{r}\frac{d\lambda}{dt}$
   (c) $R_{rt} = -\frac{1}{r^2}\frac{d\lambda}{dt}$

以下の問いでは，0 でない宇宙定数を持つシュワルツシルト計量を考える．次の定義を置くことにする：
$$f(r) = 1 - \frac{2m}{r} - \frac{1}{3}\Lambda r^2$$
線素は次のように書く：
$$ds^2 = -f(r)\,dt^2 + \frac{1}{f(r)}\,dr^2 + r^2\,d\theta^2 + r^2\sin^2\theta\,d\phi^2$$

3. リッチ回転係数を計算すると次のうちどれが得られるか？
   (a) $\Gamma^{\hat{r}}{}_{\hat{t}\hat{t}} = \frac{-\Lambda r^3}{\sqrt{9r-18m-3\Lambda r^3}}$
   (b) $\Gamma^{\hat{r}}{}_{\hat{t}\hat{t}} = \frac{3m-\Lambda r^3}{\sqrt{r^3(9r-18m-3\Lambda r^3)}}$
   (c) $\Gamma^{\hat{r}}{}_{\hat{t}\hat{t}} = \frac{3m-\Lambda r^3}{\sqrt{9r-18m}}$

4. リッチテンソルの成分を計算すると次のうちどれが得られるか？
   (a) $-R_{\hat{t}\hat{t}} = R_{\hat{r}\hat{r}} = R_{\hat{\theta}\hat{\theta}} = R_{\hat{\phi}\hat{\phi}} = \Lambda$
   (b) $-R_{\hat{t}\hat{t}} = R_{\hat{r}\hat{r}} = R_{\hat{\theta}\hat{\theta}} = R_{\hat{\phi}\hat{\phi}} = \Lambda r^3$
   (c) $-R_{\hat{t}\hat{t}} = R_{\hat{r}\hat{r}} = R_{\hat{\theta}\hat{\theta}} = R_{\hat{\phi}\hat{\phi}} = 0$

5. シュワルツシルト時空のペトロフ型は次のうちどれか？
   (a) type O
   (b) type I
   (c) type III
   (d) type D

Chapter 11
ブラックホール

 ブラックホール は，光でさえ逃れられないほど重力が強い時空の領域である．自然界では，ブラックホールは大質量星が燃え尽きてその一生が終わり，潰れて崩壊を迎えるとき，星の寿命の終わりに形成されると考えられている．ここではシュワルツシルト解を詳しく見ることによってブラックホールの学習を始めよう．ここでこれから見るように，(量子化されていない) 古典的な一般相対論に従う限り，ブラックホールは完全にちょうどわずか 3 つのパラメータによって特徴づけられる．それらは，

- 質量
- 電荷
- 角運動量

である．この特徴づけは研究されている 3 つの一般的な種類のブラックホールを結果として生む：

- シュワルツシルト解によって記述される電荷を持たない静的なブラックホール
- ライスナー-ノルドシュトロム解によって記述される電荷を持つブラックホール

- カー解によって記述される自転するブラックホール

　本章では，シュワルツシルトブラックホールとカーブラックホールの2つの場合を考察する．始めるにあたって，座標特異面の問題を検討し，シュワルツシルト計量からどのようにして座標特異面を取り除くかについて見てみよう．

重力赤方偏移

　ブラックホールを学習する際には，しばしば**無限赤方偏移**が議論されているのを見るであろう．ここでは，重力場内で上向きに放出された光に何が起こるか見ていこう．すなわちある内側の半径 r_i に位置する観測者からある外側の半径 r_o に位置する観測者に向かって光を放出するものとする．

　この光に何が起こるかを見るカギは，各々の観測者に対してどのように時間が経過するかを見ることである．言い換えれば，今関心があるのは，各観測者によって観測される光波の周期である．ここで，固有時 τ が観測者自身の時計で測定した時刻であることを思いだそう．シュワルツシルト計量では，静止した観測者の固有時は，関係式

$$d\tau = \sqrt{1 - \frac{2m}{r}} dt$$

を経由して離れた観測者によって測定される時刻と関係する．

　r の2つの異なる値に位置する観測者たちに対する固有時を比較することによって，赤方偏移因子を計算するのは簡単なことである．これは例を見たほうが早いだろう．

例 11.1

　シュワルツシルトブラックホールの近くに位置する2人の固定された観測者を考えよう．$r_1 = 3m$ に位置する第1の観測者が紫外光のパルス波を $r_2 = 8m$ に位置する第2の観測者に放出したものとする．第2の観測者がその光がオレンジ色に赤方偏移したことを観測することを示せ．

解答 11.1

赤方偏移因子を求めるためには，単に $d\tau_2/d\tau_1$ を計算すればよい．ここで

$$d\tau_i = \sqrt{1 - \frac{2m}{r_i}}\, dt$$

である．赤方偏移因子を α によって表すと，

$$\alpha = \frac{d\tau_2}{d\tau_1} = \frac{\sqrt{1 - \frac{2m}{r_2}}\, dt}{\sqrt{1 - \frac{2m}{r_1}}\, dt} = \frac{\sqrt{1 - \frac{2m}{r_2}}}{\sqrt{1 - \frac{2m}{r_1}}}$$

$$= \frac{\sqrt{1 - \frac{2m}{8m}}}{\sqrt{1 - \frac{2m}{3m}}} = \frac{\sqrt{1 - \frac{1}{4}}}{\sqrt{1 - \frac{2}{3}}} = \frac{\sqrt{\frac{3}{4}}}{\sqrt{\frac{1}{3}}} = \sqrt{\frac{9}{4}} = \frac{3}{2}$$

である．紫外線の波長として $\lambda_1 \sim 400$ nm をとると，第 2 の観測者が観測する波長は

$$\lambda_2 = \alpha\lambda_1 = 1.5 \times 400 \text{ nm} = 600 \text{ nm}$$

となる．これはスペクトルのオレンジ色の領域であり，大体 542nm から 620nm である．

座標特異面

しばらく前に戻って，座標特異領域と曲率特異領域の違いを調べてみよう．まず，(10.33) で与えられたシュワルツシルト計量を思いだそう：

$$ds^2 = \left(1 - \frac{2m}{r}\right) dt^2 - \frac{dr^2}{(1 - 2m/r)} - r^2(d\theta^2 + \sin^2\theta\, d\phi^2)$$

シュワルツシルト計量が $r = 2m$ で異常なふるまいを示すことはかなり明らかである．$r > 2m$ に対し，$g_{tt} > 0$ かつ $g_{rr} < 0$ である．しかし，$r < 2m$ に対しては計量のこれらの成分の符号が反転することに注意しよう．これは t 軸に沿った世界線が $ds^2 < 0$ を持ち，そのため空間的曲線を記述すること

を意味する．一方，r 軸に沿った世界線は $\mathrm{d}s^2 > 0$ を持ち，そのため時間的曲線を記述する．したがって，この領域で，この座標の時間と空間の性質は反転していることになる．これは，シュワルツシルト半径の内部の質点は一定の値の r に静止することができないことを意味する．

さて，今度は，直接シュワルツシルト半径 $r = 2m$ を見てみよう．まず，g_{tt} を最初に考えると，$r = 2m$ の地点で

$$g_{tt} = 1 - \frac{2m}{2m} = 1 - 1 = 0$$

となることが分かる．これが数学的に良く振る舞っているとはいえ，g_{tt} が消滅するという事実は面 $r = 2m$ が無限赤方偏移する面であることを意味する．何か明らかに異常なことが起こっているので，この振る舞いはのちに再び調べよう．しかし，今はこの計量の他の成分を考慮しよう．$g_{\theta\theta}$ と $g_{\phi\phi}$ には何も異常なことは起きてないが，g_{rr} は大変悪いふるまいをすることが分かる．実際，この項は発散する：

$$g_{rr} = -\frac{1}{(1 - 2m/r)} \to \infty \quad (r \to 2m \text{ のとき})$$

数学的表式がある点で無限大になるとき，その点は**特異点**と呼ばれる．しかし，幾何学と物理学では，したがって一般相対論では，特異点の存在は慎重に検討しなければならない．最初に尋ねるべき質問は，その特異点が物理的に実在するのか，それとも採用した座標系の選び方によるものなのかということである．

この場合，面 $r = 2m$ はいくつかの異常な性質を有するにもかかわらず，その特異面は座標の選び方によるものであり，したがってそれは**座標特異面**であることが分かる．簡単にいえば，異なる座標基底の組を使うことによって，$r = 2m$ での特異面が取り除かれるように計量を書くことができる．しかし，$r = 0$ の点は曲率無限大の点であり，座標の変更によっては取り除けないことが分かる．

この問題を調べる方法はすでにみてきた．不変量は特定の座標の選び方に

11.0 放射ヌル測地線

依存しないので，不変量を構成すればよい．第 10 章では

$$R_{abcd}R^{abcd} = \frac{48m^2}{r^6}$$

であることを求めた．この不変量 (それはスカラーである) は $r = 0$ で曲率テンソルが発散するが，$r = 2m$ では何も異常なことは起きていないことを教えてくれる．これは適切な座標系に変更することによって，$r = 2m$ での特異面を取り除くことができることを意味する．

放射ヌル測地線

$r = 2m$ 付近での光円錐の挙動を調べることによってこれらの問題をさらに深く学ぶことができる．動径方向の経路を考えよう．これは，$d\theta = d\phi = 0$ と置くことを意味する．この場合，シュワルツシルト計量は次のように単純化される：

$$ds^2 = \left(1 - \frac{2m}{r}\right)dt^2 - \frac{dr^2}{(1 - 2m/r)}$$

光線の経路を調べるためには $ds^2 = 0$ と置けばよい．これは光円錐の斜面である次の関係を導く：

$$\frac{dt}{dr} = \pm\left(1 - \frac{2m}{r}\right)^{-1} \tag{11.1}$$

最初に気付くべきことは，$r = 2m$ よりはるかに遠い $r \to \infty$ であるところでは，この方程式は

$$\frac{dt}{dr} = \pm 1$$

になるということである．したがって，この極限では，平坦な空間の光線の運動を回復する (積分は $t = \pm r +$ (積分定数) となり，ミンコフスキー空間の光円錐として期待されるものに一致する)．

さて今度は，小さな r，特に $r = 2m$ に接近した場合の挙動を調べてみよう．外側に出射する放射ヌル曲線に対応する正符号の場合を調べるのは参考

になる.すると,(11.1) は

$$\frac{\mathrm{d}t}{\mathrm{d}r} = \frac{r}{r-2m}$$

と書くことができる.ここで,$r \to 2m$ のとき,$\mathrm{d}t/\mathrm{d}r \to \infty$ であることに注意しよう.これは,$r = 2m$ に接近するにつれて光円錐が狭くなることを教えてくれる($r = 2m$ では光円錐は垂直になる).この効果は図 11.1 に示した.

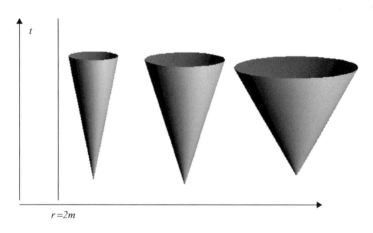

図 11.1 シュワルツシルト座標を使うと,光円錐は $r = 2m$ に接近するにつれて閉じてゆく.

(11.1) を積分して時間を r の関数として得ることによって特異面を取り除くためのカギを見つけることができる.再び,外側に出射する放射ヌル曲線に対して適用される正符号の場合を採用するなら,積分は

$$t = r + 2m \ln |r - 2m|$$

を与える(積分定数は無視した).$t(r)$ の形は,使うことのできる座標変換を示唆する.そこでしばらく後で,**亀座標**を考えることにする.それは原点にのみ曲率特異点を示すような新しい形で計量を書き下すことを許す.

動径方向内向きに落下する質点の経路

　シュワルツシルト幾何学では，初期速度ゼロで無限遠から動径方向に落下する質点は，

$$\left(1 - \frac{2m}{r}\right)\frac{dt}{d\tau} = 1 \quad \text{および} \quad \left(\frac{dr}{d\tau}\right)^2 = \frac{2m}{r}$$

によって記述される経路上を運動する[*1]．これらの方程式から，

$$\frac{dr}{dt} = \frac{dr/d\tau}{dt/d\tau} = -\sqrt{\frac{2m}{r}}\left(1 - \frac{2m}{r}\right)$$

と求まる．これを積分すると，

$$t - t_0 = -\frac{2}{3\sqrt{2m}}\left(r^{3/2} - r_0^{3/2} + 6m\sqrt{r} - 6m\sqrt{r_0}\right)$$
$$+ 2m \ln \frac{(\sqrt{r} + \sqrt{2m})(\sqrt{r_0} - \sqrt{2m})}{(\sqrt{r_0} + \sqrt{2m})(\sqrt{r} - \sqrt{2m})}$$

[*1] 訳注：今考えている運動は動径方向成分のみの運動だから，一般性を失わずに線素は，

$$d\tau^2 = ds^2 = \left(1 - \frac{2m}{r}\right)dt^2 - \left(1 - \frac{2m}{r}\right)^{-1}dr^2$$

と書ける．第4章 (4.35), (4.36) のラグランジアン $K = \frac{1}{2}g_{ab}\dot{x}^a\dot{x}^b$ に対する運動方程式の t 成分を求めると，

$$\frac{d}{d\tau}\left(\frac{\partial K}{\partial \dot{t}}\right) = \frac{d}{d\tau}\left[\left(1 - \frac{2m}{r}\right)\dot{t}\right] = 0$$

が得られるので，$\left(1 - \frac{2m}{r}\right)\dot{t} = C$ となるが，いま，$r \to \infty$ で $\dot{t} = \frac{dt}{d\tau} \to 1$ とならなければならないため $C = 1$ となる．よって，$\left(1 - \frac{2m}{r}\right)\frac{dt}{d\tau} = 1$ となる．すると，これより，$\frac{dt}{d\tau} = \left(1 - \frac{2m}{r}\right)^{-1}$ を，

$$1 = \frac{d\tau^2}{d\tau^2} = \left(1 - \frac{2m}{r}\right)\left(\frac{dt}{d\tau}\right)^2 - \left(1 - \frac{2m}{r}\right)^{-1}\left(\frac{dr}{d\tau}\right)^2$$

に代入すれば，$\left(\frac{dr}{d\tau}\right)^2 = \frac{2m}{r}$ が得られる．

が得られる．r が $2m$ に近づく極限では，これは
$$r - 2m = 8m\,e^{-(t-t_0)/2m}$$
になる*2．これは，t を時間座標に選ぶと面 $r = 2m$ は近づいていくが決して通過できないことを示している．t が離れた観測者の固有時であったことを思いだそう．したがってブラックホールから遠く離れた外部の観測者にとってはブラックホールに落下する物体は決して $r = 2m$ に到達しない．

粒子の固有時を使って，動径方向に落下する質点の経路に立ち戻ると，
$$\frac{dr}{d\tau} = -\sqrt{\frac{2m}{r}}$$
が成り立つ．固有時 $\tau = \tau_0$ の時点で $r = r_0$ から粒子が運動を開始するものと仮定しよう．これを積分すると
$$\frac{1}{\sqrt{2m}} \int_r^{r_0} \sqrt{r'}\,dr' = \int_{\tau_0}^{\tau} d\tau'$$
が得られる．ここで $'$ はダミー積分変数である．両辺の積分を実行すると
$$\frac{2}{3\sqrt{2m}} \left(r_0^{3/2} - r^{3/2} \right) = \tau - \tau_0$$
が得られる．この式を見ると，不可解な表面である $r = 2m$ は現れない．外部の観測者が観測する結果とは対照的に，物体は連続的に $r = 0$ に有限の固有時間で落下する．実際，物理的宇宙の全体の発展は面 $r = 2m$ を物体が通過する間に起こったということができる．

$r = 2m$ の内側を研究するためには，座標特異面を取り除く必要がある．これは次節で取り扱う．

---

*2 訳注：$r \to 2m$ の極限で，
$$2m \ln \left(\frac{\sqrt{r} + \sqrt{2m}}{\sqrt{r} - \sqrt{2m}} \right) = 2m \ln \frac{(\sqrt{r} + \sqrt{2m})^2}{(\sqrt{r} - \sqrt{2m})(\sqrt{r} + \sqrt{2m})} \simeq 2m \ln \frac{(\sqrt{2m} + \sqrt{2m})^2}{(r - 2m)}$$
$$= -2m \ln \left(\frac{r - 2m}{8m} \right) \to \infty$$
となるので，この項が主要な項になることを使えばよい．

エディントン-フィンケルシュタイン座標

座標特異面の問題を回避する最初の試みはエディントン-フィンケルシュタイン座標によって行われた．まず最初に，亀座標と呼ばれる新しい座標

$$r^* = r + 2m \ln\left(\frac{r}{2m} - 1\right) \tag{11.2}$$

を導入する[*3]．またそれとともに，2つのヌル座標

$$u = t - r^* \quad \text{and} \quad v = t + r^* \tag{11.3}$$

も導入する．(11.2) より，

$$\begin{aligned}
\mathrm{d}r^* &= \mathrm{d}r + \frac{2m}{(r/2m-1)}\left(\frac{1}{2m}\right)\mathrm{d}r = \mathrm{d}r + \frac{\mathrm{d}r}{(r/2m-1)} \\
&= \frac{(r/2m-1)}{(r/2m-1)}\mathrm{d}r + \frac{\mathrm{d}r}{(r/2m-1)} = \left(\frac{r}{2m}\right)\frac{\mathrm{d}r}{(r/2m-1)} \\
&= \frac{\mathrm{d}r}{1-2m/r}
\end{aligned}$$

と求まる．また，(11.3) を使うと，

$$\begin{aligned}
\mathrm{d}t &= \mathrm{d}v - \mathrm{d}r^* \\
&= \mathrm{d}v - \frac{\mathrm{d}r}{(1-2m/r)} \\
\Rightarrow \mathrm{d}t^2 &= \mathrm{d}v^2 - 2\frac{\mathrm{d}v\,\mathrm{d}r}{(1-2m/r)} + \frac{\mathrm{d}r^2}{(1-2m/r)^2}
\end{aligned}$$

[*3] 訳注：ここの説明は逆にした方が分かりやすいかもしれない．シュワルツシルト時空中を動径方向に進む光線の満たす式は，

$$\begin{aligned}
0 = \mathrm{d}s^2 &= \left(1 - \frac{2m}{r}\right)\mathrm{d}t^2 - \left(1 - \frac{2m}{r}\right)^{-1}\mathrm{d}r^2 \\
&= \left(1 - \frac{2m}{r}\right)\left[\mathrm{d}t - \frac{\mathrm{d}r}{1-2m/r}\right]\left[\mathrm{d}t + \frac{\mathrm{d}r}{1-2m/r}\right]
\end{aligned}$$

であるので，$\mathrm{d}r^* = \frac{\mathrm{d}r}{1-2m/r}$，$\mathrm{d}u = \mathrm{d}t - \mathrm{d}r^*$，$\mathrm{d}v = \mathrm{d}t + \mathrm{d}r^*$，と置けば，$\mathrm{d}u\mathrm{d}v = 0$ が成り立つので，これを積分して，座標の原点を調節して積分定数を調節すれば，問題の亀座標と2つのヌル座標が得られる．

と書くことができる．この結果をシュワルツシルト計量に代入すると，エディントン-フィンケルシュタイン型の計量

$$ds^2 = \left(1 - \frac{2m}{r}\right) dv^2 - 2\,dv\,dr - r^2\left(d\theta^2 + \sin^2\theta\,d\phi^2\right) \tag{11.4}$$

が得られる．$r = 0$ の曲率特異点は明らかであるが，$r = 2m$ はこれらの新しい座標ではもはや特異面ではない．もう一度，$d\theta = d\phi = 0$ および $ds^2 = 0$ と置くことにより動径方向に進む光線の経路を考えよう．この場合，

$$\left(1 - \frac{2m}{r}\right) dv^2 - 2\,dv\,dr = 0$$

となる．両辺を dv^2 で割ると，

$$\left(1 - \frac{2m}{r}\right) - 2\frac{dr}{dv} = 0$$

が得られる．$r = 2m$ と置くと，$dr/dv = 0$ が成り立つ．すなわち，光の動径座標方向の速度は消えてしまう．積分をすることにより，内側に進むか外側に進むかによらずにその場にとどまり続ける光線を記述する $r(v) =$ 一定を求めることができる．項を並べ替えると，

$$\frac{dv}{dr} = \frac{2}{(1 - 2m/r)}$$

となる．これを積分すると，

$$v(r) = 2\left(r + 2m\ln|r - 2m|\right) + C \qquad (C : 定数)$$

と求まる．この方程式は (v, r) 座標を使って放射状に進む光線の経路を与える．$r > 2m$ の領域では，r が増加するにつれて v も増加する．これは外側に向かって放射状に進む光線として期待されるものの挙動を記述する．その一方で，$r < 2m$ の領域では，r が減るにつれて v は増加する．したがって，光線は内側に進む．

この座標では，光円錐はもはや狭まり続けることはなく，$r = 2m$ を超えて存在し続ける．しかし，時間と動径座標が $r = 2m$ でそれらの特徴を反

11.0 エディントン-フィンケルシュタイン座標

転させるという事実は，光円錐がこの領域に渡って傾くことを意味する (図 11.2 参照).

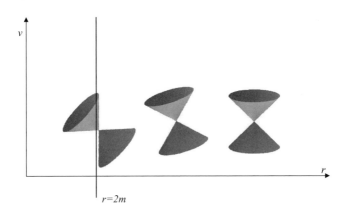

図 11.2 エディントン-フィンケルシュタイン座標 (v, r) を使うと $r = 2m$ の座標特異面を取り除ける．r が小さくなると，光円錐は傾き始める．$r < 2m$ ではすべての測地線の未来方向が $r = 0$ の方向に向いてしまう．

まとめると，次のことが分かったことになる：

- シュワルツシルト面 $r = 2m$ は座標特異面である．適切な座標変換を施すことにより，この特異面は取り除ける．
- しかし，面 $r = 2m$ は一方通行の面であり，これを**事象の地平面**と呼ぶ．未来方向の光的および時間的曲線は $r > 2m$ の領域から $r < 2m$ の領域に横切ることができるが，逆は可能ではない．事象の地平面の内部の事象 (つまり出来事) は外部の観測者からは隠されている (観測できない)．
- 小さな r の方向へ移動するにつれて，光円錐は傾き始める．$r = 2m$ の点で外側に移動する光はそこにとどまり続ける．
- $r < 2m$ では未来方向の光的および時間的曲線は $r = 0$ の方向を向い

ている．

- シュワルツシルト座標は領域 $2m < r < \infty$ および $-\infty < t < \infty$ に渡る領域の幾何学を記述するのに適している．しかし，$r = 2m$ およびその内側の領域を記述するには別の座標系を使わねばならない．

クルスカル座標

クルスカル-スゼッケル座標は領域 $r < 2m$ までシュワルツシルト幾何学を拡張することを許す．そこでは，変数 u と v で表される新しい座標が導入される．それらは $r < 2m$ または $r > 2m$ に依存してシュワルツシルト座標 t, r と次のように関係する：

$r > 2m$：
$$u = e^{r/4m}\sqrt{\frac{r}{2m} - 1} \cosh \frac{t}{4m} \tag{11.5}$$

$$v = e^{r/4m}\sqrt{\frac{r}{2m} - 1} \sinh \frac{t}{4m}$$

$r < 2m$：
$$u = e^{r/4m}\sqrt{1 - \frac{r}{2m}} \sinh \frac{t}{4m} \tag{11.6}$$

$$v = e^{r/4m}\sqrt{1 - \frac{r}{2m}} \cosh \frac{t}{4m}$$

シュワルツシルト時空のクルスカル形式の計量は，

$$ds^2 = \frac{32m^3}{r} e^{-r/2m} \left(du^2 - dv^2\right) + r^2 \left(d\theta^2 + \sin^2\theta d\phi^2\right) \tag{11.7}$$

によって与えられる．この座標は図 11.3 に描いた．

11.0 クルスカル座標

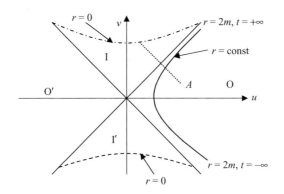

図 11.3 クルスカル座標の図．領域 O と O' は事象の地平面の外側なので $r > 2m$ に対応する．領域 I と I' は領域 $r < 2m$ に対応する．双曲線 $r = $ 一定 は $r = 2m$ の外側の適当な半径離れた地点である．それはたとえば星の表面などを表す．

この座標は次のような特徴を示す：

- O で表す"外側の世界"は $u \geq |v|$ に対応する領域 $r \geq 2m$ である．
- 直線 $u = v$ はシュワルツシルト座標 $t \to \infty$ に対応し，$u = -v$ は $t \to -\infty$ に対応する．
- 事象の地平面の内側の領域 $r < 2m$ は $v > |u|$ に対応する．
- クルスカル座標では光円錐はすべて 45° の角度をしている．

また次の関係式が成り立つ：

$$u^2 - v^2 = \left(\frac{r}{2m} - 1\right) e^{r/2m} \quad \text{and} \quad \frac{v}{u} = \tanh\frac{t}{4m} \tag{11.8}$$

$r = 2m$ での座標特異面は $u^2 - v^2 = 0$ に対応する．真性曲率特異点 $r = 0$ は双曲線

$$v^2 - u^2 = 1$$

上である．$ds^2 = 0$ を調べることによってもう一度光線の経路を検討するこ

とができる．これはクルスカル計量に対しては，

$$ds^2 = 0 = \frac{32m^3}{r} e^{-r/2m} \left(du^2 - dv^2\right)$$

となる．これはただちに，

$$\left(\frac{du}{dv}\right)^2 = 1$$

を導く．また，クルスカル座標では質量を持った物体は傾斜 $45°$ の光円錐の内部，

$$\left(\frac{dv}{du}\right)^2 > 1$$

を運動するので，これは光速がどこでも 1 であることを示している．したがって，この座標で光の伝播の境界はない．さらに，

- u は大域的な動径方向を表すラベルとして機能する．
- v は大域的な時間軸方向を表すラベルとして機能する．
- この計量はシュワルツシルト解と等価であるが，遠方では平坦な球座標とは一致しない．
- $r = 2m$ には座標特異面は存在しない．
- しかし，$r = 0$ での真性特異点はそれでもまだ残っている．

が成り立つ．図 11.3 では，A で示される点線は，動径方向内側に伝わる光線を表す．傾斜は -1 であり，クルスカル座標では $r = 0$ で特異点に衝突してしまう．

カーブラックホール

　地球，太陽，または中性子星のような天体の観測は 1 つの事実を明らかにする．それらのほとんど (すべてではない) が自転するということである．シュワルツシルト解がゆっくり自転する物体の周りの時空の記述として十分うまく機能するとはいえ，自転するブラックホールを正確に記述するためには新しい解が必要である．そのような解は**カー計量**によって与えられる．

11.0 カーブラックホール

　カー計量は全く予想外ないくつかの興味深い (シュワルツシルト解にはない) 新しい現象を明らかにする．たとえば，自転するブラックホールの近くに存在する物体は，その物体の運動状態が何であれ，ブラックホールと一緒に回転してしまう．たとえば，そこに宇宙船があり，この自転するブラックホールと逆向きに運動するようにロケットエンジンを点火したとしよう．しかし，たとえもっとも強力なロケットエンジンを使ったとしても，どのようにしても，ロケットエンジンは逆向きに運動する役には立たず，宇宙船はブラックホールの自転方向に沿って運ばれてしまう．実際，以下で見るように光に対してでさえ同じ効果が自転によってもたらされる！

　また，自転するブラックホールは2つの事象の地平面を持つこともこれから確認する．これらの事象の地平面の間は**エルゴ球**と呼ばれる領域であり，そこは自転の影響が感じられる場所であることが分かる．

　また，**ペンローズ過程**として知られる方法を使ってカーブラックホールからエネルギーを取り出すことが可能である．それでは，いくつかの定義を行うことによってカーブラックホールの検討を始めよう．

　ご存知のように，自転する物体はその角運動量によって特徴づけられる．ブラックホールを記述するとき，物理学者と天文学者は角運動量をラベル J で与え，通常単位質量当たりの角運動量に関心がある．これは $a = J/M$ によって与えられ，もし M として "重力質量" を採用しているなら，a の単位はメートルで与えられらる．カー計量では，ブラックホールの周りの時空上の自転効果は，計量のなかの混合ないしは**交差項**に伴う角運動量の存在によって見られる．これらは $dtd\phi$ の形をした項であり，時間に伴う角度の変化，すなわち回転を示している．

　カー計量は少し複雑なので，ここでは単にそれが何であるかを述べるに留めよう．表記を単純化するために，以下の定義をする：

$$\Delta = r^2 - 2mr + a^2$$
$$\Sigma = r^2 + a^2 \cos^2 \theta$$

ここで，上で定義したように a は単位質量当たりの角運動量である．これら

の定義で，自転するブラックホールの周りの時空を記述する計量は

$$ds^2 = \left(1 - \frac{2mr}{\Sigma}\right)dt^2 + \frac{4amr\sin^2\theta}{\Sigma}dt\,d\phi - \frac{\Sigma}{\Delta}dr^2 - \Sigma d\theta^2$$
$$- \left(r^2 + a^2 + \frac{2a^2mr\sin^2\theta}{\Sigma}\right)\sin^2\theta d\phi^2 \qquad (11.9)$$

となる．ここでは，ボイヤー-リンキスト座標で計量を書いた．計量テンソルの成分は，

$$g_{tt} = \left(1 - \frac{2mr}{\Sigma}\right), \qquad g_{t\phi} = g_{\phi t} = \frac{2mar\sin^2\theta}{\Sigma}$$
$$g_{rr} = -\frac{\Sigma}{\Delta}, \qquad g_{\theta\theta} = -\Sigma, \qquad g_{\phi\phi} = -\left(r^2 + a^2 + \frac{2ma^2r\sin^2\theta}{\Sigma}\right)\sin^2\theta$$
$$(11.10)$$

によって与えられる．この計量の成分が t と ϕ に対して独立であることに注意しよう．これは，この時空に対する 2 つの適当なキリングベクトルとして，∂_t と ∂_ϕ がとれることを意味する．この複雑な計量の反変成分を求めるには，非対角項が $g_{t\phi}$ のみしか含まないということにまず注意すべきである．したがって，

$$g^{rr}g_{rr} = 1 \Rightarrow g^{rr} = -\frac{\Delta}{\Sigma}, \qquad g^{\theta\theta}g_{\theta\theta} = 1 \Rightarrow g^{\theta\theta} = -\frac{1}{\Sigma} \qquad (11.11)$$

を使って項 g_{rr} と $g_{\theta\theta}$ の反変成分を求めることができる．それ以外の項を求めるには，行列

$$\begin{pmatrix} g_{tt} & g_{t\phi} \\ g_{\phi t} & g_{\phi\phi} \end{pmatrix} = \begin{pmatrix} \left(1 - \frac{2mr}{\Sigma}\right) & \frac{2mar\sin^2\theta}{\Sigma} \\ \frac{2mar\sin^2\theta}{\Sigma} & -\left(r^2 + a^2 + \frac{2ma^2r\sin^2\theta}{\Sigma}\right)\sin^2\theta \end{pmatrix}$$
$$(11.12)$$

11.0 カーブラックホール

の逆行列を求めればよい．この行列の逆行列は大変退屈な代数計算か，あるいはコンピュータを使って計算できる．計算すると，

$$g^{tt} = \frac{\left(r^2 + a^2\right)^2 - \Delta a^2 \sin^2 \theta}{\Sigma \Delta}, \qquad g^{t\phi} = \frac{2mar}{\Sigma \Delta}$$

$$g^{\phi\phi} = -\frac{\Delta - a^2 \sin^2 \theta}{\Sigma \Delta \sin^2 \theta} \tag{11.13}$$

が得られる．

計量テンソルの混合項が存在するという事実はいくつかの興味深い結果を導く．たとえば，成分 $(p_t, p_r, p_\theta, p_\phi)$ を持つ質点の4元運動量を考えることができる．すると，

$$p^t = g^{ta} p_a = g^{tt} p_t + g^{t\phi} p_\phi$$
$$p^\phi = g^{\phi a} p_a = g^{\phi t} p_t + g^{\phi\phi} p_\phi$$

に注意すると，$p_\phi = 0$ であっても，$p^\phi = g^{\phi t} p_t$ より，p^ϕ が0でない場合があり得る．

問題を少し単純化しても，まだカー計量の本質的な特徴を得ることは可能である．そこで，球面の赤道を切断面とする平面である**赤道面**を考えよう．地球やそのほかの自転する物体である球を考えると，この平面は自転軸と垂直になる．

ブラックホールの場合にもブラックホールの中心を通り，ブラックホールの自転軸に垂直な平面を考えることができる．この場合，$\theta = \pi/2$ つまり，$\cos\theta = 0$ かつ $\sin\theta = 1$ かつ $\mathrm{d}\theta = 0$ である．Δ と Σ の定義と一緒に (11.9) の計量を見ると，この計量が大幅に単純化されることが分かる：

$$\mathrm{d}s^2 = \left(1 - \frac{2m}{r}\right)\mathrm{d}t^2 + \frac{4ma}{r}\mathrm{d}t\mathrm{d}\phi - \frac{1}{\left(1 - \frac{2m}{r} + \frac{a^2}{r^2}\right)}\mathrm{d}r^2$$
$$- \left(1 + \frac{a^2}{r^2} + \frac{2ma^2}{r^3}\right)r^2\mathrm{d}\phi^2 \tag{11.14}$$

この単純化された計量では，いくつかの自転するブラックホールの時空の特徴がすぐに飛び出してくる．まず最初に，この計量のなかで使われている時

間座標 t はシュワルツシルト計量の場合のように離れた観測者によって記録される時刻であることに注意しよう．このことを念頭に，シュワルツシルト計量で使われるのと同じ手順に従い，どこで項が 0 に近づくか，または発散するかに注意しよう．

この計量についてまず最初に注意すべき点は，係数 g_{tt} がシュワルツシルト計量 (10.33) で見たのと全く同じであるということである．これを 0 と置くと，

$$1 - \frac{2m}{r} = 0$$

となる．これを r について解くと，この項は $r_s = 2m$ で 0 になる．これはシュワルツシルト計量の場合について以前求めたものと一緒である．そのためこれは **定常性限界面** と呼ばれる．しかし，今考えている計量はより複雑なので，興味深いことが起こるほかの値の r を求めてみよう．これについてのより詳細はすぐに確認する．今のところ，g_{rr} 項に移ろう．自転の最初の影響を確認するのがここになる．シュワルツシルト計量の場合，この項が発散するところを確認することに関心があった．この場合も同様である．そして，いま g_{rr} が単位質量当たりの角運動量 a に依存することに注意しよう．すると，

$$g_{rr} = -\frac{1}{\left(1 - \frac{2m}{r} + \frac{a^2}{r^2}\right)}$$

が成り立ち，これは

$$1 - \frac{2m}{r} + \frac{a^2}{r^2} = 0 \tag{11.15}$$

であるときに発散することを意味する．この全体に r^2 を掛けることにより，次の2次方程式が得られる：

$$r^2 - 2mr + a^2 = 0$$

これは2次方程式の解の公式を使うと，次の解が得られる：

$$r_\pm = \frac{-B \pm \sqrt{B^2 - 4AC}}{2A} = \frac{2m \pm \sqrt{4m^2 - 4a^2}}{2} \tag{11.16}$$

11.0 カーブラックホール

この結果を見ると，自転するブラックホールの場合，**2つの事象の地平面**が存在することが分かる！　まず最初に，$a=0$ と置くことによって自転しないブラックホールを考慮するとシュワルツシルト計量の場合の結果に戻るというのは，心強いことである．すなわち，

$$r_\pm = \frac{2m \pm \sqrt{4m^2 - 0}}{2} = m \pm m$$
$$\Rightarrow r = 2m \quad \text{または} \quad r = 0$$

である．

さていま，$a \neq 0$ とした場合の，興味深い場合を考えよう．解のうち，正の符号をとれば外側の事象の地平面を得，負の符号をとれば内側の事象の地平面を得る．内側の事象の地平面は**コーシー地平面**として知られる．

求めることができる最大の角運動量を考えよう．これは割と簡単に求められる．(11.16) 式のルートの中の項の符号に注意しよう．$\sqrt{4m^2 - 4a^2} = 2\sqrt{m^2 - a^2}$ が成り立っている．この項は，$m^2 - a^2 \geq 0$ の場合のみ実数である．したがって，内側の半径は $a=m$ のとき最大に達するであろう．実際，(11.16) を見ると，この場合 $r_\pm = m$ が得られることが分かる．このとき，内側と外側の地平面は一致する．

カー計量に関連する2つの地平面に戻って，内側と外側の地平面をこの $r_\pm$ で表そう．これらは本物の地平面である．すなわち，それらは横切って入っていくことはできるが出ることはできない一方通行の膜である．上で言及したように，この2つの一方通行の膜または地平面は

$$r_\pm = m \pm \sqrt{m^2 - a^2}$$

によって与えられる．外側の地平面は

$$r_+ = m + \sqrt{m^2 - a^2}$$

となる．この地平面はブラックホールと外側の世界の間の境界を表している．自転しないブラックホールの場合について求めたシュワルツシル

トブラックホールの場合の事象の地平面と類似しており，上記のように，$a = 0$ と置けば，おなじみの結果である $r = 2m$ が得られる．さて，$r_- = m - \sqrt{m^2 - a^2}$ によって表される内側の地平面を見てみよう．それが外側の地平面の内部に存在することより，外側の観測者からは見ることができないことに注意しよう．

以前，$r_s = 2m$ の点でのカー幾何学において言及したように，この計量の時間成分は消滅する．すなわち，$g_{tt} = 0$ である．解 $r_s = 2m$ は外側の地平面 $r_+ = m + \sqrt{m^2 - a^2}$ の外側にある外部無限赤方偏移面として説明することができる．質点と光はこの無限赤方偏移面のどちらの方向からでも横切ることができる．しかし，地平面 $r_+ = m + \sqrt{m^2 - a^2}$ によって「実際の」ブラックホールとして表される面を考えよう．それは後へは引けない点である一方通行の面である．質点または光がそこを横切ると，もはやそこからは逃れられない．興味深いことに，それにもかかわらず，$\theta = 0, \pi$ で地平面と無限赤方偏移面が一致し，したがってこれらの点で光または，質量を有する物体はもはや逃れることはできない．

定常性限界面 と地平面によって定義されたこれらの面の間の空間領域，すなわち領域 $r_+ < r < r_s$ は**エルゴ球**と呼ばれる．エルゴ球の内部では，慣性系の引きずり効果が存在する．この領域の内部の物体はそのエネルギーや運動状態によらず一緒に引きずられる．より形式的には，エルゴ球の内部では，すべての時間的測地線は重力場の源である質量とともに回転するということが言える．

2 つの地平面の間 $r_- < r < r_+$ において，r は時間的な座標となる．これはシュワルツシルト時空の場合と全く一緒である．これは，もしあなたがこの領域にいるならば，何をしようと，ちょうどあなた自身の人生が未来に前進させられるように，あなたはコーシー地平面 $r = r_-$ に必然的に引かれることを意味する．カー解はコーシー地平面まで正確にその幾何学を記述すると考えられる．

慣性系の引きずり効果

カー解の自転の性質は**慣性系の引きずり**として知られる興味深い効果を導く．無限遠から，角運動量ゼロで質点を落としたと想像しよう．この質点は重力源が自転する向きに角速度を得る．この現象を記述する簡単な方法は，4元運動量と計量テンソルの成分を考えることである．計量 (10.13) の逆行列の成分を見て，比

$$\frac{g^{t\phi}}{g^{tt}} = \frac{2mar}{(r^2+a^2)^2 - \Delta a^2 \sin^2\theta} = \omega \tag{11.17}$$

を考えよ．

さて，質点を角運動量ゼロで落としたと想像しよう．角速度は

$$\frac{d\phi}{dt} = \frac{d\phi/d\tau}{dt/d\tau} = \frac{p^\phi}{p^t}$$

によって与えられる．$p_\phi = 0$ の下で，$p^t = g^{tt}p_t$ かつ $p^\phi = g^{\phi t}p_t$ が成り立つので，(11.17) を使うと，この表式は

$$\frac{p^\phi}{p^t} = \frac{g^{\phi t}}{g^{tt}} = \omega = \frac{2mar}{(r^2+a^2)^2 - \Delta a^2 \sin^2\theta}$$

となる．

この角速度は計量を構成する項に比例することに注意しよう．だからそれは重力場に起因しているとみるべきである．したがって，もし無限遠から角運動量ゼロで質点を落とすと，その質点は重力場から角速度を拾うことが分かる．この効果は**慣性系の引きずり**と呼ばれ，レンス- ティリング (**Lense-Thirring**) 効果として知られる，ジャイロ歳差運動効果を引き起こす．赤道面では，$\theta = 0$ なので，

$$\omega = \frac{2mar}{(r^2+a^2)^2}$$

によって与えられる角速度に対する単純化された表式を与える.

それでは，カーブラックホール付近の光に何が起こるか考えてみよう[*4]. より具体的には，最初，接線の経路で進む光 (したがって，$dr = 0$ と置く) を考える．ヌル線 $ds^2 = 0$ を思い出し，(10.14) を使って赤道面に制限すると，光に対する次の関係式が求まる：

$$\begin{aligned}0 &= \left(1 - \frac{2m}{r}\right)dt^2 + \frac{4ma}{r}dtd\phi - \left(1 + \frac{a^2}{r^2} + \frac{2ma^2}{r^3}\right)r^2 d\phi^2 \\ &= \left(1 - \frac{2m}{r}\right)dt^2 + \frac{4m^2}{r}dtd\phi - \left(r^2 + m^2 + \frac{2m^3}{r}\right)d\phi^2\end{aligned} \quad (11.18)$$

表記を単純化するために，Taylor and Wheeler(2000) に従い，簡約化された円周

$$R^2 = r^2 + m^2 + \frac{2m^3}{r} \quad (11.19)$$

を導入する．すると，(11.18) はよりコンパクトな形

$$0 = \left(1 - \frac{2m}{r}\right)dt^2 + \frac{4m^2}{r}dt\,d\phi - R^2\,d\phi^2 \quad (11.20)$$

で書くことができる．(11.20) の全体を dt^2 で割ってから $-R^2$ で割ると，$d\phi/dt$ に対する次の 2 次方程式が得られる：

$$\left(\frac{d\phi}{dt}\right)^2 - \frac{4m^2}{rR^2}\frac{d\phi}{dt} - \frac{1}{R^2}\left(1 - \frac{2m}{r}\right) = 0 \quad (11.21)$$

いま，重要な特別な場合である定常性限界面 $r = r_s = 2m$ を考慮したい．この場合，(11.21) の最後の項が消えることに注意しよう：

$$1 - \frac{2m}{r} = 1 - \frac{2m}{2m} = 1 - 1 = 0$$

[*4] 訳注：ここで考えているのは，特に，自転するブラックホールの単位質量当たりの角運動量 a が最大，すなわち $a = m$ のときを考えている．この条件を満たすブラックホールを**最大極限カーブラックホール**と呼ぶ．

11.0 特異領域

一方，定常性限界面 $R^2 = 6m^2$ と (11.21) の中央の係数は

$$\frac{4m^2}{rR^2} = \frac{4m^2}{(2m)6m^2} = \frac{4m^2}{12m^3} = \frac{1}{3m}$$

になる．これらの結果を一緒にすると定常性限界面で (11.21) は

$$\left(\frac{d\phi}{dt}\right)^2 - \frac{1}{3m}\frac{d\phi}{dt} = 0 \tag{11.22}$$

として書くことができる．この方程式には

$$\frac{d\phi}{dt} = \frac{1}{3m} = \frac{1}{3a} \quad \text{および} \quad \frac{d\phi}{dt} = 0 \tag{11.23}$$

によって与えられる 2 つの解が存在する．最初の解，$\frac{d\phi}{dt} = \frac{1}{3a}$ はブラックホールが自転するのと同じ向きに放射される光を表す．これは確かに大変興味深い結果である．光の運動はブラックホールの角運動量 $a = m$ によって束縛されていることに注意しよう！ 第 2 の解は，しかし，さらに驚くべき結果を示す．もし光が，そのブラックホールの自転と逆向きに放射されるなら $\frac{d\phi}{dt} = 0$ である．すなわち，この光は完全に静止してしまう！ いかなる物質的な粒子も光速より速い速度が達成できないことより，これはブラックホールの自転と逆向きに運動することが完全に不可能であることを意味する．いかなる宇宙船も，素粒子もそれを行うことはできない．

特異領域

シュワルツシルト時空の場合に俯瞰した手続きに続いて，ここでは座標特異面を越えて移動し，不変量から求めることができる任意の特異領域を考えることを検討したい．この場合，リーマンテンソル $R^{abcd}R_{abcd}$ から構成さ

れる不変量を再び考慮する*5．これは

$$\Sigma = r^2 + a^2 \cos^2 \theta = 0$$

によって記述される真性特異領域を導く．

　赤道面では再び $\theta = \pi/2$ が成り立つので，特異領域は $\theta = \pi/2$ かつ $r^2 = r^2 + a^2 \cos^2 \frac{\pi}{2} = 0$ を満たす領域である．このやや無害な方程式は，実際には x-y 平面内の半径 a のリングを記述する*6．だから，自転するブラックホールに対しては，真性特異領域は回転軸中心によって与えられるわけではなく，$z = 0$ の赤道面内の半径 a のリングによって与えられる．

カー計量に対する軌道方程式のまとめ

カー計量において質点の軌道の運動を支配する方程式は

$$\begin{aligned}\sum \dot{r} &= \pm \sqrt{V_r} \\ \sum \dot{\theta} &= \pm \sqrt{V_\theta} \\ \sum \dot{\phi} &= -\left(aE - L_z/\sin^2 \theta\right) + \frac{a}{\Delta} P \\ \sum \dot{t} &= -a\left(aE \sin^2 \theta - L_z\right) + \frac{r^2 + a^2}{\Delta} P\end{aligned} \quad (11.24)$$

---

*5 訳注：実際に計算すると，

$$R^{abcd} R_{abcd} = \frac{48 m^2 (r^2 - a^2 \cos^2 \theta)(\Sigma^2 - 16 a^2 r^2 \cos^2 \theta)}{\Sigma^6}$$

になる．

*6 訳注：デカルト"的"座標で表すと，特異面は

$$\frac{x^2 + y^2}{a^2 \sin^2 \theta} - \frac{z^2}{a^2 \cos^2 \theta} = 1$$

なる領域である．

によって与えられる．ここで微分は固有時かアフィンパラメータに関するものである．これらの方程式で定義された追加の量は

$$P = E\left(r^2 + a^2\right) - L_z a$$
$$V_r = P^2 - \Delta\left[\mu^2 r^2 + (L_z - aE)^2 + A\right]$$
$$V_\theta = A - \cos^2\theta\left[a^2\left(\mu^2 - E^2\right) + L_z^2/\sin^2\theta\right]$$

である．ここで，

$$E = \text{保存エネルギー}$$
$$L_z = \text{保存角運動量の } z \text{ 成分}$$
$$A = \text{全角運動量に関連する保存量}$$
$$\mu = \text{質点の静止質量}$$

である．

さらに学びたい人へ

ブラックホールの研究は興味深いが，深刻で複雑な話題である．本章の扱っていることの多くはこの主題に対する大変素晴らしい入門書『*Exploring Black Holes: An Introduction to General Relativity*』(Edwin F. Taylor and John Archibald Wheeler, Addison-Wesley, 2000.) に基づく[*7].

ブラックホールについてのより技術的詳細と詳細な入門はディンバーノ (D'Inverno)(1992) を参照せよ．そこではブラックホール，電荷を持ったブラックホール，カーブラックホールの良い解説がなされている．紙面の都合上，本書で取り扱うことができなかった自転するブラックホールに関する 1 つの興味深い現象が，**ペンローズ過程**である．これはブラックホールからエネルギーを取り出すために使うことができる手法である．より詳しくは，

[*7] 訳注：邦訳版は『一般相対性理論入門：ブラックホール探査 (翻訳 牧野 伸義)』, (絶版)

ハートル (Hartle)(2002) の第 15 章か[*8]，テイラー＆ホイーラ (Taylor and Wheeler)(2000) のページ F21 から F30 を参照せよ．

軌道方程式の本書での定義は，ライトマン，プレス，プライスおよびテウコルスキー (Lightman, Press, Price, and Teukolsky)(1975) を参考にした．この本はブラックホールに関連するいくつかの解かれた問題を含む．

この計量と，曲率テンソルの計算結果を使うために正規直交テトラッドをどのようにして選ぶかを見るには，http://panda.unm.edu/courses/finley/p570/handouts/kerr.pdf を参照すると良い．

章末問題

1. 次のうち，ブラックホールの特徴づけに使えないものはどれか？
   (a) 質量
   (b) 電子密度
   (c) 電荷
   (d) 角運動量
2. エディントン-フィンケルシュタイン座標を使うと，次のうちどれが分かるか？
   (a) $r = 2m$ によって定義される面は真性特異面である．
   (b) 動径座標に沿って小さい r の方に移動すると，光円錐は傾き始める．そして，$r = 2m$ で外向きに伝わる光子は静止してしまう．
   (c) 動径座標に沿って小さい r の方に移動すると，光円錐は狭まり始める．そして，$r = 2m$ で外向きに伝わる光子は静止してしまう．
   (d) 動径座標に沿って小さい r の方に移動すると，光円錐は静止し続ける．そして，$r = 2m$ で外向きに伝わる光子は静止してしまう．
3. クルスカル座標では真性特異領域は次のうちどれか？

[*8] 訳注：邦訳版は『重力 (上), (下) アインシュタインの一般相対性理論入門 (翻訳 牧野 伸義)』

(a) $r = 0$.

(b) $r = 2m$.

(c) $r = m$.

4. 慣性系の引きずりを説明するものとして最も良いのは次のうちどれか？

   (a) 慣性系の引きずりは，慣性効果である．

   (b) 慣性系の引きずりは，質点の角運動量を与えることである．

   (c) 慣性系の引きずりは，最初角運動量ゼロの質点が，重力源の自転する向きに角速度を得ることである．

   (d) 慣性系の引きずりは，最初角運動量ゼロの質点が，重力源の自転する向きと逆向きに角速度を得ることである．

5. エルゴ球についての正しい記述はどれか？

   (a) エルゴ球の内部では，すべての時間的測地線が重力場の源である質量と一緒に回転する．

   (b) エルゴ球は重力場ゼロの領域である．

   (c) エルゴ球の内部では，空間的測地線が重力場の源である質量と一緒に回転する．

   (d) エルゴ球については何の情報も知ることはできない．

Chapter 12
宇宙論

　ここからは，宇宙全体の力学である**宇宙論**として知られる科学分野の学習に目を向けよう．宇宙論の数学的研究は2つの理由により比較的簡単であることが分かる．まず最初に，重力は大きなスケールで支配的になるので核力や電磁力によって生ずる局所的に複雑な問題を考慮する必要がないということである．2番目の理由は，十分大きなスケールでは，宇宙は十分良い近似で，**一様**かつ**等方的**であるということである．十分大きなスケールで見ることによって，銀河団のレベルの話ができる．ここでは一様や等方的という用語を計量の空間成分のみに適用する．

　一様という用語で，その幾何学 (つまり計量) が宇宙の任意の点で等しいことを表す．今考えているのが大きなスケールでの宇宙であることから，ブラックホールの近くのような局所的な変動は考慮していないことに注意しよう．

　等方空間 とは特別な方向を持たない空間である．そのような空間では，空間回転でその空間の特徴が変わらない．したがって，等方空間では任意の点で幾何学が球対称であるということができる．

　これら2つの特徴を計量の空間部分に取り入れると，定曲率空間を考察することになる．空間曲率は K で表される．n 次元空間 $\mathbb{R}^n$ を考えよう．シューアの定理 (Schur's theorem) として知られる微分幾何学の結果から，

もしある点についてのある近傍 N 内のすべての点が等方的であり，その空間の次元が $n \geq 3$ ならば，N 全体で曲率 K は定数であることが知られている[*1]．

今考えている場合では，大域的に等方的な空間を扱っており，したがって K はすべての点で定数である．$\mathbb{R}^n$ 内の (等方的) 点では

$$R_{abcd} = K\left(g_{ac}g_{bd} - g_{ad}g_{bc}\right) \tag{12.1}$$

となることを使って曲率と計量に関してリーマンテンソルを定義することができる．今の場合，計量の空間成分だけにしかこの結果を適用することができないことを心に留めておこう．

大きなスケールにおいて宇宙が一様かつ等方的であるという見方は**宇宙原理**として知られる哲学的言明によって述べられる．

宇宙原理

コペルニクスは地球が太陽系の中心ではないといった．この考えは地球が宇宙の中心ではないという主張に一般化することができる[*2]．この言明を**宇宙原理**と呼ぶ．これは基本的に宇宙がどの点から見ても同じように見えるという主張になる．

空間の一様性と等方性を持つ計量

前述の通り，一様性と等方性の性質は計量の空間成分のみに適用される．観測は，宇宙が時間発展し，そのため**時空**全体がこれらの性質を含むようには理論を拡張できないことを示している．この種の状況は**ガウス正規座標**を

[*1] 訳注：たとえば，野水克己『現代微分幾何学入門』(裳華房) 第 4 章 §4，定理 2 参照．

[*2] 訳注：宇宙の中心ではないのだから端の方か？ などと言葉上はとれなくもないが，この後に続く文にあるように，宇宙のどの点でも立場は一緒なので，端とか中央とかいう区別はない．

12.0 空間の一様性と等方性を持つ計量

使って記述される．ガウス正規座標の詳しい学習は本書の扱う範囲を超えるが，計量が一般形

$$ds^2 = dt^2 - a^2(t)\, d\sigma^2$$

で書けるという点について理解するために要点を述べよう．ここで $d\sigma^2$ は計量の空間部分であり，$a(t)$ は**スケール因子**である．それは，計量の空間成分の時間発展を表す関数である．もし，$\dot{a}(t) > 0$ ならば，膨張する宇宙を記述している．

宇宙は通常以下のようにモデル化される．与えられた時間において，宇宙は空間的に等方的かつ一様であるが，時間的に発展する．数学的には，これは積み重ねられた一組の 3 次元空間的超平面またはスライス S として表される．空間内の固定された点に座っている観測者はその点にとどまり続けるが，時間の前方に移動する．これは，その観測者が時間座標に平行な測地線に沿って移動することを意味する．

S をある時刻 t_1 の空間的超平面，S′ をのちの時刻 t_2 の空間的超平面を表すものと仮定しよう．これらのスライス上のそれぞれの点を P, Q で表し，これら 2 つの点を移動する測地線を考えよう．

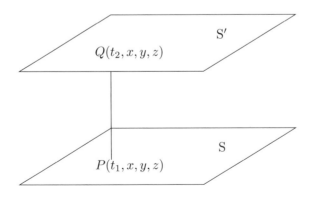

図 12.1　空間的に同じ位置の，時間に沿って移動する測地線．

この観測者が空間内の同じ点に座っていることより，S から S′ への移動で

この点の空間座標は不変である．したがって測地線の弧長は時間座標によって与えられる．より正確には

$$ds^2 = dt^2$$

のように書くことができる．したがって計量の成分は $g_{tt} = 1$ でなければならない．計量の空間成分の形を導くには，以前学習したことが利用できる．シュワルツシルト計量は球対称性を持っており，これはまさに今我々が捜しているものである．シュワルツシルト計量の一般形を思いだそう：

$$ds^2 = e^{2\nu(r)}dt^2 - e^{2\lambda(r)}dr^2 - r^2\left(d\theta^2 + \sin^2\theta\,d\phi^2\right)$$

これをお手本として，今考えている計量の空間成分を次のように書こう：

$$d\sigma^2 = e^{2f(r)}dr^2 + r^2\,d\theta^2 + r^2\sin^2\theta\,d\phi^2$$

クリストッフェル記号とリッチテンソルの成分を導く長くて退屈な過程を進めると，$e^{2f(r)}$ の具体形を求めることができる．しかし，より簡単な方法が存在する．シュワルツシルト計量を構成することとの類似性より，以前の結果を使って関数 $e^{2f(r)}$ を手際よく導くことができる．シュワルツシルト計量に対する本書での結果

$$R_{\hat{t}\hat{t}} = \left[\frac{d^2\nu}{dr^2} + \left(\frac{d\nu}{dr}\right)^2 - \left(\frac{d\nu}{dr}\right)\left(\frac{d\lambda}{dr}\right) + \frac{2}{r}\frac{d\nu}{dr}\right]e^{-2\lambda(r)}$$

$$R_{\hat{r}\hat{r}} = -\left[\frac{d^2\nu}{dr^2} + \left(\frac{d\nu}{dr}\right)^2 - \left(\frac{d\nu}{dr}\right)\left(\frac{d\lambda}{dr}\right) - \frac{2}{r}\frac{d\lambda}{dr}\right]e^{-2\lambda(r)}$$

$$R_{\hat{\theta}\hat{\theta}} = -\frac{1}{r}\frac{d\nu}{dr}e^{-2\lambda} + \frac{1}{r}\frac{d\lambda}{dr}e^{-2\lambda} + \frac{1-e^{-2\lambda}}{r^2}$$

$$R_{\hat{\phi}\hat{\phi}} = -\frac{1}{r}\frac{d\nu}{dr}e^{-2\lambda} + \frac{1}{r}\frac{d\lambda}{dr}e^{-2\lambda} + \frac{1-e^{-2\lambda}}{r^2}$$

を思いだそう．このうちの1つの項に着目することによってこの問題を解くことができる．それには $R_{\hat{r}\hat{r}}$ を選んで座標基底で考えるのが最も易しい．

12.0 空間の一様性と等方性を持つ計量

$R_{\hat r \hat r}$ は座標基底で

$$R_{rr} = R_{\hat r \hat r} \Lambda^{\hat r}{}_r \Lambda^{\hat r}{}_r = -\left[\frac{d^2\nu}{dr^2} + \left(\frac{d\nu}{dr}\right)^2 - \left(\frac{d\nu}{dr}\right)\left(\frac{d\lambda}{dr}\right) - \frac{2}{r}\frac{d\lambda}{dr}\right] \quad (12.2)$$

として書ける。$\nu \to 0$ かつ $\lambda \to f$ と置くことによって，今の場合，この式を得ることができる。したがって R_{rr} については

$$R_{rr} = \frac{2}{r}\frac{df}{dr} \quad (12.3)$$

が成り立つ。(12.1) 式 $R_{ijkl} = K\left(g_{ik}g_{jl} - g_{il}g_{jk}\right)$ を使うと，K と計量に関するリッチテンソルを得ることができる。ここで考えている計量が空間成分のみであることより，ここでは添字として (i, j, k, l) を使用する。(空間成分の) リッチテンソルは

$$R_{jl} = R^k{}_{jkl}$$

として定義される[*3]。この縮約は，

$$\begin{aligned}
R^k{}_{jkl} &= g^{ki} R_{ijkl} \\
&= g^{ki} K \left(g_{ik}g_{jl} - g_{il}g_{jk}\right) \\
&= K \left(g^{ki}g_{ik}g_{jl} - g^{ki}g_{il}g_{jk}\right) \\
&= K \left(\delta^k_k g_{jl} - \delta^k_l g_{jk}\right) \\
&= K \left(\delta^k_k g_{jl} - g_{jl}\right)
\end{aligned}$$

を経由して得られる。

今考えているのが 3 次元であり，アインシュタインの和に関する規約が使われていることより，$\delta^k_k = 1+1+1 = 3$ である。これは 3 次元定曲率の場合のリッチテンソルが $R_{jl} = K\left(3g_{jl} - g_{jl}\right) = 2Kg_{jl}$ であることを意味する。シュワルツシルト解と比較することによって得た結果とこれを一緒にすると関数 e^{2f} を手際よく求めることができる。

[*3] 訳注：もちろん見た目が同じでもこれは，時空のリッチテンソル $R_{\mu\nu} = R^\sigma{}_{\mu\sigma\nu}$ の (j, l) 成分とは全く異なり，"同時刻" によって時間軸方向にスライスされた空間成分のみに関するリッチテンソルなので注意してほしい。

さていま，$\mathrm{d}\sigma^2 = e^{2f(r)}\,\mathrm{d}r^2 + r^2\,\mathrm{d}\theta^2 + r^2\sin^2\theta\,\mathrm{d}\phi^2$ を見ると，計量は

$$g_{ij} = \begin{pmatrix} e^{2f} & 0 & 0 \\ 0 & r^2 & 0 \\ 0 & 0 & r^2\sin^2\theta \end{pmatrix}$$

と書くことができる．$R_{jl} = 2K g_{jl}$ を $j = l = r$ の場合について考え，(12.3) と $g_{rr} = e^{2f}$ とともに使うと次の微分方程式が得られる：

$$\frac{2}{r}\frac{\mathrm{d}f}{\mathrm{d}r} = 2K\,e^{2f}$$

これを変形すると

$$e^{-2f}\,\mathrm{d}f = Kr\,\mathrm{d}r$$

が得られる．この両辺を積分すると

$$-\frac{1}{2}e^{-2f} = K\frac{r^2}{2} + C$$

が得られる．ここで C は積分定数である．これを解くと

$$e^{2f} = \frac{1}{C' - Kr^2} \tag{12.4}$$

と求まる．ただし，$C' = -2C$ と置いた．定数 C' を求めるにはリッチテンソルの他の成分を使う．座標基底では，シュワルツシルト計量の $R_{\theta\theta}$ は $R_{\theta\theta} = 1 - e^{-2\lambda} + re^{-2\lambda}(\lambda' - \nu')$ である．したがって，今の場合，$\nu \to 0$ および $\lambda \to f$ を使うと

$$R_{\theta\theta} = 1 - e^{-2f} + re^{-2f}\frac{\mathrm{d}f}{\mathrm{d}r}$$

が成り立つ．直前の結果を使ってこれを書き換えてみよう．すると，$\frac{2}{r}\frac{\mathrm{d}f}{\mathrm{d}r} = 2Ke^{2f}$ であった．したがってこれより

$$r\,e^{-2f}\frac{\mathrm{d}f}{\mathrm{d}r} = r\,e^{-2f}\left(Kr\,e^{2f}\right) = Kr^2$$

が成り立つ．これを (12.4) とともに使うと，$R_{\theta\theta}$ は

$$R_{\theta\theta} = 1 - e^{-2f} + re^{-2f}\frac{\mathrm{d}f}{\mathrm{d}r} = 1 - C' + Kr^2 + Kr^2 = 1 - C' + 2Kr^2$$

12.0 曲率が正・負・0の空間

のように書きかえることができる．さていま，$R_{jl} = 2K g_{jl}$ を $g_{\theta\theta} = r^2$ とともに使うと，$R_{\theta\theta} = 2K g_{\theta\theta} = 2K r^2$ が成り立つ．したがって $1 - C' + 2K r^2 = 2K r^2$ なので $C' = 1$ でなければならない．結局，最終結果は

$$e^{2f} = \frac{1}{1 - Kr^2}$$

であり，この計量の空間成分は

$$d\sigma^2 = \frac{dr^2}{1 - kr^2} + r^2 d\theta^2 + r^2 \sin^2\theta \, d\phi^2 \tag{12.5}$$

として書くことができる．

ここで，(スケール因子にはどんな定数でも吸収できるので) 曲率定数 K を規格化してそれを k で表した．これは 3 つの場合に分けられる．それぞれ，$k = +1$ は正の曲率，$k = -1$ は負の曲率，$k = 0$ は平坦，すなわち曲率 0 の空間に対応する．ここではそれぞれの場合を順番に解説する．

曲率が正・負・0の空間

規格化された曲率 k によって，宇宙は考慮すべき 3 つの可能性に分類される．それらは，正・負・0 の曲率の空間である．これら 3 つの超曲面を記述するために，(12.5) をより一般的な形で書こう：

$$d\sigma^2 = d\chi^2 + r^2(\chi) d\theta^2 + r^2(\chi) \sin^2\theta \, d\phi^2 \tag{12.6}$$

正曲率の空間は (12.5) において $k = 1$ と置くか，(12.6) において $r(\chi) = \sin\chi$ と置いたものとして指定される．そのようにとると (12.6) は

$$d\sigma^2 = d\chi^2 + \sin^2(\chi) d\theta^2 + \sin^2(\chi) \sin^2\theta d\phi^2$$

となる．この空間を理解するために，この式に現れる θ をある定数値に置いて得られる曲面を確かめよう．ここでは，$\theta = \pi/2$ ととる．するとこの曲面が 2 次元球面になることが分かる (図 12.2 参照)．この場合の $\theta = \pi/2$ の線素は

$$d\sigma^2 = d\chi^2 + \sin^2(\chi) d\phi^2$$

である.

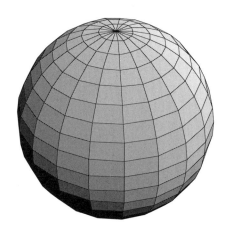

図 12.2 正曲率空間の埋め込み図. ここでは 2 次元曲面が球面である $\theta = \pi/2$ ととった.

正の曲率を持つ 3 次元空間は球面と 2 つの類似性がある. 球面上のある点から始めてこの球面上の**直線**に沿って移動すると, 結局同じ点で終わる. これは正曲率を持つ宇宙の 3 次元空間内を移動する場合についても正しいことである. 第 2 に, この曲面内の三角形の内角の和を足し合わせると, $180°$ より大きくなることが分かる.

次に, 負曲率の空間を考えよう. これは $k = -1$ ととることを意味する. この場合は $r = \sinh \chi$ と置かれた場合であり, 線素は

$$d\sigma^2 = d\chi^2 + \sinh^2(\chi) d\theta^2 + \sinh^2(\chi) \sin^2 \theta d\phi^2$$

になる. この宇宙 $dt^2 - a^2(t) d\sigma^2$ に対する空間線素としてこれを使うと, 空間的スライスが無限の体積を持つという注目に値する性質を持つ. この場合, 三角形の内角の和は $180°$ より小さくなる.

再び, 埋め込み図を得るために $\theta = \pi/2$ を考慮すると

$$d\sigma^2 = d\chi^2 + \sinh^2(\chi) d\phi^2$$

12.0 曲率が正・負・0の空間

が得られる．負曲率空間の埋め込み図は鞍型である (図 12.3 参照).

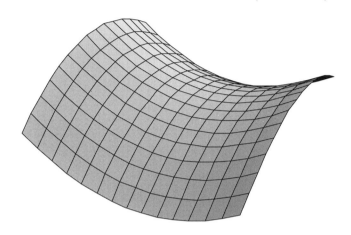

図 12.3　負曲率空間は鞍型である．

最後に，曲率 0 の空間を考える．これは $k=0$ の空間である．現在の観測結果は我々の住む実際の宇宙が最も良い近似でこの空間であることを示唆している．この最後の場合は $r=\chi$ と置かれた場合であり，線素は

$$d\sigma^2 = d\chi^2 + \chi^2 d\theta^2 + \chi^2 \sin^2\theta \, d\phi^2$$

として書くことができる．これは懐かしい平坦なユークリッド空間である．$\theta = \pi/2$ と置くことにより，埋め込み図として平面を得る (図 12.4 参照).

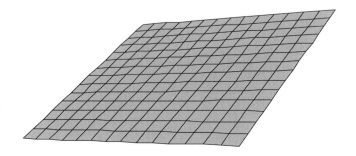

図 12.4 $k = 0$ のとき，空間は完全に平坦である．

便利な定義

ここでは，宇宙論で登場するいくつかの定義を列挙する．

スケール因子

宇宙は膨張しているので，時刻によってその大きさは変わる．与えられた時刻 t における宇宙の空間的大きさをスケール因子と呼ぶ．この量は著者によって $R(t)$ や $a(t)$ などと表される．本章ではスケール因子は $a(t)$ によって表すことにする．観測は，時間が前進するにつれて宇宙が膨張することを示しているので $\dot{a}(t) > 0$ である．

一般的なロバートソン-ウォーカー計量

ロバートソン-ウォーカー計量は次によって定義される：

$$ds^2 = dt^2 - a^2(t)\, d\sigma^2$$

ここで $d\sigma^2$ は (12.6) 式によって記述される**曲率が正・負・0** の定曲率空間の計量のうちの 1 つである．

物質密度

物質とは宇宙に存在する，恒星・惑星・彗星・小惑星・そして銀河 (他にもあるかもしれないが) すべての材料である．ストレス-エネルギーテンソルを構成するとき，物質は**ダスト流体**としてモデル化される[*4]．物質のエネルギー密度をここでは ρ_{M} で表す．また，圧力は $P_{\mathrm{M}} = 0$ である．さしあたり宇宙を拡散したガスで満たされた箱とみなすモデルで考える．ここで宇宙に存在する銀河は粒子によって構成されたガスからなるものとなる．宇宙の膨張はこの箱の体積が膨張することとして表される．しかし膨張してもこの箱の中の粒子の数は一定であるので，膨張とともに粒子の数密度は減少する．現実の宇宙では宇宙が膨張するに従って物質のエネルギー密度 ρ_{M} が減少すると主張することによってこの挙動をモデル化する．

放射密度

本書では，放射のエネルギー密度を ρ_{R}，圧力を P_{R} で表し，放射を完全流体と見なす．宇宙が膨張するに従い，放射密度 (光子に関して考えよ) は物質の場合のように減少する．しかし，放射のエネルギー密度はより速く減少する．何故なら光子は，宇宙が膨張するに従って赤方偏移し，そのためエネルギーを失うからである．

真空密度

最近の観測事実は宇宙の膨張は加速していることを示唆している．そしてこれは正の宇宙定数を持つことを意味する．宇宙定数は真空のエネルギーを表す．それは $\rho = -p$ という条件を満たす完全流体としてモデル化される．

物質優勢・放射優勢宇宙

スケール因子 $a(t)$ の時間発展は宇宙が**物質優勢**か**放射優勢**かによって影響を受ける．比 $\rho_{\mathrm{M}}/\rho_{\mathrm{R}}$ から宇宙が物質優勢か放射優勢かが分かる．現在の

[*4] 訳注：ダスト流体とは塵状に空間に薄く分布した流体で，通常粘性が無視できる完全流体で圧力も無視できるものである．

宇宙は，観測より比 $\rho_M/\rho_R \sim 10^3$ が示唆され，したがって物質優勢といえる．しかしながら，宇宙の初期は放射優勢だったことが分かっている．のちに見るように，宇宙の最終状態では結局真空のエネルギーが支配的となることが分かる．

ハッブルパラメータ

ハッブル定数またはハッブルパラメータは宇宙の膨張の割合を示す．それは

$$H = \frac{\dot{a}}{a} \tag{12.7}$$

のようにスケール因子の時間微分として定義される．ここでスケール因子が宇宙のサイズの尺度であることを思いだそう．この方程式から，ハッブル定数の単位は $\sec^{-1}$ であることが分かる．ただし，天文学上の応用の利便性からこの単位はしばしば km/sec/Mpc と記述される．ここで Mpc は**メガパーセク**という距離の単位である (下を参照)．付け加えるならば，ハッブル定数の実際の値についてはかなり大きな不確実性が存在する．したがってそれは多くの場合 $H_0 = 100h$km/sec/Mpc のように定義される．なお，現在の観測結果は $h \sim 0.7$ を示唆している．

ハッブル時間

ハッブル定数の逆数は**ハッブル時間**である．それは宇宙の年齢の大まかな見積もりである．今からハッブル時間前は宇宙のすべての銀河は同じ点の位置に存在した．ハッブル長さは宇宙論的スケールの長さで，$d = c/H_0$ によって与えられる．

ハッブルの法則

我々から他の銀河までの距離は，ハッブルの法則

$$v = H_0 r$$

によってその相対速度に関係する．

12.0 便利な定義   305

減速パラメータ

膨張の変化率は**減速パラメータ**で定量化できる．それは単に

$$q = -\frac{a\ddot{a}}{\dot{a}^2}$$

によって定義される．

開いた宇宙

開いた宇宙は永遠に膨張を続ける宇宙である．開いた宇宙の幾何学は，ある負曲率の空間で (図 12.3 のようなポテトチップか鞍の形を考えよ．)，それは原則的に無限に膨張することができる．開いた宇宙に対しては $k = -1$ である．

閉じた宇宙

閉じた宇宙はある最大の大きさまで膨張し，それから反転してそれ自体 (体積ゼロの点) に収縮してしまう．閉じた宇宙を球面と考えてみよう．前節での議論によりこれは $k = +1$ に対応し，図 12.2 に描いた．

平坦な宇宙

平坦な宇宙は大きなスケールではユークリッド幾何学によって記述され，永遠に膨張する．この場合，$k = 0$ である (図 12.4 参照)[5]．

臨界密度

宇宙が開いているか閉じているかは宇宙に存在するすべての種類の物質の密度によって決定される．言い換えると，もし十分な物質が存在し，そのため十分な重力が働くなら，膨張は減速し，ある点で止まり，収縮に転ずるのであろうか？ もしそうなら，我々は閉じた宇宙に住んでいることになる．

---

[5] 訳注：平坦な宇宙も直観的に考えれば想像がつくように一般には閉じていない．ただし，長方形状の平面領域は円筒に丸められるので，平面と円筒表面の内部計量は等しいが，円筒の表面が，ある方向に閉じているように曲率 0 でも閉じた空間になっている可能性は残される．

閉じた宇宙になるために必要な最小密度を**臨界密度**と呼ぶ．それは，ハッブル定数，万有引力定数，光速に関して定義することができ，

$$\rho_{\rm c} = \frac{3c^2 H_0^2}{8\pi G} \tag{12.8}$$

と表される[*6]．現時点では，観測された密度と臨界密度の比は大変 1 に近いが，宇宙が閉じていないことを示唆している．ただし，ハッブル定数の不確実性を頭の片隅に入れておかねばならない．

密度パラメータ

これは観測された密度と臨界密度の比である：

$$\Omega = \frac{8\pi G}{3c^2 H_0^2}\rho = \frac{\rho}{\rho_{\rm c}} \tag{12.9}$$

ここで使われる密度は，物質・放射・真空の，すべての可能な重力・エネルギー源をその影響の大きさを加味して加えることによって得られたものである．$\Omega < 1$ ならば，$k = -1$ に対応し，宇宙は開いている．$\Omega = 1$ ならば，$k = 0$ に対応し，宇宙は平坦である．最後に，$\Omega > 1$ ならば $k = +1$ であり，宇宙は閉じている．上で述べたように，実際の宇宙は $\Omega \cong 1$ であるように見える．

ロバートソン-ウォーカー計量とフリードマン方程式

アインシュタイン方程式が満たされるような大きなスケールでの宇宙の挙動をモデル化するために，宇宙を満たしている物質やエネルギーが完全流体であるとモデル化することから始めよう．この流体の粒子の集まりは銀河団

[*6] 訳注：臨界密度はエネルギー密度であるのでエネルギーの次元を持つ．これを質量密度に換算すると c^2 が落ちる．特にここで採用している $c = 1$ の単位系では両者は一致する．

12.0 ロバートソン-ウォーカー計量とフリードマン方程式

であり，この流体は平均密度 ρ と平均圧力 P によって記述される．さらに，共動座標では $\dot{t}=1$ および $\dot{x}_i=0$ であるので $u^a=(1,0,0,0)$ が成り立つ．したがって

$$T^a{}_b = \begin{pmatrix} \rho & 0 & 0 & 0 \\ 0 & -P & 0 & 0 \\ 0 & 0 & -P & 0 \\ 0 & 0 & 0 & -P \end{pmatrix} \tag{12.10}$$

と置くことができる．計量

$$\mathrm{d}s^2 = \mathrm{d}t^2 - \frac{a^2(t)}{1-kr^2}\mathrm{d}r^2 - a^2(t)r^2\,\mathrm{d}\theta^2 - a^2(t)r^2\sin^2\theta\,\mathrm{d}\phi^2$$

を使って，通常の方法で曲率テンソルの成分を導くことができる．これは例 5.3 で行われている．そこではアインシュタインテンソルの成分を解くことができたし，アインシュタイン方程式を使ってその成分をストレス-エネルギーテンソルの成分と等しいと置いて，解くべき方程式を得ることができた．アインシュタイン方程式によってどのように曲率とストレス-エネルギーテンソルが関係づけられるかを思いだそう：

$$G_{ab} - \Lambda g_{ab} = 8\pi T_{ab}$$

詳細は例 7.2 で解かれている．ただし，その例では異なる計量の符号系を採用していることに注意しなければならない．結果は

$$\begin{aligned} \frac{3}{a^2}\left(k+\dot{a}^2\right) - \Lambda &= 8\pi\rho \\ 2\frac{\ddot{a}}{a} + \frac{1}{a^2}\left(k+\dot{a}^2\right) - \Lambda &= -8\pi P \end{aligned} \tag{12.11}$$

であることが分かる．これらの方程式は，ストレス-エネルギーテンソルを使ってエネルギー保存則を書き下すことによって拡張することができる（第 7 章参照）：

$$\nabla_a T^a{}_t = \partial_a T^a{}_t + \Gamma^a{}_{ab} T^b{}_t - \Gamma^b{}_{at} T^a{}_b = 0$$

このストレス-エネルギーテンソルが対角的であることより，この式は次のように単純化される：

$$\partial_a T^a{}_t + \Gamma^a{}_{ab} T^b{}_t - \Gamma^b{}_{at} T^a{}_b$$
$$= \partial_t T^t{}_t + \Gamma^t{}_{tt} T^t{}_t + \Gamma^r{}_{rt} T^t{}_t + \Gamma^\theta{}_{\theta t} T^t{}_t + \Gamma^\phi{}_{\phi t} T^t{}_t$$
$$- \Gamma^t{}_{tt} T^t{}_t - \Gamma^r{}_{rt} T^r{}_r - \Gamma^\theta{}_{\theta t} T^\theta{}_\theta - \Gamma^\phi{}_{\phi t} T^\phi{}_\phi$$

第 10 章の章末問題では，ロバートソン-ウォーカー計量に対するクリストッフェル記号を (変分法で) 導いた．一方，この場合この方程式に現れる項は以下である：

$$\Gamma^t{}_{tt} = 0$$
$$\Gamma^r{}_{rt} = \Gamma^\theta{}_{\theta t} = \Gamma^\phi{}_{\phi t} = \frac{\dot{a}}{a}$$

これらを $T^t{}_t = \rho$ と $T^r{}_r = T^\theta{}_\theta = T^\phi{}_\phi = -P$ と一緒に使うと，

$$\Gamma^r{}_{rt} T^t{}_t = \Gamma^\theta{}_{\theta t} T^t{}_t = \Gamma^\phi{}_{\phi t} T^t{}_t = \frac{\dot{a}}{a} \rho$$
$$\Rightarrow \Gamma^r{}_{rt} T^t{}_t + \Gamma^\theta{}_{\theta t} T^t{}_t + \Gamma^\phi{}_{\phi t} T^t{}_t = 3 \frac{\dot{a}}{a} \rho$$

および

$$-\Gamma^r{}_{rt} T^r{}_r - \Gamma^\theta{}_{\theta t} T^\theta{}_\theta - \Gamma^\phi{}_{\phi t} T^\phi{}_\phi = -\frac{\dot{a}}{a}(-P) - \frac{\dot{a}}{a}(-P) - \frac{\dot{a}}{a}(-P) = 3\frac{\dot{a}}{a} P$$

が得られる．したがって保存方程式は

$$\frac{\partial \rho}{\partial t} = -3 \frac{\dot{a}}{a} (\rho + P) \tag{12.12}$$

となる．これは熱力学の第 1 法則に他ならない．空間の体積のオーダーは $V \sim a^3(t)$ によって与えられる．またこの空間に閉じ込められた質量エネルギーは $E = \rho V$ である．すると (12.12) は $dE + P dV = 0$ という式に他ならないことが分かる[*7]．

[*7] 訳注：$dE + PdV$ に $V = a^3$，$E = \rho V = \rho a^3$ を代入して変形すれば (12.12) が得られる．

12.0 ロバートソン-ウォーカー計量とフリードマン方程式

現在の物質優勢宇宙では，物質を圧力が $P=0$ のダスト流体であると置いたものとしてモデル化できる．この場合，(12.11) の 2 番目の式は

$$2\frac{\ddot{a}}{a} + \frac{1}{a^2}\left(k + \dot{a}^2\right) - \Lambda = 0 \tag{12.13}$$

のように書くことができる．一方，保存方程式は

$$\frac{\partial \rho}{\partial t} = -3\frac{\dot{a}}{a}\rho$$

のように書くことができる．これを並べ替えると

$$\frac{\mathrm{d}\rho}{\rho} = -3\frac{\mathrm{d}a}{a}$$
$$\Rightarrow \ln\rho = -3\ln a = \ln a^{-3}$$

が得られる．ここでは解の挙動が分かれば十分であることより，積分定数は無視した．結果は，物質優勢宇宙に対しては，

$$\rho \propto a^{-3}$$

が成り立つので，(12.11) に列挙したうちの最初のフリードマン方程式において $\rho = \frac{1}{a^3}$ と置くと

$$\frac{3}{a^2}\left(k + \dot{a}^2\right) - \Lambda = \frac{8\pi}{a^3}$$

が得られる．この全体に a^3 を掛けて，3 で割ると

$$a\left(k + \dot{a}^2\right) - \frac{1}{3}\Lambda a^3 = \frac{8\pi}{3}$$

が得られる．この方程式を変形すると，圧力 0 の下でスケール因子の時間変化を表す関係式が得られる：

$$\dot{a}^2 = \frac{1}{3}\Lambda a^2 - k + \frac{8\pi}{3a} \tag{12.14}$$

この方程式の解はパラメータの選び方によって異なる宇宙を記述する様々なフリードマンモデルを引き起こす．次節でこれらのモデルの考察に移る前

に，保存方程式 (12.12) を簡単に振り返ってみよう．ここではちょうど，ダスト流体によって物質優勢宇宙のモデル化を考えることによって現在の宇宙の妥当な近似を解き出したところである．さていまからそれぞれ放射優勢宇宙と真空が支配した宇宙を考察することによって初期および可能な未来の状態の宇宙を考えてみよう[*8]．

宇宙が膨張すると，光子は赤方偏移しエネルギーを失う．電磁場テンソルを使うと，放射に対する状態方程式 (それは流体の圧力と密度に関係する) が

$$\rho = 3P$$

によって与えられることを示すことができる．式 (12.12) においてこれを使って P を置き換えると

$$\frac{\partial \rho}{\partial t} = -3\frac{\dot{a}}{a}(\rho + P) = -3\frac{\dot{a}}{a}\left(\rho + \frac{1}{3}\rho\right) = -4\frac{\dot{a}}{a}\rho$$

が得られる．項を並べ替えると

$$\frac{\mathrm{d}\rho}{\rho} = -4\frac{\mathrm{d}a}{a}$$

が得られる．これより，放射の場合はエネルギー密度が $\rho \propto a^{-4}$ を満たすことが分かる．このように密度は，すでに述べた赤方偏移により，物質の場合より速く減少する．

この節を終える前に，真空のエネルギー密度を考えよう．真空のエネルギー密度は一定であるので，ρ はすべての時刻で一定に保たれる．物質密度と放射エネルギー密度は宇宙が膨張するにつれて減少するが，真空のエネルギー密度は一定に保たれるので最終的に宇宙は真空のエネルギーが支配した宇宙になる．

[*8] 訳注：真空が支配した宇宙とは，相対論的には物質や放射のエネルギーよりも宇宙項のほうが優勢の宇宙を指す．

異なる宇宙モデル

　ここからは宇宙の時間発展の問題に目を向けよう．それはスケール因子について解くことに相当する．本節では，解の時間発展の大まかな振る舞いだけに関心があるので，時間変化について大雑把に扱うことにする．したがってここでは積分定数等を無視することにする．

　まず最初に，放射が優勢の非常に初期の宇宙について考える．この場合 $\rho = 3P$ を使う．簡単のため，宇宙定数は 0 に置く．するとフリードマン方程式は

$$\frac{3}{a^2}\left(k + \dot{a}^2\right) = 8\pi\rho$$

$$2\frac{\ddot{a}}{a} + \frac{1}{a^2}\left(k + \dot{a}^2\right) = -\frac{8\pi\rho}{3}$$

のように書くことができる．最初の式を使って 2 番目の式の ρ を置き換えると

$$2\frac{\ddot{a}}{a} + \frac{1}{a^2}\left(k + \dot{a}^2\right) = -\frac{1}{a^2}\left(k + \dot{a}^2\right)$$

を得る．これを変形すると

$$\ddot{a} + \frac{1}{a}\left(k + \dot{a}^2\right) = 0$$

が得られる．非常に初期の宇宙では $k \ll \dot{a}^2$ より k/a 項は無視できるので，

$$\ddot{a} + \frac{\dot{a}^2}{a} = 0$$

が成り立つ．これは $a\ddot{a} + \dot{a}^2 = 0$ と書きかえることができる．

$$\frac{\mathrm{d}}{\mathrm{d}t}(a\dot{a}) = a\ddot{a} + \dot{a}^2$$

に注意するとある定数 C に対して $a\dot{a} = C$ が成り立つ．これを書き出すと

$$a\frac{\mathrm{d}a}{\mathrm{d}t} = C$$

$$\Rightarrow \ a\,\mathrm{d}a = C\,\mathrm{d}t$$

が求まる．両辺を積分し，2番目の積分定数を無視すると

$$\frac{a^2}{2} = Ct$$
$$\Rightarrow a(t) \propto \sqrt{t}$$

と求まる．のちに見るように，これはダスト流体としての物質の場合よりより速く膨張する．これは初期宇宙を支配する放射圧によるものである．宇宙開闢から終わりまでの完全な挙動の調査のために，ここではまず単純な場合である**ド・ジッター宇宙モデル**の考察から始める．これはいかなるものも含まない (つまり，物質も放射も含まない) 真空な平坦モデルである．したがって $k=0$ と置くことができ，線素は

$$ds^2 = dt^2 - a^2(t)\,dr^2 - a^2(t)r^2\,d\theta^2 - a^2(t)r^2\sin^2\theta\,d\phi^2$$

と書くことができる．このモデルが物質も放射も含まない宇宙であるという事実は $P = \rho = 0$ と置いたことを意味する．ただし，方程式に宇宙定数は残されている．そのため，ド・ジッター宇宙がトイ・モデル[*9]であるにもかかわらず，それは非常に後期の宇宙の挙動に対する考えを与えることができる．この宇宙は膨張しているように見えるし，このまま膨張を続けると物質と放射の密度は結局無視できるレベルに落ちるので，遠い未来にはこの宇宙はド・ジッター宇宙に近づいていくと考えられる．

これらの条件の下で (12.11) は

$$\frac{3}{a^2}\dot{a}^2 - \Lambda = 0$$
$$2\frac{\ddot{a}}{a} + \frac{1}{a^2}\dot{a}^2 - \Lambda = 0$$

になる．最初の式を使って解を得るのは易しい．宇宙定数を右辺に移項して，全体を3で割ると，

$$\frac{\dot{a}^2}{a^2} = \frac{\Lambda}{3}$$

[*9] 訳注：トイ・モデル (toy model) とはおもちゃのモデルを指し，現実のモデルより単純化された簡単な模型を意味する．ただし単純な割に物理現象の本質を突いたものも多い．

12.0 異なる宇宙モデル

が得られる．いま，この両辺の平方根をとると

$$\frac{1}{a}\frac{da}{dt} = \sqrt{\frac{\Lambda}{3}}$$

となる．これはすぐ積分出来て

$$a(t) = Ce^{\sqrt{\Lambda/3}\,t} \tag{12.15}$$

を与える．ここで C は積分定数であるが，解の挙動を見る際には気にしなくてよい．今関心があるのは解の挙動でありそれはグラフを描くことで見ることができる．

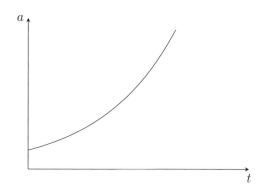

図 12.5 ド・ジッター解は物質も放射も含まない宇宙を表す．時間が増加するにつれて宇宙は指数関数的に膨張する．

ド・ジッター宇宙 (図 12.5 参照) では線素は

$$ds^2 = dt^2 - e^{2\sqrt{\frac{\Lambda}{3}}\,t}\left[dr^2 + r^2\,d\theta^2 + r^2\sin^2\theta d\phi^2\right]$$

となる．

さて次に，物質を含む宇宙に目を向けよう．フリードマン方程式の直接の解を導くのは一般に難しく，基本的に数値解析が必要になる．近年の観測が宇宙が平坦であることを示唆してることより，k を落としても何も失わな

い．これを念頭に，物質を含む宇宙で $k=\Lambda=0$ を考えよう．(12.14) を使うことによって解を得ることができる．$k=\Lambda=0$ と置くことにより

$$\dot{a}^2 = \frac{8\pi}{3a}$$

を得る．両辺の平方根をとり変形すると

$$\sqrt{a}\frac{\mathrm{d}a}{\mathrm{d}t} = \sqrt{\frac{8\pi}{3}}$$

$$\Rightarrow \sqrt{a}\,\mathrm{d}a = \sqrt{\frac{8\pi}{3}}\,\mathrm{d}t$$

が成り立つ．この左辺の積分は

$$\int \sqrt{a}\,\mathrm{d}a = \frac{2}{3}a^{3/2}$$

となる．一方の右辺は，(今関心があるのが大まかな挙動であることより) 積分定数を無視すると $\sqrt{8\pi/3}t$ となる．これは

$$a(t) \propto t^{2/3} \tag{12.16}$$

を導く．この場合のグラフを図 12.6 に描く．

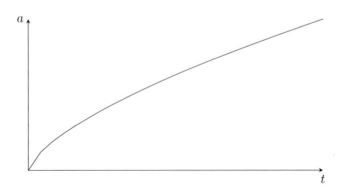

図 12.6　物質は含むが宇宙定数は 0 の平坦な宇宙．

12.0 異なる宇宙モデル

　このグラフは連続的に膨張し，$q = 1/2$ によって与えられる減速パラメータを持つ宇宙の時間発展を記述する．放射優勢の初期宇宙では $a(t) \propto \sqrt{t}$ だったことを思いだそう．

　正と負の曲率の場合を考えることもできる．0 でない項をさらに追加するのは事態をさらに困難にするので，ここでは正の曲率の場合を考え宇宙定数については引き続き 0 のままとしよう．これは $k = +1$ と置いたことを意味し，それは図 12.7 に示すように最終的に収縮して潰れてしまう宇宙を表す．この場合

$$\dot{a}^2 = \frac{8\pi}{3a} - 1 = \frac{C-a}{a} \tag{12.17}$$

が成り立つ．ただし利便性のため $8\pi/3 = C$ と置いた．この方程式はパラメータ的に解くことができる．解を得るために

$$a = C \sin^2 \tau \tag{12.18}$$

と定義する．ここで $\tau = \tau(t)$ である．すると

$$\frac{da}{dt} = 2C \sin \tau \cos \tau \frac{d\tau}{dt}$$

が成り立つ．両辺を 2 乗すると

$$\dot{a}^2 = 4C^2 \sin^2 \tau \cos^2 \tau \left(\frac{d\tau}{dt}\right)^2$$

と求まる．これらの結果を (12.17) で使うと

$$4C^2 \sin^2 \tau \cos^2 \tau \left(\frac{d\tau}{dt}\right)^2 = \frac{C - C\sin^2 \tau}{C\sin^2 \tau} = \frac{\cos^2 \tau}{\sin^2 \tau}$$

が得られる．両辺の項を打ち消し合わｓると次の表式にたどり着く：

$$2C \sin^2 \tau \, d\tau = dt$$

左辺を積分すると

$$\int 2C \sin^2 \tau d\tau = 2C \int \frac{1 - \cos 2\tau}{2} d\tau = C \left(\tau - \frac{1}{2} \sin 2\tau\right)$$
$$= \frac{C}{2} (2\tau - \sin 2\tau)$$

が得られる．これで時刻 t の τ によるパラメータ表示式が得られた．一方，この積分で使われた三角関数の半角公式を使うとスケール因子の式である (12.18) 式は

$$a = \frac{C}{2}\left(1 - \cos 2\tau\right)$$

と書くことができる．これらの方程式よりスケール因子 $a(t)$ をパラメータで表すことができたことになる．

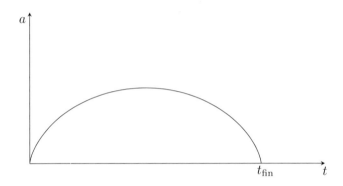

図 12.7　ダスト流体で満たされた宇宙定数 0 で正の曲率を持つ宇宙．最大の大きさまで膨張すると，宇宙は反転して収縮に向かい，それ自体大きさゼロまで潰れてしまう．

この宇宙がもしこのモデルで表されるなら，$t = \tau = 0$ のとき，宇宙は大きさ $a(0) = 0$ で始まった，すなわち大きさゼロから"ビッグバン"で始まったことになる．宇宙の半径はどんどん大きくなりある点で最大となる．そののち今度は収縮に向かい，再び $a(t_{\text{fin}}) = 0$ を迎える[*10]．最大のときの半径は定数 C によって決まるシュワルツシルト半径である．

$k = -1$ の場合は読者の練習問題として残しておく．

[*10] 訳注：t_{fin} は宇宙の終末の時刻であるが上の式で考えると $\tau = \pi/2$ のとき，すなわち $t_{\text{fin.}} = C\pi/2$ である．

12.0 章末問題

大変残念ではあるが，紙面の都合上，ここでの宇宙論の展開はとても制限されている．たとえばビッグバンとインフレーションの話題は触れられなかった．様々な宇宙モデルの詳細を俯瞰するにはディンバーノ (D'Inverno) (1992) を検討するとよい．近年の観測事実と，初等的ではあるが完全な宇宙論の記述の議論を確認したい読者はハートル (Hartle) (2002) を検討すると良いだろう．宇宙論の完全な議論を求める読者はピーブルズ (Peebles) (1993) を調べると良いだろう．

章末問題

以下の練習問題は太陽系のスケールでは宇宙定数が何の影響も及ぼさないことを表す．まず最初に一般的な形のシュワルツシルト計量

$$ds^2 = e^{2\nu(r)}\,dt^2 - e^{2\lambda(r)}\,dr^2 - r^2\left(d\theta^2 + \sin^2\theta\,d\phi^2\right)$$

から始める．

1. 0 でない宇宙定数を持つ場合，この計量のリッチスカラーは次のどれを満たすか？
   (a) $R = \Lambda$
   (b) $R = 0$
   (c) $R = 4\Lambda$
   (d) $R = -\Lambda$

2. $\lambda(r) = \ln k - \nu(r)$ であることが示せる．A と B が積分定数であるとき，次のどれが成り立つか？
   (a) $re^{2\nu} = A + Br + \Lambda\frac{k^2 r^3}{3}$
   (b) $re^{2\nu} = A + Br$
   (c) $re^{2\nu} = A + Br - \Lambda r^2$

3. 場の方程式 $R_{\theta\theta} = \Lambda g_{\theta\theta}$ を考えると次のうちどれが成り立つか？
   (a) $B = 0$
   (b) $B = k^2$

(c) $B = 4k$

4. 前の結果を念頭に，$k = +1$ を選ぶと線素の空間成分は次のどれになるか？

   (a) $dl^2 = \dfrac{dr^2}{1 - \frac{2m}{r} + \frac{1}{3}\Lambda r^2} + r^2 d\theta^2 + r^2 \sin^2\theta d\phi^2$

   (b) $dl^2 = \dfrac{dr^2}{1 - \frac{1}{3}\Lambda r^3} + r^2 d\theta^2 + r^2 \sin^2\theta d\phi^2$

   (c) $dl^2 = \dfrac{dr^2}{1 + \frac{1}{3}\Lambda r^3} + r^2 d\theta^2 + r^2 \sin^2\theta d\phi^2$

5. もし宇宙定数が宇宙の大きさに比例するなら，たとえば $a = \sqrt{\dfrac{3}{\Lambda}}$ であるなら，

   (a) リッチスカラーは消える．
   (b) 質点は潮汐効果の形で余分な加速をする．
   (c) 宇宙定数の存在は太陽系での観測では検出できない．

6. 正の宇宙定数を持つ平坦な宇宙を考えよ．変数 $u = \dfrac{2\Lambda}{3C} a^3$ を使用して $\dot{a}^2 = \dfrac{C}{a} + \dfrac{\Lambda}{3} a^2$ で始めると，次のうちどれが示せるか？

   (a) $a^3 = \dfrac{3C}{2\Lambda} \left[\cosh(3\Lambda)^{1/2} t - 1 \right]$

   (b) $a = \dfrac{3C}{2\Lambda} \left[\cosh(3\Lambda)^{1/2} t - 1 \right]$

   (c) $a = \dfrac{3C}{2\Lambda} \left[\sinh(3\Lambda)^{1/2} t - 1 \right]$

Chapter 13
重力波

　一般相対論の枠組みにおける重力の重要な特徴は，理論が非線形であるということである．数学的には，これは g_{ab} と γ_{ab} がアインシュタイン方程式の 2 つの解であるとき，任意のスカラー a, b に対して $ag_{ab} + b\gamma_{ab}$ が解にならなくてもよいということを意味する．この事実は物理的に 2 つの側面として現れる．まず，解の線形結合が解にならないことより，2 つの物体全体の作る重力場がおのおのの物体がつくる重力場の単純な和にならないということが言える．その上，重力場がエネルギーを持ち，特殊相対論よりエネルギーと質量が等価であることがわかるので，重力場自体がその源になるという注目に値する事実がある．これらの効果は太陽系では観測できない．何故なら我々は弱い重力場の領域に住んでおり，そこでは非常に良い近似で線形なニュートン理論が成り立つからである．しかし，本質的にはこれらの効果が存在し，それらも一般相対論がニュートン力学と異なる点である．

　このような状況に直面したときの一般的な数学的テクニックは，何らかの洞察を得るために理論の線形近似を研究するということである．本章ではまさにそれを行う．ここでは線形化されたアインシュタイン方程式の学習を行い，重力効果が波として光の速さで伝わるという驚くべき発見を導く．これには弱い重力場の学習が必要である．

　ここからは pp 波時空を表すために使われるブリンクマン (Brinkmann)

計量を構成する．本書では，ニューマン-ペンローズ技法を使ってこの計量についてと重力波の衝突を学ぶ．ここでは 0 でない宇宙定数を持つ重力波時空を簡単に眺めて章を終える．

本章では，簡略化された表記法として k_a の x^b での共変微分 $\nabla_b k_a$ を，セミコロン『;』を使って $k_{a;b}$ で表すことにする．したがって $k_{a;b} = \partial_b k_a - \Gamma^c{}_{ab} k_c$ である[*1]．

線形化された計量

まず，小さな摂動によって平坦なミンコフスキー計量と異なる計量を考えることから始めよう．ε をある小さな定数パラメータ ($|\varepsilon| \ll 1$) とすると，計量テンソルは

$$g_{ab} = \eta_{ab} + \varepsilon h_{ab} \tag{13.1}$$

と書くことができる[*2]．ここで ε^2 とそれより高位の項は ε が小さいことより無視した．この解析の最初の手順は計量をこの形で書いたとき，クリストッフェル記号，リーマンテンソル，およびリッチテンソルのような様々な量の形を書き出すことである．ε^2 とそれより高位の項をすべて落としてよいことより，これらの量はかなり単純な形であると仮定できる．最終的にはこの手続きによりアインシュタイン方程式は波動方程式の形で書くことができることを示したい．

順番に手続きを進めたほうが良いだろうから，まずクリストッフェル記号

[*1] 訳注：なお，偏微分はのちに示すように，コンマ『,』を使って表す．この表記法の下で，たとえば局所ローレンツ系で $T^{ab}{}_{,b} = \partial_b T^{ab} = 0$ ならば曲がった時空における一般の座標系で $T^{ab}{}_{;b} = \nabla_b T^{ab} = 0$ が成り立つことが言え，テンソルの偏微分を表すコンマをセミコロンに変えるだけで一般の座標系で成り立つテンソル式が得られる．このことを英語で「comma-goes-to-semicolon rule」などという．

[*2] 訳注：ここではさらに，時空が漸近的平坦性の境界条件を持つものとする．すなわち，r を動径的座標とするとき $\lim_{r \to \infty} h_{ab} = 0$ が成り立つものとする．なお，漸近的平坦性は，ある点を中心としたとき，遠方では重力源がないことを仮定したこととなり，宇宙全体の時空などを議論するときには使えない仮定であるので注意しよう．

13.0 線形化された計量

から始めよう．まず，座標基底で考え，次の計算をする：

$$\Gamma^a{}_{bc} = \frac{1}{2} g^{ad} \left(\frac{\partial g_{db}}{\partial x^c} + \frac{\partial g_{cd}}{\partial x^b} - \frac{\partial g_{bc}}{\partial x^d} \right)$$

これがどのように機能するか見るために次の項を考えよう：

$$\frac{\partial g_{db}}{\partial x^c} = \frac{\partial}{\partial x^c}(\eta_{db} + \varepsilon h_{db}) = \frac{\partial \eta_{db}}{\partial x^c} + \frac{\partial \varepsilon h_{db}}{\partial x^c}$$

さて，ミンコフスキー計量は $\eta_{ab} = \text{diag}(1, -1, -1, -1)$ なので，$\frac{\partial \eta_{db}}{\partial x^c} = 0$ である．また，定数 ε は微分の外に出せるので

$$\frac{\partial g_{db}}{\partial x^c} = \varepsilon \frac{\partial h_{db}}{\partial x^c}$$

が成り立つ．

クリストッフェル記号の具体的な形を得るには g^{ab} の形を知っておく必要がある．h^{ab} をミンコフスキー計量で添字を上げたものとして定義しよう．すなわち

$$h^{ab} = \eta^{ac} \eta^{bd} h_{cd}$$

である．計量テンソルが $g_{ab} g^{bc} = \delta_a^c$ を満たすことも思い出そう (これはミンコフスキー計量についても成り立つことに注意しよう．)．今考えている計量の，上付き添字を持つ線形化された形の計量は似ているが，こちらは $g^{ab} = \eta^{ab} + \varepsilon a h^{ab}$ という形をしていると仮定できる．ここで a は求めるべきある定数である．さて，ε^2 のオーダーの項を無視すると

$$\begin{aligned}
\delta_a^c &= (\eta_{ab} + \varepsilon h_{ab})(\eta^{bc} + a\varepsilon h^{bc}) \\
&= \eta_{ab}\eta^{bc} + \varepsilon \eta^{bc} h_{ab} + a\varepsilon \eta_{ab} h^{bc} + a\varepsilon^2 h_{ab} h^{bc} \\
&= \eta_{ab}\eta^{bc} + \varepsilon \eta^{bc} h_{ab} + a\varepsilon \eta_{ab} h^{bc} \\
&= \delta_a^c + \varepsilon \left(\eta^{bc} h_{ab} + a \eta_{ab} h^{bc} \right)
\end{aligned}$$

と求まる．これが成り立つと仮定すると，カッコの中の式が消えなくてはならない．したがって

$$a \eta_{ab} h^{bc} = -\eta^{bc} h_{ab}$$

が成り立つ．この左辺を展開してみよう：

$$a\eta_{ab}h^{bc} = a\eta_{ab}\eta^{be}\eta^{cf}h_{ef}$$
$$= a\delta_a^e \eta^{cf}h_{ef}$$
$$= a\eta^{cf}h_{af}$$

さてここで，添字 f は上下に繰り返し表れているからダミー添字である．そこでそれを b に置き換えて，結果を $a\eta_{ab}h^{bc} = -\eta^{bc}h_{ab}$ に代入すると

$$a\eta^{bc}h_{ab} = -\eta^{bc}h_{ab}$$

が得られる．ここで計量が対称であるという事実を使って $\eta^{cb} = \eta^{bc}$ と書いたことに注意しよう．すると，$a = -1$ が結論づけられるので

$$g^{ab} = \eta^{ab} - \varepsilon h^{ab} \tag{13.2}$$

と書くことができる．再びクリストッフェル記号に戻ろう．(13.2) を $\frac{\partial g_{db}}{\partial x^c} = \varepsilon \frac{\partial h_{db}}{\partial x^c}$ とともに使い，ε の 2 次の項を無視すると

$$\Gamma^a{}_{bc} = \frac{1}{2}g^{ad}\left(\frac{\partial g_{db}}{\partial x^c} + \frac{\partial g_{cd}}{\partial x^b} - \frac{\partial g_{bc}}{\partial x^d}\right)$$
$$= \frac{\varepsilon}{2}g^{ad}\left(\frac{\partial h_{db}}{\partial x^c} + \frac{\partial h_{cd}}{\partial x^b} - \frac{\partial h_{bc}}{\partial x^d}\right)$$
$$= \frac{\varepsilon}{2}\left(\eta^{ad} - \varepsilon h^{ad}\right)\left(\frac{\partial h_{db}}{\partial x^c} + \frac{\partial h_{cd}}{\partial x^b} - \frac{\partial h_{bc}}{\partial x^d}\right)$$
$$= \frac{1}{2}\left(\varepsilon\eta^{ad} - \varepsilon^2 h^{ad}\right)\left(\frac{\partial h_{db}}{\partial x^c} + \frac{\partial h_{cd}}{\partial x^b} - \frac{\partial h_{bc}}{\partial x^d}\right)$$

が求まる．2 次の項を落とすと線形化された理論ではクリストッフェル記号は

$$\Gamma^a{}_{bc} = \frac{1}{2}\varepsilon\eta^{ad}\left(\frac{\partial h_{db}}{\partial x^c} + \frac{\partial h_{cd}}{\partial x^b} - \frac{\partial h_{bc}}{\partial x^d}\right) \tag{13.3}$$

となる．これを使うと，リーマンテンソルとリッチテンソルを書き下すことができる．リーマンテンソルはクリストッフェル記号を使って次のように

13.0 線形化された計量

書かれるのだった：

$$R^a{}_{bcd} = \partial_c \Gamma^a{}_{bd} - \partial_d \Gamma^a{}_{bc} + \Gamma^e{}_{bd}\Gamma^a{}_{ec} - \Gamma^e{}_{bc}\Gamma^a{}_{ed}$$

最後の 2 つの項 $\Gamma^e{}_{bd}\Gamma^a{}_{ec}$ と $\Gamma^e{}_{bc}\Gamma^a{}_{ed}$ を (13.3) と見比べると、これらの項は ε^2 を含む結果になることがわかる。したがって、リーマンテンソルはより単純な

$$R^a{}_{bcd} = \partial_c \Gamma^a{}_{bd} - \partial_d \Gamma^a{}_{bc}$$

という形で書けることになる．(13.3) を使うと

$$\begin{aligned}R^a{}_{bcd} &= \partial_c \Gamma^a{}_{bd} - \partial_d \Gamma^a{}_{bc} \\ &= \partial_c \left[\frac{1}{2}\varepsilon\eta^{ae}\left(\frac{\partial h_{eb}}{\partial x^d} + \frac{\partial h_{de}}{\partial x^b} - \frac{\partial h_{bd}}{\partial x^e}\right)\right] \\ &\quad -\partial_d \left[\frac{1}{2}\varepsilon\eta^{af}\left(\frac{\partial h_{fb}}{\partial x^c} + \frac{\partial h_{cf}}{\partial x^b} - \frac{\partial h_{bc}}{\partial x^f}\right)\right] \\ &= \frac{1}{2}\varepsilon\left(\eta^{ae}\frac{\partial^2 h_{eb}}{\partial x^c \partial x^d} + \eta^{ae}\frac{\partial^2 h_{de}}{\partial x^c \partial x^b} - \eta^{ae}\frac{\partial^2 h_{bd}}{\partial x^c \partial x^e}\right) \\ &\quad -\frac{1}{2}\varepsilon\left(\eta^{af}\frac{\partial^2 h_{fb}}{\partial x^d \partial x^c} + \eta^{af}\frac{\partial^2 h_{cf}}{\partial x^d \partial x^b} - \eta^{af}\frac{\partial^2 h_{bc}}{\partial x^d \partial x^f}\right)\end{aligned}$$

と求まる．ここで上の行の表式のなかの添字 e はダミー添字である．そこでそれを、それぞれの項で f に置き換えてみよう：

$$\eta^{ae}\frac{\partial^2 h_{eb}}{\partial x^c \partial x^d} = \eta^{af}\frac{\partial^2 h_{fb}}{\partial x^c \partial x^d}$$

$$\eta^{ae}\frac{\partial^2 h_{de}}{\partial x^c \partial x^b} = \eta^{af}\frac{\partial^2 h_{df}}{\partial x^c \partial x^b}$$

$$\eta^{ae}\frac{\partial^2 h_{db}}{\partial x^c \partial x^e} = \eta^{af}\frac{\partial^2 h_{db}}{\partial x^c \partial x^f}$$

すると、最初の項は打ち消しあうので結局リーマンテンソルは

$$R^a{}_{bcd} = \frac{1}{2}\varepsilon\eta^{af}\left(\frac{\partial^2 h_{df}}{\partial x^c \partial x^b} + \frac{\partial^2 h_{bc}}{\partial x^d \partial x^f} - \frac{\partial^2 h_{bd}}{\partial x^c \partial x^f} - \frac{\partial^2 h_{cf}}{\partial x^d \partial x^b}\right) \quad (13.4)$$

となる．

さて、リッチテンソルは $R_{ab} = R^c{}_{acb}$ を使って求められるので、$R^a{}_{bcd} = \partial_c \Gamma^a{}_{bd} - \partial_d \Gamma^a{}_{bc}$ を使うと、$R_{ab} = \partial_c \Gamma^c{}_{ab} - \partial_b \Gamma^c{}_{ac}$ が成り立つ。ダランベール演算子

$$W = \frac{\partial^2}{\partial t^2} - \left(\frac{\partial^2}{\partial x^2} + \frac{\partial^2}{\partial y^2} + \frac{\partial^2}{\partial z^2}\right) = \eta^{ab}\partial_a \partial_b$$

と $h = \eta^{cd} h_{cd}$ を定義すると、リッチテンソルは

$$R_{ab} = \frac{1}{2}\varepsilon\left(\frac{\partial^2 h^c{}_b}{\partial x^c \partial x^a} + \frac{\partial^2 h^c{}_a}{\partial x^b \partial x^c} - Wh_{ba} - \frac{\partial^2 h}{\partial x^b \partial x^a}\right) \tag{13.5}$$

と書くことができる。するとリッチスカラーは

$$R = \varepsilon\left(\frac{\partial^2 h^{cd}}{\partial x^c \partial x^d} - Wh\right) \tag{13.6}$$

によって与えられる。これらを一緒にすると線形化された理論のアインシュタインテンソルを書き下すことができる。表記を簡単にするために、ここでは偏微分をコンマ『,』を使って表そう。すなわち、

$$\frac{\partial^2 h^{cd}}{\partial x^c \partial x^d} = h^{cd}{}_{,cd} \quad \text{および} \quad \frac{\partial^2 h}{\partial x^a \partial x^b} = h_{,ab}$$

とする。この表記法を使うと、アインシュタインテンソルは

$$G_{ab} = \frac{1}{2}\varepsilon\left(h^c{}_{b,ca} + h^c{}_{a,bc} - Wh_{ba} - h_{,ba} - \eta_{ab} h^{cd}{}_{,cd} + \eta_{ab} Wh\right) \tag{13.7}$$

と表される。

進行波解

さて、いまから h_{ab} の**トレース反転**として知られる次のテンソルを定義しよう:

$$\psi_{ab} = h_{ab} - \frac{1}{2}\eta_{ab} h \tag{13.8}$$

このテンソルにおいて

$$\psi_{ab} = \eta_{ac} \psi^c{}_b \quad \text{かつ} \quad h_{ab} = \eta_{ac} h^c{}_b$$

13.0 進行波解

が成り立つ．いま
$$\eta_{ab}h = \eta_{ac}\delta^c_b h$$

であることに注意しよう．これらの結果を一緒にすると
$$\eta_{ac}\psi^c{}_b = \eta_{ac}h^c{}_b - \frac{1}{2}\eta_{ac}\delta^c_b h$$
$$\Rightarrow \psi^c{}_b = h^c{}_b - \frac{1}{2}\delta^c_b h$$

が得られる．さてここで，$b \to c$ と置くことでトレースをとろう：
$$\psi^c{}_c = h^c{}_c - \frac{1}{2}\delta^c_c h$$

今考えているのは4次元である．したがってクロネッカーのデルタのトレースは $\delta^c_c = 4$ である．$\psi = \psi^c{}_c$ および $h = h^c{}_c$ と置くと，トレースは
$$\psi = h - \frac{1}{2}\text{Tr}\left(\delta^c_c\right) h = h - \frac{1}{2}(4)h = h - 2h = -h \tag{13.9}$$

となる．これが ψ_{ab} が h_{ab} のトレース反転と呼ばれる理由である．さて，線形化されたアインシュタイン方程式において，h_{ab} をそのトレース反転で置き換えてみよう．(13.7) を (13.8) と (13.9) と一緒に使うと

$$G_{ab} = \frac{1}{2}\varepsilon \left(h^c{}_{b,ca} + h^c{}_{a,bc} - Wh_{ba} - h_{,ba} - \eta_{ab}h^{cd}{}_{,cd} + \eta_{ab}Wh \right)$$
$$= \frac{1}{2}\varepsilon \left[\psi^c{}_{b,ca} + \frac{1}{2}\delta^c_b h_{,ca} + \psi^c{}_{a,bc} + \frac{1}{2}\delta^c_a h_{,bc} - W\left(\psi_{ba} + \frac{1}{2}\eta_{ba}h\right) \right.$$
$$\left. - h_{,ba} - \eta_{ab}\psi^{cd}{}_{,cd} - \frac{1}{2}\eta_{ab}\eta^{cd}h_{,cd} + \eta_{ab}Wh \right]$$

が成り立つ．この表式の項を並べ替えてみると

$$G_{ab} = \frac{1}{2}\varepsilon \left[\psi^c{}_{a,bc} + \psi^c{}_{b,ac} - W\psi_{ba} - \eta_{ab}\psi^{cd}{}_{,cd} + \frac{1}{2}\delta^c_a h_{,bc} + \frac{1}{2}\delta^c_b h_{,ca} \right.$$
$$\left. -W\left(\frac{1}{2}\eta_{ba}h\right) - h_{,ba} - \frac{1}{2}\eta_{ab}\eta^{cd}h_{,cd} + \eta_{ab}Wh \right]$$

となる．ここで
$$\frac{1}{2}\delta_a^c h_{,bc} = \frac{1}{2}h_{,ba}$$
$$\frac{1}{2}\delta_b^c h_{,ca} = \frac{1}{2}h_{,ba}$$
に注意しよう．これより
$$\frac{1}{2}\delta_a^c h_{,bc} + \frac{1}{2}\delta_b^c h_{,ca} = h_{,ba}$$
である．$\eta_{ba} = \eta_{ab}$ に注意して，これをアインシュタインテンソルに代入すると項を打ち消し合って次のように簡約化される：

$$\begin{aligned}G_{ab} &= \frac{1}{2}\varepsilon\left[\psi^c{}_{a,bc} + \psi^c{}_{b,ac} - W\psi_{ba} - \eta_{ab}\psi^{cd}{}_{,cd} - W\left(\frac{1}{2}\eta_{ba}h\right)\right.\\ &\qquad \left. - \frac{1}{2}\eta_{ab}\eta^{cd}h_{,cd} + \eta_{ab}Wh\right]\\ &= \frac{1}{2}\varepsilon\left[\psi^c{}_{a,bc} + \psi^c{}_{b,ac} - W\psi_{ba} - \eta_{ab}\psi^{cd}{}_{,cd} + \frac{1}{2}\eta_{ab}Wh\right.\\ &\qquad \left. - \frac{1}{2}\eta_{ab}\eta^{cd}h_{,cd}\right]\end{aligned}$$

さて，いま $\eta_{ab}Wh = \eta_{ab}\eta^{cd}h_{,cd}$ である．これは最後の2つの項を打ち消しあうので，トレース反転を使うとアインシュタインテンソルは

$$G_{ab} = \frac{1}{2}\varepsilon\left(\psi^c{}_{a,bc} + \psi^c{}_{b,ac} - W\psi_{ab} - \eta_{ab}\psi^{cd}{}_{,cd}\right) \tag{13.10}$$

となる．ここで，計量 $g_{ab} = \eta_{ab} + \varepsilon h_{ab}$ は対称だから h_{ab} も対称であり，ψ_{ab} はその定義式 (13.8) より，スカラー h と対称テンソル h_{ab} と η_{ab} しか含まないので対称，つまり $\psi_{ba} = \psi_{ab}$ であることを使った．波動方程式を得るために，ゲージ変換を実行する．これは ε の1次の項のみを考えるとき，$R^a{}_{bcd}$, R_{ab}, および R を不変に保つ座標変換である．このような座標変換は

$$x^a \to x^{a'} = x^a + \varepsilon\phi^a \tag{13.11}$$

13.0 進行波解

という形である。ここで，ϕ^a は位置の関数で $|\phi^a{}_{,b}| \ll 1$ を満たすものである。この座標変換は h_{ab} を

$$h'_{ab} = h_{ab} - \phi_{a,b} - \phi_{b,a}$$

のように変化させることが示せる[*3]。ここでこの式のプライムは微分を表すものではなく単に新しいラベルであることに注意しよう。さらに，ψ_{ab} の微分は $\psi'^a{}_{b,a} = \psi^a{}_{b,a} - W\phi_b$ と変化することがわかる[*4]。リーマンテンソルが同じ形を保つ限り ϕ_b は自由に選べる。そこで $\Box \phi_b = W\phi_b = \psi^a{}_{b,a}$ と仮定すると，これは $\psi'^a{}_{b,a} = 0$ を導く。アインシュタインテンソルにこれを代えると，完全な場の方程式は

$$\frac{1}{2}\varepsilon W \psi_{ab} = -\kappa T_{ab} \tag{13.12}$$

と書くことができる[*5]。真空中ではこれは

$$W\psi_{ab} = 0 \tag{13.13}$$

という形として得られる。

ダランベール演算子の定義を思い出すと，この表式は光速 c で伝わる波の波動方程式に外ならない。座標変換を使ったこのゲージの選択には様々

[*3] 訳注：(13.11) 式の両辺を x^b で偏微分すると，$\frac{\partial x^{a'}}{\partial x^b} = \delta^a_b + \varepsilon \phi^a{}_{,b}$ となる。ここで，テンソルの変換則より $g_{ab} = \frac{\partial x^{c'}}{\partial x^a}\frac{\partial x^{d'}}{\partial x^b} g'_{cd}$ であり，$g_{ab} = \eta_{ab} + \varepsilon h_{ab}$，$g'_{cd} = \eta_{cd} + \varepsilon h'_{cd}$ であるから，すべてまとめて，1次の項のみをとると

$$\eta_{ab} + \varepsilon h_{ab} = (\delta^c_a + \varepsilon \phi^c{}_{,a})\left(\delta^d_b + \varepsilon \phi^d{}_{,b}\right)(\eta_{cd} + \varepsilon h'_{cd})$$
$$\simeq \delta^c_a \delta^d_b \eta_{cd} + \varepsilon \phi^c{}_{,a}\delta^d_b \eta_{cd} + \delta^c_a \varepsilon \phi^d{}_{,b}\eta_{cd} + \delta^c_a \delta^d_b \varepsilon h'_{cd}$$
$$= \eta_{ab} + \varepsilon \phi_{b,a} + \varepsilon \phi_{a,b} + \varepsilon h'_{ab}$$

となるので，$h'_{ab} = h_{ab} - \phi_{a,b} - \phi_{b,a}$ が示せる。

[*4] 訳注：(13.8) 式より，$\psi'_{ab} = h'_{ab} - \frac{1}{2}\eta_{ab} h'$ だから，ψ'_{ab} は h'_{ab} で書ける。あとは $\psi'^a{}_{b,a} = \eta^{ac}(\psi'_{cb})_{,a}$ を計算すると，$\psi'^a{}_{b,a} = \psi^a{}_{b,a} - W\phi_b$ が得られる。

[*5] 訳注：このゲージ変換で，$\psi^c{}_{a,c} = 0$，$\psi^c{}_{b,c} = 0$，$\psi^{cd}{}_{,c} = \eta^{de}\psi^c{}_{e,c} = 0$ が言えるので，(13.10) 式においてカッコの中は $-W\psi_{ab}$ 以外の項はすべて消えてしまうことから得られる。

な名前が付けられている．2 つの良く使われる名前は，ド・ドンダー (de Donder) ゲージとアインシュタインゲージである．(13.13) は (13.8) に関して書くことができて，それは

$$W\psi_{ab} = W\left(h_{ab} - \frac{1}{2}\eta_{ab}h\right) = Wh_{ab} - \frac{1}{2}\eta_{ab}Wh = 0$$

を与える．しかしながら，(13.9) を思い出すと，(13.3) に η^{ab} を掛けることによって

$$0 = \eta^{ab}W\psi_{ab} = W\left(\eta^{ab}\psi_{ab}\right) = W\left(\psi^b{}_b\right) = W\psi = -Wh$$

を得ることができる．したがって，$W\psi_{ab}$ の展開からは Wh を落とすことができて，重力波の研究は方程式

$$Wh_{ab} = 0 \tag{13.14}$$

の研究に簡約化される．

標準形と平面波

平面波は伝播方向に垂直な一様場によって特徴づけられる．より具体的には，z 方向に伝わる波に対する一様性の条件は x および y 方向の依存性を持たないことを意味する．

電磁気学においてよく知られた平面波の別の考え方は次のとおりである：平面波は通常，一定の位相を持つ面が，伝播方向に対して垂直であるような無限平面として視覚化される．波の伝播方向を与えるベクトルを $\vec{k}$ として定義すると，波面は方程式 $\vec{k}\cdot\vec{r} =$ 定数 によって定義される (図 13.1 参照)．$\vec{k}$ は**波数ベクトル**と呼ぶ．

13.0 標準形と平面波

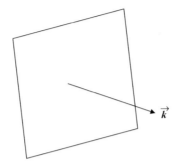

図 13.1 平面波の概略図．波数ベクトル $\vec{k}$ は波の伝播方向を与える．それは波面と垂直な一定位相の平面である．

ここでは，いまから z 方向に伝播する平面重力波を考察する．この場合，$h_{ab} = h_{ab}(t-z)$ であり，場が x と y に依存しないという条件は

$$\frac{\partial h_{ab}}{\partial x} = \frac{\partial h_{ab}}{\partial y} = 0$$

を意味する．この場合，リーマンテンソルが大いに単純化されるのを見るだろう．ここでは詳細については触れないが (アドラー (Adler) その他，1975 参照) アインシュタインゲージ条件の下でリーマンテンソルは h_{xx}，h_{xy}，h_{yx}，および h_{yy} のみの関数となることが示せる．すると，この計量の摂動項は 2 つの部分 $h_{ab} = h_{ab}^{(1)} + h_{ab}^{(2)}$ に分解できて

$$h_{ab}^{(1)} = \begin{pmatrix} 0 & 0 & 0 & 0 \\ 0 & h_{xx} & h_{xy} & 0 \\ 0 & h_{yx} & h_{yy} & 0 \\ 0 & 0 & 0 & 0 \end{pmatrix} \text{および} \; h_{ab}^{(2)} = \begin{pmatrix} h_{tt} & h_{tx} & h_{ty} & h_{tz} \\ h_{xt} & 0 & 0 & h_{xz} \\ h_{yt} & 0 & 0 & h_{yz} \\ h_{zt} & h_{zx} & h_{zy} & h_{zz} \end{pmatrix}$$
(13.15)

となり，$h_{ab}^{(2)}$ の成分がすべて消え，$h_{ab}^{(1)}$ が完全な摂動を表すような座標系を見つけることができることが示せるので，以下実行する．

まずこの摂動項が，アインシュタインゲージ条件より $h^a{}_{b,a} - \frac{1}{2}h_{,b} = 0$ となる点に注意すると，更なる単純化をすることができることを示そう．このゲージ条件を適用すると，

$$h_{tt,t} - h_{tz,z} - \frac{1}{2}h_{,t} = 0$$
$$h_{zt,t} - h_{zz,z} - \frac{1}{2}h_{,z} = 0$$
$$h_{xt,t} - h_{xz,z} = 0$$
$$h_{yt,t} - h_{yz,z} = 0$$

と求まることが分かる (x と y に関する微分が消えることを思い出そう．)．さてここで新しい変数 $u = t - z$ を定義しよう．すると，

$$\frac{\partial h_{ab}}{\partial t} = \frac{\partial h_{ab}}{\partial u}\frac{\partial u}{\partial t} = \frac{\partial h_{ab}}{\partial u} = h'_{ab}$$
$$\frac{\partial h_{ab}}{\partial z} = \frac{\partial h_{ab}}{\partial u}\frac{\partial u}{\partial z} = -\frac{\partial h_{ab}}{\partial u} = -h'_{ab}$$

となるので，この新しい変数に関する微分を書くと

$$h_{tt}' + h_{tz}' - \frac{1}{2}h' = 0$$
$$h_{zt}' + h_{zz}' + \frac{1}{2}h' = 0$$
$$h_{xt}' + h_{xz}' = 0$$
$$h_{yt}' + h_{yz}' = 0$$

が成り立つ．最後の式をとろう．すると

$$h_{yt}' + h_{yz}' = (h_{yt} + h_{yz})' = 0$$

が成り立つ．これは $h_{yt} + h_{yz}$ が定数のときのみ成り立つ．ここで時空の漸近的平坦性の条件より，h_{ab} は無限遠で消えなければならない．したがってこれより，この定数は 0 でなければならない．すると

$$h_{yt} = -h_{yz}$$

13.0　標準形と平面波

が求まる．同様にして $h_{xt} = -h_{xz}$ が求まる．残されたのは

$$h_{tt} + h_{tz} - \frac{1}{2}h = 0$$

$$h_{zt} + h_{zz} + \frac{1}{2}h = 0$$

である．これらの式を足し合わせると $h_{tz} = -\frac{1}{2}(h_{tt} + h_{zz})$ が得られる．さていま，2番目の式から1番目の式を引くと $h_{zt} + h_{zz} + \frac{1}{2}h - (h_{tt} + h_{tz} - \frac{1}{2}h) = h - h_{tt} + h_{zz} = 0$ が得られる．さて，この式のトレースで行われている和を具体的に書き出してみると $h = h_{tt} - h_{xx} - h_{yy} - h_{zz}$ となる．したがって最終結果は

$$h - h_{tt} + h_{zz} = h_{tt} - h_{xx} - h_{yy} - h_{zz} - h_{tt} + h_{zz} = -h_{xx} - h_{yy}$$

となる．この項が消えることより，$h_{yy} = -h_{xx}$ を結論づけることができる．これより，計量の摂動項の完全形は

$$h_{ab} = \begin{pmatrix} h_{tt} & h_{tx} & h_{ty} & -\frac{1}{2}(h_{tt} + h_{zz}) \\ h_{tx} & h_{xx} & h_{xy} & -h_{tx} \\ h_{ty} & h_{xy} & -h_{xx} & -h_{ty} \\ -\frac{1}{2}(h_{tt} + h_{zz}) & -h_{tx} & -h_{ty} & h_{zz} \end{pmatrix} \quad (13.16)$$

のように単純化される．

　我々はさらに，大部分の残りの項が消えてしまうようにゲージの選択を行うことができる (詳しくはアドラー (Adler) その他, 1975, またはディンバーノ (D'Inverno), 1992 参照)．ここでは単に最終結果を述べ，それからそれを検討する．

　摂動を**標準形**に置くと座標変換は常に求めることができる．これは (13.16) として書かれた計量 (の摂動成分) は (13.15) のうちの $h_{ab}^{(1)}$ のみ

を考慮すればよいということを意味する．すなわち，

$$h_{ab} = \begin{pmatrix} 0 & 0 & 0 & 0 \\ 0 & h_{xx} & h_{xy} & 0 \\ 0 & h_{xy} & -h_{xx} & 0 \\ 0 & 0 & 0 & 0 \end{pmatrix} \tquad (13.17)$$

ととることができる[*6]．

標準形における重力波の結果，2つの偏極が現れる．特に $h_{xx} \neq 0$ および $h_{xy} = 0$ ととることができて，それは $+$-偏極 を導く．または $h_{xx} = 0$ および $h_{xy} \neq 0$ ととることができてこちらは，$\times$-偏極を与える．どちらの場合も次節で詳しく検討する．

重力波が通過する際の質点の挙動

重力波が通過する際の質点の挙動を検討するために，$h_{xx} \neq 0$, $h_{xy} = 0$ と $h_{xx} = 0$, $h_{xy} \neq 0$ の 2 つの場合の偏極を考える．まず，前者の場合 $h_{xy} = 0$ をとると，(13.17) を $g_{ab} = \eta_{ab} + \varepsilon h_{ab}$ と一緒に使うと，線素は

$$ds^2 = dt^2 - (1 - \varepsilon h_{xx})\,dx^2 - (1 + \varepsilon h_{xx})\,dy^2 - dz^2 \tquad (13.18)$$

となる．重力波が通過する際には，この計量から 2 つの質点の間の相対距離が変わることが分かる．この波は振動的な挙動を持ち，したがって (13.18) の形としては h_{xx} が $h_{xx} > 0$ から 0 に向かい，それから $h_{xx} < 0$ になるということを考えなければならない．

簡単のため，2 つの質点は xy 平面内に存在するものとしよう．さらに，2 つの質点は y-軸に平行な直線に沿って離れているものとしよう．すると，dx は消え，ある時刻に世界間隔は

$$ds^2 = -(1 + \varepsilon h_{xx})\,dy^2$$

[*6] 訳注：このような形の h_{ab} を TT(Transverse Traceless) 表現と呼び，h_{ab} が TT 表現になるゲージ条件を **TT ゲージ条件**と呼ぶ．

13.0 重力波が通過する際の質点の挙動

と書くことができる*7．これより，$h_{xx} > 0$ のとき，y-軸に沿った 2 つの質点間隔は増加する．何故なら $-\mathrm{d}s^2$ はより大きな正の値になるからである．この様子は図 13.2 に描いた．

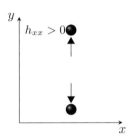

図 13.2　$h_{xx} > 0$ のとき，y-軸に沿って離れた 2 つの質点の相対距離は増加する．

その一方で，$h_{xx} < 0$ ならば，2 つの質点の相対距離は減少することが分かる．これは図 13.3 に示した．

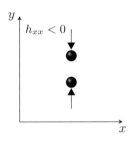

図 13.3　$h_{xx} < 0$ のとき，y-軸に沿って離れた 2 つの質点の相対距離は減少する．

2 つの質点が x-軸に沿って離れているなら （$\mathrm{d}y = 0$），線素より，この挙

---

*7 訳注：今採用している計量の符号 $(+, -, -, -)$ では空間的に離れている 2 点間の世界距離は $\mathrm{d}s^2 < 0$ なので，質点間の距離は，同時に測った $(\mathrm{d}t = 0)$ ときの $\sqrt{-\mathrm{d}s^2}$ になる．

動は逆になることが分かる．特に，固有距離は

$$\sqrt{-\mathrm{d}s^2} = \sqrt{(1-\varepsilon h_{xx})}\mathrm{d}x$$

によって与えられる．まず最初に $h_{xx} < 0$ を考えよう．ここで示した線素の形は 2 つの質点の間の相対距離が増加することを示している．この挙動は図 13.4 に示した．

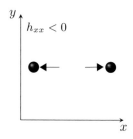

図 13.4　x-軸に沿って離れている　2 つの質点．$h_{xx} < 0$ のとき，これら質点の間の相対的物理距離は増加する．

その一方で $h_{xx} > 0$ のときは $-\mathrm{d}s^2$ はより小さくなり，したがって質点間の相対距離は減少する．これは図 13.5 に示した．

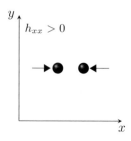

図 13.5　$h_{xx} > 0$ の下で x-軸に沿って離れている　2 つの質点．これら質点の間の相対的物理距離は減少する．

13.0 重力波が通過する際の質点の挙動

これらの特殊な場合について議論される質点たちの挙動はより一般的な状況を推定することを可能とする．平面内にある質点からなる輪を考え，この輪が重力波が通過する時どのように変形するのかを示すことは共通の問題である．特にこの輪が完全な円から始まったと仮定しよう．重力波が通過すると，h_{xx} は，正，0，負の値の間を振動し，たった今説明した通りの仕方で質点間の相対距離を変化させる．この $h_{xx} \neq 0$ および $h_{xy} = 0$ による横波は + -偏極を持つと呼ばれる．

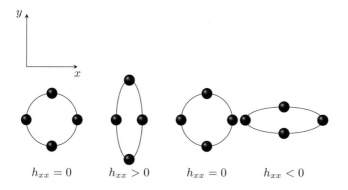

$h_{xx} = 0 \qquad h_{xx} > 0 \qquad h_{xx} = 0 \qquad h_{xx} < 0$

図 13.6 質点の輪の上に働く + -偏極を持つ重力波の通過による効果．重力波が通過すると輪は脈動する．

次に $h_{xx} = 0$ と置くことによって別の種類の偏極を検討しよう．この場合，線素は

$$ds^2 = dt^2 - dx^2 - dy^2 - dz^2 + 2\varepsilon h_{xy} dx dy \tag{13.19}$$

によって与えられる．

$\pi/4$ 回転によって得られる次の変換を考えよう：

$$dx = \frac{dx' - dy'}{\sqrt{2}} \quad かつ \quad dy = \frac{dx' + dy'}{\sqrt{2}}$$

この座標系で線素を書くと

$$ds^2 = dt^2 - (1 - \varepsilon h_{xy})\,dx'^2 - (1 + \varepsilon h_{xy})\,dy'^2 - dz^2 \qquad (13.20)$$

が得られる．

さて，これはお馴染みの形ではないだろうか？これはたったさっき (13.18) で検討した線素と同じ形をしている．この重力波によって引き起こされる輪の上の質点たちの挙動は先ほどの場合と一緒である．しかし，今回は全体が $\pi/4$ だけ回転している．この偏極はそのため ×-偏極として知られている．

一般に平面重力波はこれら 2 つの偏極の重ね合わせで表される．

ワイルスカラー

本節ではワイルスカラーを検討し，その意味を簡単に説明する．ワイルスカラーはニューマン-ペンローズ恒等式として知られる一組の方程式との組み合わせで (9.15) で与えられるスピン係数を使って計算される．全部で，5 つのワイルスカラーが存在し，それらは次のように解釈される：

$$\begin{array}{ll} \Psi_0 & 入射する横波 \\ \Psi_1 & 入射する縦波 \\ \Psi_2 & 電磁放射 \\ \Psi_3 & 出射する縦波 \\ \Psi_4 & 出射する横波 \end{array} \qquad (13.21)$$

関心があるほとんどの場合，横波に関わっているであろうから，関係するワイルスカラーは Ψ_0 および Ψ_4 である．各々のワイルスカラーを計算する

ために使うことができるニューマン-ペンローズ恒等式は次の通りである：

$$\Psi_0 = D\sigma - \delta\kappa - \sigma(\rho + \bar{\rho}) - \sigma(3\varepsilon - \bar{\varepsilon}) + \kappa(\pi - \bar{\pi} + \bar{\alpha} + 3\beta) \qquad (13.22)$$

$$\Psi_1 = D\beta - \delta\varepsilon - \sigma(\alpha + \pi) - \beta(\bar{\rho} - \bar{\varepsilon}) + \kappa(\mu + \gamma) + \varepsilon(\bar{\alpha} - \bar{\pi}) \qquad (13.23)$$

$$\Psi_2 = \bar{\delta}\tau - \Delta\rho - \rho\bar{\mu} - \sigma\lambda + \tau(\bar{\beta} - \alpha - \bar{\tau}) + \rho(\gamma + \bar{\gamma}) + \kappa\nu - 2\Lambda \qquad (13.24)$$

$$\Psi_3 = \bar{\delta}\gamma - \Delta\alpha + \nu(\rho + \varepsilon) - \lambda(\tau + \beta) + \alpha(\bar{\gamma} - \bar{\mu}) + \gamma(\bar{\beta} - \bar{\tau}) \qquad (13.25)$$

$$\Psi_4 = \bar{\delta}\nu - \Delta\lambda - \lambda(\mu + \bar{\mu}) - \lambda(3\gamma - \bar{\gamma}) + \nu(3\alpha + \bar{\beta} + \pi - \bar{\tau}) \qquad (13.26)$$

ペトロフ型と光スカラーの検討

第9章で導入した形式を使って重力波の研究をするのは大変便利である．まず最初に，第9章で議論したワイルスカラーに関連してペトロフ分類の簡単な概要を与える．時空のペトロフ型は時空が持ついくつかの主ヌル方向と各ヌル方向の重複度がいくつかを示す．ワイルスカラーに関連して本章で主に関心のあるペトロフ分類を次のようにまとめることができる．

- ペトロフ N 型：重複度 4 の単一の主ヌル方向が存在する．l^a が主ヌル方向に整列されているなら，$\Psi_0 = 0$ および Ψ_4 が 0 でない唯一のワイルスカラーである．n^a が主ヌル方向に整列されているなら $\Psi_4 = 0$ および Ψ_0 が 0 でない唯一のワイルスカラーである．
- ペトロフ III 型：2 つの主ヌル方向が存在する．1 つの重複度は 1 でありもう 1 つは 3 である．0 でないワイルスカラーは Ψ_3 および Ψ_4 である．
- ペトロフ II 型：1 つの重複度 2 の主ヌル方向とそれとは別の 2 つの異なるヌル方向が存在する．0 でないワイルスカラーは Ψ_2, Ψ_3, および Ψ_4 である．
- ペトロフ D 型：2 つの重複度 2 の主ヌル方向があり，この場合 0 でない唯一のワイルスカラーは Ψ_2 である．

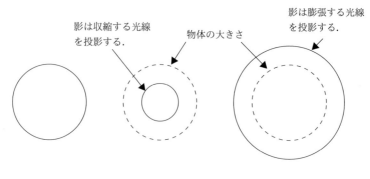

図 13.7 $-\mathrm{Re}(\rho)$ から計算される膨張・収縮の描画．最初の影は膨張・収縮がないことを表すが 2 番目は収縮を表し，右側の最後の図は膨張を表す．

特に，(9.15) で与えられたスピン係数に関して定義された 3 つの量を思い出そう．これらは光スカラーであり，ヌル合同の膨張，ねじれ，剪断を表す：

$$
\begin{array}{ll}
-\mathrm{Re}(\rho) & 膨張・収縮 \\
\mathrm{Im}(\rho) & ねじれ \\
|\sigma| & 剪断
\end{array}
\tag{13.27}
$$

これらの量は次のように解釈される．理解のために，ヌル合同を光線の組とみなす．物体が光線の経路にあり，それが近くのスクリーンに影を投影したと想像しよう (図 13.8 参照)．

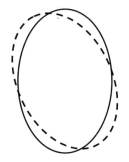

図 13.8 ねじれのない物体の影は実線で表した．点線は投影した影を結果として生じるヌル線上のねじれの効果を表す．

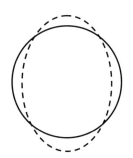

図 13.9 剪断は物体の影をゆがめる．実線で描いた円として剪断ゼロの影を表した．剪断は円を楕円に歪める．これは点線で表した．

　膨張・縮小は物体より大きいか小さいかのいずれかの投影を見ることとして理解することができる．すなわち，もし影がより大きいなら光線は拡大していることを示すが，より小さな影は光線が収束していることを示している．

　ねじれはこの思考実験で影の回転によって説明される．

　剪断を理解するために，剪断が存在しない場合の影として完全な円として投影される物体を考える．剪断がゼロでないとき，その影は楕円として投影

される (図 13.9 参照). 剪断を定義するために使われるスピン係数 σ は複素数である. 大きさ $|\sigma|$ は楕円を定義する軸の伸縮の量を決定するが, σ の位相は軸の向きを定義する.

pp 重力波

いまからより形式的かつ一般的な, 重力源から放出され光速で伝わる重力波の研究を考えよう. 特に, ここでは真空の **pp** 波を学ぶ. ここで "pp" は平行重力線を持つ平面波面波 (**p**lane fronted waves with **p**arallel rays) を意味する. ミンコフスキー計量によって記述される平坦な背景時空を伝わると考えると, pp 波は**共変的に一定**なヌルベクトル場を認めるものである. 今からこの定義を考える.

k^a を共変微分が消えるようなヌルベクトルとする. すなわち

$$k_{a;b} = 0 \tag{13.28}$$

とする. (13.28) を満たすとき, ベクトル k^a は共変的に一定であるという. ベクトル (l^a, n^a, m^a, $\overline{m}^a$) によって与えられた計量に対するヌルテトラッドを定義できることを思い出そう. pp 波の場合, l^a を共変的に一定になるようにとることができる. このヌルベクトル場は重力波の重力線に対応するようにとられる.

第 9 章では l^a の共変微分がいくつかのスピン係数の定義に現れることを学んだ. 具体的には

$$\rho = l_{a;b} m^a \overline{m}^b \quad \text{および} \quad \sigma = l_{a;b} m^a m^b \tag{13.29}$$

が成り立つ. これから分かるのは l^a が共変的に一定ならば, pp 波時空の重力波は

- 膨張・収縮またはねじれを持たない. かつ,
- 剪断は消える.

13.0 pp 重力波

が成り立つ．

物理的にはヌル合同が膨張ゼロを持つということは波面が平面であるということを意味する．さらには，スピン係数 τ が

$$\tau = l_{a;b} m^a n^b \tag{13.30}$$

によって与えられることに注意すると，この場合 $\tau = 0$ であることも分かる．これはヌル線が平行であることを示す．

平面重力波はより一般的な pp 波の特殊な場合にすぎない．しかしながら単純のため，当面平面重力波に焦点を当てよう．まず，ここでは 2 つのヌル座標 U および V を導入する．これらは次のように定義される：

$$U = \frac{t-z}{\sqrt{2}} \quad \text{および} \quad V = \frac{t+z}{\sqrt{2}} \tag{13.31}$$

これを逆に解くと

$$t = \frac{U+V}{\sqrt{2}} \quad \text{および} \quad z = \frac{-(U-V)}{\sqrt{2}}$$

が成り立つ．したがって，$dt = \frac{1}{\sqrt{2}}(dU + dV)$ および $dz = -\frac{1}{\sqrt{2}}(dU - dV)$ が成り立つ．両辺の平方をとると

$$dt^2 = \frac{1}{2}\left(dU^2 + 2dUdV + dV^2\right) \tag{13.32}$$

$$dz^2 = \frac{1}{2}\left(dU^2 - 2dUdV + dV^2\right) \tag{13.33}$$

と求まる．

U および V に関して (13.18) によって与えられる平面重力波の計量を書いてみると

$$\begin{aligned}ds^2 &= dt^2 - (1 - \varepsilon h_{xx})\,dx^2 - (1 + \varepsilon h_{xx})\,dy^2 - dz^2 \\ &= \frac{1}{2}\left(dU^2 + 2dUdV + dV^2\right) - (1 - \varepsilon h_{xx})\,dx^2 \\ &\quad - (1 + \varepsilon h_{xx})\,dy^2 - \frac{1}{2}\left(dU^2 - 2dUdV + dV^2\right) \\ &= 2dUdV - (1 - \varepsilon h_{xx})\,dx^2 - (1 + \varepsilon h_{xx})\,dy^2\end{aligned}$$

と求まる．さてここで $h_{xx} = h_{xx}(t-z) = h_{xx}(U)$ を思い出し，

$$a^2(U) = 1 - \varepsilon h_{xx} \quad \text{および} \quad b^2(U) = 1 + \varepsilon h_{xx}$$

と定義すると，ローゼン (Rosen) 線素

$$ds^2 = 2dUdV - a^2(U)dx^2 - b^2(U)dy^2 \tag{13.34}$$

が得られる．ここではこの計量に対する次の基底 1 形式を選ぶ：

$$\begin{aligned}
(dt =) \quad \omega^{\hat{0}} &= \frac{1}{\sqrt{2}}(dU + dV), \\
(dz =) \quad \omega^{\hat{1}} &= -\frac{1}{\sqrt{2}}(dU - dV), \\
\omega^{\hat{2}} &= a(u)dx, \\
\omega^{\hat{3}} &= b(u)dy
\end{aligned} \tag{13.35}$$

このとき，もちろん

$$\eta_{\hat{a}\hat{b}} = \begin{pmatrix} 1 & 0 & 0 & 0 \\ 0 & -1 & 0 & 0 \\ 0 & 0 & -1 & 0 \\ 0 & 0 & 0 & -1 \end{pmatrix}$$

である．簡単な練習問題としてこの基底のリッチテンソルの 0 でない成分が

$$R_{\hat{0}\hat{0}} = R_{\hat{0}\hat{1}} = R_{\hat{1}\hat{0}} = R_{\hat{1}\hat{1}} = -\left(\frac{1}{a}\frac{d^2 a}{dU^2} + \frac{1}{b}\frac{d^2 b}{dU^2}\right)$$

となることが示せる．真空方程式 $R_{\hat{a}\hat{b}} = 0$ は

$$\frac{1}{a}\frac{d^2 a}{dU^2} + \frac{1}{b}\frac{d^2 b}{dU^2} = 0$$

を与える．$h(U) = \frac{1}{b}\frac{d^2 b}{dU^2}$ と置くことにより，この方程式が $-h(U) = \frac{1}{a}\frac{d^2 a}{dU^2}$ を表すことが分かり，そのため単一の関数 h に関してこの計量を書くことができる．そこで，次の座標変換を適用しよう：

$$u = U, \quad v = V + \frac{1}{2}aa'x^2 + \frac{1}{2}bb'y^2, \quad X = ax, \quad Y = by$$

このうち，最初の 2 つの方程式から

$$du = dU$$

および

$$\begin{aligned}V &= v - \frac{1}{2}aa'x^2 - \frac{1}{2}bb'y^2 \\ &= v - \frac{1}{2}\frac{a'}{a}X^2 - \frac{1}{2}\frac{b'}{b}Y^2\end{aligned}$$

が得られる．後の 2 つの方程式を x と y について逆に解くと

$$x = \frac{1}{a}X, \quad y = \frac{1}{b}Y$$
$$\Rightarrow dx = \frac{1}{a}dX - \frac{a'}{a^2}X\,du$$

が得られる．さていま，定義 $h(u) = b''/b = -a''/a$ に沿ってこれらの関係を使うと

$$\begin{aligned}dV &= dv - \frac{a'}{a}X dX - \frac{1}{2}\frac{a''}{a}X^2 du + \frac{1}{2}\frac{(a')^2}{a^2}X^2 du \\ &\quad - \frac{b'}{b}Y dY - \frac{1}{2}\frac{b''}{b}Y^2 du + \frac{1}{2}\frac{(b')^2}{b^2}Y^2 du \\ &= dv - \frac{a'}{a}X dX + \frac{1}{2}h(u)X^2 du + \frac{1}{2}\frac{(a')^2}{a^2}X^2 du \\ &\quad - \frac{b'}{b}Y dY - \frac{1}{2}h(u)Y^2 du + \frac{1}{2}\frac{(b')^2}{b^2}Y^2 du\end{aligned}$$

が得られる．さらにまた

$$a^2 dx^2 = a^2\left(-\frac{a'}{a^2}X du + \frac{1}{a}dX\right)^2 = \frac{(a')^2}{a^2}X^2 du^2 - 2\frac{a'}{a}X\,du\,dX + dX^2$$
$$b^2 dy^2 = b^2\left(-\frac{b'}{b^2}Y du + \frac{1}{b}dY\right)^2 = \frac{(b')^2}{b^2}Y^2 du^2 - 2\frac{b'}{b}Y\,du\,dY + dY^2$$

が成り立つ．これらの結果を $ds^2 = 2dU dV - a^2(U)dx^2 - b^2(U)dy^2$ に代入するとブリンクマン計量

$$ds^2 = h(u)\left(X^2 - Y^2\right)du^2 + 2du\,dv - dX^2 - dY^2 \tag{13.36}$$

が得られる．ここからは大文字のラベルを $X \to x$ および $Y \to y$ に書き換える (式 (13.18) で与えられている元の形の平面重力波の計量で使われている変数との関係を常に意識すること)．より一般的には，任意係数関数 $H(u,\ x,\ y)$ を与えると，この計量は

$$ds^2 = H(u,\ x,\ y)du^2 + 2dudv - dx^2 - dy^2 \tag{13.37}$$

として書くことができる．この計量は pp 波時空を表す．しかしながら，それは特殊な場合である平面重力波解を表す必要はない．以下では，平面重力波の場合の H の形を述べる．

例 9.5 では，この計量に対するワイルスカラーとリッチスカラーを求めた．その問題では共変的に一定なヌルベクトルとして $l_a = (1,\ 0,\ 0,\ 0)$ を選んだ．ここで座標は $(u,\ v,\ x,\ y)$ によって与えられる．主ヌル方向は l_a に沿っていて，それは重力波の重力線たちが一致するような方向に沿ったこのベクトルを定義するということを意味する．座標 v はそれとは別のヌル座標であるのに対して，座標 x, y は平面重力波の表面を定義する．

明らかに $l_{a;b} = 0$ が成り立つ．この要請の意味を理解するために，いくつかのスピン係数をここに記述する：

$$\rho = l_{a;b} m^a \overline{m}^b, \qquad \sigma = l_{a;b} m^a m^b, \qquad \tau = l_{a;b} m^a n^b$$

$l_{a;b} = 0$ が $\rho = \sigma = \tau = 0$ を意味することが分かる．したがって本節の最初で説明したように，pp 波は膨張・収縮，ねじれ，剪断のすべてがない．それに加え，$\tau = 0$ より，l_a によって定義されるヌル線たちが平行であることが分かる．これはこの計量が pp 波時空であることを表す．

ブリンクマン計量のなかの関数 H の形はさらに検討することができる．**一般化された pp 波**は H が

$$H = Ax^2 + By^2 + Cxy + Dx + Ey + F$$

の形で書くことができるものである．ここで，A, B, C, D, E, および F は u の実数値関数である．

平面重力波

pp 波は H が

$$H(u, x, y) = a(u)\left(x^2 - y^2\right) + 2b(u)xy + c(u)\left(x^2 + y^2\right)$$
(一般平面重力波) (13.38)

と書けるとき，平面波となる ((13.36) の導出と比較せよ)．関数 a および b は重力波の偏極状態を記述するが，c は放射の他の形の波を表す．真空中の平面重力波を表すために，c を消去する．すなわち，$H(u, x, y)$ は

$$H(u, x, y) = a(u)\left(x^2 - y^2\right) + 2b(u)xy \quad \text{(真空中の平面重力波)} \quad (13.39)$$

となる．これらが平面波であることより，この波は $Ae^{i\alpha}$ の形の表式で書くことができると期待される．ここで A は波の振幅である．実際，そのように書くことは可能であり，その波はワイルスカラー Ψ_4 によって記述されることが判明する．すなわち，この重力波は

$$\Psi_4 = A\,e^{i\alpha}$$

として書かれる．この場合，α は波の偏極を表す．線形偏極波は α が定数であるようなものである．

例 9.5 では

$$\Psi_4 = \frac{1}{4}\left(\frac{\partial^2 H}{\partial x^2} - \frac{\partial^2 H}{\partial y^2} + 2i\frac{\partial^2 H}{\partial x \partial y}\right)$$

であると求めた．そこで，真空中の平面重力波 (13.39) に対して与えられる H の形でこれを考えてみよう．計量は

$$ds^2 = \left(h_{11}x^2 + h_{22}y^2 + 2h_{12}xy\right)du^2 + 2du dv - dx^2 - dy^2$$

と書かれる．この計量に対するワイルスカラーの形は平面重力波を導く．また，例 9.5 で求めたリッチスカラーを使って真空中の方程式が前節で求めた平面重力波に対する h_{11}, h_{22}, および h_{12} の間の関係を導くのを説明する．

まず，$H = h_{11}x^2 + h_{22}y^2 + 2h_{12}xy$ のときのワイルスカラーを書き下す．すると

$$\Psi_4 = \frac{1}{4}\left(\frac{\partial^2 H}{\partial x^2} - \frac{\partial^2 H}{\partial y^2} + 2i\frac{\partial^2 H}{\partial x \partial y}\right)$$
$$= \frac{1}{4}(2h_{11} - 2h_{22} + 4ih_{12})$$
$$= \frac{1}{2}(h_{11} - h_{22} + 2ih_{12})$$

が成り立つ．第 9 章では，リッチテンソルの 0 でない唯一の成分は

$$\Phi_{22} = \frac{1}{4}\left(\frac{\partial^2 H}{\partial x^2} + \frac{\partial^2 H}{\partial y^2}\right)$$

であることを学んだ．この場合，$H = h_{11}x^2 + h_{22}y^2 + 2h_{12}xy$ ととると，

$$\Phi_{22} = \frac{1}{2}(h_{11} + h_{22})$$

が成り立つ．

さて，真空中のアインシュタイン方程式を考えよう．それは $R_{ab} = 0$ または $\Phi_{22} = 0$ によって定義される．これは $h_{22} = -h_{11}$ という結論を導く．するとワイルスカラーは

$$\Psi_4 = \frac{1}{2}(2h_{11} + 2ih_{12}) = h_{11} + ih_{12}$$

になる．いま，線形偏極を持つ平面重力波の場合を考えよう．これは h_{12} が h_{11} に比例することを意味する．この場合，$\Psi_4 = h(u)e^{i\alpha}$ と書けることが期待される．オイラーの公式を使って $\Psi_4 = h(u)e^{i\alpha}$ を展開すると

$$\Psi_4 = h(u)e^{i\alpha} = h(u)(\cos\alpha + i\sin\alpha) = h(u)\cos\alpha + ih(u)\sin\alpha$$

が成り立つ．$\Psi_4 = h_{11} + ih_{12}$ と比較することにより $h_{11} = h(u)\cos\alpha$ および $h_{12} = h(u)\sin\alpha$ と書くことができることが分かる．α の物理的意味は重力波の偏極が x 軸に対して角度 α をなすということを表す．

13.0 アイヒェルブルク-ゼクスル解

まとめると，真空中で一定の線形偏極を持つ重力波の場合，H は

$$\begin{aligned}H &= h_{11}x^2 + h_{22}y^2 + 2h_{12}xy \\ &= h(u)\cos\alpha x^2 - h(u)\cos\alpha y^2 + 2h(u)\sin\alpha xy \\ &= h(u)\left[\cos\alpha(x^2-y^2) + 2\sin\alpha xy\right]\end{aligned} \qquad (13.40)$$

として書くことができる．

アイヒェルブルク-ゼクスル解

ブラックホールの近くを通過する観測者を含む興味深い解はアイヒェルブルク (Peter C. Aichelburg) とゼクスル (Roman Ulrich Sexl) によって研究された．この計量は

$$ds^2 = 4\mu \log(x^2+y^2) du^2 + 2dudr - dx^2 - dy^2 \qquad (13.41)$$

によって与えられる．この計量は明らかにブリンクマン計量の形をしており，したがって PP 波時空を表している．しかしながら，この場合，$H = 4\mu\log(x^2+y^2)$ であり，これは (13.38) で与えられる形ではない．したがってこれは平面波を表すわけではない．

衝突する重力波

本節では，2 つの重力波の衝突を考える．そのような衝突はゼロでない膨張や剪断の導入のような数多くの興味深い効果を引き起こす．この現象の学習を始めるにあたって，最も単純な場合である 2 つの平面重力波の瞬間的なインパルスが衝突した場合について考える．

インパルス波はディラックのデルタ関数によって記述される攪乱が伝播する衝撃波である．すなわち，ここでは z 方向に沿って伝播する非常に局所的な攪乱を想定している．$u = t - z$ であることより，そのような理想化されたモデルとして $h(u) = \delta(u)$ ととることができる．この種の重力波は計量

$$ds^2 = \delta(u)\left(X^2 - Y^2\right)du^2 + 2dudr - dX^2 - dY^2$$

によって記述することができる．この計量において，r は空間的な座標である．座標変換を使ってこの線素をヌル座標 u と v について書くことができる．すると線素は

$$ds^2 = 2dudv - [1 - u\Theta(u)]^2 dx^2 - [1 + u\Theta(u)]^2 dy^2 \tag{13.42}$$

となる．ここで $\Theta(u)$ はヘビサイドの階段関数である．この関数は

$$\Theta(u) = \begin{cases} 0 & (u < 0 \text{ のとき}) \\ 1 & (u \geq 0 \text{ のとき}) \end{cases}$$

によって定義される．したがって，$u \geq 0$ の領域では線素は

$$ds^2 = 2dudv - (1-u)^2 dx^2 - (1+u)^2 dy^2 \tag{13.43}$$

と書くことができる．また，ヘビサイドの階段関数の微分はディラックのデルタ関数になる，すなわち

$$\frac{d\Theta}{du} = \delta(u)$$

となることに注意しよう．別のヌル座標 v を考えることによって

$$ds^2 = 2dudv - [1 - v\Theta(v)]^2 dx^2 - [1 + v\Theta(v)]^2 dy^2 \tag{13.44}$$

を使って反対の波を記述することができる．したがって $v \geq 0$ に対して (13.44) は

$$ds^2 = 2dudv - (1-v)^2 dx^2 - (1+v)^2 dy^2 \tag{13.45}$$

という形をとる．(13.42) または (13.44) のいずれも階段関数を $\Theta = 0$ と置くと平坦な空間の線素

$$ds^2 = 2du\, dv - dx^2 - dy^2 \tag{13.46}$$

が得られる．この線素は領域 $u, v < 0$ で成り立つ．

適切にこれらを観察することによって，時空が図 13.10 に示すように 4 つの領域に分割できることが分かる．領域 I は $u, v < 0$ であり，(13.46) に

13.0 衝突する重力波

よって記述される平坦な背景時空である．領域 II では，$v < 0$ かつ $u \geq 0$ であり，そのためこの領域は接近する波 $\delta(u)$ を含む．これは線素 (13.43) によって記述される．似たような結果が領域 III で成り立ち，その領域では接近する波 $\delta(v)$ を含み線素 (13.45) によって記述される．最後に，領域 IV は $u \geq 0$ かつ $v \geq 0$ であり，そこは 2 つの波が衝突する場所である．

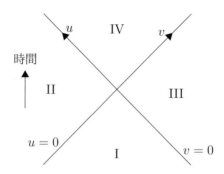

図 13.10　衝突する重力波を研究するために時空を 4 つの領域に分割する．[出典：J.B. Griffiths (1991)]

ニューマン-ペンローズ技法を使う重力波時空の操作の演習として，ここでは簡単な計量を考察することから始める．ここでは領域 III の計量の場合を考察する．

演習 13.1

$\delta(v)$ によって特徴づけられるインパルス的重力波を記述する領域 III の計量を示せ．0 でないワイルスカラーを求め，そのペトロフ型を決定せよ．

解答 13.1

まず，これから計算で必要となる若干の準備を書き留めよう．線素は

$$ds^2 = 2du dv - (1 - v\Theta(v))^2 dx^2 - (1 + v\Theta(v))^2 dy^2$$

によって与えられる．この計量の 0 でない成分は

$$\begin{aligned}
g_{uv} &= g_{vu} = 1 \\
g_{xx} &= -\left(1 - v\Theta(v)\right)^2, \quad g_{yy} = -\left(1 + v\Theta(v)\right)^2 \\
g^{uv} &= g^{vu} = 1 \\
g^{xx} &= -\frac{1}{\left(1 - v\Theta(v)\right)^2}, \quad g^{yy} = -\frac{1}{\left(1 + v\Theta(v)\right)^2}
\end{aligned} \tag{13.47}$$

である．この計量に対する 0 でないクリストッフェル記号は $\Gamma^a{}_{bc} = \frac{1}{2}g^{ad}\left(\partial_b g_{dc} + \partial_c g_{db} - \partial_d g_{bc}\right)$ を使って計算することができる．たとえば，

$$\begin{aligned}
\Gamma^u{}_{xx} &= \frac{1}{2}g^{ud}\left(\partial_x g_{dx} + \partial_x g_{dx} - \partial_d g_{xx}\right) \\
&= -\frac{1}{2}\partial_v g_{xx} \\
&= \frac{1}{2}\frac{\mathrm{d}}{\mathrm{d}v}\left(1 - v\Theta(v)\right)^2 \\
&= \left(1 - v\Theta(v)\right)\frac{\mathrm{d}}{\mathrm{d}v}\left(-v\Theta(v)\right) \\
&= \left(1 - v\Theta(v)\right)\left(-\Theta(v) - v\frac{\mathrm{d}\Theta}{\mathrm{d}v}\right) \\
&= -\left(1 - v\Theta(v)\right)\left(\Theta(v) + v\delta(v)\right) \\
&= -\left(1 - v\Theta(v)\right)\Theta(v)
\end{aligned}$$

である．最後の行への変形は $v = 0$ のとき，$v\delta(v) = 0 \cdot \delta(0) = 0$, $v \neq 0$ のとき，$v\delta(v) = v \cdot 0 = 0$ より，どんな値の v に対しても $v\delta(v) = 0$ となることを使った．式 (4.16) を使ってすべての 0 でないクリストッフェル記号を求めるのは簡単である．それらは

$$\begin{aligned}
\Gamma^u{}_{xx} &= -\left(1 - v\Theta(v)\right)\Theta(v), \quad & \Gamma^u{}_{yy} &= \left(1 + v\Theta(v)\right)\Theta(v) \\
\Gamma^x{}_{xv} &= -\frac{\Theta(v)}{1 - v\Theta(v)}, \quad & \Gamma^y{}_{yv} &= \frac{\Theta(v)}{1 + v\Theta(v)}
\end{aligned} \tag{13.48}$$

となる．この波は v に沿って伝わるので，l_a をこの方向に沿うように $l_a = (0, 1, 0, 0)$ ととる．このテトラッドの他の基底ベクトルは

$$g_{ab} = l_a n_b + l_b n_a - m_a \overline{m}_b - m_b \overline{m}_a \tag{13.49}$$

13.0 衝突する重力波

を使って求めることができる．ベクトル m_a は空間的であるので，ヌル座標成分である u,v 成分はともに 0 に選べる．これより g_{uv} を考えると

$$g_{uv} = l_u n_v + l_v n_u = l_v n_u = n_u$$
$$\Rightarrow \quad n_u = 1$$

と書くことができる．n_u が 1 であることより，これのみを 0 でない成分としてとることができる．そこで $n_a = (1,0,0,0)$ と書く．空間的ベクトルに移ると，m_x を実数になるようにとろう．すると (13.49) を使うと

$$g_{xx} = l_x \overline{n}_x + l_x n_x - m_x \overline{m}_x - m_x \overline{m}_x$$
$$= -2m_x^2$$

が成り立つ．$g_{xx} = -\left(1 - v\Theta(v)\right)^2$ を使うとこれは

$$m_x = \frac{1 - v\Theta(v)}{\sqrt{2}} = \overline{m}_x$$

を与える．同様の演習として m_y を虚数にとると

$$m_y = i\left(\frac{1 + v\Theta(v)}{\sqrt{2}}\right) \quad \text{および} \quad \overline{m}_y = -i\left(\frac{1 + v\Theta(v)}{\sqrt{2}}\right)$$

と選ばれる．以上をまとめると，我々は次のヌルテトラッドを選んだことになる：

$$l_a = (0,1,0,0), \quad n_a = (1,0,0,0)$$
$$m_a = \left(0, 0, \frac{1 - v\Theta(v)}{\sqrt{2}}, i\frac{1 + v\Theta(v)}{\sqrt{2}}\right), \tag{13.50}$$
$$\overline{m}_a = \left(0, 0, \frac{1 - v\Theta(v)}{\sqrt{2}}, -i\frac{1 + v\Theta(v)}{\sqrt{2}}\right)$$

計量で添字を上げると

$$l^a = (1,0,0,0), \quad n^a = (0,1,0,0)$$
$$m^a = \left(0, 0, -\frac{1}{\sqrt{2}(1 - v\Theta(v))}, -i\frac{1}{\sqrt{2}(1 + v\Theta(v))}\right) \tag{13.51}$$
$$\overline{m}^a = \left(0, 0, -\frac{1}{\sqrt{2}(1 - v\Theta(v))}, i\frac{1}{\sqrt{2}(1 + v\Theta(v))}\right)$$

と求まる.

いま,我々はヌルテトラッドを手に入れたのでスピン係数を計算することができる. まず, 最初のヌルベクトルの 0 でない唯一の項は定数 $l_v = 1$ 以外の何物でもないため, クリストッフェル記号 (13.48) を見ると, $l_{a;b} = \partial_b l_a - \Gamma^v{}_{ab} l_v = 0$ であることが分かる. これはもちろん pp 波時空に期待されるものである. この要請より, いくつかのスピン係数は消える. 特に $\kappa = \sigma = \rho = \tau = 0$ である.

簡単な計算で $\nu = \pi = \varepsilon = \gamma = \alpha = \beta = 0$ も示せる. そこで残り 2 つのスピン係数を計算しよう. $\lambda = -n_{a;b}\overline{m}^a \overline{m}^b$ から始める. (13.51) を見ると, $\overline{m}^x$ および $\overline{m}^y$ を含む項のみが 0 でないことが分かる. このことに留意しながら和を展開すると

$$\lambda = - n_{a;b}\overline{m}^a \overline{m}^b$$
$$= - (n_{x;x}\overline{m}^x\overline{m}^x + n_{x;y}\overline{m}^x\overline{m}^y + n_{y;x}\overline{m}^y\overline{m}^x + n_{y;y}\overline{m}^y\overline{m}^y)$$

と求まる. ここで現れる共変微分が

$$n_{a;b} = \partial_b n_a - \Gamma^d{}_{ab} n_d$$

であることを思い出そう. n_a が u 成分しか持たず, それが定数であるという事実は解析を大いに単純化する. これより, $n_{a;b} = -\Gamma^u{}_{ab} n_u = -\Gamma^u{}_{ab}$ に簡約化される. 混合項をまず最初に考えると

$$n_{x;y} = -\Gamma^u{}_{xy} = 0$$
$$n_{y;x} = -\Gamma^u{}_{yx} = 0$$

と求まる. 別の 2 つの項に対しては

$$n_{x;x} = -\Gamma^u{}_{xx} = (1 - v\Theta(v))\,\Theta(v)$$
$$n_{y;y} = -\Gamma^u{}_{yy} = -(1 + v\Theta(v))\,\Theta(v)$$

13.0 衝突する重力波

が成り立つ. さていま, 積 $\overline{m}^x\overline{m}^x$ および $\overline{m}^y\overline{m}^y$ を書き留める:

$$\overline{m}^x\overline{m}^x = \left(-\frac{1}{\sqrt{2}(1-v\Theta(v))}\right)\left(-\frac{1}{\sqrt{2}(1-v\Theta(v))}\right) = \frac{1}{2(1-v\Theta(v))^2}$$

$$\overline{m}^y\overline{m}^y = \left(i\frac{1}{\sqrt{2}(1+v\Theta(v))}\right)\left(i\frac{1}{\sqrt{2}(1+v\Theta(v))}\right) = \frac{-1}{2(1+v\Theta(v))^2}$$

したがってスピン係数 λ に対する計算は

$$\begin{aligned}
\lambda &= -(n_{x;x}\overline{m}^x\overline{m}^x + n_{y;y}\overline{m}^y\overline{m}^y) \\
&= -\left[(1-v\Theta(v))\Theta(v)\left(\frac{1}{2(1-v\Theta(v))^2}\right)\right.\\
&\quad\left. -(1+v\Theta(v))\Theta(v)\left(\frac{-1}{2(1+v\Theta(v))^2}\right)\right] \\
&= -\left(\frac{\Theta(v)}{2(1-v\Theta(v))} + \frac{\Theta(v)}{2(1+v\Theta(v))}\right) \\
&= -\frac{\Theta(v)}{(1-v\Theta(v))(1+v\Theta(v))} \\
&= -\frac{\Theta(v)}{1-v^2\Theta(v)}
\end{aligned}$$

になる. 残りのスピン係数に対する計算も同様である. 今回の唯一の違いは $\overline{m}^x\overline{m}^x$ の代わりに $\overline{m}^x m^x$ を使うという点である. すると

$$\begin{aligned}
\mu &= -(n_{x;x}\overline{m}^x m^x + n_{y;y}\overline{m}^y m^y) \\
&= -\left[(1-v\Theta(v))\Theta(v)\left(\frac{1}{2(1-v\Theta(v))^2}\right)\right.\\
&\quad\left. -(1+v\Theta(v))\Theta(v)\left(\frac{1}{2(1+v\Theta(v))^2}\right)\right] \\
&= -\left(\frac{\Theta(v)}{2(1-v\Theta(v))} - \frac{\Theta(v)}{2(1+v\Theta(v))}\right) \\
&= -\frac{v\Theta(v)}{(1-v^2\Theta(v))}
\end{aligned}$$

が成り立つ．

　ワイルスカラーの表式を確認すると，この場合における 0 でない唯一の項が Ψ_4 になることが分かる．ほとんどのスピン係数が消えることより，計算は比較的易しい．まず，λ の方向微分を計算する必要がある．λ がスカラーであり，スカラーの共変微分が通常の偏微分になることより，この方向微分は単に $\Delta\lambda = n^a \nabla_a \lambda = n^a \partial_a \lambda$ になる．(13.51) を見ると，0 でない唯一の項は v 成分である．微分を計算すると

$$\frac{\partial \lambda}{\partial v} = \frac{\partial}{\partial v}\left(-\frac{\Theta(v)}{1-v^2\Theta(v)}\right)$$

と求まる．この微分は $(f/g)' = \frac{f'g - g'f}{g^2}$ を使って計算できる．そこで

$$f = \Theta(v) \Rightarrow f' = \delta(v)$$
$$g = 1 - v^2\Theta(v) \Rightarrow g' = -2v\Theta(v) - v^2\delta(v) = -2v\Theta(v)$$

ととる．ここで，$v = 0$ のときは $v^2\delta(v) = 0 \cdot \delta(0) = 0$，$v \neq 0$ のときは $v^2\delta(v) = v^2 \cdot 0 = 0$ であるので，いつでも $v^2\delta(v) = 0$ であることを使った．これより，全体に掛かる符号をそのままにしておくと

$$\partial_v \lambda = -\frac{\delta(v)(1-v^2\Theta(v)) + (2v\Theta(v))\Theta(v)}{(1-v^2\Theta(v))^2} = -\frac{\delta(v) + 2v\Theta(v)}{(1-v^2\Theta(v))^2}$$

が得られる．ここで $v = 0$ で $1 - v^2\Theta(v) = 1$ かつ $v \neq 1$ で $1 - v^2\Theta(v) \neq 0$ を使うと，この項は $v \neq 1$ で

$$\frac{\delta(v)}{(1-v^2\Theta(v))^2} = \delta(v)$$

により単純化できる．ところが実は，この式の左辺は

$$\lim_{v \to 1+0} \frac{\delta(v)}{(1-v^2\Theta(v))^2} = 0$$

$$\lim_{v \to 1-0} \frac{\delta(v)}{(1-v^2\Theta(v))^2} = 0$$

より，どちら側から極限をとっても 0 になるので実質上 $v=1$ で 0 としてよい．したがって，すべての v で

$$\frac{\delta(v)}{(1-v^2\Theta(v))^2} = \delta(v)$$

として良いことが分かる．これはこの微分を

$$\partial_v \lambda = -\delta(v) - \frac{2v\Theta(v)}{(1-v^2\Theta(v))^2}$$

のように書くことを許す．すべてまとめると，ワイルスカラーは

$$\begin{aligned}
\Psi_4 &= \delta\nu - \Delta\lambda - \lambda\left(\mu + \overline{\mu}\right) - \lambda\left(3\gamma - \overline{\gamma}\right) + \nu\left(3\alpha + \overline{\beta} + \pi - \overline{\tau}\right) \\
&= -\Delta\lambda - \lambda\left(\mu + \overline{\mu}\right) \\
&= -\Delta\lambda - 2\lambda\mu \\
&= \delta(v) + \frac{2v\Theta(v)}{(1-v^2\Theta(v))^2} - 2\left(-\frac{\Theta(v)}{1-v^2\Theta(v)}\right)\left(-\frac{v\Theta(v)}{(1-v^2\Theta(v))}\right) \\
&= \delta(v) + \frac{2v\Theta(v)}{(1-v^2\Theta(v))^2} - \frac{2v\Theta(v)}{(1-v^2\Theta(v))^2} \\
&= \delta(v)
\end{aligned}$$

となることが明らかとなる．期待通りに，ディラックのデルタ関数が得られた．Ψ_4 が 0 でない唯一のワイルスカラーであることより，この時空はペトロフ N 型であると結論づけられる．

衝突の効果

図 13.10 を再び見てもらうと，領域 I,II および III は平坦であることが分かる．領域 IV，2 つの重力波が相互作用する領域では時空は曲がっている．このことから 2 つのことが分かる．2 つの重力波が衝突するということはこの波が領域 IV で，もはや膨張・収縮がゼロである平面波ではないことを意味する．より興味深いこととして，この場合の衝突により $u^2 + v^2 = 1$ によって記述される特異点が生まれるという事実がある．

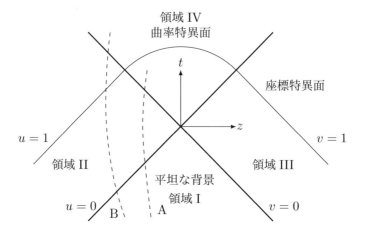

図 13.11　2 つのインパルス的平面重力波の衝突．衝突の効果により質点 A が回避不能な両方の波面を横切る曲率特異点が誘導される．[出典：J.B. Griffiths (1991)]

図 13.11 では，2 つの質点の世界線が描かれている．領域 II から接近する波はディラックのデルタ関数 $\delta(u)$ によって特徴づけられることに注意すると，質点は線 $u = 0$ を通過するならばこの波を横切ることに注意しよう．同様のことが $v = 0$ を通過する質点についても言える．図を見ると，質点 B は領域 I からやってくる波と交差するが，それは $\delta(v)$ によって特徴づけられる 2 番目の波に遭遇する前に曲線 $u^2 + v^2 = 1$ に遭遇する．したがって質点 B は領域 IV 内の曲率特異点を回避する．質点 B に対しては，領域 II で遭遇する特異点は，単なる座標特異点である．

その一方で，質点 A は異なる運命をたどる．この質点の世界線は特異点に遭遇する前に両方の波面に遭遇することを示す．不幸にも質点 A は領域 IV で真性特異点に出くわす．

より一般的な衝突

　ここからはインパルス波を離れ，より一般的な種類の衝突を考察する．ここでも再び2つの波の衝突を考える．まず，真空中のヌル合同を想像し，その特徴を検討する．この合同の測地線は平行であり，$\rho = \sigma = 0$ である．その意味は，収縮，ねじれ，剪断がこの合同で消えるということである．

　前節で考えたよりもより一般的な種類の衝突として，重力波が電磁波 (これは0でないエネルギー密度を持ち，したがって重力場の源である．) と遭遇するか，重力波と衝突するかのいずれかを想像することができる．この相互作用は2つのニューマン-ペンローズ恒等式

$$D\rho = \rho^2 + \sigma\bar{\sigma} + \Phi_{00}$$
$$D\sigma = \sigma(\rho + \bar{\rho}) + \Psi_0$$

によって記述できる．項 Φ_{00} および Ψ_0 はそれぞれ反対の電磁波および重力波を表すことができる．初期状態として，この波がほかの波が存在しない領域を伝わるとすると，$\Phi_{00} = 0$ および $\Psi_0 = 0$ である．この波が膨張，剪断，ねじれがゼロであることより，この状況は

$$D\rho = 0$$
$$D\sigma = 0$$

によって記述される．もしこの重力波が電磁波と遭遇したとしたら，それは $\Phi_{00} > 0$ を意味する．すると初期状態では

$$D\rho = \Phi_{00}$$
$$D\sigma = 0$$

が成り立つ．これは ρ の増加を引き起こし，$-\mathrm{Re}\rho$ がこの波の膨張を与えることから合同の収束を引き起こす．したがって，ρ が大きくなると，膨張は小さくなる．

その一方で，この重力波が別の重力波と遭遇すると，初期状態では

$$D\sigma = \Psi_0$$
$$\Rightarrow \quad D\rho = \sigma\bar{\sigma}$$

が成り立つ．したがって衝突によって引き起こされる剪断 σ は最初の式を経由して収縮を誘導する．

言い換えると，これらの式は次の効果を表す：

- もし合同が0でないエネルギー密度の領域を通過すると，それは**焦点を結ぶ** (それはつまり Φ_{00} が0でないことを意味する).
- もし重力波が別の重力波と衝突したら，それは次第に剪断する．これは合同の収縮を引き起こし，そのためそれは次第に焦点を結ぶ．これらの効果を一緒にとると，反対の重力波は**乱焦点効果**を引き起こす．

次の例では，真空中で始まるヌル合同を想像する．ここでは領域 $v < 0$ を時空の平坦領域にとる．$v =$ 定数 によって平面波を定義し，ヌルベクトル l^a を v に沿った点に選ぶ．ヌル超曲面は $v = 0$ によって与えられる．過去方向の $v = 0$ において，反対の波に遭遇する (図 13.12 参照)．次の例では，2つの波が相互作用する領域の線素を考察し，剪断や収束がゼロにならないことを描画する．

13.0 より一般的な衝突

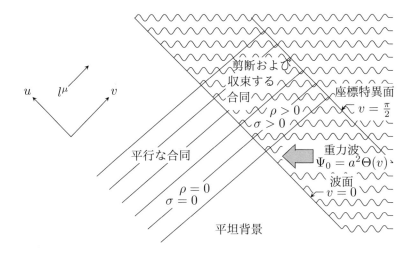

図 13.12　2つの衝突する重力波の図．平坦領域では，ヌル合同は剪断または収縮を持たない平行な線たちを持つ．2つの重力波が衝突する領域では，剪断と合同が存在する．[出典：J.B. Griffiths (1991)]

例 13.2

領域 $v > 0$ は線素

$$\mathrm{d}s^2 = 2\mathrm{d}u\mathrm{d}v - \cos^2 av \mathrm{d}x^2 - \cosh^2 av \mathrm{d}y^2 \tag{13.52}$$

によって記述される．重力波面が通過したのち，合同は収縮し，剪断することを示せ．ペトロフ型を決定し，その意味を解釈せよ．焦点効果を記述し剪断軸の配置を決定せよ．

解答 13.2

計量テンソルの成分は

$$g_{uv} = g_{vu} = 1$$
$$g_{xx} = -\cos^2(av), \quad g_{yy} = -\cosh^2(av)$$

$$g^{uv} = g^{vu} = 1$$
$$g^{xx} = -\frac{1}{\cos^2(av)}, \quad g^{yy} = -\frac{1}{\cosh^2(av)}$$
(13.53)

(4.16) を使うと，0 でないクリストッフェル記号が

$$\Gamma^u{}_{xx} = -a\cos av \sin av, \quad \Gamma^u{}_{yy} = a\cosh av \sinh av$$
$$\Gamma^x{}_{xv} = -a\tan av, \quad \Gamma^y{}_{yv} = a\tanh av$$
(13.54)

によって与えられることが示せる．ここでは l^a が v に沿った点を示すヌルテトラッドを定義する．それは次によって与えられる:

$$l^a = (0,1,0,0), \quad n^a = (1,0,0,0)$$
$$m^a = \left(0, 0, -\frac{1}{\sqrt{2}\cos av}, -\frac{i}{\sqrt{2}\cosh av}\right)$$
(13.55)

計量テンソルによって添字を下げる (つまり, $l_a = g_{ab}l^b$ など) と

$$l_a = (1,0,0,0), \quad n_a = (0,1,0,0)$$
$$m_a = \left(0, 0, \frac{\cos av}{\sqrt{2}}, \frac{i\cosh av}{\sqrt{2}}\right)$$
(13.56)

と求まる．

合同が収縮し剪断することを示すために, ρ と σ が 0 でないことを示さねばならない．いま, $l_{a;b} = \partial_b l_a - \Gamma^c{}_{ab} l_c$ である．l_a が極めて単純であることより, この表式もまた大変単純な形になる．実際, l_a が u 成分しか持たず, それが定数である (それ故すべての a,b について $\partial_b l_a = 0$．) ことより,

$$l_{a;b} = -\Gamma^u{}_{ab} l_u = -\Gamma^u{}_{ab}$$

13.0 より一般的な衝突

と書くことができる．収縮を表すスピン係数は $\rho = l_{a;b} m^a \overline{m}^b$ を使って計算できる．ここで $\overline{m}^b$ は (13.55) で与えられる m^a の複素共役である．この和にはわずか 2 つしか 0 でない項はない．これらそれぞれをここに別々に計算しよう：

$$l_{x;x} = -\Gamma^u{}_{xx} = a\cos av \sin av$$
$$l_{y;y} = -\Gamma^u{}_{yy} = -a\cosh av \sinh av$$

これより

$$\begin{aligned}\rho &= l_{a;b} m^a \overline{m}^b \\ &= l_{x;x} m^x \overline{m}^x + l_{y;y} m^y \overline{m}^y \\ &= (a\cos av \sin av)\left(-\frac{1}{\sqrt{2}\cos av}\right)\left(-\frac{1}{\sqrt{2}\cos av}\right) \\ &\quad + (-a\cosh av \sinh av)\left(-\frac{i}{\sqrt{2}\cosh av}\right)\left(\frac{i}{\sqrt{2}\cosh av}\right) \\ &= \frac{a}{2}\left(\frac{\cos av \sin av}{\cos av \cos av}\right) - \frac{a}{2}\left(\frac{\cosh av \sinh av}{\cosh av \cosh av}\right) \\ &= \frac{a}{2}\left(\frac{\sin av}{\cos av}\right) - \frac{a}{2}\left(\frac{\sinh av}{\cosh av}\right) \\ \Rightarrow \rho &= \frac{a}{2}(\tan av - \tanh av)\end{aligned}$$

が成り立つ．

次に剪断を計算する．これは $\sigma = l_{a;b} m^a m^b$ を計算することによって行うことができる．もう一度言うと，この和の 0 でない唯一の項は $l_{x;x}, l_{y;y}$ を含

む項である．したがって

$$\sigma = l_{x;x}m^x m^x + l_{y;y}m^y m^y$$
$$= (a\cos av \sin av)\left(-\frac{1}{\sqrt{2}\cos av}\right)\left(-\frac{1}{\sqrt{2}\cos av}\right)$$
$$+ (-a\cosh av \sinh av)\left(-\frac{i}{\sqrt{2}\cosh av}\right)\left(-\frac{i}{\sqrt{2}\cosh av}\right)$$
$$= \frac{a}{2}\left(\frac{\cos av \sin av}{\cos av \cos av}\right) + \frac{a}{2}\left(\frac{\cosh av \sinh av}{\cosh av \cosh av}\right)$$
$$\Rightarrow \sigma = \frac{a}{2}(\tan av + \tanh av)$$

を得る．簡単な計算で残りのスピン係数が消えることが示せる．剪断の簡単な定性的略図を作ってみよう．

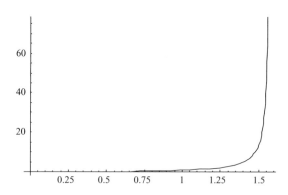

図 13.13 　タンジェント関数は $av = \pi/2$ で発散する．

$\sigma = \frac{a}{2}(\tan av + \tanh av)$ と略図 (図 13.13) を見ればわかるように，剪断は $av = \pi/2$ で発散する．別の言い方をすれば，特異点が存在する．

ニューマン-ペンローズ恒等式を見ると，0 でない唯一のワイルスカラーが Ψ_0 によって与えられることが分かる．0 でない唯一のスピン係数は ρ, σ であり，そのため

$$\Psi_0 = D\sigma - 2\sigma\rho \qquad (13.57)$$

が成り立つ．ここで D は l^a に沿った方向微分である．σ がスカラーであることより，$l^a \partial_a \sigma$ のみ計算すればよい．もう一度言うと，これがたった1つの成分しか持たないことより，この計算は比較的単純になる．実際

$$\begin{aligned} D\sigma &= l^a \partial_a \sigma = \partial_v \sigma \\ &= \frac{\partial}{\partial v}\left[\frac{a}{2}(\tan av + \tanh av)\right] \\ &= \frac{a^2}{2}\left(\frac{1}{\cos^2 av} + \frac{1}{\cosh^2 av}\right) \end{aligned}$$

と求まる．したがって，

$$\begin{aligned} \Psi_0 &= D\sigma - 2\sigma\rho \\ &= \frac{a^2}{2}\left(\frac{1}{\cos^2 av} + \frac{1}{\cosh^2 av}\right) \\ &\quad - 2\left[\frac{a}{2}(\tan av + \tanh av)\right]\left[\frac{a}{2}(\tan av - \tanh av)\right] \\ &= \frac{a^2}{2}\left(\frac{1}{\cos^2 av} + \frac{1}{\cosh^2 av}\right) - \frac{a^2}{2}\left[\tan^2 av - \tanh^2 av\right] \\ &= \frac{a^2}{2}\left(\frac{\cos^2 av + \sin^2 av}{\cos^2 av} + \frac{\cosh^2 av - \sinh^2 av}{\cosh^2 av}\right. \\ &\quad \left. - \frac{\sin^2 av}{\cos^2 av} + \frac{\sinh^2 av}{\cosh^2 av}\right) \\ &= a^2 \end{aligned}$$

と求まる．この計算結果から次のようなことが分かる．まず，$\Psi_4 = 0$ と $\Psi_0 \neq 0$ という事実より，n^a は主ヌル方向に整列されていることが分かる．それ以外のワイルスカラーがすべて消えることより，ヌル方向は4重根であり，したがってペトロフ型はNである．

0でない宇宙定数

近年進行中の研究領域は0でない宇宙定数の場合の重力放射の調査が含まれる．残念ながら紙面の都合上，この興味深い話題を詳しく説明することは

できない．

ここでは，我々は単にニューマン-ペンローズ技法を使用する最後の手法を例として提供する．

例 13.3

成相時空 (Nariai spacetime) [*8]は正の宇宙定数を持つ真空中のアインシュタイン方程式，すなわち，$R_{ab} = \Lambda g_{ab}$ の解である．この線素は

$$ds^2 = -\Lambda v^2 du^2 + 2dudv - \frac{1}{\Omega^2}\left(dx^2 + dy^2\right)$$

によって与えられる．ただし $\Omega = 1 + \frac{\Lambda}{2}(x^2 + y^2)$ であり，Λ はここで正にとった宇宙定数である．

解答 13.3

計量テンソルの成分は

$$g_{uu} = -\Lambda v^2, \quad g_{uv} = g_{vu} = 1, \quad g_{xx} = g_{yy} = -\frac{1}{\Omega^2}$$
$$g^{vv} = \Lambda v^2, \quad g^{uv} = g^{vu} = 1, \quad g^{xx} = g^{yy} = -\Omega^2$$

によって与えられる．0でないクリストッフェル記号は

$$\Gamma^u{}_{uu} = \Lambda v, \quad \Gamma^v{}_{uu} = \Lambda^2 v^3, \quad \Gamma^v{}_{vu} = -\Lambda v$$
$$\Gamma^x{}_{xx} = \Gamma^y{}_{yx} = -\Gamma^x{}_{yy} = -\frac{\Lambda x}{\Omega}$$
$$\Gamma^x{}_{xy} = -\Gamma^y{}_{xx} = \Gamma^y{}_{yy} = -\frac{\Lambda y}{\Omega}$$

である．ヌルテトラッドを構成するにあたり，まず $l_a = (1, 0, 0, 0)$ ととることから始める．それから $g_{uu} = 2l_u n_u$ を使うと $n_u = -\frac{1}{2}\Lambda v^2$ と求まる．$g_{uv} = l_u n_v + l_v n_u$ と置くと，$n_v = 1$ が結論づけられる．これらすべて

[*8] 訳注：成相 秀一 (1924〜1990) は日本の宇宙論研究者．

13.0 0 でない宇宙定数

の手続きをまとめると，

$$l_a = (1,\ 0,\ 0,\ 0),\quad n_a = \left(-\frac{1}{2}\Lambda v^2,\ 1,\ 0,\ 0\right)$$

$$m_a = \left(0,\ 0,\ -\frac{1}{\sqrt{2}\Omega},\ -\frac{i}{\sqrt{2}\Omega}\right),\quad \overline{m}_a = \left(0,\ 0,\ -\frac{1}{\sqrt{2}\Omega},\ \frac{i}{\sqrt{2}\Omega}\right)$$

というテトラッドが得られる．これらの添字は計量テンソルで上げることができる．すなわち，$l^a = g^{ab}l_b, n^a = g^{ab}n_b, m^a = g^{ab}m_b$ である．これは

$$l^a = (0,\ 1,\ 0,\ 0),\quad n^a = \left(1, \frac{1}{2}\Lambda v^2,\ 0,\ 0\right)$$

$$m^a = \left(0,\ 0,\ \frac{1}{\sqrt{2}}\Omega,\ \frac{i}{\sqrt{2}}\Omega\right),\quad \overline{m}^a = \left(0,\ 0,\ \frac{1}{\sqrt{2}}\Omega,\ -\frac{i}{\sqrt{2}}\Omega\right)$$

を与える．0 でない唯一のスピン係数は γ である．(9.15) より

$$\gamma = \frac{1}{2}(l_{a;b}n^a n^b - m_{a;b}\overline{m}^a n^b)$$

が成り立つ．最初の項を見ると，$l_a = (1, 0, 0, 0)$ より解はかなり簡単である．u 成分のみしか考えなくてよいことより

$$l_{a;b} = \partial_b l_a - \Gamma^c{}_{ab}l_c = -\Gamma^u{}_{ab}$$

が成り立つ．クリストッフェル記号を見ると，0 でない唯一の項は $l_{u;u} = -\Gamma^u{}_{uu} = -\Lambda v$ である．したがって最初の和は

$$l_{a;b}n^a n^b = l_{u;u}n^u n^u = -\Lambda v$$

を与える．そのほかのヌルテトラッドの仲間の 0 でない項を考えると，2 番目の和は

$$m_{a;b}\overline{m}^a n^b = m_{x;u}\overline{m}^x n^u + m_{x;v}\overline{m}^x n^v + m_{y;u}\overline{m}^y n^u + m_{y;v}\overline{m}^y n^v$$

として書くことができる．しかしながら，これらすべての項が消える．たとえば

$$m_{x;u} = \partial_u m_x - \Gamma^c{}_{xu}m_c$$

を考えよ.

この時空の $\Gamma^c{}_{xu}$ の形をしたすべてのクリストッフェル記号は 0 である. また, $m_x = -\frac{1}{\sqrt{2}\Omega}$ であるが $\Omega = 1 + \frac{\Lambda}{2}(x^2 + y^2)$ であることより, u に関する微分は消えるので, $m_{x;u}$ もまた消える. 同じ議論が各項について成り立つ. したがって

$$\gamma = \frac{1}{2}(l_{u;u}n^u n^u) = -\frac{1}{2}\Lambda v$$

を結論づけることができる. 簡単な計算で残りの 0 でないスピン係数が $\alpha = -\frac{\Lambda}{\sqrt{2}}(x - iy), \beta = \frac{\Lambda}{\sqrt{2}}(x + iy)$ であることが示せる[*9]. これよりニューマン-ペンローズ恒等式はかなり簡単になる. いま, γ を含む 3 つの恒等式を使うことができる:

$$\mathrm{D}\gamma - \Delta\varepsilon = \alpha(\tau + \overline{\pi}) + \beta(\overline{\tau} + \pi) - \gamma(\varepsilon + \overline{\varepsilon}) - \varepsilon(\gamma + \overline{\gamma})$$
$$+ \tau\pi - \nu\kappa + \Psi_2 - \Lambda_{\mathrm{NP}} + \Phi_{11} \tag{13.58}$$

$$\delta\alpha - \overline{\delta}\beta = \rho\mu - \sigma\lambda + \alpha\bar{\alpha} + \beta\bar{\beta} - 2\alpha\beta + \gamma(\rho - \bar{\rho})$$
$$+ \varepsilon(\mu - \bar{\mu}) - \Psi_2 + \Lambda_{\mathrm{NP}} + \Phi_{11} \tag{13.59}$$

$$\Delta\rho - \overline{\delta}\tau = -\rho\bar{\mu} - \sigma\lambda + \tau(\bar{\beta} - \alpha - \bar{\tau}) + \rho(\gamma + \bar{\gamma}) + \kappa v - \Psi_2 - 2\Lambda_{\mathrm{NP}} \tag{13.60}$$

ここで, ニューマン-ペンローズスカラーは $\Lambda_{\mathrm{NP}} = \frac{1}{24}R$ を通してリッチスカラーと関係している. (13.58) の左辺を見ると, 0 でない唯一の項は

$$\mathrm{D}\gamma = l^a \partial_a \gamma = \partial_v \gamma = \partial_v\left(-\frac{1}{2}\Lambda v\right) = -\frac{1}{2}\Lambda$$

である. 右辺の 0 でない項とこれを一緒にすると

$$\Psi_2 - \Lambda_{\mathrm{NP}} + \Phi_{11} = -\frac{1}{2}\Lambda \tag{13.61}$$

が得られる. 次の式に移ると, 後ろの 3 つの不明な項を除いてすべて消える. したがって (13.59) は

$$-\Psi_2 + \Lambda_{\mathrm{NP}} + \Phi_{11} = 0$$
$$\Rightarrow \Phi_{11} = \Psi_2 - \Lambda_{\mathrm{NP}} \tag{13.62}$$

[*9] 訳注: $\alpha = \frac{1}{2}(l_{a;b}n^a\overline{m}^b - m_{a;b}\overline{m}^a\overline{m}^b), \beta = \frac{1}{2}(l_{a;b}n^a m^b - m_{a;b}\overline{m}^a m^b)$ であった.

になる．最後に，後ろの 2 つの項を除いて (13.60) のすべての項が消えて

$$\Psi_2 = -2\Lambda_{\rm NP} \tag{13.63}$$

を与える．(13.61) で (13.62) および (13.63) を使うと

$$\begin{aligned}&-\frac{1}{2}\Lambda = \Psi_2 - \Lambda_{\rm NP} + \Phi_{11} = -2\Lambda_{\rm NP} - \Lambda_{\rm NP} - 3\Lambda_{\rm NP} = -6\Lambda_{\rm NP}\\ &\Rightarrow\ \Lambda_{\rm NP} = \frac{1}{12}\Lambda\end{aligned} \tag{13.64}$$

と求まる．この結果をもとの (13.62) と (13.63) に代入すると

$$\Psi_2 = -\frac{1}{6}\Lambda \quad \text{および} \quad \Phi_{11} = -\frac{1}{4}\Lambda \tag{13.65}$$

が得られる．

そのほかのワイルスカラーが消えることは示せる．したがって，$\Psi_2 \neq 0$ より，この時空は**ペトロフ D 型**であると結論づけられる．これは 2 つの主ヌル方向が存在し，それぞれが 2 重根を持つということを意味する．この時空が Ψ_2 を含み，Ψ_4 または Ψ_0 を含まないという事実は，この時空が重力放射ではなく電磁場を記述するということを示す．この時空は電磁場を含み物質を含まない真空の宇宙を表している．

さらに学びたい人へ

　重力放射の研究は活発であり刺激的な研究領域である．LIGO が運用を開始すると，刺激的な実験結果がすぐに重力の理論的側面を補うだろう[*10]．残念ながらここでは上辺だけの描画しかこの簡単なまとめでは

[*10] 訳注：2016 年 10 月現在，ウィキペディア日本語版の『LIGO』の項目によると，「2016 年 2 月 11 日，LIGO 科学コラボレーションおよび Virgo コラボレーションは、2015 年 9 月 14 日 9 時 51 分 (UTC) に重力波を検出したと発表した。この重力波は地球から 13 億光年離れた 2 個のブラックホール（それぞれ太陽質量の 36 倍、29 倍）同士の衝突合体により生じたものである」との記載がある．原著者の予想が見事に的中したといえるだろう．

描けない．紙面が限られているため，重力波と重力波によって運ばれるエネルギーと力の実験的検出についての話題について触れることはできなかった．興味のある読者は詳細な取り扱いならミズナー (Misner その他)(1973)，より初歩的だが完全な展開ならシュッツ (Schutz)(1985) を参考にすると良い．ボンディ計量は放射する重力源の解析にとって重要である (ディンバーノ (D'Inverno), 1992 参照)．ハートル (Hartle)(2002) には，重力波の検出と最近の物理学の研究の活発な領域に関する最新の情報がある．重力波の衝突に関する節は J.B. グリフィス (J.B. Griffiths)(1991) による『一般相対論における衝突する平面波 (*Colliding Plane Waves in General Relativity*)』を参考にした．この本は絶版であるが，http://www-staff.lboro.ac.uk/~majbg/jbg/book.html. で無料ダウンロードができる．読者は重力波の衝突に関する完全な議論のためにその本を参考にするとよいだろう．

さらに本章は J.D. スティール (J.D.Steele) による『一般化された pp 波 (*Generalized pp-Waves*)』も参考にした．この論文は数学的素養がある読者には興味深いだろう．この論文は http://web.maths.unsw.edu.au/~jds/Papers/gppwaves.pdf より利用可能である．

重力波と宇宙定数に関心のある読者は J.B. グリフィス，P. ドカティー，J. ポドルスキー (J.B. Griffiths, P. Docherty, and J. Podolský) による『一般化されたクント波およびその物理的解釈 (Generalized Kundt waves and their physical interpretation)』*Class. Quantum Grav.*, 21,207–222, 2004 (gr-qc/0310083) を参考にするとよい．これは例 13.3 のもととなった文献である．

章末問題

1. 例 13.2 で使われている手続きに従って，重力波と電磁波の衝突を考えよ．領域 $v \geq 0$ での線素は

$$ds^2 = 2\,du\,dv - \cos^2 av\,(dx^2 + dy^2)$$

によって与えられる．0でないスピン係数を計算することによって次のいずれが分かるか？
   - (a) 純粋な焦点が存在する．
   - (b) ワイルテンソルが消える．
   - (c) ねじれと剪断が存在する．

2. (13.41) で与えられるアイヒェルブルク-ゼクスル計量を考えよ． 0でない唯一のスピン係数は次のうちどれによって与えられるか？
   - (a) $\nu = -2\sqrt{2}\mu \frac{x}{x^2+y^2}$
   - (b) $\nu = -2\sqrt{2}\mu \frac{(x+iy)}{x^2+y^2}$
   - (c) $\pi = \sqrt{2}\mu \frac{(x+iy)}{x^2+y^2}$

3. 例 13.1 で使われている計量に対するリッチスカラー Φ_{22} を計算すると次のうちどれになるか？
   - (a) $\Phi_{22} = \mu\left(\delta + \overline{\delta}\right) + \overline{\nu}\pi - \nu\left(\tau - 3\beta - \overline{\alpha}\right)$
   - (b) $\Phi_{22} = \delta\nu - \Delta\mu - \mu^2 - \lambda\overline{\lambda} - \mu\left(\gamma + \overline{\gamma}\right) + \overline{\nu}\pi - \nu\left(\tau - 3\beta - \overline{\alpha}\right)$
     $= -\Delta\mu - \mu^2 - \lambda^2$
   - (c) $\Phi_{22} = \delta\nu - \Delta\mu - \mu^2$

巻末問題

1. 平坦な空間では事象の対 $E_1 = (-1, 3, 2, 4)$ および $E_2 = (4, 0, -1, 1)$ の Δs^2 は次のうちどれになるか？
   (a) 1
   (b) 4
   (c) -2
   (d) 6

2. ある静止系で同時に起こるような 2 つの事象を考えよ．これらの世界間隔は
   (a) 空間的である．
   (b) 時間的である．
   (c) ヌルである．
   (d) 決定できない．

3. 静止している時の長さが 20m のロケットが開いた出口を持つ小屋に接近する．サリーという名前の観測者はその小屋に対して静止しているものとする．彼女はロケットが $v/c = 0.95$ で運動するのを見，彼女の測定では小屋は 13m の長さであるものとする．このときロケットは
   (a) サリーから測ると 64m の長さがあるので小屋に収まらない．
   (b) すべての観測者から見て 20m の長さがあるので小屋に収まらない．
   (c) サリーから見ると 6.2m 程の長さなので小屋に収まる．
   (d) サリーの視点では 10m の長さなので小屋に収まる．

4. 4 元力は $K^a = \mathrm{d}p^a/\mathrm{d}\tau$ によって定義される．ここで $p^a = (p^0, \vec{p})$ は 4 元運動量であり，τ は固有時である．このとき $u^a = \mathrm{d}x^a/\mathrm{d}\tau$ が 4

元速度ならば

(a) $u_a K^a = 0$ である．

(b) $u_a K^a = -1$ である．

(c) $u_a K^a = 1$ である．

5. $V^a = (2, 1, 1, -1)$ かつ $W^a = (-1, 3, 0, 1)$ とする．すると $\eta_{ab} = \mathrm{diag}\,(1, -1, -1, -1)$ とすれば $V_a W^a$ は次のうちどれか？

(a) 2

(b) -6

(c) -4

(d) 0

6. 計量 g_{ab} が対角的ならば

(a) $\Gamma_{aba} = \Gamma_{aab} = -\dfrac{1}{4}\dfrac{\partial g_{aa}}{\partial x^b}$

(b) $\Gamma_{aba} = \Gamma_{aab} = \dfrac{1}{2}\dfrac{\partial g_{ab}}{\partial x^b}$

(c) $\Gamma_{aba} = -\Gamma_{aab} = \dfrac{1}{2}\dfrac{\partial g_{aa}}{\partial x^b}$

(d) $\Gamma_{aba} = \Gamma_{aab} = \dfrac{1}{2}\dfrac{\partial g_{aa}}{\partial x^b}$

次によって与えられる計量を考えよ：

$$\mathrm{d}s^2 = (u^2 + v^2)(\mathrm{d}u^2 + \mathrm{d}v^2) + u^2 v^2 \mathrm{d}\theta^2$$

7. この計量に対するある 2 つの 0 でないクリストッフェル記号は

(a) ${\Gamma^u}_{vv} = \dfrac{v}{u^2 + v^2},\ {\Gamma^u}_{\theta\theta} = \dfrac{uv^2}{u^2 + v^2}$

(b) ${\Gamma^u}_{vv} = \dfrac{u}{u^2 - v^2},\ {\Gamma^u}_{\theta\theta} = \dfrac{uv^2}{u^2 + v^2}$

(c) ${\Gamma^u}_{vv} = -\dfrac{u}{u^2 + v^2},\ {\Gamma^u}_{\theta\theta} = -\dfrac{uv^2}{u^2 + v^2}$

8. リーマンテンソルのすべての成分は等しく

(a) $R_{abcd} = u$ によって与えられる．

(b) $R_{abcd} = v$ によって与えられる．

(c) $R_{abcd} = \dfrac{1}{u^2+v^2}$ によって与えられる.

(d) $R_{abcd} = 0$ によって与えられる.

次の2つの問題では計量
$$ds^2 = d\psi^2 + \sinh^2\psi d\theta^2 + \sinh^2\psi \sin^2\theta d\phi^2$$
を考える.

9. クリストッフェル記号を求めると次のいずれが得られるか？

   (a) $\Gamma^\psi{}_{\theta\theta} = -\sinh\psi\cosh\psi,\ \Gamma^\psi{}_{\phi\phi} = -\sinh\psi\cosh\psi\sin^2\theta$

   (b) $\Gamma^\psi{}_{\theta\theta} = -\sinh\psi\cosh\psi,\ \Gamma^\psi{}_{\phi\phi} = \tanh\psi\sin^2\theta$

   (c) $\Gamma^\psi{}_{\theta\theta} = \sinh\psi\cosh\psi,\ \Gamma^\psi{}_{\phi\phi} = -\sinh\psi\cosh\psi\sin^2\theta$

10. 0でないリッチ回転係数は次のいずれによって得られるか？

    (a) $\Gamma^{\hat\psi}{}_{\hat\theta\hat\theta} = \Gamma^{\hat\psi}{}_{\hat\phi\hat\phi} = -\dfrac{\cosh\psi}{\sinh\psi},\ \Gamma^{\hat\theta}{}_{\hat\phi\hat\phi} = -\dfrac{\cot\theta}{\sinh\psi}$

    (b) $\Gamma^{\hat\psi}{}_{\hat\theta\hat\theta} = \Gamma^{\hat\psi}{}_{\hat\phi\hat\phi} = \dfrac{\cosh\psi}{\sinh\psi},\ \Gamma^{\hat\theta}{}_{\hat\phi\hat\phi} = -\dfrac{\cot\theta}{\sinh\psi}$

    (c) $\Gamma^{\hat\psi}{}_{\hat\theta\hat\theta} = \Gamma^{\hat\psi}{}_{\hat\phi\hat\phi} = -\dfrac{\cos\psi}{\sinh\psi},\ \Gamma^{\hat\theta}{}_{\hat\phi\hat\phi} = -\dfrac{\cot\theta}{\sinh\psi}$

11. 空間が共形的に平坦である，すなわち，$g_{ab}(x) = f(x)\eta_{ab}$ であるとき，

    (a) ワイルテンソルは計算できない.

    (b) ワイルテンソルは消える.

    (c) リッチ回転係数は消える.

12. ライスナー-ノルドシュトロム計量
$$ds^2 = \left(1 - \frac{2m}{r} + \frac{e^2}{r^2}\right)dt^2 - \left(1 - \frac{2m}{r} + \frac{e^2}{r^2}\right)^{-1}$$
$$\times dr^2 - r^2 d\theta^2 - r^2\sin^2\theta d\phi^2$$
を考えよ. 0でない唯一のワイルスカラーは次のうちいずれか？

    (a) $\Psi_2 = \dfrac{r^2 - 4rm + 3e^2}{2r^4}$

(b) $\Psi_1 = \dfrac{e^2 - mr}{r^4}$

(c) $\Psi_2 = \dfrac{e^2 + mr}{r^4}$

(d) $\Psi_2 = \dfrac{e^2 - mr}{r^2}$

13. シュワルツシルト解を考え，線素が

$$ds^2 = \left(1 - \frac{2m_1}{r}\right) dt^2 - \left(1 - \frac{2m_2}{r}\right)^{-1} dr^2 - r^2 \left(d\theta^2 + \sin^2\theta d\phi^2\right)$$

によって与えられると仮定せよ．この場合の光線の湾曲は

(a) $m_1 - m_2$ に比例する．

(b) $m_1 m_2$ に比例する．

(c) $m_1^2 + m_2^2$ に比例する．

(d) $m_1 + m_2$ に比例する．

14. 時間旅行を可能にすることを許す物理的に非現実的なモデルであるゲーデル計量は

$$ds^2 = \frac{1}{2\omega^2} \left((dt + e^x dz)^2 - dx^2 - dy^2 - \frac{1}{2} e^{2x} dz^2 \right)$$

によって与えられる．いま，ストレス-エネルギーテンソルは

$$T_{ab} = \frac{\rho}{2\omega^2} \begin{pmatrix} 1 & 0 & 0 & e^x \\ 0 & 0 & 0 & 0 \\ 0 & 0 & 0 & 0 \\ e^x & 0 & 0 & e^{2x} \end{pmatrix}$$

によって与えられると仮定する．宇宙定数が 0 でないと仮定すると，この場合のアインシュタイン方程式は次のいずれを必要とするか？

(a) $\Lambda = -\omega^2/2$

(b) $\Lambda = -\omega^4/2$

(c) $\Lambda = \omega^2$

(d) $\Lambda = \omega^4/2$

15. 回転するブラックホールは次のいずれか？

(a) ライスナー-ノルドシュトロム解

(b) カー解

(c) シュワルツシルト解

16. シュワルツシルトブラックホール付近の2人の固定された観測者を考えよ．$r = 3m$ に位置する片方の観測者が紫外線 (波長約 400nm) のパルス波を $r = 5m$ に位置するもう片方の固定された観測者に放出する．2番目の観測者はこの光が赤方偏移していることを観測する．この観測者が観測する光の波長は次のうちどの色のものか？

(a) 緑色

(b) 黄色

(c) 青色

(d) 橙色

17. シュワルツシルト計量における座標特異点のもっともよい説明は次のうちのいずれか？

(a) それはどんな影響も及ぼさない単なる座標の選択による見かけ上の産物にすぎない．そこでは何も起こらず，十分なエネルギーがあればその座標特異面を通過する質点は外側に戻ることができる．

(b) それは座標の選択による見かけ上の特異点にすぎない．しかしながら，それは事象の地平面を作る．一度そこを通過すると戻ることはできない．

(c) そこは幾何学が "発散する" 場所である．

18. $k = 1$ を持つ空間は

(a) 曲率 0 の空間と呼ばれる．

(b) 正の曲率を持つ空間と呼ばれる．

(c) 負の曲率を持つ空間と呼ばれる．

(d) 埋め込まれた曲率を持つ空間と呼ばれる．

19. 完全流体では，ローレンツ静止系におけるストレス-エネルギーテンソルは次のうちどれによって与えられるか？

(a) $T^a{}_b = \text{diag}(-\rho, -P, -P, -P)$
(b) すべて消える．
(c) $T^a{}_b = \text{diag}(\rho, -P, -P, -P)$
(d) $T^a{}_b = \text{diag}(\rho, 0, 0, 0)$

20. N 型時空に対しては

    (a) 0 でない唯一のワイルスカラーは Ψ_0 または Ψ_4 であり，唯一の主ヌル方向が存在する．
    (b) すべてのワイルスカラーが消える．
    (c) 0 でない唯一のワイルスカラーは Ψ_0 または Ψ_4 であり，2 つの主ヌル方向が存在する．
    (d) 1 つの重複度 2 のヌル方向が存在し，0 でないワイルスカラーは Ψ_0, Ψ_2, および Ψ_4 である．

章末問題と巻末問題の解答

1章
1. c 2. b 3. c 4. a 5. b

2章
1. c 2. a 3. b 4. a 5. c

3章
1. b 2. c 3. b 4. c 5. d

4章
1. c 2. a 3. c 4. d 5. b
6. a 7. b 8. b 9. c 10. b

5章
1. a 2. c 3. a 4. d 5. c
6. a 7. d 8. a

6章
1. c 2. b 3. a 4. d 5. a
6. c 7. a 8. a

7章
1. a 2. b 3. a 4. a 5. a

8章
1. d 2. b 3. a

9 章

1. c	2. a	3. a	4. d	5. b

10 章

1. a	2. b	3. b	4. a	5. d

11 章

1. b	2. b	3. a	4. c	5. a

12 章

1. c	2. a	3. b	4. a	5. c
6. a				

13 章

1. a	2. b	3. b

巻末問題

1. c	2. a	3. c	4. a	5. c
6. d	7. c	8. d	9. a	10. a
11. b	12. a	13. d	14. a	15. b
16. a	17. b	18. b	19. c	20. a

参考文献

書籍

　もちろん，どんな数学や科学の本も既存の出版物を参考にすることなく書くことはできない．以下は本書を書くにあたって参考にしたもののリストである．どんな参考文献でも記載し忘れないように注意したつもりである．また，この分野を学習する者たちがさらなる追加の書籍を購入することを望む傾向があることより，筆者の付注をつけた．

Adler, R., Bazin, M., and Schiffer, M., *Introduction to General Relativity*, 2d ed., McGraw-Hill, New York, 1975.

　本書をより良いものにするために，この本の記述には大変頼った．大変残念なことにこの本は絶版である．記述がやや古い流儀ではあるが，それはシュワルツシルト解とペトロフ分類に関する素晴らしい議論をいくつか含む．筆者もまたこの本を通してラグランジュの方法の使用を楽しんだ．

Carlip, S., *Quantum Gravity in 2+1 Dimensions*, Cambridge University Press, Cambridge, 1998.

Carroll, S.M., *An Introduction to General Relativity Spacetime and Geometry*, Addison-Wesley, San Francisco, 2004.

　これは最近出版されたこの分野の素晴らしい本である．明快な記述が素晴らしい．

Chandrasekhar, S., *The Mathematical Theory of Black Holes*, Clarendon Press, Oxford, 1992.

　ニューマン・ペンローズ技法の解説を含む良い参考図書．初めから終わりまでこの本を読むのは骨が折れるかもしれない．

D'Inverno, R., *Introducing Einstein's Relativity*, Oxford University

Press, Oxford, 1992.

　この分野のための数学的背景の学習を開始するには良い書である．また素晴らしく簡潔な掲示となっている．章は比較的短い．

 Griffiths, J.B., *Colliding Plane Waves in General Relativity*, Clarendon Press, Oxford, 1991.

　ペトロフ分類の議論とワイルスカラーの意味のために参照した専門書．より進んだ書であるが，重力波に関心があるなら良い本である．

 Hartle, J.B., *Gravity: An Introduction to Einstein's General Relativity*, Addison-Wesley, San Francisco, 2002.

　ゆっくりとした洗練された数学の入門を持ち，物理学上の議論をするにも良い．また，LIGO のような実験的/観測的研究に関するいくつかの議論がある．本書がより数学的アプローチをとったときから，ハートルは本書を補う良い本となった．したがって読者は，本書に欠けているものを得ることができるであろう．

 Hawking, S.W. and Ellis, G.F.R., *The large scale structure of space-time*, Cambridge University Press, Cambridge, 1973.

　数学的記述に慣れているなら素晴らしい書である．これは著者の個人的お気に入りである．

 Hughston, L.P. and Tod, K.P., *An Introduction to General Relativity*, Cambridge University Press, Cambridge, 1990.

　とても薄い本書は数ページで1つの話題を片づけていく．それはやや数学的に厳密な証明がある．

 Kay, D.C., *Schaum's Outline of Tensor Calculus*, McGraw-Hill, New York, 1988.

　微分幾何を学ぶのに使うことができる良い書である．

 Lightman, A.P., Press, W.H., Price, R.H., and Teukolsky, S.A., *Problem Book in Relativity and Gravitation*, Princeton University Press, Princeton, New Jersey, 1975.

　相対論の数多くの解答付きの問題が書かれているが記述は軽めである．

 Ludvigsen, M., *General Relativity: A Geometric Approach*, Cambridge University Press, Cambridge, 1999.

　とても素晴らしいが薄い本である．読者がいくつか他のものを習得したのちに読むには良い本．

 Misner, C., Thorne, K., and Wheeler, J., *Gravitation*, Freeman, San Francisco, 1973.

　間違いなく，現在出版されている書の中で最も包括的な書である．読者がこの分野に熟練するために必要なもののすべてがここで見つかる．本書はカルタン法について学ぶ良い場を提供している．

 Peebles, P.J.E., *Principles of Physical Cosmology*, Princeton University Press, Princeton, New Jersey, 1993.

 Schutz, B.F., *A First Course in Relativity*, Cambridge University Press, Cambridge, 1985.

　この分野の上品な入門を提供する素晴らしい本．本書が議論する1形式とそれらが導入される方法が筆者には好ましく思える．この分野の学習を開始するには良い本．

 Stephani, H., *Relativity: An Introduction to Special and General Relativity*, 3d ed., Cambridge University Press, Cambridge, 2004.

 Taylor, E.F., and Wheeler, J.A., *Exploring Black Holes: An Introduction to General Relativity*, Addison-Wesley, San Francisco, 2000.

論文とウェブサイト

　筆者もまたいくつかの論文とウェブサイトに頼った．参照した論文はネットからダウンロードしたので，ここではウェブの参照先を提供する．

Alcubierre, M., *The Warp Drive: Hyper-Fast Travel Within General Relativity*. arXiv:gr-qc/0009013 v1 5 Sep 2000. Available at:

http://arxiv.org/PS_cache/ gr-qc/pdf/0009/0009013.pdf

Finley, D., *Physics 570 Course Notes*. Available at: http://panda.unm.edu/courses/finley/p570/handouts/connections.pdf

　筆者が最初に相対論を学んだクラス．フィンリー博士はカルタン方程式を使うことに対する私の好みを仕込み，ヌルテトラッドに対する私の関心を引き起こさせた．特に，読者には接続に関する注意が役立つだろう．

Goncalves,S.M.C.V.,*Naked Singularities in Tolman-Bondi-de Sitter Collapse.*

Available at:http://xxx.lanl.gov/PS_cache/gr-qc/pdf/0012/0012032.pdf

Gutti, S., *Gravitational Collapse of Inhomogeneous Dust in (2+1) Dimensions.* Available at: http://lanl.arxiv.org/abs/gr-qc/0506100

Gutti, S., Singh, T.P., Sundararajan, P., and Vaz, C., *Gravitational Collapse of an Infinite Dust Cylinder.*

　リビングレビュー (Living Reviews) は流体とストレス-エネルギーテンソルの研究をするために私が使った素晴らしいウェブサイトである．そこには相対論に関する多くの偉大な情報がある．

http://relativity.livingreviews.org/

　ウィキペディアは素晴らしい情報源であるが注意して使わねばならない．そこには誰でも書きこめるので，なにが正しいのか何が間違っているのか見分けるのが困難である．多くの場合，相対論を含む多くの話題をカバーする素晴らしい記事が数多くある．読者は見つけた情報を 2 重チェックすべきである．

　私が使った 2 つのサイトは次である：

http://en.wikipedia.org/wiki/Petrov_classification

http://en.wikipedia.org/wiki/Pp-wave_spacetimes

訳者あとがき

　アインシュタインが重力波を予言した 1916 年から 100 年目にあたる今年は重力波観測のニュースに賑わった年となった．2016 年 2 月 11 日，LIGO 科学コラボレーションおよび Virgo コラボレーションは，太陽系から 13 億光年離れたところに位置する 2 つのブラックホールからなる連星系が，衝突，合体したことにより発生した重力波を観測したと発表した．この 2 つのブラックホールはそれぞれ太陽質量の 36 倍と 29 倍のものであり，その結果生まれたブラックホールの質量は太陽質量の 62 倍と，かなり巨大である．この時失われた太陽質量の 3 倍相当 $(36 + 29 - 62 = 3)$ のエネルギーが今回検出された重力波のエネルギーになったと考えられる．太陽が，50 億年ほどの年月を経てもなおわずかにしかその質量を減らしていないことを考えると，これがいかに大規模な現象であったことかわかるであろう．このような大規模なエネルギー放出であったにもかかわらず，遠方では空間的に重力波のエネルギーが拡散してしまうため，観測はかなり困難になる．今回のような重力波による空間の収縮は 1m 当たり 10^{-21}m ほどにしかならず，これは実に陽子および中性子の半径である 10^{-15}m の 100 万分の 1 のオーダーである．そこで，LIGO では全長 4km ほどの光路を用意し，マイケルソン-モーリー型のレーザー光干渉計を使用し，空間のゆがみを測定した．これなら全体で 10^{-18}m のオーダーの空間のゆがみまで測定でき，ぎりぎり測定できる．2015 年 9 月 14 日 9 時 51 分頃，アメリカのルイジアナ州リビングストンとワシントン州ハンフォード・サイトの 2 か所に設置された改良型レーザー干渉計が 10 ミリ秒の時間差でほぼ同一の波形を示した．このような特殊な波形が，重力波でない環境要因のノイズによって，離れた地点に設置された 2 つの検出器で同一の波形として検出される確率は 10 億年に一度くらいの頻度であると見積もられている．重力波の初めての直接的観測である．

　本書の原書『Relativity DeMYSTiFieD』は，去年，LIGO で重力波が検出される 10 年以上前の 2005 年に出版されている．しかし，原著者ディビッド・マクマーホン氏はすでにその時点で，LIGO によって近々重力波が観測

される可能性についてほのめかしている．最後の章である第 13 章を丸々重力波に充てているのもそれを見越したことなのだろう．原著者の卓越した洞察力にただ感心するばかりである．

　本書はまた，数学者カルタンによって開発された構造方程式を用いて，計算が煩雑になりがちな曲率テンソルの導出を行っている．予備知識は若干増えるものの，通常の方法よりかなり計算が楽で，かつ単調でもなくなる点は優れているといってよいだろう．また，オイラー-ラグランジュ方程式を使って，変分原理からクリストッフェル記号を求める方法についてもそのやり方を実例を使って詳しく解説してある．こちらも，計量で表したクリストッフェル記号を直接計算するよりはるかに楽で見通しの良い計算法である．このように数学的に強力な武器を使って計算を進めているため，あまり計算を省略していないにもかかわらず，比較的コンパクトに要領よくまとまっている．その結果，読者がスムーズに相対性理論の華やかな分野であるブラックホール，宇宙論，重力波の話題の基礎を習得することができるように記述されている点が本書の大きな魅力である．

　『Relativity DeMYSTiFieD』の邦訳版である本書は，ディビッド・マクマーホン氏の明快な記述を損なわないように訳出することを心掛けた．その一方で，いたるところに訳注を付けてしまったので，ややごちゃごちゃした体裁になってしまった感は否めないが，これにより理解が進むものと信じている．

　最後に，シリーズ 1 巻目の『MaRu-WaKaRi　サイエンティフィック シリーズ I　場の量子論』で，訳稿をチェックしてもらった松田太郎氏に今回もチェックを依頼した．数多くの誤植の修正および日本語文章の修正をしてくださり，大変感謝している．

　本書によって初学者から，難解とのそしりを受けがちな一般相対論が身近に感じられるならば訳者としても幸いである．

訳者

2016 年 10 月

索引

B
Bondi metric .... → ボンディ計量
Brinkmann metric .. → ブリンクマン計量

C
congruence .... 152, → 合同

G
geometric mass .... → 幾何質量
guess method .... → 推測的方法

K
Kahn-Penrose metric → カーン-ペンローズ計量

L
light like .... → 光的
LIGO(Laser Interferometer Gravitational-Wave Observatory) 367
luminiferous ether .... → 発光性エーテル

M
metric-compatible .... → 計量互換

N
Nariai spacetime .... → 重力波⇒成相時空
Newman-Penrose identities → 重力波⇒ワイルスカラー⇒ニューマン-ペンローズ恒等式
Newman-Penrose scalar ..... → 重力波⇒ニューマン-ペンローズスカラー
null .... → ヌル
Null Vector .... → ヌルベクトル

O
orthonormal tetrad → 正規直交テトラッド

R
rapidity .... → 速度パラメータ

Rindler space .... → リンドラー空間
Rosen line element ...... → ローゼン線素

S
Schur's theorem .... → シューアの定理
space like .... → 空間的
stress .... → 応力・圧力

T
tetrad .... 117, → テトラッド
The Aichelburg-Sexl Solution . → 重力波⇒アイヒェルブルク-ゼクスル解
time like .... → 時間的
Tolman-Bondi-de Sitter metric → トルマン-ボンディ-ド・ジッター計量

W
Weyl scalar ... → 重力波⇒ワイルスカラー

あ
アインシュタインテンソル
　線形化された計量 324
　2階のテンソル 104
アインシュタインの関係式 23
アインシュタイン方程式 141–176, 177, 307, 324
　アインシュタインテンソル ... 104, 159, 161, 169–172, 177, 185, 324
　カルタンの方法 161
アインシュタインのリフト実験146–149
一般共変性原理 150
宇宙定数のある一 159–160
エネルギー条件 174
曲率テンソル 158
拘束条件 158
試験質点 145
質量の等価性 142–145
測地線偏差 150–156
強い等価原理 150
一とニュートン的重力 157–159

2 階のテンソル式 159
2＋1 次元のアインシュタイン方程式を
　解く例 160–173
　弱い等価原理 149
アフィン接続 76
アフィンパラメータ 96
1 形式 27, 34–36, 62
1 形式の変換 34–36, 38, → パラメータ化さ
　れた曲線
一様 293
一様等方空間
　積分定数 298
一般共変性原理 150, → アインシュタイン方
　程式
一般相対論
　アインシュタイン方程式 141–176
　宇宙論 293–318
　光線の湾曲 255–260
　時間の遅れ 260–261
　重力波 319–369
　測地線 246–248
　ブラックホール 265–291
インフレーション 317
ウェッジ積 .92, → 微分形式, 外微分, 反対称
　性, テンソル解析
　反対称性 92, 115
宇宙論 293–318
　一様空間 293
　異方空間 (非等方空間)293, → 等方空間
　インフレーション 317
　宇宙原理 294
　宇宙定数.159–173, 307–317, 363–367
　ガウス正規座標 294
　リッチテンソル 297–299
　曲率 0 .... 301, 305
　空間的一様等方性 293
　減速パラメータ 305
　異なる宇宙モデル 311–317
　シューアの定理 293
　真空のエネルギー密度 310
　真空密度 303
　スケール因子 295, 299, 302, 304, 309,
　316
　正曲率 299
　ダスト流体で満たされた宇宙モデル 316
　等方空間 293
　閉じた宇宙 305
　ハッブル時間 304

ハッブルの法則 304
ハッブルパラメータ 304
　メガパーセク (Mpc) 304
ビッグバン 317
開いた宇宙 305
負曲率 300
物質密度 303
　ダスト流体 303
物質優勢宇宙 303
フリードマン方程式 186, 306–310
平坦な宇宙 305
放射密度 303
放射優勢宇宙 303
密度パラメータ 306
臨界密度 305
ロバートソン-ウォーカー計量 ... 133,
　302, 306
運動量密度 .. 178, → エネルギー運動量テン
　ソル
エディントン-フィンケルシュタイン座標
　273–276, → ブラックホール
亀座標 270, 273
曲率特異点 270
座標特異点 273–276
エネルギー運動量テンソル . 177–190, → 特
　殊相対論
　一般共変性原理 150
　エネルギー運動量保存則 158
　エネルギー密度 178
　エネルギー流束 178
　数密度 186–188
　完全流体 183–186
　試験質点 145
　質量の等価性 142–145
　強い等価原理 150
　弱い等価原理 149
　剪断テンソル 189
　ダスト流体 181–183
　2 階のテンソル 158
　粘性流体 188–189
　剪断テンソル 189
　保存方程式 158, 180
エネルギー運動量保存則 158
エネルギーと質量の等価性
　アインシュタインの関係式 23
エネルギー密度 178, → エネルギー運動量テ
　ンソル

エネルギー流束 178, → エネルギー運動量テンソル
エルゴ球 279, 284
応力・圧力 (ストレス) 177, 179–180

か

カーブラックホール .... 266, 278–284, 285–289, → ブラックホール
 エルゴ球 279
 カー計量 278, 280
 慣性系の引きずり効果 285–287
 簡約化された円周 286
 軌道方程式 287
 曲率特異点
  リーマンテンソル 288
 交差項 279
 コーシー地平面 283–284
 地平面 279–284
 定常性限界面 282–284
 特異点 287
 ペンローズ過程 279
 ボイヤー-リンキスト座標 280
 レンズ-ティリング効果 285
カーン-ペンローズ計量 87
 クリストッフェル記号 87
外微分 92–94
数密度 . 186–188, → エネルギー運動量テンソル
仮定
 一般共変性原理 150
 強い等価原理 150
 特殊相対論の一 10
 ニュートン力学 142
 弱い等価原理 149
可微分多様体 .... 56, → 多様体
亀座標 270, 273
ガリレイ変換 .... 7–8, → 特殊相対論
カルタン構造方程式 109–139, 160, → 曲率テンソル
 基底 1 形式 114–116
 基底変換 117–119
 逆行列 118
 テトラッド 117
 曲率テンソル 129–139, 160–168
 交換係数 113–114
 正規直交テトラッド 111, 120, 235
 曲率 1 形式 235–238

—第 1 構造方程式 120–122, 236
—第 2 構造方程式 130, 238–240
非ホロノミック基底 111–112
ホロノミック基底 109–111
 基底ベクトル 110
慣性系 7, 10–15
慣性系の引きずり効果 ... 279, 285–287, →
 カーブラックホール
 レンズ-ティリング効果 285
慣性座標変換 .... 10, → 座標変換
慣性質量 .... 142, → ニュートン的理論
完全流体 .... 183–186, → 粘性流体
 ダスト流体 181–183
幾何質量 244
基準系 .... 5, → 特殊相対論
 慣性系 7–8, 10–15
基底
 基底 1 形式 34, 110, 114–116
  変換 38, 118–119
 組
  ホロノミック— 110
 座標基底 34, 110
 —ベクトル 28, 34, 37, 109
  微分 75
 ホロノミック— 110
逆行列
 カー計量 281
 球座標 119
 計量 46
 ブリンクマン計量 224
球対称時空 232–235
共形的計量 .... 105, → テンソル解析
共変微分 73–83, 320
曲率
 計算 129–137
曲率 1 形式 . 120, 121, 235–238, → シュワルツシルト解
 対称関係 121
 リッチ回転係数 121
曲率スカラー .... → リッチスカラー
曲率定数 299
曲率テンソル 100, 158, 166, → リーマンテンソル
 非座標基底 164
曲率特異点 268, 288
 重力波 355
 シュワツシルトブラックホール .. 270
 リーマンテンソル 245, 288

リッチスカラー 245
リッチテンソル 245
曲率2形式 130, 135
　　リーマンテンソル 130
曲率を計算する 129–137
キリングベクトル .. 95, 191–204, 248–250
　　等長 192
　　—とリーマンテンソル 202
　　—とリッチスカラー 202
　　—とリッチテンソル 202
　　2次元球面の— 195
　　—によって保存カレントを構成する 203
　　—の微分 202
空間計量 .... → 計量
空間成分
　　計量の— 293–299
空間的ベクトル 211
クリストッフェル記号 . 75–76, 84–85, 101,
　　128, 320–322
　　カーン-ペンローズ計量 87
　　極座標の— 81
　　線形化された計量 322
　　測地線 98
　　変換則 80
　　補正項 80
　　リーマンテンソル 100–103, 129
　　リッチ回転係数 120
クルスカル座標 . 276–278, → シュワルツシ
　　ルトブラックホール
　　座標特異点 276–278
クロネッカーのデルタ 35, 44
　　テンソル 65
　　トレース 325
計量 .... 38–42, → 線素
　　一様等方空間
　　　　積分定数 298
　　円柱座標 40–41
　　カー— 278
　　カーン-ペンローズ— 87
　　　　クリストッフェル記号 87
　　基底1形式 43, 120
　　球座標 40–41
　　球対称時空 232–235
　　共形的— 105
　　—行列式 52
　　局所系の平坦空間— 166
　　クロネッカーのデルタ 44
　　光的ベクトル 52

—互換 90
シュワルツシルト— 244
　　曲率特異点 245
　　光線の湾曲 255–260
　　座標特異点 245, 267–269
　　時間座標 244
　　時間の遅れ 260–261
　　質点の軌道 248–254
　　シュワルツシルト半径 245
　　積分定数 243–244
　　測地線 246–248
静的 233
線形化された—
　　アインシュタインテンソル 324
　　クリストッフェル記号 322
　　リーマンテンソル 323
　　リッチスカラー 324
　　リッチテンソル 324
添字体操 48
添字の上げ下げ 44–48
対称性 43
デカルト座標 40
テンソルとしての— 43
　　—とクリストッフェル記号 ...84–91
ドット積 49–50
トルマン-ボンディ-ド・ジッター—
　　122
2階のテンソル 40
　　—に引数を受け渡す 50
ヌルベクトル 52
　　—の逆元 43
　　—の空間成分 293–299
ピタゴラスの定理 38
—符号 42
符号規約 10
ブリンクマン— 223
平坦な空間の— 43
ボンディ— 41
ミンコフスキー—
　　球座標 232
リー微分 192
リンドラー空間— 99
ローゼン線素 342
ロバートソン-ウォーカー— .133, 302,
　　306
　　積分定数 298
計量互換 90
計量接続 .... 101, → クリストッフェル記号

ゲージ変換........................326
光円錐 (こうえんすい) .. → ひかりえんすい (光円錐)
交換係数..84, 113–114, → カルタン構造方程式
　　反対称性......................114
　　非ホロノミック基底...............114
交換子...........................113
　　反対称性......................113
光錐.....205, → ひかりえんすい (光円錐)
光線の軌跡
　　積分定数......................269
光線の湾曲................255–260
光的.......................208, → ヌル
光的ベクトル........208, → ヌルベクトル
合同 (congruence) ....152, → 測地線偏差
固有 2 重ベクトル....................220
混合テンソル.........................63

さ

座標
　　リンドラー座標....................99
座標基底..............→ ホロノミック基底
座標系..................5, → 基準系
座標特異点........245, → ブラックホール
　　エディントン-フィンケルシュタイン座標......................273–276
　　クルスカル座標.............276–278
　　シュワルツシルトブラックホール
　　　267–269
　　　エディントン-フィンケルシュタイン座標......................273–276
　　ブラックホール..................245
座標パッチ..............57, → 多様体
座標変換..10, 36–38, → 慣性座標変換, 特殊相対論
　　デカルト座標から極座標への一..37–38
三平方の定理.........→ ピタゴラスの定理
時間的
　　世界線..........20, 152, 268, 356
　　時間的ベクトル..................211
　　4 元速度......................22
時間の遅れ................260–261
時空図.............6, 19–21, 205–206
　　空間的.........................20
　　時間的.........................20
事象..................8, → 特殊相対論
事象の地平面........275, 277, 279–284

質点の軌道.................248–254
質量................→ ニュートン的理論
　　エネルギー運動量テンソル.......178
　　エネルギーと質量の等価性........23
　　慣性一........................142
　　幾何質量......................244
　　受動的な重力一................142
　　シュワルツシルト半径...........245
　　能動的な重力一................142
　　ブラックホール.................265
　　弱い等価原理..................150
シューアの定理..................293
自由添字...........................33
重力場
　　アインシュタインテンソル...104, 129
　　アインシュタイン方程式.....141–176
　　エネルギー運動量テンソル...159, 177
　　光線の湾曲...............255–260
　　時間の遅れ................260–261
　　真空中のアインシュタイン方程式...72, 159, 232, 240–243
　　　リッチテンソル..................72
　　測地線.....................246–248
　　ブラックホール............265–291
重力波......................319–369
　　アイヒェルブルク-ゼクスル解 347
　　曲率特異点...................355
　　重力波が通過する際の挙動...332–336
　　衝撃波........................347
　　衝突する重力波....347–355, 357–363
　　衝突の効果..................355–356
　　進行波解...................324–328
　　トレース反転..................324
　　真性特異点...................355
　　0 でない宇宙定数................363
　　線形化された計量............320–324
　　ディラックのデルタ関数 348, 355, 356
　　成相時空 (Nariai spacetime).....364
　　ニューマン-ペンローズ恒等式 357
　　ニューマン-ペンローズスカラー ..366
　　　一とリッチスカラー............366
　　波数ベクトル...................328
　　pp 重力波..................340–344
　　　共変的に一定.............340, 344
　　　ブリンクマン計量.........343, 347
　　　平面波.........328–332, 345–347
　　光スカラー..................337–340
　　標準形........................331

ブリンクマン計量 320, 343, 347
ペトロフ型 337–340
　ペトロフ N 型 337
　ペトロフ III 型 337
　ペトロフ D 型 337, 367
　ペトロフ II 型 337
　より一般的な衝突 ... 357–363
　ワイルスカラー 336–337
　　ニューマン-ペンローズ恒等式 .. 336
重力ポテンシャル 158, 243, 251
受動的な重力質量 142, → ニュートン的理論
主ヌル方向 221
シュワルツシルト解 . 231–263, → シュワルツシルトブラックホール
　曲率 1 形式 235–238
　曲率テンソル
　　カルタン第 2 構造方程式 ... 238–240
　積分定数 243–244
シュワルツシルト計量 244
　球対称時空 232–235
　曲率特異点 245
　キリングベクトル 248–250
　光線の湾曲 255–260
　座標特異点 245, 267–269
　時間座標 244
　時間の遅れ 260–261
　質点の軌道 248–254
　シュワルツシルト半径 245
　真空中のアインシュタイン方程式 . 232, 240–243
　積分定数 243–244
　測地線 246–248
　4 元速度 248
シュワルツシルト半径 245
　積分定数 243–244
シュワルツシルトブラックホール . 265–278, → シュワルツシルト解, ブラックホール
　解 265
　曲率特異点 270
　リーマンテンソル 245
　クルスカル座標 276–278
　座標特異点 245
　シュワルツシルト半径 245
　動径方向内向きに落下する質点の経路 271–272
　真空中のアインシュタイン方程式 .. 72, 159, 231, 232, 240–243, → シュワルツシルト解
　リッチテンソル 72
真空のエネルギー密度 310
真性特異点
　重力波 355
推測的方法 (guess method) 125
スカラー曲率 .... → リッチスカラー
スケール因子 295, 299, 302, 304, 309, 316
ストレス (stress) → 応力・圧力, エネルギー運動量テンソル
ストレス-エネルギーテンソル ... → エネルギー運動量テンソル
スピン係数 217–219
　—の物理的意味 222
　光スカラー 338
　リッチ回転係数 218
　ワイルスカラー 217–219, 336
正規直交基底 111, 120
　ハット付き添字 111
正規直交テトラッド ... 111, 120, 212, 235
　曲率 1 形式 235–238
正曲率の空間
　スケール因子 316
静止質量 24
静的計量 233
世界線 20, 152, 268, 356
積分定数 243–244
一様等方空間 298
光線の軌跡 269
ロバートソン-ウォーカー計量 298
接続ベクトル .... 152, → 測地線偏差
絶対微分
　測地線 95
接ベクトル . . 59–62, → パラメータ化された曲線
線形化された計量 320–324
　アインシュタインテンソル 324
　クリストッフェル記号 322
　リーマンテンソル 323
　リッチスカラー 324
　リッチテンソル 324
線素 .... 22, 39, 40, 43, → 計量
　アイヒェルブルク-ゼクスル解 347
　円柱座標 40
　カー計量 278
　球座標 40
　局所系 185
　座標基底 120

シュワルツシルト— 244
ド・ジッター宇宙 313
トルマン-ボンディ-ド・ジッター計量
  122
成相時空 (Nariai spacetime) 364
非ホロノミック基底 112
ブリンクマン計量 343
ボンディ計量 41
ローゼン— 342
ロバートソン-ウォーカー計量 ... 133,
  302, 306
剪断
  完全でない流体 188
  光線束の— 222
  重力潮汐効果による— 221
  光スカラー 338
剪断テンソル 189
相対論的質量とエネルギー 24
相対論的速度の合成則 ..... → 速度の合成則
測地線 . 95–100, 246–248, → シュワルツシ
  ルト解
  円柱座標の— 97–98
  クリストッフェル記号 96
  合同 (congruence) 152
  接続ベクトル 152
  絶対微分 95
  測地線偏差 150–156
速度の合成則 19
  導出 16–19
速度パラメータ (rapidity) 13

た

対称性 .... → 反対称性
  球対称時空 232–235
  曲率1形式 121
  キリングベクトル 191
  クリストッフェル記号 84
  計量 43
  接続 84
  反—
    交換子 113
    反対称 64, 114
  ペトロフ分類 220
  リーマンテンソル 101–102
  リッチテンソル 103
対称テンソル
  エネルギー運動量テンソル 177

計量 43, 326
ダスト流体 . 181–183, → エネルギー運動量
  テンソル
ただの添字 122
ダミー添字 33
多様体 .... 55–57, → 特殊相対論
  可微分多様体 56
  座標パッチ 57
ダランベール演算子 327
直交ベクトル 110
強い等価原理 150
定常性限界面
  カーブラックホール 282–284
デカルト座標から極座標への座標変換 37–38
テトラッド 117
  正規直交— 111
  ヌル— 205–230
  —法 120
テトラッド法
  リーマンテンソル 129–137
テンソル 55–69
  ウェッジ積 . 92, → 微分形式, 外微分, 反
    対称性, テンソル解析
  —解析 71–108
    外微分 92–94
    共形的計量 105
    共変微分 73–83
    曲率テンソル 100
    計量とクリストッフェル記号 . . 84–91
    交換係数 84, 113–114
    テンソルであるかどうかの確認法
      71–72
    テンソル方程式 72–73
    ねじれテンソル 84
    リー微分 94–95
    リーマンテンソル 100–103
    ワイルテンソル 105
  関数としての— 63–64
  クロネッカーのデルタ 65
  混合— 63
  縮約 65
  対称部分 64
  —としての計量 43
  —の代数演算 64–68
    クロネッカーのデルタ 65
    差 64
    縮約 65
    スカラー積 64

392　索引

　　対称部分 64
　　反対称部分 65
　　和 64
　反対称性 64
　反対称部分 65
　ベクトル 27–29
　　アインシュタインの和の規約 33
　　1 形式 34–36
　　基底ベクトル 28
　　座標基底 34–36
　　接ベクトル 34–36
　　―の成分 28, 30
　　4 元ベクトル 31–32
　レビ-チビター 68
テンソル解析 71–108
　外微分 92–94
　　1 形式 93
　　ウェッジ積 92–93
　共形的計量 105
　共変微分 73–83
　曲率テンソル 100
　　非座標基底 164
　クリストッフェル記号 . . . 75–76, 84–91
　　変換則 80
　計量とクリストッフェル記号 84–91
　交換係数 84, 113–114
　絶対微分 95
　テンソルであるかどうかの確認法 71–72
　テンソル方程式 72–73
　ねじれテンソル 84
　ビアンキ恒等式 101
　リー微分 94–95
　　絶対微分 95
　リーマンテンソル 100–103
　　ビアンキ恒等式 101
　リッチスカラー 103–104
　リッチテンソル 103
　レビ-チビタテンソル 68
　ワイルテンソル 105
等価原理
　アインシュタインのリフト実験146–149
　強い― 150
　弱い― 149
同期
　時計の― . . . . 6–7, → 特殊相対論
動径方向内向きに落下する質点の経路
　　　　271–272
等長 . . . . 192, → キリングベクトル

等方空間 . . . . 293, → 異方空間
特異点 268
　座標―
　　エディントン-フィンケルシュタイン
　　　座標 273–276
　　クルスカル座標 276–278
　重力波 355
　ブラックホール 207, 245
特殊相対論
　速度の合成則 19
　　導出 16–19
　速度パラメータ (rapidity) 13
　時計の同期 6–7
時計の同期 . . . . 6–7, → 特殊相対論
ド・ジッター宇宙 312–313
ドット積 49–50
トルマン-ボンディ-ド・ジッター計量　122

な

2 階のテンソル
　アインシュタインテンソル 104
　エネルギー運動量テンソル 158
　計量 40
　リッチテンソル 103
2 階のテンソル式
　アインシュタイン方程式 159
　ニュートン的理論 142–145, 157–159, → ア
　　インシュタイン方程式
　質量の等価性 142–145
　　慣性質量 142
　　重力場 142–145, 157–159
　　受動的な重力質量 142
　　能動的な重力質量 142
ニューマン-ペンローズ技法 217–220
ニューマン-ペンローズ恒等式 . . . 219, 336,
　　　357, → ヌルベクトル
　リッチスカラー 220
　ワイルスカラー 220, 336
ニューマン-ペンローズスカラー 366
　―とリッチスカラー 366
ヌルテトラッド 205–230
　空間的ベクトル 211
　時間的ベクトル 211
　スピン係数 217–219
　ニューマン-ペンローズ技法 . 217–220
　ペトロフ分類 205–230
　ミンコフスキー空間の― 210
　―を構成する 211–217

—を使って基準計量を構成する....217
ヌルベクトル....... 52, 208–209, → 計量
ねじれテンソル................................84
粘性流体 188–189, → 完全流体, エネルギー運動量テンソル
能動的な重力質量..142, → ニュートン的理論, → ニュートン的理論

は

波数ベクトル........................328
発光性エーテル (luminiferous ether)....4
ハット付き添字........... 111, 121, 130
ハッブルパラメータ
    スケール因子.....................304
場の方程式
    リッチテンソル...................158
パラメータ化された曲線..57–59, → 特殊相対論
    1 形式......................59–62
    接ベクトル..................59–62
反対称性............. 64, 114, → 対称性
    ウェッジ積..................92, 115
    交換係数........................114
    交換子..........................113
ビアンキ恒等式......................101
pp 重力波時空 (平面波面波).......340–344
    ブリンクマン計量................343
光円錐.........19–21, 270, 274, → 光錐
    エディントン-フィンケルシュタイン座標..........................274
    シュワルツシルト座標............270
    世界線............20, 152, 268, 356
光スカラー
    スピン係数......................338
非完全流体...................→ 粘性流体
非座標基底ベクトル . 111–112, → 非ホロノミック基底
    基底ベクトル..............111–112
    球座標..........................112
    交換係数..................113–114
    —の定義..................117–119
ピタゴラスの定理.....................38
ビッグバン..........................317
微分形式
    ウェッジ積.92, → 外微分, 反対称性, テンソル解析
符号

計量—.............................42
符号規約............................10
ブラックホール................265–291
    カー........266, 278–284, 285–289
    エルゴ球..................279, 284
    解........................266, 280
    慣性系の引きずり効果............285
    簡約化された円周................286
    軌道方程式.........287, 288–289
    計量............................280
    交差項..........................279
    コーシー地平面..............283–284
    地平面......................279–284
    特異点..........................287
    ペンローズ過程..................279
    ボイヤー-リンキスト座標.......280
    レンズ-ティリング効果.........285
    座標特異点................245, 266
    エディントン-フィンケルシュタイン座標....................273–276
    クルスカル座標............276–278
    事象の地平面....................275
    シュワルツシルト..........265–278
    エディントン-フィンケルシュタイン座標....................273–276
    解........................244, 265
    亀座標....................270, 273
    曲率特異点......................270
    クルスカル座標............276–278
    座標特異点................267–269
    シュワルツシルト半径............245
    動径方向内向きに落下する質点の経路 271–272
    無限赤方偏移....................266
    シュワルツシルト半径............245
    特異点....................207, 245
    分類............................265
    無限赤方偏移.........266, 268, 284
    ライスナー-ノルドシュトロム—..265
フリードマン方程式.........186, 306–310
ブリンクマン計量..223, 320, 343, → 計量
    リッチテンソル............223–229
平坦空間計量
    局所系..........................166
平坦な空間の計量.....................43
ベクトル........................27–29
    アインシュタインの和の規約......33
    基底—..........................37

極座標.....................37
基底ベクトル
　計量テンソル..............50
　共変微分.......73–83, 153, 191, 320
　キリング—...........95, 191–204
　座標基底..................34–36
　接続ベクトル..............152
　—の成分..................28, 30
　反変.....................37
　4元ベクトル.........22–23, 31–32
　4元加速度.................22
　4元速度...................22
ペトロフ分類 205–230, → ヌルベクトル, ワイルテンソル
　固有2重ベクトル............220
　主ヌル方向................221
ヘビサイドの階段関数...........348
変換行列..................128
　1形式...................38
　基底ベクトル..............36
ボイヤー-リンキスト座標 280
補正項
　クリストッフェル記号..........80
保存方程式..180, → エネルギー運動量テンソル
ホロノミック基底
　アインシュタインテンソル
　　成分....................169
ホロノミック基底 34–36, 84, 109–111, 121
　基底の組..................109
　基底ベクトル..............109
　球座標...................110
　ワイルテンソル..............218
ボンディ計量..........41, → 計量

ま

マイケルソン-モーリーの実験..........4
　発光性エーテル (luminiferous ether) 4
　ローレンツ変換...............5
マクスウェル方程式.............1–3
ミンコフスキー計量
　球座標...................232
　デカルト座標...............43
無限赤方偏移.........266, 268, 284

や

ユークリッド計量

ピタゴラスの定理................38
4元運動量ベクトル..............178
4元加速度......................22
4元速度........................22
4元ベクトル.........22–23, 31–32, 250
　1形式.....................34–36
　キリングベクトル........95, 191–204
　シュワルツシルト計量での—......248
　接ベクトル.................34–36
　4元加速度..................22
　4元速度...................22
より複雑な流体...........→ 粘性流体
弱い等価原理...................149

ら

ライゴ (LIGO:レーザー干渉計重力波天文台).....................→ LIGO
乱焦点.........................358
リー微分........94–95, → テンソル解析
　キリングベクトル..............95
リーマンテンソル 100–103, 130, 133, 202, 239, 294, → テンソル解析
　曲率特異点.............245, 288
　曲率2形式..................130
　クリストッフェル記号.......101, 129
　線形化された計量.............323
　対称性..................101–102
　—とキリングベクトル...........202
　ビアンキ恒等式..............101
　リッチスカラー...........103–104
　リッチテンソル..............103
リッチ回転係数..............120, 161
　クリストッフェル記号..........120
　スピン係数................218
　非座標基底................121
リッチスカラー .. 103–104, 130–133, 158, 169, 202, 220, 324, → テンソル解析
　曲率特異点................245
　線形化された計量............324
　—とキリングベクトル..........202
　—とニューマン-ペンローズスカラー 366
リッチテンソル ... 72, 103, 133, 158, 168, 202, 240, 297, 298, 342, → テンソル解析
　曲率特異点................245

真空中のアインシュタイン方程式...72, 240
　　線形化された計量................324
　　対称性.........................103
　　―とキリングベクトル............202
　　2階のテンソル..................103
　　場の方程式.....................158
　　ブリンクマン計量...........223–229
リンドラー座標......................99
レーザー干渉計重力波天文台 (LIGO)... → LIGO
レビ-チビタテンソル .....68, → テンソル
レンス-ティリング効果　285, → 慣性系の引きずり効果
ローゼン線素.......................342
ローレンツ変換.................. 5, 15
　　時間の遅れ......................15
　　速度の合成則....................19
　　導出........................16–19
　　速度パラメータ (rapidity).........13
　　長さの短縮......................16
　　―の性質.....................15–19
　　―の導出.....................10–15
　　ローレンツ収縮..................186
ロバートソン-ウォーカー計量 ...133, 302, 306
　　積分定数......................298

わ

ワイルスカラー..219, → ニューマン-ペンローズ技法, テンソル解析
　　固有2重ベクトル................221
　　座標基底.......................218
　　重力波.....................336–337
　　スピン係数...........217–219, 336
　　ペトロフ分類...............220–229
　　ホロノミック基底................218
ワイルテンソル
　　ワイルスカラー..................219

MEMO

MEMO

● 訳者略歴

富岡 竜太 (とみおかりゅうた)

1974年　神奈川県生まれ．
1998年　東京理科大学理学部応用数学科卒業．
2000年　筑波大学大学院数学研究科博士前期課程中途退学．
著　書　『あきらめない一般相対論』
　　　　『MaRu-WaKaRi サイエンティフィックシリーズ I 場の量子論』
　　　　（共にプレアデス出版）

MaRu-WaKaRi サイエンティフィックシリーズ── II
相対性理論
2016年12月1日　第1版第1刷発行

著　者　ディビッド・マクマーホン
訳　者　富岡　竜太
発行者　麻畑　仁
発行所　㈲プレアデス出版
　　　　〒399-8301　長野県安曇野市穂高有明7345-187
　　　　TEL 0263-31-5023　FAX 0263-31-5024
　　　　http://www.pleiades-publishing.co.jp
装　丁　松岡　徹
印刷所　亜細亜印刷株式会社
製本所　株式会社渋谷文泉閣

落丁・乱丁本はお取り替えいたします．定価はカバーに表示してあります．
Japanese Edition Copyright © 2016 Ryuta Tomioka
ISBN978-4-903814-80-3　C3042　　Printed in Japan

MaRu-WaKaRi サイエンティフィックシリーズ――I

場の量子論

ディビッド・マクマーホン【著】
富岡 竜太【訳】

A5判上製・372P
本体価格 3400 円
ISBN978-4-903814-76-6

場の量子論への扉を開く
本格学習の第一歩に格好の書！

　本書は、そのわかりやすさで好評を博しているマグロウヒル社の初学者向けシリーズの邦訳第一弾である。スタートラインでつまずかないよう、また途中で投げ出さずに最後まで読み進めることができるよう、明快かつ十分すぎるやさしい言葉で書き綴られ、これ一冊でまるごとわかる入門書となっている。さらに、省略されがちな計算過程も丁寧すぎるくらい詳述されており、読者が行間を埋めなくてはならない手間を極力省くことができるよう配慮している。

第1章　素粒子物理学と特殊相対論
第2章　ラグランジュ形式による場の理論
第3章　群論入門
第4章　離散対称性と量子数
第5章　ディラック方程式
第6章　スカラー場
第7章　ファインマン則
第8章　量子電磁力学
第9章　自発的対称性の破れとヒッグス機構
第10章　電弱理論
第11章　経路積分
第12章　超対称性